센서 응용 시스템

남상엽 · 김장권 · 하이버스(주) 기술연구소 공저

도서출판 상학당

Preface

센서(Sensor)는 사람이 주변환경 정보를 획득하기 위해서 시각, 청각, 촉각, 후각 그리고 미각과 같은 감각을 이용하여 외부환경과 정보를 교환하기 위해 사용되는 장치나 시스템이라고 정의한다. 센서를 이야기할 때 가장 먼저 언급되는 것이 인간의 감각기관과 비교한 것이다. 센서가 탄생한 것도 최대한 인간과 비슷한 기능을 가진 소자들을 개발하고자 한 의도에서 나온 것으로 판단된다.

센서들은 인간의 감각을 극대화하는 소자들로 인간이 접근할 수 있는 환경이나 접근할 수 없는 환경 등 그 어떠한 범위도 제한받지 않고 인간의 손과 발, 눈과 귀가 되어 주고 있는 것이다.

센서의 기본적인 조건은 감도(Sensitivity), 선택도(Selectivity), 복귀도(Reversibility) 그리고 안정도(Stability)가 우수하여야 하고, 동시에 기능성, 적용성, 규격성, 보존성, 생산성, 경제성 등의 부수적인 특성도 좋아야 실질적으로 사용이 가능하다.

현재 세계가 기술패권주의를 저변에 깔고 첨예한 국제경제경쟁을 펼치고 있는 차제에 센서기술은 그 핵심 요소성과 관련성 때문에 거의 폭발적인 기술개발 투자가 이뤄지고 있고, 따라서 센서기술은 급격한 혁신을 거듭하고 있다.

센서기술들은 센서소자 기술, 센서시스템 기술 및 센서 응용기술 등의 계층을 이루는 구조를 가진다. 또한 센서의 활용은 센서만을 이용하는 것이 아니라 융합되는 서비스가 이루어진다. 특히 센서를 활용한 서비스는 단일 센서만을 이용하는 서비스가 아니고, 다양한 종류의 기능과 동작방식을 갖는 이종 센서들이 연동되어 무선이든 유선이든 융합되어 유비쿼터스 서비스를 제공하는 방식으로 활용되는 경향이 최근의 추세이다.

따라서 서로 다른 종류의 프로토콜들로 설계된 센서와 네트워크들을 통합하고 활용하는 연구가 필요하다. 이를 위해 필요한 기술들이 센서 및 네트워크와 인터넷을 연결하는 기술, 네트워크로 이종 센서 및 네트워크 간의 통신을 지원하는 Make-Up Language 기술, 여러 센서 및 네트워크 중 필요로 하는 서비스를 찾아내는 서비스 디스커버리 기술, 그리고 이러한 서비스를 제공하기 위한 센서 및 네트워크 P2P기술 등이 꾸준히 연구되고 개발되어야 한다.

센서의 종류는 센서를 구성하는 방법과 측정대상, 센서 구성재료, 검출방법, 동작방식, 출력방식, 에너지 처리형태 및 용도별로 센서를 분류할 수 있다.

최근 세계적으로 센서 시장의 규모는 미국이 세계시장의 38.7%를 차지하였고, 일본 23%, 독일 13%, 프랑스 6.7%, 영국 5.6%를 점유함으로써 실제 이 5개국이 세계시장의 87%를 차지한 반면, 한국은 겨우 1.3%의 세계시장 점유율을 나타내고 있다.

이 교재의 센서 응용 시스템(Hyper Sensor Kit)은 20종의 다양한 센서들을 테스트해볼 수 있도록 구성된 시스템이다. 센서 시스템의 메인보드(Main Board)의 CN1 센서 확장 커넥터(Sensor Expansion Connector)를 통하여 20종의 센서보드를 임의로 교체하도록 구성되어 있다. 센서 응용 시스템의 메인 CPU는 Texas Instruments사의 RISC 구조로 저전력, 고성능 마이크로프로세서인 16Bit MCU(MSP430)으로써 제어하여 측정된 데이터를 볼 수 있다.

MSP430의 S/W개발환경을 위한 GNU C Compiler(GCC)으로 MSPGCC를 사용하고 있고 센서 응용 시스템은 시리얼(USB 케이블)을 통하여 Flash ROM의 프로그램을 변경할 수 있다.

센서 응용 시스템(Hyper Sensor Kit)에서 제공하고 있는 센서 모듈은 NTC 보드, PTC 보드, 온도(Temperature) IC 보드, 습도 센서보드(Humidity Sensor Board ; SHT11 Board 포함), CdS 보드, 적외선 센서보드(Infrared Sensor Board), 컬러 센서보드(Color Sensor Board ; TCS230 Board 포함), 포토 인터럽트 보드(Photo Interrupt Board), 포토 트랜지스터 보드(Photo Transistor Board), 포토 다이오드 보드(Photo Diode Board), 울트라 센서보드(Ultrasonic Sensor Board), 마그네틱 센서보드(Magnetic Sensor Board), 열전대 보드(Thermocuple Board), 가속도 센서보드(Accelerometer Sensor Board ; ADXL103 Board 포함), 진동 센서보드(Vibration Sensor Board), 압력 센서보드(Pressure Sensor Board), 가스 센서보드(Gas Sensor Board), 먼지 센서보드(Dust Sensor Board), 오존 센서보드(Ozone Sensor Board), 스트레인게이지 보드 등 으로 구성되어 있다.

이 교재는 센서 응용 시스템(Hyper Sensor Kit)을 이용하여 컴퓨터 · 전자 · 통신, 메카트로닉스, 전기분야 관련 학생 및 초보개발자를 대상으로 한 센서 응용 시스템 프로그램에 대한 기본학습 및 실습을 위한 교재로서, 처음 센서를 접하는 학생 및 개발자에게 쉽고 빠르게 접근할 수 있도록 하는 데 초점을 맞추어 편찬되었다.

Preface

이 책의 주요 구성은 다음과 같다.

1장은 센서의 개요, 2장은 센서 응용 시스템, 3장은 온도 센서 모듈의 응용, 4장은 광 센서 모듈의 응용, 5장은 자기 센서 모듈의 응용, 6장은 음향 센서 모듈의 응용, 7장은 역학 센서 모듈의 응용, 8장은 화학 및 환경 센서 모듈의 응용, 9장은 센서 응용 시스템의 프로그램으로 구성되어 실습할 수 있다.

끝으로 이 교재를 집필하는 데 많은 도움을 주신 하이버스(주)의 김태형 사장님과 임직원 관계자 여러분께 감사의 말씀을 전하고, 도서출판 상학당의 관계자 여러분에게 감사의 마음을 전한다. 이 교재를 집필하면서 센서 응용 시스템 관련 기존 도서를 출판하신 교수님들, 기존 센서 응용 산업 관계자 여러분 및 센서 응용 관련 분야의 전문가의 조언과 자료제공에 대하여 깊이 감사드린다. 이 교재는 센서 응용 시스템 실습관련 솔루션으로 이 책이 보다 많은 센서 응용분야의 인력 양성에 힘이 되어주기 바란다.

저 자 씀

Contents

1장 센서의 개요

01 센서의 정의 및 기술

1 센서의 정의

센서(Sensor)는 사람이 주변환경 정보를 획득하기 위해서 시각, 청각, 촉각, 후각 그리고 미각과 같은 감각을 이용하여 외부환경과 정보를 교환하기 위해 사용되는 장치나 시스템이다. 우리 몸이 느끼는 온도, 맛, 시각적인 색깔 거리 등 모든 것이 센서 반응에 대한 결과라 할 수 있다.

센서(Sensor)라는 단어는 감각 또는 느낌이란 뜻을 가진 라틴어의 낱말 “Sensus”에서 유래된 것인데, 인간의 사전에 처음으로 오른 것은 1967년이다. 1967년 McGraw-Hill 출판사의 “English-German Technical and Engineering Dictionary(2nd ed.)”에 센서라는 낱말이 정의가 없이 등재되었고, 1974년 같은 출판사의 ”Dictionary of Scientific and Technical Terms(1st ed.)“에 처음으로 정의와 함께 수록되었다.

센서라는 단어의 개념이 트랜스듀서(Transducer)와 혼용되는 경우가 많다. 그 이유는 현실적으로 센서가 외부로부터의 자극이나 신호를 감지하여 가장 유용한 전기적 신호로 변환하여 출력하는 장치이기 때문이다. 그러나 엄격하게 정의하면 센서와 트랜스듀서는 서로 구분된다.

일단, 센서가 원초적으로 신호나 정보를 감지 또는 채취하는 기능 장치라면 트랜스듀서는 신호의 변환 즉 신호의 에너지 형태를 변환하는 기능의 장치이다.

그러므로 센서를 감지기(感知器)라면 트랜스듀서는 변환기(變換器)이다. 현실적으로 센서가 전기적 신호(드물게 광신호)를 출력하게 하는 이유는 그 신호를 쉽게 컴퓨터로 처리 가공하기 위해서 사용되는 원리에 있다. 센서, 트랜스듀서 같이 널리 쓰이고 있는 단어가 액추에이터(Actuator)인데, 그것은 신호처리기에 의하여 다듬어져 나온 신호에 부응하여 명료한 작동을 수행하는 작동기(作動器)이다. 다시 말해 액추에이터는 정확하게 어떤 명령신호를 집행하는 장치이다.

과거를 돌아보면 인류가 센서라는 낱말을 만들어 내기 훨씬 전부터 실제 다양한 센서를 만들어 사용해왔었다. 나침반으로 방위를 감지하였고, 한란계 또는 온도계를 만들어 온도를 측정했으며, 측우기로 강우량을 측정하였고, 모래시계를 만들어 시간을 측정하였던 사례처럼 다양하게 실질적 센서 기능을 가지는 장치를 적절히 개발하여 사용하였다.

기술의 발전과 함께 오늘날 센서라는 수단을 통하여 인간이 시각이나 청각으로 감지할 수 없는 적외선, 자외선, 전파, X선, 초음파, 방사능 등을 감지할 수 있을 뿐만 아니라, 온도가 너무 높거나 낮은 것, 크기가 너무 크거나 작은 것 등도－비교적 쉽게 측정할 수 있다.

요즈음 인류는 전자현미경을 이용하여 우주의 100억광년(光年)이나 멀리 떨어져 있는 퀘이자(Quasar)를 관측하고 있고, 레이더(Radar)를 이용하여 적기와 같은 고속 이동체의 접근 또는 비행 상태를 감지해내고 있으며, 특수 센서시스템을 이용하여 재해를 미연에 방지하거나 생체내부의 상황을 검출하여 의료진단이나 질환치료에 사용하며, 그 외에도 어군탐지, 일기예보, 광물탐사, 최첨단 무기개발 등에 센서기술을 적용하고 있다.

2 센서의 조건

센서는 기본적인 조건은 감도(Sensitivity), 선택도(Selectivity), 복귀도(Reversibility) 그리고 안정도(Stability)가 우수하여야 하고, 동시에 기능성, 적용성, 규격성, 보존성, 생산성, 경제성 등의 부수적인 특성도 좋아야 한다.

가장 기본적인 조건은 감도인데 특히 약한 신호를 포착하기 위해서 감도의 우수성이 보장되어야 하고, 다음으로 선택도인데 용액 중의 이온이나 기체 중의 특정 가스를 검출하고자 할 때 공존하는 다른 종류의 이온이나 가스들의 간섭효과를 배제하고 오직 측정 대상인 이온이나 가스만을 선택적으로 감지해야 한다.

또 센서가 작동한 후에는 즉시 원래 상태로 복귀하여 다음 작동을 대기해야 하고, 입력되는 새로운 신호에 신속하게 감응작동을 수행해야 하는데 일반적으로 새로운 신호에 감응작동을 하거나 원래 상태로 복귀하는데 걸리는 어느 정도의 감응 및 복귀의 시간이 소요된다. 이것은 센서의 이력특성이나 기억특성 때문인데, 일반적으로 이 이력특성이나 기억특성이 크면 센서의 반응이 느려지게 된다. 그래서 특히 현시적(Real-time) 감응을 요구하는 경우 복귀도가 뒤떨어지면 사용할 수가 없다.

센서는 일반적으로 감도, 선택도, 복귀도가 아무리 우수하다 해도 안정성이 결여되면 이 또한 센서로서는 치명적이다. 따라서 센서의 성능을 개선한다는 것은 기본 특성과 부수적인 특성 모두의 개선이다.

센서기술은 새로운 센서소자의 개발에서부터 센서의 특성개선, 센서신호 처리기술, 센서신호의 분석 · 합성기술, 각종 센서들을 조합한 센서의 다기능화 기술, 센서시스템에 지능을 부가하는 센서의 지능화 기술, 고도의 다기능 스마트 센서기술에 이르기까지 센서 관련 기술을 총망라한 기술로 수용하고 있다.

3 센서기술의 중요성

센서기술은 센서소자 기술, 센서시스템 기술 및 센서 응용기술의 계층을 이루는 구조를 가진다.

1) 센서소자 기술

센서소자 기술은 그 검출대상이 위치, 속도 및 가속도, 힘, 광, 영상, 방사선, 온도, 열, 전장, 자기, 파동과 같은 물리학적 양(量), 각종 가스나 이온의 농도 같은 화학적 양 또는 포도당, 요소, 항체, 호르몬, 면역원 같은 생물학적인 양에 따라 물리 센서, 화학 센서 또는 바이오(Bio)센서로 분류된다.

대체적으로 물리 센서는 물리적 변환기능을, 화학센서는 화학적 변환기능을, 또한 바이오센서는 생물학적 변환기능을 이용한다. 그런데 바이오센서는 화학적 변환기능을 활용하는 경우가 상당히 많다. 그래서 센서소자는 변환기능이나 사용되는 주재료에 따라 또는 다른 기준에 따라 분류될 수 있으나, 센서소자의 분류는 검출대상에 따라 분류하는 것이 가장 일반적이다.

2) 센서시스템 기술

센서시스템 기술은 센서의 인터페이스 기술, 신호처리기술, 지능화 기술, 시스템화 기술 등을 포괄한다.

3) 센서 응용기술

센서 응용기술은 공공응용, 민생응용, 산업응용, 특수응용 등으로 대별된다. 한 가지 센서를 여러 가지로 응용할 수 있으며, 응용분야도 아주 뚜렷이 구분할 수 없는 경제적 응용이 있을 수 있고 또 범용으로 쓰이는 경우도 많다.

또 센서기술은 실로 학제적이고 복합 기술적인 측면이 강하다. 센서기술의 이러한 특성이 그 기술혁신을 어렵게 하는 중요한 요인이 되고 있다. 어떤 개인이나 소규모의 그룹이 그 다양한 센서와 복잡한 기술들을 폭 넓게 그리고 깊이 있게 이해하고 그 기술혁신을 독자적으로 주도하기란 극히 어려운 일이다. 이러한 센서기술의 특성이나 중요성을 다음과 같이 요약해 볼 수 있다.

첫째, 센서기술은 기계장치에 감각기능을 부여하는 기술이고, 인간의 감각기능을 확장하는 기술이다.

기계장치가 센서기술과 접목될 때 그 기계장치는 감각기능을 가지게 되는데 필히 감각기능을 가지는 기계는 엄청나게 고가격을 가지게 될 것이다. 즉 기계장치에 센서기술을 통하여 감각기능을 부여한다는 것은 엄청난 부가가치를 생산하는 것이므로, 센서로 인하여 인간의 한계를 초월하여 인간이 보고 듣거나 느낄 수 있게 되므로 센서기술은 인간의 감각기능을 확장하는 기술이다.

둘째, 센서기술은 계측기술 및 자동제어기술의 핵심이며, 유비쿼터스 센서 네트워크 기술의 핵심 요소이다.

모든 측정은 센서를 통해서 가능하고, 정밀센서기술을 통해서 정밀계측기술이 이뤄지고, 고도의 정밀계측기술 없이는 고도의 제어기술 또는 고도의 자동화 기술도 존재할 수 없다. 유비쿼터스 센서 네트워크 기술은 무선 센서 네트워크 기술과 모바일 센서 네트워크 기술을 포괄하면서 인터넷 신주소체계인 IPv6기반의 RFID와 결합한 지능형 복합 센서들을 요구하고 있다.

셋째, 센서기술은 치열한 국가 간의 기술경쟁에 있어서 승리할 수 있는 거점이 되고 있다.

센서기술의 핵심 요소들과 고도의 중추적인 기술의 관건성(關鍵性) 그리고 기술적 고부가가치성 때문에 이미 미국, 일본, 유럽을 비롯한 선진국들은 센서기술의 기술이전을 극히 기피하고 있다. 따라서, 현존하는 국내의 나노기술, 바이오기술, 반도체기술을 복합 또는 융합적으로 활용하여 순수 국내기술의 확보가 시급하다.

넷째, 국내외 시장에서 소량 다품종 속성을 지닌 센서기술은 그 파급효과가 지대하며 그 시장규모가 급신장하고 있다.

이제 센서는 현존하는 모든 지상의 공간, 지하의 공간, 수중의 공간, 해저의 공간, 극지방의 공간 등을 망라하며 지구를 감시하고 재해와 재난을 예보하는 서비스에서부터 각 가정의 공간이 진화하고 있는 홈네트워크 및 가정용품들과도 결합하여 새로운 유비쿼터스 서비스를 창조하고 있다.

4 센서 시장 및 기술의 변천

세계적으로 센서 시장의 규모는 미국이 세계시장의 38.7%를 차지하였고, 일본 23%, 독일 13%, 프랑스 6.7%, 영국 5.6%를 점유함으로써 실제 이 5개국이 세계시장의 87%를 차지한 반면, 한국은 겨우 1.3%의 세계시장 점유율을 나타냈었다.

최근 점유율을 비교해보면 미국과 일본과 EU가 세계 센서 시장의 87~88%를 점유하여 세계의 기술강국임을 입증하고 있다. 그런데 EU가 25%에서 29%로 상승한데 비하여 일본은 상대적으로 23%에서 19%로 하강하였으며, 한국의 시장점유율이 아주 낮기는 하지만 최근 5년 동안 약간의 상승을 나타내었다.

대표적인 국제 센서학술지 게재 논문 및 대표적인 국제 센서학술대회 발표 논문의 통계분석에 나타난 세계적 센서연구실태도 역시 미국과 일본 그리고 EU가 지배적이다. 국제학술논문지 Sensors and Actuators, Sensors and Materials 및 Biosensors and Bioelectronics에 게재된 연구논문과 국제학술대회 International Conference on Solid-State Sensors and Actuators(Transducers)와 International Meeting on Chemical Sensors(IMCS)에 발표된 논문을 국가별 및 분야별로 분석해보면 총 논문 중 분야별로는 화학 센서가 41.9%, 물리 센서가 40.0%, 바이오센서가 10.3%, 그리고 센서 재료와 센서시스템과 같은 기타가 7.8%를 나타내었다.

물리 센서 중에서는 역학 센서가 전체의 14%, 광센서가 10%, 전자기 센서가 7%를 나타내었다. 국가별로는 독일이 17%, 일본이 13%, 미국이 12%, 영국이 7%를 나타내었는데 한국은 2%를 차지하였다.

최근의 발표실적은 미국과 일본이 25%이고 EU가 47%라는 엄청난 변화를 나타내었으며 한국도 상당한 발전을 보였다. 거기에는 경북대학교 센서기술연구소의 발족과 1991년 한국센서학회의 출범에 의하여 국내 센서기술에 대한 인식이 크게 고양되었고 대한전자공학회, 한국물리학회, 한국화학학회와 같이 여러 학회와 관련 산업계가 센서기술의 진흥을 위해 노력한 결과이다.

5 센서기술의 새로운 동향

현재 세계가 기술패권주의를 저변에 깔고 첨예한 국제경제경쟁을 펼치고 있는 차제에 센서기술은 그 핵심 요소성과 관련성 때문에 거의 폭발적인 기술개발 투자가 이뤄지고 있고, 따라서 센서기술은 급격한 혁신을 거듭하고 있다.

센서기술은 일반적으로 센서의 특성을 개선해 나가거나, 새로운 센서를 개발하거나, 새로운 신호처리 및 센서 응용기술의 개발한 바와 같은 일련의 조직화되고 체계적인 과제 수행활동에 의하여 그 발전이 이루어진다. 그러나 최근 눈부시게 발전한 물리학, 화학, 생물학 등의 기초과학의 발달과 이에 기초를 둔 신소재기술, 정밀제조 공정기술, 반도체 집적회로기술, 인공지능기술 등 첨단기술의 대혁신에 기인하여 센서기술은 엄청난 속도와 규모로 발전하고 있다.

최근 최첨단 센서소자 기술 중의 하나로서 FET(Field-Effect Transistor)형 마이크로센서기술이 다양하게 개발되면서 크게 관심을 집중시키고 있다. 이 FET형 마이크로센서란 반도체 집적회로 제조공정과 같은 미세가공기술에 의하여 제조되는 초소형 디바이스로서 FET의 원리에 의하여 동작하는 센서를 총칭한다. 이 FET형 센서는 신소재기술, 정교한 미세가공기술, 전자회로 집적기술, 인공지능기술 등과 같은 첨단기술과 접목되어 제조되는 것으로서 센서의 초소형화, 다차원화, 다기능화, 지능화, 시스템화 등을 위하여 많은 장점을 갖추고 있다.

이러한 FET형 마이크로센서는 단일 칩 위에 여러 개의 같은 종류의 센서를 배열함으로써 다차원화하고, 여러 가지 종류의 센서를 함께 집적함으로써 다기능화하며, 지능회로와 함께 집적함으로써 지능화하고, 관련회로나 장치들을 함께 집적함으로써 시스템화가 용이하므로 최첨단 센서로서 크게 각광을 받고 있다.

FET형 센서 중에서 대표적인 것이 ISFET(Ion Sensitive Field-Effect Transistor)인데, 이는 ISE(Ion Selective Electrode)와 MISFET를 교묘하게 결합시킨 반도체 마이크로센서로서 종래의 ISE에 비하여 월등한 장점(고감도, 빠른 반응, 양산성 및 규격성, 초소형 초경량, in-vivo 및 in-situ에의 응용성, 다기능 스마트 센서로 구현 가능성)을 가지고 있다.

또한, 센서의 감지 파라미터에 따라 ISFET를 비롯하여 GSFET(Gas Sensitive FET), PSFET(Pressure Sensitive FET), HSFET(Humidity Sensitive FET), OSFET(Optically Sensitive FET), TSFET (Thermally Sensitive FET) 등 외에도 ISFET, GASFET 그리고 H-ISFET를 기반으로 여러 가지 FET형 바이오센서(Bio FET) 등에 관한 연구가 현재 활발하게 진행되고 있다.

최근, MEMS(Micro-Electro-Mechanical System) 및 NEMS(Nano-Electro-Mechanical System) 기술이 급속도로 발전하고 있기 때문에 가까운 장래에 센서기술과 접목되어 보다 작고, 보다 고감도이며, 보다 안정적인 IpV6 기반의 복합 센서지능 Chip인 UOC(Ubiquitous computing On Chip)가 등장할 것이다. 여기에는 여러 종류의 복합 센서들과 적절한 신호처리회로, 지능에 해당되는 마이크로프로세서 회로, RFID 그리고 전원공급장치 등이 단일 칩에 3차원으로 집적될 것이다.

따라서, 유비쿼터스 IT(정보기술) 또는 BT(바이오기술)도 이와 같은 MEMS와 NEMS 기술을 활용하여 센서 및 액추에이터(Actuator) 기술을 융합적으로 접목시킴으로써 유비쿼터스 대혁명을 구현하게 된다.

근래의 센서기술은 일반적인 위와 같은 정상적 기술발전 양상을 뛰어넘어 가격의 저렴화, 양산화, 규격(표준)화의 방향으로 치닫는가 하면 다시 초소형화(超小形化), 다차원화(多次元化), 다기능화(多機能化), 지능화(知能化), 시스템화의 새로운 혁신적 발전경향을 보이고 있다. 센서가 어떤 상태를 감지하는데 있어서 센서의 삽입으로 감지하고자 하는 어떤 대상체 상태에 교란이 발생해서는 안된다.

즉, 센서의 도입이 원래 상태에 미치는 영향을 최소화하므로 어떠한 환경에서나 신속한 반응을 하고, 사용자가 원하는 정보를 적시에 타당하게 제시할 수 있도록 지능적이어야 하며, 어떤 점 위치에서의 상황이나 단일 상태의 감지를 초월하여 다차원적이고 다기능적인 센서의 개발을 시대와 사회는 요청하고 있다. 이미 세계적 연구실에서는 상당한 수준의 다기능 스마트 센서의 개발이 추진되고 있다.

최근 들어 유비쿼터스의 데이터베이스 분야에서 센서 및 네트워크에 대한 연구가 활기를 띠는 것은 [그림 1-1]처럼 무선통신, 센싱 장치 및 임베디드 컴퓨팅 기술이 융합된 센서노드 기술의 발전으로 연결되어 가고 있다.

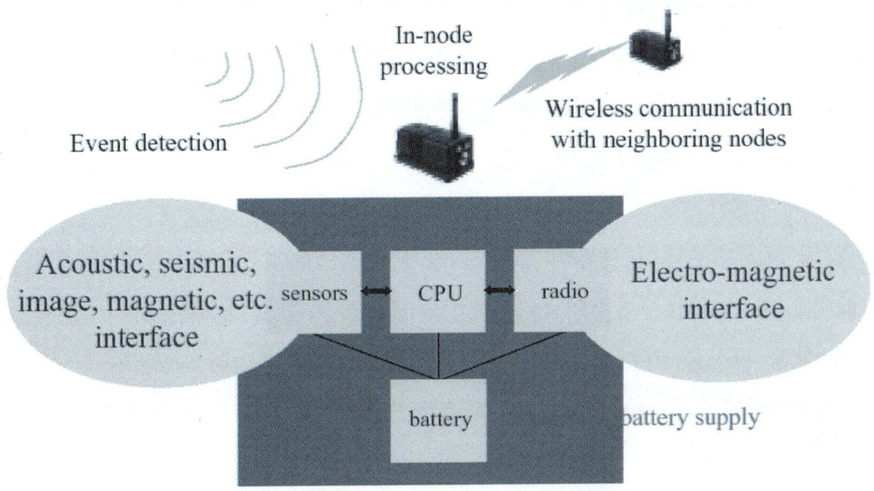

[그림 1-1] 센서와 네트워크 융합 서비스

지금까지 센서를 통하여 정보를 수집할 수 있는 센서 장치들로는 1990년대 초반부터 활용된 원격 영상정보를 제공하기 위한 인공위성, 교통정보를 제공하기 위한 교통제어(Traffic Controller), 비교적 간단한 인식(Identity)정보 등을 제공하기 위한 RFID (Radio-Frequency IDentification) 등이 있었다.

그러나 기존의 센서 장치들은 데이터베이스 관련 이슈가 거의 없었기 때문에 데이터베이스 분야에서의 관심을 받지 못하였는데, 최근 스마트 센서 네트워크가 발표된 이후로는 데이터베이스 분야의 커다란 관심을 받고 있다. 예를 들어, 인공위성 센서는 수집되는 위성 영상정보의 볼륨이 매우 크고, 인공위성 센서들간의 네트워크를 형성하지도 않았으며, 인공위성의 에너지 효율에 있어서도 큰 문제가 없었고, 위성 영상시장 자체도 활성화되지 않았기 때문에 데이터베이스 기술의 필요성을 느낄 수 없었다.

교통제어(Traffic Controller) 또한 수집되는 정보의 복잡도가 높지 않았으며, 교통제어간에 네트워크를 형성할 필요도 없었으며, 서버와 유선으로 연결되어 있기 때문에 무선통신으로 인하여 야기되는 센서의 에너지 효율문제 또한 없었으므로 효율적인 질의처리를 위한 데이터베이스 기술에 대한 필요성이 전혀 없었다.

RFID의 경우는 상당히 소형이면서 가격도 저렴하여 현재 많은 분야에서 활용되고 있어 데이터베이스 기술이 활용되면 효율적일 것 같지만, RFID간 무선 네트워크 형성이 없으며 RFID 자체의 컴퓨팅 능력 및 무선통신 능력이 떨어지기 때문에 센서 데이터베이스의 기술을 적용할 수가 없었다.

이에 비하여 최근에 새로 보급되는 스마트 센서들은 저렴하고 작은 크기에도 불구하고 새로운 정보를 취득하기 위한 센싱 부분, 취득한 정보를 저장하고 분석하기 위한 컴퓨팅 부분, 분석된 정보를 제공하기 위한 무선통신 부분 그리고 전원 부분으로 구성되어 각 센서노드들이 정보를 실시간으로 수집할 수 있게 되었다. 또한 무선통신을 통하여 인접 센서노드와 통신을 할 수 있게 되었고, 센서노드들이 수집된 정보를 스스로 분석하고 처리할 수 있게 되었다.

이와 같이 센서노드들의 성능이 월등히 향상되고 그들 간에 네트워크가 형성됨으로써 데이터베이스 분야에서는 기존의 분산 데이터베이스 기술 등을 활용하는 등 센서 데이터베이스에 대한 관심을 가지고 새로운 연구를 시작하게 되었다.

센서 데이터베이스 분야에서는 센서 네트워크 환경에서 각 센서들을 소규모 DB로 가정하거나 각 센서들로부터 수집되는 스트림 정보들을 가상의 데이터베이스 테이블로 가정하고 센서들의 제한된 리소스를 고려하면서 질의처리를 효율적으로 처리하기 위한 연구 등을 활발히 진행하고 있다.

데이터베이스 분야에서는 이러한 센서 데이터베이스를 임베디드(Embedded)와 자체 조직 데이터베이스(self-organizing database)의 융합으로 부르기도 한다. 그러므로 대부분 센서에 관련된 기술들은 센서와 융합된 협업기술들이다. 이러한 센서와 융합된 다양한 기술응용들을 정리하면 다음과 같다.

① 인터넷 및 외부 망을 통해 센서와 네트워크에 접근하는 기술

센서 및 네트워크에서 수집된 데이터는 외부의 다른 센서 네트워크나 원격지에 위치한 서버 혹은 사용자에게 전달하는 기술이다.

② 다양한 종류의 센서 및 네트워크에서 표준화된 포맷으로 데이터를 전달하는 기술

서로 다른 종류의 센서 및 네트워크 간 혹은 여러 종류의 센서 및 네트워크에서 데이터를 수집하는 응용개발을 위해서 데이터 전달 포맷에 대한 규약이 필요하다.

③ 센서 및 네트워크에 필요한 데이터를 전달받기 위해 질의 응답하는 기술

서로 다른 종류의 센서 및 네트워크로부터 데이터 수집을 위해 공통적인 질의 응답 규약 혹은 다양한 질의처리를 위한 미들웨어 처리기술이 필요하다.

④ 현재 서비스 제공을 위해 적합한 센서 및 네트워크를 검색하는 기술

⑤ 응용개발 프로그래머를 위한 센서 및 네트워크 관련 API 기술

이처럼 센서 및 네트워크 관련 융합 및 협업기술들이 다양하게 활용되고 있고 좀 더 활성화를 위해 센서 및 네트워크들을 활용할 수 있는 공통된 규약이 필요하다.

그러나 센서 및 네트워크들은 응용 시스템의 특성에 따라 사용되는 프로토콜들이 달라지기 때문에 센서 및 네트워크의 전체 기능을 표준화하는 것은 사실상 불가능하다.

따라서 서로 다른 종류의 프로토콜들로 설계된 센서와 네트워크들을 통합하고 활용하는 연구가 필요하다. 이를 위해 필요한 기술들이 센서 및 네트워크와 인터넷을 연결하는 기술, 네트워크로 이종 센서 및 네트워크 간의 통신을 지원하는 Make-Up Language 기술, 여러 센서 및 네트워크 중 필요로 하는 서비스를 찾아내는 서비스 디스커버리 기술 그리고 이러한 서비스를 제공하기 위한 센서 및 네트워크 P2P기술 등이 꾸준히 연구되고 개발되어야 한다.

최근의 센서와 네트워크의 대표적인 융합기술이 바로 USN이다.

USN(Ubiquitous Sensor Network)이란 어느 곳이나 부착된 센서노드 간 자율통신을

통해 사물 및 환경정보를 감지, 저장, 가공, 통합하여 언제, 어디서, 누구나 원하는 맞춤형 지식・정보 서비스를 제공하는 첨단 네트워크이다. USN은 공공 성격을 갖는 교통, 기후, 환경, 행정정보는 물론 개인 특화 서비스를 위한 각종 위치, 상황, 사무환경정보 등을 제공하는 복합적인 유비쿼터스 인프라로 발전할 것으로 전망하고 있다.

대표적인 USN의 응용사례는 u-환경(식수원관리 시스템), u-시설물관리(도시기반시설 관제시스템), u-기상/해양(기상/해양관측 시스템), u-재난/재해(교량 모니터링 시스템), u-문화재(문화재관리 시스템) 등 분야로 이에 대한 기술적・사업적・경제적 타당성(Feasibility) 검증 및 응용 서비스가 발굴되어 현장에 적용하고 있다.

02 센서의 종류

1 인체 오감과 센서의 비교

'느끼고 지각해야' 하는 환경조건이 많은 만큼 센서의 종류 또한 다양하다. 센서들의 재료와 외부조건을 감지해내는 원리, 적용분야, 검지해내는 측정대상에 따른 센서 등 센서를 분류하는 것도 실로 만만치 않다. 센서를 이야기할 때 가장 먼저 언급되는 것이 인간의 감각기관과의 비교이다. 센서가 탄생한 것도 최대한 인간과 비슷한 기능을 가진 소자들을 개발하고자 한 의도에서 나온 것이다. 그렇다고 인간의 감각기관에 해당하는 센서만 존재하는 것은 아니다.

초음파 센서나 중력 센서들은 인간의 능력 이상의 것들을 검지하는 센서들이 있다. 이처럼 센서들은 인간의 감각을 극대화하는 소자들로 인간이 접근할 수 있는 환경이나 접근할 수 없는 환경 등 그 어떠한 범위도 제한받지 않고 인간의 손과 발, 눈과 귀가 되어주고 있다.

[표 1-1]에서는 인간의 감각기관과 센서의 기능을 비교하여 분류하였다.

[표 1-1] 인체 오감과 센서의 비교

인간의 오감	감지종류	기관	센 서		
시각	빛	눈	광센서	광도전소자, 이미지 센서, 포토 다이오드	물리 센서
청각	소리	귀	음파 센서	마이크로폰, 압전소자, 진동자	
촉각	압력 온도	피부	압력 센서 감온 센서 진동 센서	스트레인게이지, 로드셀 서미스터, 백금온도 센서 마이크로폰, 다이어프램	
후각	냄새	코	가스 센서	바이오케미컬 소자	화학 센서
미각	맛	혀	이온 센서 바이오센서	산화물, 가스센서	
오감이 아닌 센서			중력 센서, 자기 센서 등		

2 센서의 분류방법

센서를 분류하는 것은 어떠한 것을 기준으로 하여 분류하는 것에 따라 같은 센서들이 여러 분야로 중복적으로 분류되기도 한다.

[표 1-2]는 센서를 구성하는 방법과 측정대상, 센서 구성재료, 검출방법, 동작방식, 출력방식, 에너지 처리형태 및 용도별로 센서를 분류하였다.

[표 1-2] 센서의 분류방법

분류방식	센서 구분
구성방법	기본 센서 : 광, 가스, 압력, 온도, 습도, 바이오 등 조립 센서 : 유량, 속도, 거리, 위치, 변위, 중량, 레벨 등
측정대상	광센서, 이미지 센서, 적외선 센서, 온도 센서, 습도 센서, 기하학량 센서, 압력 센서, 위치 센서, 유량 센서, 가스 센서 등
구성재료	반도체 센서, 세라믹센서, 고분자 센서, 효소 센서 등
검출방법	전자기적 센서, 광학적 센서, 화학적 센서, 역학적 센서, 변위 센서, 근접·위치 센서, 초음파 센서 등
동작방식	능동형 센서, 수동형 센서
출력방식	아날로그형 센서, 디지털형 센서, 주파수형 센서, 스위칭 센서 등
에너지 처리형태	에너지 변환형 센서 : 태양전지, 압전형 가속도 센서, 열전대 에너지 전환형 센서 : 포토 트랜지스터, 포토 다이오드, 서미스터 등
용도별	계측용, 감시용, 검사용, 제어용

1) 검출종류에 따른 분류

센서는 계측분야에 따라 다양한 측정대상인 직선변위, 각도변위, 형상, 힘, 토크, 압력, 속도, 가속도, 온도, 유량, 수위 등에 따라 [표 1-3]처럼 분류할 수 있다.

[표 1-3] 검출종류에 따른 분류

계측 분야	측정대상	센서 종류
기하학량	직선변위	전기 마이크로미터, 포텐셔미터, 리니어세일, 레이저 측정기
	각도변위	포텐셔미터, 로터리 인코더 등
	형상	촬상관, 이미지 센서
역학량	힘	변형 게이지, 로드셀, 가압도전고무
	토크	비틀림각 검출기, 변형 게이지
	압력	벨로즈, 다이어프램, 압전소자, 정전용량
운동량	속도	도플러센서, 회전발전기식 센서
	가속도	압전형 센서, 서보형 센서
열량	온도(접촉식)	열팽창식 온도 센서, 열전대, 서미스터, 수정온도계
	온도(비접촉식)	방사온도계, 바이파이로센서
유체량	유량	터빈식 센서, 초음파 센서, 교축식 센서
	수위	부력식 센서, 압력식 센서, 초음파식 센서

2) 측정원리 및 응용분야에 따른 분류

측정원리 및 응용분야에 따라 역학 센서, 자기 센서, 광센서, 방사선 센서, 음향 센서, 온도 센서, 화학 센서, 바이오센서 등으로 분류하여 [표 1-4]에 표시하였다.

[표 1-4] 측정원리 및 응용분야

분류	소분류	측정원리	응용분야
역학 센서	압력 센서	기계식, 전기식, 반도체식	용기나 관의 압력측정
	변위 센서	전위차계, 차동변압기 등	자동 설비
	응력 센서	금속, 반도체 응력 센서	전자저울, 건축물의 안전진단
	유속 센서	피토관, 초음파, 열식 센서	생산공정, 주유소 등의 유량계
	가속도 센서	관성식, 자이로, 반도체식	운송수단, 자동화 및 로봇 제어 시스템
자기 센서	전자유도 센서	전자유도작용	자기 헤드, 자기포화소자, 서치코일 등

분류	소분류	측정원리	응용분야
	전류자기 센서	홀소자, 자기저항소자	홀소자, 근접 스위치 등
	철심형 자력계	유도전류	자기장 측정, GPS의 방위각 측정 등
	자기 다이오드	자기응축 효과	자기 센서
	SQUID	Josephson, 자기양자효과	미약한 자계나 뇌파측정용
광 센서	광전자방출형	광전자 방출효과	광전관, 광전자증배관 등
	광도전형	광도전효과	카메라 노출계, 방사온도계, 광도계 등
	접합형	광기전력효과	광통신 수광소자, 리모콘 등
	복합광소자	수광소자와 발광소자 결합	포토 인터럽트 등
방사선 센서		기체전리형, 액체전리형, 반도체식, 섬광형	공업계측, 비파괴검사, 유전자연구, 방사선치료 등
음향 센서	음파 센서	정전형, 압전형	마이크로폰, 소음계
	초음파 센서	압전진동자	초음파제어, 통신소자, 가스 센서 등
온도 센서	측온저항소자	금속저항의 온도의존성	온도계측 및 물리량 계측
	서미스터	금속산화물의 온도의존성	
	PN접합 센서	다이오드의 온도의존성	
	열전대	Seebeck 효과	
	초전형 센서	자발분극의 온도의존성	
화학 센서	가스 센서	반도체식, 전기화학식, 고체 전해질, 접촉연소식	가스 센서
	이온 센서	전기화학적 전위차	의료계측, 생산공정, 환경계측 등
	습도 센서	세라믹, 고분자, 전해질, 초음파, 열진도식	습도 센서
바이오센서		효소, 미생물, 조직 센서	혈액형, 유기물 측정

03 센서의 동향

1 마이크로 압력 센서

1) 기술개요

지난 반세기동안 진행된 반도체 공정기술의 혁신적인 발전은 집적회로나 마이크로 컴퓨터의 개발뿐만 아니라 센서 산업의 발전에도 지대한 영향을 주어 종래의 크고 복잡한 구조의 기계식 센서가 3차원 미세가공기술을 이용하여 실리콘 웨이퍼상에 대량으로 제작되는 초소형, 경량의 전자식 반도체 센서로 대체되고 있다. 또한, 시스템의 전자화 추세와 더불어 마이크로프로세서, 메모리, 입출력부품의 집적과 단일 패키징이 용이해지고 있고 보다 효율적이면서 지능화된 시스템 제어가 가능한 센서들이 각광을 받고 있다.

반도체 압력 센서는 선진국에서 실리콘 미세가공기술을 이용하여 제작된 최초의 센서로서 1980년대부터 상품화되어 자동차의 MAP(Manifold Absolute Pressure) 센서로서 응용되기 시작하였다. 이러한 MAP 센서는 현재 전체 실리콘센서 시장 중 가장 큰 점유율을 보이며, 1990년대부터는 주변회로와 센서가 동일 칩상에 집적되어 저가격화와 병행하여 더욱 고성능의 압력 센서가 실제에 적용되고 있다. 향후, 실리콘 압력 센서의 자동차 수요는 MAP 센서 이외에도 타이어 압력, 브레이크 압력, 오일 압력, 에어컨 압력 등으로 계속 확대 적용될 전망이고 결국, 자동차 한 대당 적어도 5~8개의 반도체 압력 센서가 필요하므로 향후 막대한 수요가 예상된다.

자동차 다음으로 큰 실리콘 압력 센서의 시장은 의료용으로 일회용 혈압계가 가장 큰 시장을 형성하고 있고, Vital Sign Monitor, Eye Surgery, Hospital Beds, Blood Analysis, Inhalers, Kidney Dialysis Machines, Infusion Pumps/Drug Delivery Systems, Medical Drilling Equipment 등에 일부 적용되고 있으며, 점차 그 시장은 더욱 확대될 전망이다. 또한, 반도체 압력 센서는 종래의 기계식 센서보다 고정밀도 및 우수한 감도 때문에 산업계측 분야에서 공기, 가스 혹은 액체의 유량, 유속, 수위, 음향 강도, 온도, 가속도 측정용으로 응용되고 있는 추세이고, 그 외에도 가전용, 군수용, 우주/항공용 등 산업 전 분야에 걸쳐 실리콘 압력 센서의 적용이 가속화될 것으로 예측된다.

2) 압력 센서의 개발동향

[표 1-5]와 같이 미국에서는 1950년대부터 Bell Technology Lab을 중심으로 Honeywell, Westinghouse에서 실리콘(Si) 소재의 반도체 압력 센서 제조에 핵심기술인 실리콘 식각기술에 관한 기초 연구를 시작하여 1970년대부터 Stanford Univ., Case Western Reserve Univ., U. C. Berkely, Univ. of Michigan, MIT, Univ. of Wisconsin을 중심으로 반도체 센서에 대한 연구개발이 활발하게 이루어졌고, 그것을 토대로 Honeywell, Kulite Semiconductor, GM Delco, Motorola, Ford, IC Sensor, Lucas Nova sensor, Foxboro ICT 등의 업체가 실리콘 소재의 반도체 압력 센서를 공급하고 있다.

[표 1-5] 반도체 압력 센서의 기술개발 역사

1950~1960년 Discovery Period	
• 1954	Smith discovers piezoresistivity at Bell Labs
• 1958	Discrete silicon straingages commercially available
1960~1970년 Commercialization and Market Development	
• 1961	Integration of straingages into silicon diaphragm(Kulite)
• 1966	Mechanically milled cavity introduced(Honeywell)
• 1970	Isotropic micromachined window introduced(Kulite)
• 1970	First piezoresistive acceleration sensors developed(Kulite)
1970~1980년 Cost Reduction and Application Expansion	
• 1971	Sensors employing anodic bonding introduced(Kulite)
• 1974	First high volumn hygrid sensor(National Semiconductor)
• 1976	Anisotropic micromachined windows introduced(Kulite)
• 1976	First under-hood automotive(Honeywell)
• 1977	First silicon capacitive pressure sensor demonstrated(Stanford Univ.)
• 1978	Bossed silicon diaphragms introduced(Endevco)
• 1979	Passive on chip temperature compensation(Kulite)
• 1979	Ion implantation of strain gages(Honeywell)
1980~1990년 Micromachining and Rapid Market Growth	
• 1982	First disposable medical transducer(Foxboro/ICT, Honeywell)
• 1982	Active on chip signal conditioning(Honeywell)
• 1985	Polysilicon diaphragm sensor by additive process(Wisconsin Univ.)
• 1987	Si-Si and Si-SiO_2 lamination implemented into sensor designs(NovaSensor)
• 1988	SFB based acceleration sensor with 1000 : 1 overload protection(NovaSensor)
• 1990	Introduction of SenStable : new superstable piezoresisitve process/design(NovaSensor)

일본에서는 1992년 1월, 마이크로머신센터가 설립되어 마이크로머시닝 기술을 확립하고 이 기술을 산업전반에 걸쳐 전파시키고 이 기술을 이용하여 산업체가 상품화시킬 수 있도록 도와주며, 마이크로머신 기술분야의 국제적 협력과 공동연구를 촉진시키는 중추적 역할을 수행하고 있다. 미세가공된 센서는 Fujikura, Fuji, Hitachi, NEC, Sanyo 등에서 실용화되었고, 동경대학, 동북대학 등에서 연구개발이 활발하게 이루어지고 있다.

독일, 프랑스, 영국, 네덜란드, 스위스 등의 유럽에서도 미세가공된 센서가 실용화되어 사용되고 있고, 국가적인 과제로서 미세가공 관련 연구개발이 활발하게 이루어지고 있다. 먼저 독일의 연구개발은 마이크로시스템 기술을 위해 1990~1994년까지 270Mil DM 이상을 지원하였고, 1998년까지 협동연구과제가 진행될 전망이다. 프랑스에서는 국가적 마이크로시스템 기술추진 그룹이 1992년 결성되어 1993년 중반에 연구부, 국방부와 통상부에 의해 과제공모가 이루어졌다.

영국에서도 1993년 Microengineering Common Interest Group이 연구활동을 하고 있

다. 독일의 Technical Univ. of Berlin, 네덜란드의 Univ. of Twente, 스위스의 Neuchatel 대학, Munich 대학 등에서 센서 및 액추에이터에 대한 연구를 하고 있으며, 독일의 Bosch사, Siemens사, 스위스의 SCEM사, 프랑스의 Sagem사, 노르웨이의 SensoNor사 등에서 실리콘 압력 센서를 공급하고 있다.

[표 1-6] 각국의 실리콘 압력 센서의 생산업체 현황

국가	업 체 명	응용분야
미국	Nova Sensor, EG&G, Sensym, Foxboro/ICT, Endevco, Silicon Microstructure, Motorola	의료/산업용
	Kulite Semiconductor, Next sensor, Sentir, Rosemount, Dressor Industry	의료/산업용
	Ford, Delphi	자동차
	Honeywell	우주항공
	Analog Device	자동차
일본	Denso, Hitachi, Mitsubishi	자동차/산업용
	Fujikura, Sumitomo, Matsushida, Kopal	자동차/산업용
유럽	Bosch, Siemens	자동차
	Siemens, SensoNor, CSEM	자동차/산업용

3) 자동차용 압력 센서

자동차용 압력 센서의 경우 자동차라는 특수한 환경 속에서 사용되고 센서 성능이 탑승자의 안전과 직결되는 경우가 다반사로 내환경성 및 고신뢰성이 요구된다. 엔진 제어를 위한 중압의 MAP(Manifold Absolute Pressure) 센서, 고압의 에어컨압 제어를 위한 에어컨 압력 센서, 중고압의 타이어 공기압 제어를 위한 타이어 압력 센서 등이 있지만 향후에는 적용 분야가 점차적으로 증가하여 고압의 오일 압력 센서, 저압의 연료탱크 압력 센서, 연료레벨 센서 등으로 확대될 전망이고 이러한 각종 압력 센서들은 적용분야의 압력범위, 온도범위, 전기적 출력전압 범위 등의 특수사양을 만족하는 설계가 요구되어진다.

현재 자동차용 MAP 센서를 생산하고 있는 업체로는 미국의 GM Delco(압저항형), Ford(용량형), ISS(압저항형), Motorola(압저항형) 등과 일본의 Fuji Electric, Nippondenso, 유럽의 SensoNor, Bosch, Siemens 등이 있으며, 이들 업체는 대부분 자동차부품회사와의 전략적인 제휴로 제품공급을 하고 있기 때문에 영세한 중소업체들의 시장진입은 어려운 상황이다. 국내에서는 선진국의 회사로부터 센서 칩을 공급받아서 조립

생산하고 있다.

기술적으로, MAP 센서는 신호처리회로가 내장된 One-Chip 형태로써 센서와 신호처리회로가 일체화된 On-Chip 센서 혹은 센서와 신호처리회로가 하나로 패키지된 One-Package 형태이며, On-Chip 센서인 경우는 바이폴라 공정이 사용되고, Two-Chip 센서인 경우 ASIC칩은 CMOS 공정으로 제작된 칩이 사용되고 있다. MAP 센서에서 고려할 핵심기술은 온도보상기술로서 바이폴라 공정을 이용하는 경우 Thick Film 혹은 Thin Film을 이용하여 온도보상을 수행하고 있으며, Bosch사에서는 Switched Current를 이용하여 온도보상을 수행하고 있다.

CMOS 공정을 이용하는 경우 EPROM 혹은 EEPROM을 이용한 온도보상을 수행하고 있는데 향후에는 CMOS ASIC칩을 이용한 EEPROM이 내장된 Two-Chip 센서가 종래의 On-Chip 센서보다 가격경쟁력이 있고 디지털 Trimming을 수행하므로 별도의 Trimming 장비가 필요 없고, 패키징 후에 Trimming을 수행함으로써 패키징으로 인한 센서 특성변화가 발생하지 않는 장점을 갖기 때문에 기존 센서를 대치할 것으로 전망된다. 현재 일본의 Fuji 전기에서는 기존의 바이폴라 On-Chip형 MAP 센서를 CMOS EPROM 센서로 대치할 계획이며, 기존의 바이폴라 공정을 이용한 센서는 에어컨 압력센서 등에 적용할 예정이다.

4) 의료용 압력 센서

생체계측을 위한 의료용 센서는 일반 환경하에서 동작하는 센서들에 비해 소형경량, 센서 재료의 생체간 직접적인 정보교환이 가능, 미소한 생체신호에 대해 우수한 감도, 장기간 체내에서 내장될 경우에도 물리/화학적인 내구력이 있어야 하며 무독성이어야 한다.

1983년 이후, MEMS 기술을 이용한 압력 센서의 제작이 효율적이며 가격 대 효율비가 뛰어나서 1회용 혈압 센서제품으로 상용화되었다. 매년 2,000만 개가 넘는 혈압 센서가 수술과 중환자 집중치료에 사용되고 있다. MEMS 공정을 적용하여 제작공정을 개선하면 저가의 혈압 센서를 상품화하여 대량으로 생산할 수 있을 뿐만 아니라 새로 개발되고 있는 미세가공기술은 예기치 못한 수준으로까지 센서 및 시스템을 소형화하고 있다.

미세가공기술로 제작된 폭 0.4mm인 압력 센서 칩은 초소형 도뇨관과 조립되어 사용되고 있다. 일례로, 세계 최소형 압력 센서인 Catheter-Tip 압력 센서는 심장으로 들어가서 심장의 여러 지역에서의 압력을 조사하는데 이는 심장병의 진단할 때 중요하게 사용된다. 기타, 자궁암의 측정, 뇌압의 측정, 약물주입용, 의약운반 시스템, 인슐린 펌프, 호흡계 등에 응용되며, 혈압계에도 가장 큰 시장을 형성하고 있다.

혈압 센서 생산업체로 TRW Nova Sensor, Sensym, Motorola가 미국시장을 주도하고 있다. 일회용 혈압계가 주류를 이루고 있고 Sensym에서는 Nonevasive 초소형 어레이 압력 센서를 개발하였다. 의료용 압력 센서는 자동차용 압력 센서와 달리 Off-chip 형태로 이용하여 가능하다. 특히, 특수한 패키지가 요구되는 일회용 혈압계에는 정사각형 다이어프램 구조로서 15~20μm의 다이어프램 두께가 사용되고 있으며 세라믹 패키지 위에 Thick Film을 이용하여 온도보상을 수행한다.

5) 산업용 압력 센서

산업용 센서 역시 제조설비, 생산공정, 안전관리 등 공장자동화에 필수적으로 채택되는 센서로서 고정밀도와 고신뢰성을 요구한다. 압력 센서는 압력뿐만 아니라 유량(Flow), 유체 레벨(Fluid Level), 음향강도(Acoustic Intensity) 등 실생활에 필요한 다양한 물리량을 감지할 수 있기 때문에 산업 전반에 걸쳐 가장 많이 사용되고 있다. 반도체 공정기술 및 집적회로기술의 발달에 따라 실리콘 소재의 반도체 압력 센서의 성능이 기존의 기계식 압력 센서 이상의 성능을 갖게 되었을 뿐만 아니라 Batch Processing에 의한 대량생산으로 저가의 제품을 공급할 수 있게 됨에 따라 산업용 압력 센서는 기계식에서 실리콘 압력 센서로 대치되어 있는 추세이다. HVAC 시스템, 소용량의 유체 레벨 측정 등에는 2psi 이하의 저압 센서가 적당하다. 중 · 저압 센서의 응용에는 고도측정, 공정제어, 유압제어 등이 포함되며 250psi 이상의 압력 센서의 적용에는 콤프레셔, 산업 파이프 시스템 등이 있다.

2 Nano · MEMS 관성 센서

1) 기술개요

Nano · MEMS 기반의 마이크로센서는 기계, 전자, 반도체 재료, 반도체 공정, 패키징 등 다양한 기술의 복합체이다. 관성 센서는 압력 센서와 더불어 산업의 기본이 되는 부품이고, 지난 10여년 간 가장 활발한 연구가 지속적으로 진행되고 있는 분야 중 하나로서 관성 센서의 핵심기술로는 미세 구조물의 설계기술, 마이크로머시닝 공정기술, 미소 신호처리용 ASIC 기술, 패키징 기술 등이 포함된다.

관성 센서의 응용분야가 초기 에어백(Air Bag) 센서에서 최근에는 신종 캠코더, 핸드폰과 같은 일반 가전제품, 차량의 항법 및 제어, 더 나아가 군수시장까지 확대되면서 이제 관성 센서는 mm 크기에서 나노급의 정밀한 공정기술과 1mm 이하의 미소변위를 검출할 수 있는 신호처리기술과 같이 복합적인 고도의 Nano · MEMS 기술을 요구하고 있다.

또한 관성 센서의 시장이 확대되고 응용분야가 특화되어감에 따라 여러 기술들이 복합적으로 필요하게 되어 지속적인 연구개발이 진행되고 있다. 따라서 관성 센서 분야는 차세대 비메모리 반도체 산업의 핵심기술 중 하나로 인식되고 있으며, 미국을 비롯한 일본, 독일 등의 선진국에서는 약 10여년 전부터 정부주도로 Nano · MEMS 기반한 관성 센서에 관한 연구가 시작되었고, 현재 다수의 기업에서 연구개발이 진행되고 있다. 특히 미국의 경우 상용화를 위한 정부지원은 최근 들어 점점 더 증가하는 추세에 있다.

관성 센서는 크게 가속도 센서와 자이로(Gyro) 센서로 분류되고, 관련 시장 및 응용분야는 매우 광범위하여 차량의 현가장치 및 브레이크 통합제어, 에어백(Air Bag), 사고전후 차량의 상태를 감지, 저장하는 사고기록시스템(Black Box), 차량위치인식시스템(CNS : Car Navigation System) 등의 자동차 관련 응용분야에서 특히 각광받고 있다. 그리고 이동통신 복합단말기에 적용될 휴대용 위치인식시스템(PNS : Portable Navigation System), Wearable Computer와 PDA 등 휴대용 정보기기의 Data 입력장치, 가상현실 게임시스템의 감지장치, 그리고 3차원 마우스, 캠코더의 화질보정 등의 정보통신분야에서 응용 또한 활발히 연구되고 있다.

항공 우주분야에서는 일반 항공기의 항법 시스템뿐 아니라, 초소형 항공기(MAV: Micro Air Vehicle), 미사일 등의 자세제어 시스템 또는 군사용 개인항법 시스템 등에 적용되고 있고 MEMS 관련 응용분야는 더 크게 증가하고 있는 추세이다. 한편, 차세대 성장동력 기술로 주목받고 있는 지능형 로봇 분야의 경우 로봇의 정밀한 동작 및 자세제어와 위치파악에 고성능의 관성 센서기술이 요구된다. 향후 Nano · MEMS 기반의 관성 센서가 가지고 있는 응용분야 및 시장이 더욱 확대되어 자동차, 정보통신, 의료, 항공, 우주와 같은 전 산업분야로 파급될 것으로 예상되고, 관성 센서 제작에 필요한 나노 급의 정밀 미세가공기술과 미소 신호의 검지기술 등 고도의 Nano · MEMS 기술은 그 자체로도 부가가치 및 고용창출 효과가 매우 클 것으로 전망된다.

2) 관성 센서들의 현황

(1) 가속도 센서

가속도 센서는 압력 센서와 더불어 반도체 공정기술과 마이크로머시닝 기술의 발달에 힘입어 상용화가 상당부분 진행된 분야이다. 가속도 센서의 상용화는 자동차의 에어백 충돌 센서에서 먼저 시작되어 현재는 ABS 시스템, 후륜 제어 시스템 등 자동차 분야에서 활발히 진행되고 있다. 또한 추후 자동차 외에 PAN(Personal Area Network), 공장자동화 및 계측기기, 휴대폰, 가전제품 등의 응용분야로 점차 확대되고 있다.

미국 ADI사(Analog Devices, Inc.)의 경우 ±50g의 입력 범위를 갖는 에어백용 가속도 센서로 ADXL 시리즈를 개발하였는데, 그 가속도 센서는 질량체 및 스프링과 같은 기계 구조물과 신호처리 및 자체진단 기능과 같은 주변회로를 집적시킨 ADI사의 대표적인 1축 가속도 센서인 ADXL50과 2축 가속도 센서인 ADXL202를 보여주고 있다. 이 센서는 폴리실리콘을 이용한 표면 마이크로머시닝 기술로 기계구조물을 제작하고 BiCMOS 공정을 이용하여 신호처리 회로부를 집적하였다.

또한, Motorola 역시 표면 마이크로머시닝을 이용한 ±50g의 입력 범위를 갖는 차량용 가속도 센서로 MMA 시리즈를 개발하였다. 이 소자는 1.75μm CMOS 기술을 사용하여 신호처리회로를 제작하고, EPROM Trim, 필터링(Filtering)과 자기진단기능을 구현하였다. ADI사의 ADXL 시리즈와 Motorola의 MMA 시리즈 모두 1개당 5달러 미만의 가격으로 시판되고 있으며, 높은 가격 대 성능비를 보여주며 시장을 선도하고 있다.

한편 Crossbow, Endevco, IC Sensors 등의 업체들이 압저항형 및 용량형 초소형 가속도 센서를 공급하고 있으나, 현재 이들 업체에서 생산되는 가속도 센서는 대부분 자동차 에어백 용도로 국한되어 있다. 한편 Honeywell은 quartz 정밀가공기술을 이용하여 고성능 가속도 센서를 생산하고 있으며, 기타 상용화된 가속도 센서 중에서 해상도의 가장 높은 성능을 보여주고 있다.

[표 1-7] 주요 업체별 가속도 센서 성능 비교

Model	ADI	Motorola	Crossbow	Honeywell
	ADXL150	MMA2202D	CXL10HF3	QA650
Input range	50g	50g	10g	30g
Scale factor	38mV/g	40mV/g	100mV/g	1.33mA/g
Non-linearity	0.2%	1%	1%	
Noise level	1mg	2.5mg		<10μg
Bandwidth	1kHz	400Hz	1~10kHz	>300Hz

(2) 자이로 센서

처음 상용화된 자이로 센서는 대부분 압전형 방식을 채택하고 있다. 현재 Murata에서는 세라믹 압전형 자이로 센서인 Gyrostar 시리즈를 캠코더용으로 개당 약 5달러대에서 판매하고 있으며, 상용 자이로 센서 시장의 우위를 점하고 있다. Matsushida는 온도 특성이 우수한 Crystal 압전형 자이로 센서를 개발하여 연간 약 5~6백만개를 자동차용으로 약 40달러대에서 판매하고 있다.

최근 Nano · MEMS 기술로 제작된 용량형 자이로 센서가 상용화되었는데 용량형 센서의 특성상 수십 fm(femtometer= 10^{-15}m) 수준의 변위와 수십 zF(zepto Farad) 수준의 용량을 검출할 수 있는 고난이도의 기술이 필요하다. 현재 자이로 센서의 기술적 난제는 개별소자의 주파수 튜닝, 웨이퍼 레벨 진공 패키징, 신호처리회로의 집적 등을 들 수 있다.

ADI(Analog Device Inc.)사는 2002년 세계 최초로 신호처리회로가 집적화된 0.05°/sec 해상도의 비진공형 자이로 센서 ADXRS를 출시하였고, 삼성종합기술원은 용량형 자이로 센서의 연구가 양산단계에 진입했으며, SensorNor, Honeywell, Panasonic 같은 회사들도 자이로 센서의 시제품을 출시하고 있는 한편, BEI는 Quartz 마이크로머시닝을 이용한 자이로 센서를 출시하고, Silicon Sensing System의 경우 전자력 검출방식의 자이로 센서를 출시하여 차량항법용 등 고성능 자이로 센서 시장을 공략하고 있다.

3 바이오센서

생명체에서 감각기관이라 하고, 이와 유사한 생물 세포를 기계화하거나 소자로 만든 경우에 한하여 이를 바이오센서라 부른다. 최근 Human Genome Project의 완성 등으로 인하여 유전자에 관한 관심이 증대되고 있으며, 특히 DNA Chip을 이용한 생명공학의 급속한 발전은 인간의 의학 및 생활 전반에 대단한 혁명을 가져올 것으로 예견되고 있다. DNA Chip을 사용하면 방대한 양의 유전정보를 빠른 시간 내에 분석할 수 있을 뿐만 아니라, 유전자 간의 상호연관성까지 규명할 수 있게 되어 앞으로 유전병 및 암의 진단, 돌연변이의 탐색, 병원균의 검출, 유전자 발현분석, 신약개발 등 폭 넓은 응용분야가 예상된다. 또한 미생물이나 환경오염의 감지기로 이용, 해독물질에 대한 유전자를 찾아내어 유전자 재조합기술을 적용함으로써 해독물질을 대량 생산하거나 의약용 농작물, 저지방 함유 육류의 생산에도 응용될 수 있는 등 거의 대부분의 생물관련 산업에 혁명적인 발전을 가져올 수 있다.

바이오센서는 광의적으로는 생체물질을 이용하거나, 생체물질의 특성을 모방하거나, 생체물질의 성질 및 반응을 측정할 때 쓰이는 센서를 포함하나, 현재는 생체물질을 이용하여 분석하고자 하는 화학물질이나 생물을 선택적으로 감지할 수 있는 측정장치로써 정의된다.

바이오센서가 주로 화학물질 또는 바이오 물질을 검측을 위한 단일공정을 가지고 있는데 반해, 최근에는 MEMS(Micro Electro Mechanical System) 기술을 기반으로 제작 Micro TAS(Total Analysis System) 또는 Lab-on-a-chip을 이용하여 분석에 필요한 각종 시료의 첨가, 희석, 혼합, 반응, 분리, 검출 등의 모든 단계를 하나의 칩상에서 수행할 수 있는 Total Solution을 제공하고자 하는 연구가 활발히 이루어지고 있다.

MEMS 기술은 반도체 제조에 이용되는 Lithography 등의 미세가공기술을 이용하여 전기와 기계부품을 초소형으로 일체화하여 만드는 기술로서, 여러 가지 복잡한 단계를 거치지 않고 시료 주입만으로 최종 결과를 얻어낼 수 있는 시스템을 개발할 수 있기 때문에 사용의 간편성 뿐만 아니라, 검사자의 실험상 오류를 최대한 제거하여 얻어진 결과에 대해 신뢰성을 부여할 수 있어 대중화에 큰 기여를 할 것으로 기대되고 있다.

1) 바이오센서

바이오센서는 1962년 미국의 클라크(L.C.Clark)박사가 혈액 속의 포도당 농도를 관측하려는 생각에서 분자 식별능력을 갖는 효소와 산소전극을 포함하여 기질(특정 측정물질)의 농도를 알 수 있다는 원리를 제안하면서 시작되었다. 그 제안된 바이오센서의 구조는 측정하고자 하는 물질을 각종 반응을 측정·기록하기 쉬운 전기적 신호로 바꾸어주는 신호변환기(Transducer)로 크게 구분된다. 바이오센서는 사용되어지는 생체감지물질과 신호변환기의 종류에 따라 많은 특성 차이를 가지고 있으며, 응용되는 분야에 따라 요구되는 특성을 포함해야 한다.

기본적으로 바이오센서를 제작할 때 각각의 용도에 따라 대표적인 센서 특징이 요구되는 데, 그것은 얼마나 적은 양을 측정할 수 있는가에 대한 민감도(Sensitivity)특성, 얼마나 선택적으로 측정할 수 있는가에 대한 선택성(Specificity)특성, 얼마나 신뢰할 수 있는 결과를 도출하는가에 대한 반복성(Repeatability or Reproducibility)특성과 더불어 바이오센서의 중요한 변수 중에 하나인 얼마나 오래 사용해도 보관할 수 있는가에 대한 안정성(Stability or Shelf Life)특성 등을 들 수 있다.

(1) 생체감지 물질에 따른 분류

현재까지 자주 쓰이는 생체감지 물질로는 특성 물질과 반응 및 결합할 수 있는 효소, 항체(항원), 렉틴, Hormone Receptor 그리고 핵산(DNA or RNA Sequence) 등이 있다. 이렇게 사용되는 생체감지 물질의 종류에 따라 바이오센서는 효소 바이오센서(Enzyme Biosensor), 항원-항체 바이오센서(Affinity Biosensor), 셀바이오센서(Cell Biosensor),

DNA 바이오센서(DNA Biosensor) 등으로 구분된다.

가장 많이 이용되어져 왔고, 지금도 상당한 바이오센서가 사용하고 있는 효소의 경우 사용의 편의성에 의해 오랫동안 사용되어져 왔으나, 항원-항체 반응을 이용하거나 DNA 등 핵산을 이용하는 경우에 비해 민감도와 선택성이 떨어지고, 고정화 상태에서의 Shelf Life 감소로 인한 센서의 안정된 반복성을 구현하는데 상당한 시간과 노력이 필요하게 된다. 그럼에도 불구하고 혈당을 측정하는 혈당 센서를 포함하여 일회용 바이오센서 시장에 대부분을 차지하고 있으며, 항원-항체 반응을 이용하거나, DNA 및 RNA 측정을 위해서도 측정용 수단으로써 아직도 많은 연구가 진행되고 있다.

항원-항체를 이용할 경우는 효소를 이용하는 경우보다 선택성이 월등히 증가하게 되고, 효소를 이용할 경우에 발생하는 효소 종류의 한계로 인한 측정물질 제약을 받지 않는다 필요한 항체는 직접 토끼나 쥐를 이용하여 Polyclonal 항체를 제작할 수 있고, 추출 분리를 통해 Monoclonal 항체를 얻을 수 있다. DNA는 주로 DNA와 같은 핵산을 증폭하거나 단백질과 같은 생체물질을 측정하기 위해 이용된다, DNA/RNA는 그 배열에 따라 높은 선택성을 가지게 되어 많은 연구가 진행되고 있다. 또한 효소나 항체와 달리 DNA는 높은 안정성을 가지고 있기 때문에 최근 가장 많이 연구되고 있다.

(2) 신호변환기 원리에 따른 분류

생체감지물질의 반응결과 즉, 특정 이온의 변화, 전기화학적 활성물질의 농도변화, 발열, 빛의 변화(흡광, 형광, 발광), 흡착에 의한 질량변화 등을 처리하는 신호변환기(Transducer)의 원리에 따라 전기화학적(Electrochemical), 광학적(Optical), 열(Thermal), 그리고 압전(Piezoelectric) 바이오센서 등으로 대별된다.

가장 널리 이용되고 있는 전기화학방법은 전위측정법과 전류측정법으로 구별되고, 산화환원 반응과 같은 특정한 전기화학적 특성을 가지는 측정대상물질에 적용될 수 있다. 그러나 특정 전기화학적 특성이 측정대상물질에 없는 경우에는 이용하기 곤란하고, 다른 바이오센서에 비하여 높은 측정 제한 범위를 가지고 있어 상대적으로 낮은 민감도를 요구할 때 사용되어진다. 바이오센서의 경우는 전기화학식 방법을 사용할 때 나타나는 단점들을 극복할 수 있으나, 고가의 장비가 포함되어지고 소형화를 하기 힘든 단점이 있다. 이에 반해 압전효과식 및 수정진동자식 센서는 낮은 측정 제한범위를 가지나, 외부환경에 또한 민감하게 반응하여 실제 상용화 센서로써 제작되기 위하여 적절한 잡음신호 제거의 장치가 요구된다.

(3) 응용분야에 따른 분류

바이오센서가 사용되어지는 응용분야별로 크게 혈당측정을 포함하여 젖산, 콜레스테롤, 요소 등 다양한 생체물질을 분석 진단하고, DNA 등을 측정하여 각종 질병진단 및 질병예측에 사용되는 의료용(Medical Diagnositics), 공장폐수(페놀, Cyanide, 중금속) 및 농약 등을 측정하여 환경감시측정 시스템을 위한 환경감시용(Environmental Monitoring), 식품 잔류농약 및 GMO(Genetically Modified Organisms) 측정 및 식중독 균 검측을 위한 식품용(Food Screening), Bio Terror에 대비하기 위해 실시간 대기 및 수질에 있는 독성(Pathogenic) 박테리아 및 바이러스 측정을 위한 군사용(Anti-Bioterrorism), 제약, 화학, 석유화학공정에서 특수 화학물질의 분석 및 생물발효공정에서 공정자동화를 위한 산업용(Process Monitoring), 각종 미세분자 측정 및 분자간 반응특성 연구를 위한 실험연구용 등으로 구분된다.

최근 바이오센서의 시장은 의료용 센서가 90%로 대부분을 차지하고 있으며, 전체 시장의 80%가 혈당 센서가 차지하고 있다. 전체 바이오센서의 시장은 향후 2005년 500억불이 넘어설 것으로 추정된다. 이러한 바이오센서의 시장의 활성은 많은 부분을 차지하고 있는 혈당 센서와 더불어 최근 응용성이 크게 부각되고 있는 식품안전성 분석용 바이오센서 분야, 그리고 바이오센서의 획기적인 전환점을 줄 것으로 기대되는 나노기술이 접목된 나노 바이오센서 분야를 기대하고 있다.

바이오센서의 대부분을 차지하고 있는 혈당측정용 바이오센서는 사회 경제적 발전에 의한 과식, 운동부족, 스트레스 증가 등으로 인하여 당뇨병 인구가 늘고 있는 추세와 더불어 수 십년 동안 연구가 활발히 진행되고 있으며 크게 채혈식과 비채혈식으로 구분할 수 있다. 채혈식 바이오센서는 채혈시 채혈양의 많고 적음에 상관없이 필연적으로 고통과 상처를 수반되는 결정적인 약점을 가지고 있다. 시중에 판매되고 있는 혈당기는 대부분 채혈식 혈당기로, 이러한 채혈식 기기는 전기화학방식의 전극기술을 채택하고 있다. 핵심기술은 전극으로 하이드로겔(Hydrogel) 내에서 GOD와 글루코스(Glucose)가 반응하여 생성되는 Hydrogen Peroxide에 의해 변화하는 전류를 측정한다. 하이드로겔은 Glucose와 Glucose Oxidase(GOD)가 반응할 수 있도록 GOD를 효과적으로 고정시켜주는 역할을 한다.

혈당을 측정하는 방법으로 다른 착안점은 Cygnus사의 Glucowatch처럼 조직액의 당량을 측정하는 방법이다. 이는 완벽한 비채혈식 기기는 아니지만 피부 패치를 사용하는 혈당측정기로, 혈액이 아닌 체액을 고통 없이 혈당값으로 산출할 수 있다. Glucowatch는 시계모양의 기계 뒷부분에 붙은 Patch에서 전기삼투압을 이용하여 빨아올린 조직액을 가지고 혈당농도를 측정한다. 이러한 기기는 20분마다 자동적으로 혈당값을 산출 저장할 수 있고, 이러한 혈당값을 통해 환자의 혈당값 변화추이를 파악할 수 있다.

이것은 환자의 편리성을 근간으로 두고 기기의 목적인 질병의 모니터링뿐 아니라 질병 치료에 도움을 줄 수 있다. 구현 원리는 전기삼투압을 기본원리로 하는 것으로 피부에 미세한 전류를 가하여 피부 밖으로 글루코스를 추출하는 방식을 이용하는 것으로 일정한 미세전류가 가해지면 양전하와 음전하는 가지는 이온들이 각각 양극과 음극이 적용되는 하이드로겔로 이동하게 되는데 이러한 이온들의 움직임과 함께 중성의 분자인 글루코스 역시 피부 밖으로 추출되어 하이드로겔 내로 모이게 된다.

수집된 글루코스는 하이드로겔 내에 고정되어 있는 글루코스 산화효소와 반응하여 과산화수소를 생성하게 되며, 센서 내에 존재하는 전극에서는 이러한 효소반응에 의해 생기는 전기화학적 신호를 감지 측정하는 역할을 하게 되고 측정된 전기화학적 신호는 혈당값으로 변화될 수 있다. 미국의 Cygnus사, Minimed사는 Ionotophoresis 방식 등을 이용 미량의 간질액(Interstitial Fluid)을 피부 표면으로부터 추출한 후 이를 효소 등과 반응시켜 혈당을 진단하는 연구를 진행해왔다. 두 회사 모두 현재 미국 FDA의 승인을 받은 상태이다. 그러나 승인 또한 의사의 처방전이 있는 경우에만 사용이 가능하다.

비채혈식 혈당 센서기술은 체액성분 중 혈당의 농도를 편리하고 손쉽게 고통이 없이 측정할 수 있는 기술로서 근적외광을 이용한 분광측정 방식은 상용화에 근접해가고 있는 기술로서 주목을 끌고 있다. 분광학을 이용한 체액성분 진단에 있어서 가장 중요한 것은 정확도를 높이는 것이다.

세계 인구의 약 3~5%로 추정되는 당뇨병 환자를 위한 혈중 글루코즈(혈당)진단은 막대한 시장 수요로 인하여 많은 연구가 진행되고 있다. 비침습 혈당진단은 미국의 Sensys Medical과 Lifetrac 등에서 활발히 연구가 진행되고 있다. 이 중 가장 기술력이 앞서 있는 Sensys사는 전문가용 무혈혈당기를 2005년말 FDA 승인을 목표로 하고 있는데, 저전력 소형광원(램프), Fixed Grating, InGaAs 어레이 센서 등으로 송신부와 수광부를 소형으로 구성하여 연구개발에 박차를 가하고 있다. 측정부위로 Fore arm에 빛을 조사하여 반사되는 광의 흡광도(Absorbance)를 측정하여 성분농도를 예측하는 반사형 방식이다. 무채혈 혈당기 개발에 있어서 핵심기술은 센서부도 물론 중요하지만 무엇보다도 Human Interfacing 기술이다.

특히 생체 Tissue를 인위적으로 조절하여 혈당농도를 측정하는 데에는 한계가 있으며,

가능한 생체 Tissue를 일정하게 유지한 상태에서 혈당정보를 추출해내기 위한 기술이 필요하다. 식품안정성 바이오센서분야는 최근 급식산업의 활성화 및 단체 식품가공 및 공업화된 식품산업분야의 급속한 발전이 크게 부각되지 않고 있던 집단 식중독 사고의 대형화에 의해 매년 급속도로 커지고 있는 분야이다. 바이오센서분야는 무엇보다 신속하고 정확한 감지가 요구되어지고 있다.

미국의 경우 매년 7천 5백만명이 식품병원균으로부터 고통을 받고 있으며, 이 중 5000여명이 사망하고 있다. 주요 식품 유래 병원균은 살모넬라, 리스테리아, 캠필로박터, O157 : H7 대장균이며, 국내에서는 2000년 총 7,300여건의 발생 건수 중 40%가 넘는 미생물에 의한 식중독 사고를 보여준다. 이러한 식중독균을 신속하게 측정할 수 있는 바이오센서는 미국 U. of Arkansas(아칸소대학)의 과학자들이 제작한 센서로 닭의 시체로부터 두시간만에 살모넬라의 세균을 감지할 수 있고, Cornell 대학교에서 개발한 Strip형 바이오센서는 역시 두시간 이내에, 음료수 등에서 극저 농도의 대장균을 측정할 수 있다.

조지아 공대 연구소(GTRI)도 독성 대장균이나 살모넬라를 포함한 여러 가지 독성 미생물의 존재 여부와 농도를 동시에 측정할 수 있는 바이오센서를 개발하였다. 극독성 미생물을 측정하기 위한 바이오센서는 미생물의 독성을 측정하여 미생물 전체의 양을 예측하는 항원-항체 방법에서 미생물내의 특정 DNA/RNA을 증폭하여 검출하는 DNA Hybridization 방법까지 다양한 방법을 이용한다.

또한 MIT 대학교에서는 면역세포를 이용하여 수초 내에 50C.F.U.정도의 독성 미생물을 측정할 수 있는 CANARY(Cell Analysis and Notification of Antigen Risks and Yields) Biosensor를 개발하였다. 이러한 바이오센서는 면역 세포의 일종인 B cell을 유전자 조작하여 특정 독성 미생물에 반응하도록 다시 조합하여 사용한다. 이러한 바이오센서기술의 발전은 실험실에서 24시간 이상 걸리는 임상적 검사를 수분에서 수시간의 짧은 시간에 간편하게 측정하는 장점이 있음에도 불구하고, 상품화된 바이오센서의 대부분이 일회용 센서(Disposable Biosensor)에 그치며 측정물질 채취에도 어려움이 있는 실정이다.

따라서 기존 바이오센서의 한계를 극복하여 현장진단, 재택진단, 실시간 진단이 가능한 개선된 바이오센서의 개발이 요구된다. 이러한 고기능 바이오센서의 개발을 위하여 최근 활발하게 진행되고 있는 분야가 나노기술을 응용한 바이오센서이다. 나노바이오센서의 장점은 소형화를 기초로 하여 센서 신호의 고안정화, 빠른 응답시간, 고감도, 고선택성 등 동작특성의 향상을 들 수 있다. 이로 인해 단일세포의 측정이 가능하고, 연속적,

비침습적 실시간 측정 및 현장진단이 가능하게 될 것이다.

하버드대학의 화학과에서는 Nano FET을 이용한 바이오센서를 개발하여 2001년에 발표하였다. 이러한 나노바이오센서를 이용하여 10pM의 Streptoavidin의 결합을 측정할 수 있어 기존의 단분자 분석감도를 극복한 것으로 나타나고 있다. 이런 나노기술의 접목과 더불어 분석신호 해석 및 감도 향상기술의 발전은 나노사이즈의 거동분석 및 단생체분자 결합분석에 응용되어 많은 다른 분야의 기술적 발전에 큰 도움을 주고 있다.

4 방사선 센서

질병의 진단을 위해서 실제 인체의 내부를 해부하지 않고도 내부구조를 관찰하고자 하는 욕망은 1895년 10월 독일의 물리학자 뢴트겐이 X-선을 발견함으로써 실현되었다. X-선 발생장치를 이용한 질병의 진단은 그 원시적인 사용에서 계속 발전하여 100여년이 지난 지금 질병의 진단과 치료에 있어서 핵심적인 역할을 수행하게 되었다.

1973년의 Hounsfield가 전산화단층촬영기(Computed Tomograhpic Scanner)를 개발함으로써 컴퓨터가 본격적으로 의료영상에 응용되기 시작하였고 디지털 영상이 구현되기에 이르렀다. 같은 해 Lauterbur와 Damadion은 NMR(Nuclear Magnetic Resonance)을 개발하였고, 1979년에는 Mistrettark 디지털 투시술(Digital Fluoroscopy)을 개발함으로써 의료영상의 분야가 현재의 모습을 갖추게 되었다.

진단방사선학 및 치료방사선학으로 대별되는 현대 방사선의학의 응용분야는 일반 X-선 촬영장치를 비롯하여 1970년으로부터 최근의 30년이 지나는 동안 전산화단층촬영장치(CT), 자기공명영상장치(MRI), 양전자선단층촬영장치(PET) 등으로 발전하였다. 기존의 X-선 발생장치와 필름을 매개체로 하는 일반 X-선 영상은 아날로그 영상으로 분류되면서 아직까지도 전체 의료영상촬영의 약 70%를 차지할 만큼 여전히 임상의학의 영상진단법의 주류를 이루고 있다. 그러나 기존의 X-선 촬영장치의 일반적인 필름 · 스크린 방식에 의한 촬영은 매년 증가하는 필름의 보관 및 관리 그리고 기존 데이터를 활용할 때 많은 문제점들이 제기되기 시작했다.

첫째, 필름 보관에 있어서 5년의 법정기간을 준수하여야 하는데, 대학 부속병원급의 종합병원의 경우 하루 촬영필름 수량은 1500~2000장 정도이므로 1년 추산량은 70만장정도의 엄청난 부피이며 이런 많은 양의 필름을 보관하고 관리하기 위해서는 각 병원에서 추가적으로 창고료를 지급하고 병원외부의 공간을 빌려서 보관 및 관리를 해야 하므로 이에 따르는 공간보관비용에 따르는 문제점을 낳았다.

둘째, 이러한 보관 및 관리의 어려움은 특수 질병 케이스에 대한 필름 검색의 어려움을 낳고, 또한 필름자체의 이동범위를 제한하며 필름분실로 인한 재촬영율을 높인다.

셋째, 필름의 현상과정에 따른 화학폐기물의 발생으로 이차적 환경오염이다.

넷째, 현상시간의 지연으로 응급대응이 곤란하다.

다섯째, 병원전산화(HIS) 및 의료영상전송시스템(PACS) 구현을 위한 디지털화에 커다란 장애요인이 된다.

는 점이다. 이러한 제반의 문제점들의 해결을 위하여 많은 양의 필름을 컴퓨터 등의 전산정보장비를 이용하여 보관장소를 축소시키고, 데이터베이스 프로그램을 사용하여 데이터의 관리와 검색 및 전달의 편리함을 도모하고자 필름의 디지털화를 위한 연구를 진행하고 있다.

기존의 X-선 영상을 디지털화하는 기술을 디지털 방사선(Digital Radiography : DR)이라 정의한다. 다시 말하면 X-선에 의한 영상신호를 전기적인 신호로 데이터를 획득하고, 컴퓨터로 영상을 처리하여 화상을 구성하는 기술이다. 최근 디지털 카메라와 휴대폰의 카메라 모듈 기술의 발달로 인하여 고해상도의 기술들이 개발되고 있는데, 영상 센서로 이용하고 있는 영상장치는 크게 Change Coupled Device(CCD)나 CMOS 등의 영상 센서를 이용하는 방법과 평판형(Flat Panel) 방식으로 구분된다.

5 지능형 센서

최근 MEMS와 유비쿼터스 기술이 화두에 오르면서 지능형 센서기술에 대한 관심이 커지고 있다. 네트워크 컴퓨팅 기술과 더불어 지능형 센서가 시공을 초월해 필요한 정보를 얻고 각종 장치들이 스스로 기능을 수행하는데 있어 중추적인 역할을 할 수 있기 때문이다. 이러한 센서의 지능화는 전통적인 센서 활용분야를 뛰어넘어 스마트홈 시스템, 원격진료 시스템, 대규모의 환경감시 시스템 등에 아주 다양한 센서의 활용 영역이 등장하고 있다.

MEMS 기술은 종래의 크고 단순한 센서를 작으면서도 성능이 뛰어난 센서로 바꾸고 여기에 반도체 IC 기술은 센서에 집적되면서 기능의 확장은 물론 센서 자체의 지능을 부여하고 있는데, 특히 Mixed signal CMOS 기술과 SoC(System on Chip) 기술의 발전으로 마이크로센서는 저렴한 MCU를 내장할 수 있게 되었고 이는 결국 컴퓨터가 갖는 우수한 데이터 처리능력, 판단기능, 메모리 기능, 통신기능 등을 활용하여 예인 무선 센서, 자동차 타이어의 TPMS(Tire Presure Monitoring System) 센서, 유비쿼터스 센서 등이 있다.

1) 기술개요

지능형 센서는 물리적 또는 화학적 현상을 전기신호로 변환하는 센서의 단순 기능이외에 논리제어기능, 통신기능, 판단기능을 가져야 한다. 여기서 논리제어기능은 센서신호의 디지털화 및 보정·보상을 하는 동작제어를 말하며, 통신기능은 주로 표준화된 디지털 통신 프로토콜을 이용하여 센서신호를 외부에 전달하고 제어신호를 받는 것이다. 판단기능은 제어기능과 더불어 센서의 최적화 및 자기진단, 전원관리 등을 말하며 더 나아가 센서에서 얻은 데이터의 의미까지 파악할 수 있는 수준까지 나아간다.

이와 같이 지능형 센서를 실현하기 위해서는 수준 높은 신호처리회로가 센서에 필요하다. 집적도에 따라 구성과 기능이 가감되지만 지능형 센서의 일반적인 구조는 센서소자, 아날로그 증폭회로, 디지털 제어회로, ADC/DAC, MCU, 비휘발성 메모리, 통신 인터페이스 등으로 구성된다. 다중 센서의 경우는 멀티플렉서(MUX)를 사용하여 나머지 기능을 공유한다.

2) 지능형 센서의 장점

지능형 센서에 내장된 MCU는 입력 오프셋(Offset), 스팬(Span) 오차, 비선형 등을 포함하는 센서의 에러를 보정할 수 있다. 그것도 별도의 하드웨어가 추가되지 않고 소프트웨어적으로 가능하다. 따라서 센서의 보정이 기존의 보정 장비 및 방식에 의존하지 않고 반복적인 시험 및 보정을 전자적으로 일괄처리할 수 있어 제조원가를 개선할 수 있다. 통신기능은 센서의 원격진단을 가능하게 하여 제조중이나 사용중에도 센서의 성능을 검사하고 보정할 수 있다. 또한 지능형 센서는 자기보정(Self Calibration), 계산(Computation), 네트워킹(Networking), 다중 센싱(Multi-sensing) 등에서 개선된 장점들을 갖는다.

3) 센서의 지능화 발전과정

현존하는 센서들은 소형화, 지능화, 무선화, 집적화, 재구성화를 추구하고 있다. 시장의 요구는 MEMS, NT 및 반도체 집적기술의 진보에 따라 충족되어 가고 있는데 센서의 발전과정을 도식화한 것으로 Discrete Sensor, Integrated Sensor, Digital Sensor를 거쳐 지능형 센서(Smart Sensor)로 진행되고 있다.

- 제1세대의 Discrete Sensor는 온도, 압력, 가속도, 변위 등의 물리량을 전기적 신호로 변환하는 기능의 센싱 소자와 증폭, 보정, 보상의 기능의 신호처리회로가 별개로 분

리되어 있는 초기의 센서의 형태를 갖는다.

- 제2세대 Integrated Sensor는 센서의 잡음성능을 높이고 소형화하기 위해 센서와 신호처리회로가 결합한 형태로 제작되는데 MEMS 기술이 도입되면서 활발히 개발되었다. Laser Trimming 기법과 같은 아날로그 보정 및 보상기법이 적용되었다.
- 제3세대 Digital Sensor는 혼성신호 CMOS 기술의 발전으로 아날로그 회로에 디지털 회로가 함께 집적되면서 센서의 이득, 오프셋, 비선형성 등을 디지털 방식으로 보정하고 보정 데이터를 비휘발성 메모리에 저장하고 있다. 또한 ADC 기능을 추가함으로써 출력을 디지털 코드로 변환하고 이를 디지털 인터페이스가 가능해지고 초보적인 네트워킹 센서로 활용하고 있다.
- 제4세대 지능형 센서(Smart Sensor)는 MCU(Micro Computer Unit)가 센서에 내장되는 형태로 MCU의 제어, 판단, 저장, RF 통신기능들을 채용하여 센서의 성능을 높이고 다중 센서, 네트워크 센서, 유비쿼터스 센서로 진화하면서 SOC(System On a Chip) / SIP(System-In-Packaging) / SOP(System-On-Packaging) 기술을 요구하고 있다.

따라서, 센서의 소형화는 최근 Nano 기술과 MEMS(Micro Electro Mechanical System) 기술의 발전과 더불어 가속화되고 있는데, 그 중에서 MEMS는 전기적 요소와 기계적 요소가 결합한 IC 부품 또는 시스템을 말하며, 반도체 제조의 크기와 정밀도를 갖는 기계 구조물을 실리콘 기판 또는 다른 가능한 기판상에 구현하고 이를 전기적 회로와 연결하여 기능을 발현하는 기술이다.

MEMS 제조공정기술로는 크게 벌크 마이크로머시닝(Bulk Micro-machining), 표면미세가공기술(Surface Micro-machining) 및 LIGA(LIthographie, Galvano-formung, Abformung)로 나눌 수 있으며 이 공정기술은 센서의 구조물을 초소형으로 제작하는데 활용된다. 여기에 신호처리회로 IC를 센서와 함께 집적하여 집적 센서(Integrated Sensor)를 구현한다. 요소기술로서 MEMS 공정과 호환성을 갖는 post-CMOS(BIPOLAR) 또는 pre-CMOS (BIPOLAR) 기술이다.

이와 같은 집적 센서의 대표적인 것으로는 Bosch, Fuji 등의 절대압력 센서와 모토로라의 가속도 센서이다. 혼성신호 CMOs 회로가 보편화되고, EPROM, EEPROM의 비휘발성 메모리가 센서에 탑재되면서 센서의 성능을 높이기 위한 보정 및 보상에 있어 디지털 제어가 가능해졌고 간단한 통신기능을 내장하고 있다.

MCU는 기본적으로 메모리와 제어 통신기능을 갖고 있어 이를 센서에 내장하기 위한 시도는 꾸준히 있어 왔으나, 실제 지능형 센서는 오래 전에 기판수준(Board Level)에서 실현되었으나, 최근 마이크로 지능형 센서는 MCU의 가격이 낮아지고 네트워크 센서, 유비쿼터스 센서 등의 수요가 늘어나면서 제품으로 실현 가능성이 높다.

4) 지능형 센서의 보정 및 보상기술

센서의 지능화는 전자보정(Electronic Trimming) 기술에 대한 요구에서 시작되었는데, 원리적으로 전자적 보정은 센서가 갖는 에러, 오프셋, 비선형성의 출력 보정과 같은 기능들을 전자적으로 수행하는 것으로서 디지털 보정소자를 이용하거나 ADC / DAC를 통한 전압 / 전류조정, 또는 DSP / MCU를 통한 보정 알고리즘을 이용한다. 산출한 보정 데이터는 비휘발성 메모리(EPROM, EEPROM)에 저장한다.

전통적인 센서의 경우 후막저항의 레이저 보정(Laser Trimming)이나 Discrete Diode Fusing과 같은 아날로그 보정방식을 사용하였고, 이러한 아날로그 보정은 보정폭과 항목이 제한적이며 정확도가 낮고 시간과 비용이 많이 들기 때문에 센서의 가격을 낮추기가 어려웠으며, 더욱이 장기간에 걸친 센서의 성능저하(Long Term Degradation)에 대한 대책이 없다. 이에 비해 전자적 보정은 보정범위가 획기적으로 커지고 비선형 에러의 보정도 가능하다. 또한, 센서 제조시에 일괄시험(Batch Test) 및 인라인 보정(In-line Trimming)이 가능하고 많은 센서들을 동시에 보정함으로써 제조시간을 줄인다.

보정시간은 제품생산원가를 크게 좌우하는 것으로 종래에는 제품가격의 70~80%를 차지하는 경우도 있었는데, 전자적 보정기술의 또 다른 중요한 특징은 경시변화 및 미세조정을 하기 위해 계수를 다시 변경할 수 있다는 사실이다. 레이서 보정의 경우 보징이 끝난 이후 재조정은 거의 불가능하지만 EEPROM을 이용하는 전자적 보정은 간단히 계수를 변경한 후 다시 저장한다.

5) 지능형 센서의 기술동향

(1) 스마트 압력 센서

반도체 기술을 바탕으로 1970년대 이후 급속히 발전한 3차원 미세가공기술인 MEMS 기술은 종래의 크고 복잡한 구조의 기계식 센서를 일괄 생산공정이 가능한 초소형, 초경량 전자식 반도체 센서로 대체되고 있다. 이러한 MEMS 기술을 이용하여 제작된 최초의 센서는 실리콘 마이크로 압력 센서로서 1980년대부터 상품화되어 자동차의 MAP(Manifold Absolute Pressure) 센서로서 응용되기 시작하였고, 1990년대에는 신호처리회로가 센서와 함께 집적된 1개의 칩(one-chip) 압력 센서가 개발되었다. 향후 마이크로 실리콘 압력 센서는 자동차에의 타이어압, 브레이크압, 오일압, 에어컨압 등으로 적용분야가 계속 확대되고 있다.

신호처리회로가 센서와 함께 집적된 센서로 현재 자동차에 적용되고 있는 MAP Sensor는 센서의 발전과정으로 구분하면 집적 센서(Integrated Sensor)에 해당된다. 바이폴라 반도체 회로가 적용되었고, 레이저 보정과 Metal Fusing 보정방식이 적용되었는데, 최근 인피니온사에서 출시한 절대압력 센서로 CMOS 회로와 EPROM을 사용하여 스마트 센서가 구현되기도 했다. 동작을 보면 센서의 아날로그 출력을 ADC 한 후 PROM에 저장된 보정 데이터를 가지고 보정하여 DAC를 통해 아날로그 출력을 보낸다. 보정 데이터는 시리얼 인터페이스(Serial Interface)를 통해 입출력되도록 하였다.

(2) 마이크로 무선 센서

최근 시장 수요의 증대에 따라 센서에 무선기술을 채용하는데 적극 나서고 있는데, 무선 센서가 가장 많이 사용되고 있는 분야는 보안산업으로 이 분야에서는 RFID를 비롯하여 침입감지를 위한 적외선 센서, mm-wave 센서, 도어 센서 등에도 무선 칩을 내장하여 센서를 무선화하고 있다. 또한 유통분야에서는 바코드를 대체할 무선 Tag(Wireless Tag)와 환경분야에서는 스마트 빌딩 및 지능형 도로 시스템 등의 환경 센서에 무선기술이 광범위하게 적용되고 있다.

무선 센서의 시장경쟁력 확보는 PCS(Personal Communication Service) 기술의 비약적인 성장에 따라 무선장치의 원가가 낮아지고 성능이 향상되어 가능해졌고, 소형화와 저소모 전력화에 대한 기술이 필요한데, MEMS 기술과 스마트 기술은 그러한 시장요구의 해답이 되고 있다. 무선 센서의 개념은 센서기술 영역 중 매우 매력적인 영역으로 산업용, 상업용, 소비자 사용의 잠재성은 상상할 수도 없다. 다음에 언급할 TPMS 센서, 유비쿼터스 센서의 기본기술이 된다.

(3) TPMS 센서

스마트와 무선 센서 개념이 합쳐진 대표적인 센서가 운전중 타이어의 공기압과 타이어 마모상태 등의 정보를 운전자가 알 수 있도록 TPMS(Tire Pressure Monitoring System) 센서가 작동한다. TPMS는 4개의 타이어 내부 링에 장착된 무선송신기, 압력 / 온도 센서 모듈 그리고 운전석에 설치된 전용수신기로 구성되어 있고, 시동을 걸 때마다 모든 타이어의 압력상황이 체크되어 계기판으로 압력정보가 전송되고 위험징후시 운전자에게 경고 알람을 보내며 디스플레이를 통해 위급상황을 무선으로 알려준다.

TPMS 센서는 회전하는 타이어 링에 장착되기 때문에 소형화는 물론 유선으로 전력을 공급하기 어려워 무선으로 공급하거나 배터리를 사용하여야 한다. 따라서 저전력 마이크로 스마트 센서가 필수적이며 측정결과를 송출하기 위한 무선 링크가 필요하다. TPMS는 보통 영하 40°에서 영상 150°의 가혹한 조건에서 10년을 버티는 내구성을 요구한다. 향후 TPMS는 차량용 Bluetooth로 정보를 보내고 배터리 없이도 작동하는 무전력 기술을 채택할 것으로 보인다. TPMS는 적정한 공기압을 유지해 타이어 내구성, 승차감, 제동력을 향상시키고 연비의 효율성도 높이는 효과가 탁월하다.

미국 정부는 타이어의 안전문제가 사회적 이슈로 부각되자 2003년 11월부터 오는 2006년까지 자국에서 출고되는 모든 승용차와 경트럭 등에 압력 센서를 의무적으로 부착하도록 하는 법안을 확정했다. 이에 따라 BMW, 벤츠, 인피니티와 같은 고급차들이 TPMS를 채택했고, 국산차도 미국 현지판매를 위해서 TPMS를 채택할 예정이다. 미국에 이어 안전관리가 철저한 프랑스, 독일, 스웨덴과 같은 유럽 국가들도 차량에 TPMS 탑재를 법제화할 움직임을 보이고 있다.

(4) 유비쿼터스 센서

'유비쿼터스(Ubiquitous)'라는 단어는 라틴어에서 유래한 것으로 언제, 어디서나 동시에 존재한다는 뜻을 나타내고, 물이나 공기처럼 우리 주변환경에 내재되어 모든 사물 및 사람이 보이지 않는 네트워크로 연결된 새로운 전자공간이 존재하여 인간의 삶을 복되게 하는 것을 추구하고 있다. 유비쿼터스 컴퓨팅에 의한 전자공간의 혁명은 '언제', '어디서나' '무엇이라도' 추가하여 점조직과도 같은 무선 망에 의해서만 성공할 수 있는데, 즉 전파라는 무선 매체에 의지할 때 유비쿼터스 혁명은 급속히 확산될 수 있으며 무선 매체에 의해 창출되는 공간만이 물리공간과 전자공간을 통합할 수 있다.

여기에서, 주위환경을 감지하는 센서는 유비쿼터스 환경을 구성하는 가장 기본적인 단위로서 미래의 센서 네트워크 기술은 세 가지 단계를 거쳐 발전할 것으로 보고 있다.

- 첫 번째 단계는 센서가 생활공간에 확산되는 단계다. 정보가전을 비롯해 소파와 침대 그리고 도로 곳곳에도 작고 저렴하며 소비전력이 낮은 센서들이 내장된다. 이들은 독립된 센서로서 고유의 기능을 수행한다.
- 두 번째 단계는 이들 센서가 연결되는 단계다. 즉 정보기기 속에 숨어 있던 센서들은 단일 네트워크로 통합되어 각자의 정보를 주고 받는다.
- 마지막 발전단계는 각종 센서들의 정보가 종합화되는 단계이다. 센서들이 제공하는 개별적인 정보만으로는 판단할 수 없었던 종합적인 문제에 관심을 기울이는 단계다.

이와 같은 유비쿼터스 센서는 스마트 센서의 응용분야로 무선 통신 네트워크 기능이 강화된 것이다. 센서 네트워크 환경에 적합한 OS가 내장되어 센서로의 액세스 및 제어가 용이하고 Plug & Play와 같이 접속이 용이하다. 또한, 센서의 지능을 한 단계 더욱 높여갈 유비쿼터스 센서의 응용분야로서 지능형 빌딩내의 환경 컨트롤, 생산공정 자동제어, 창고물류관리, 병원에서의 물품·정보관리 및 환자상태 원격감지, 지능형 교통 시스템, 텔레메틱스 등의 그 범위가 광범위하다.

외국의 연구를 살펴보면 미국 UC Berkeley 대학에서 극소형 센서 간의 Ad-hoc PicoRadio에 대한 연구를 진행중이고, 초소형 환경감시용 영상센서 네트워크인 WINS (Wireless Integrated Network Sensors)에 대해 연구하고 있다. 또 MIT Microsystems 연구소에서는 전력소비를 최소화하기 위한 적응형 센서 네트워크 플랫폼인 u-AMPS(Micro Adaptive Multi-domain Power-awareness Sensors)에 대한 연구도 진행중이다. 유비쿼터스 센서는 네트워크의 고밀도 특성, 제한적 전력원, 극한적 전파환경 등을 고려한 새로운 기술이 더 많이 요구되고 있다. 지능형 센서는 MEMS 센서기술과 VLSI 기술의 MCU가 만남으로써 실현되고 있고 무선 센서, 유비쿼터스 센서로 발전하면서 21세기 인간중심의 사회에서 산업 전 분야에 걸쳐 사용될 것이다.

04 센서의 활용

센서의 활용은 센서만을 이용하는 것이 아니라 융합되는 서비스가 이루어진다. 특히 센서를 활용한 서비스는 단일 센서만을 이용하는 서비스가 아니고, 다양한 종류의 기능과 동작방식을 갖는 이종 센서들이 연동되어 무선이든 유선이든 융합되어 유비쿼터스 서비스를 제공하는 방식이다. 이러한 센서에서 필수적인 요소 및 기술들을 설명하기 위해 대표적인 센서들을 활용한 응용사례들을 살펴보면 다음과 같다.

사례 1 신체영역 네트워크, 오브젝트(Object)센서 네트워크와 모바일 네트워크와 연동사례이다.

[그림 1-2]처럼 버스를 타기 위해 버스 정류장에서 시간을 보내야 하는 A군과 B양을 위해 그들의 현재 심리상태와 평소의 관심사를 분석하고 다음 버스가 오기까지 남은 시간을 측정하여 사용자에 적합한 콘텐츠를 그 사람의 휴대폰으로 전송해준다. 이 서비스에서 필요로 하는 정보들을 얻기 위해서는 생체신호 측정용 센서 및 네트워크, 버스정류

장 주변의 환경정보를 수집하는 센서 및 네트워크, 버스의 운행상태를 알 수 있는 시스템 등이 필요하다.

[그림 1-2] 생체신호 측정용 센서 및 모바일 네트워크 응용

사례 2 홈네트워크를 통한 헬스케어 서비스 응용사례이다.

가정에서 가족 구성원들의 몸에 부착된 생체 센서를 통해 가족들의 식습관 및 건강상태를 측정하여 홈게이트웨이를 통해 주치의가 있는 병원에 가족들의 건강상태를 전달하여 건강 이상 유무를 판단한다. 현재 가족들의 건강상태와 평소의 식습관을 토대로 냉장고에 남은 음식 및 식재료의 남은 양을 판단하여 온라인 슈퍼마켓에 주문을 한다.

[그림 1-3] 홈네트워크를 통한 헬스케어 서비스 응용

사례 3 u-Farm 응용

과수원에 설치된 온도, 습도, 조도, 토양 등의 데이터를 측정하는 다양한 이벤트를 센서 및 네트워크를 통해 과수의 발육상태 및 토질 등의 환경정보를 수집하고 이 수집된 데이터를 기반으로 시기에 따른 적절한 대처를 할 수 있도록 알려준다.

유비쿼터스 기반 기술의 현실에 응용하고 향후 유비쿼터스 전 영역으로 확대하여 지하매설물 관리, 도시구조물 관리 등 USN을 활용한 u-City 응용 서비스 모델 및 다양한 분야의 USN 관련 서비스 모델을 발굴하였다. 또한 ZigBee, WMN, IPv6 등 다른 유비쿼터스 기술 및 인프라와 연동할 수 있는 융·복합 유비쿼터스 응용 서비스를 한다는 점에서도 매우 큰 의미가 있다.

[그림 1-4] u-Farm 응용

사례 4 화학물질을 감지하는 센서를 이용한 스마트폰

최근에는 셀-올 이니셔티브(Cell-All initiative)가 감지센서를 통하여 치명적인 화학물질을 감지할 수 있는 스마트폰을 개발하였다. [그림 1-5]처럼 이 제품의 센서를 통하여 테러리스트들이 화학물질 공격을 감행할 시 수많은 인명을 구할 수 있을 것이다. 화학물질의 냄새를 감지할 수 있는 칩의 가격은 약 1달러이며, 감지 센서는 컴퓨터 안티바이러스 프로그램처럼 보이지 않는 곳에서 상시 작동하게 된다. 만약 이 칩이 가까운 거리 내에서 독성 화학물질로 판단되는 것을 감지할 경우 문제의 물질이 무엇이냐에 따라 사용자나 중앙 관리센터에 이를 알리게 된다. 중앙관리센터로 보내지는 경고에는 해당일의 시간, 전화의 위치, 감지한 화학물질의 명칭이 포함된다. 중앙관리센터가 동일한 지역에서 동시다발적으로 다수의 경고를 입수할 경우 해당 지역에서의 대피작업이 이뤄질 수도 있다.

출처: http://www.gizmag.com/homeland-security-cell-all-initiative/14773/

[그림 1-5] 스마트 센서의 응용

사례 5 지문인식과 얼굴인식기술이 융합 시스템

슈프리마는 듀얼 지문인식과 얼굴인식기술이 융합된 '센서퓨전 기술'을 선보였다. 이 시스템은 1차로 지문인식을 실행한 후 불완전한 지문일 경우 얼굴인식을 실행해 사용자를 인증하는 것으로, 1초안에 1만개의 지문을 인식한다. 이 제품은 두 개의 지문 센서를 이용해 인식률을 높였을 뿐 아니라, 서로 다른 두 명을 동시에 인증하는 '트윈 지문 인증 모드' 등 다양한 응용 모드가 가능하다.

지문은 개인의 고유한 생체정보로서 일생동안 변하지 않는 특성을 갖고 있다. 지문인식은 이러한 지문정보를 이용하여 개인에 대한 인증 및 개인 간의 차이를 식별할 수 있는 기술이다. 또한, 비밀번호나 카드 등에서 발생할 수 있는 분실, 도용 등의 위험이 없으며, 그 신뢰성이 뛰어나고, 편의성 또한 높아 차세대 보안기술로서 다양한 응용분야에서 활용되고 있다.

지문은 표피면에서 위로 돌출되어 있는 융선(Ridge)과 융선 사이의 공간인 골(Valley)로 구성되어 있다. 개인별로 지문의 융선과 골의 패턴이 각기 다르며, 이러한 패턴의 고유성 및 차이를 이용하여 지문인식을 수행하게 된다.

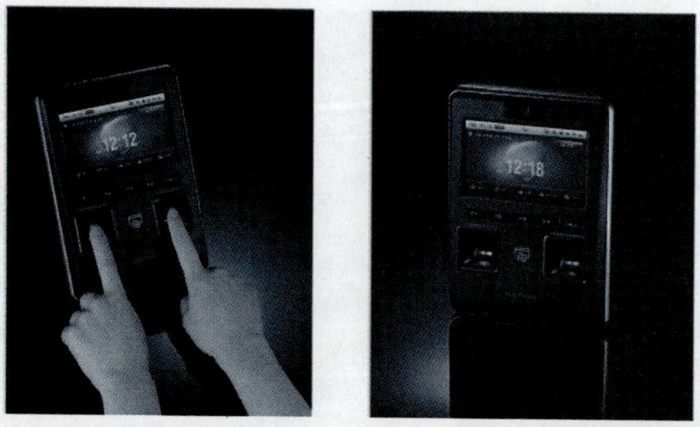

[그림 1-6] 지문 및 얼굴인식 센서 퓨전 기술의 응용

지문 센서는 지문에서 융선을 감지하여 2차원 영상 데이터로 변환을 해주는 소자이다. 지문인식은 다음과 같이 크게 두 가지 과정으로 구성된다.

- 첫째, 지문등록(Enrollment)은 지문 센서로부터 취득된 영상 데이터에 대해 고수준의 영상처리과정으로 구성된 지문인식 알고리즘을 거쳐서 각 지문별로 고유한 특징들이 추출하여 데이터베이스로 저장하는 과정이다.
- 둘째, 지문인증(Verification)으로 재입력된 지문으로부터 특징을 추출하고, 이를 등록된 지문과 비교하여 동일여부를 판별하는 것이다.

(주)슈프리마(http://www.supremainc.com)는 세계 최고의 지문인증 알고리즘 기술을 보유하고 있으며, 출입통제장치로부터 네트워크 기반 보안 시스템에 이르기까지 다양한 응용분야에 지문인식 솔루션을 공급, 지원하고 있다.

1) 지문인식 센서의 종류

(1) 광학식 센서

광학식 센서(Optical Sensors)는 내부에서 광원을 조사하고 지문 융선에 의해 반사된 빛을 CMOS 이미지 센서를 통해 감지하는 원리로 지문영상을 얻어내게 된다.

(2) 열감지식 센서

열감지식 센서(Thermal Sensors)는 센서 표면이 온도 차이를 감지할 수 있는 반도체셀로 구성되어 있어서 융선이 센서와 닿지 부분과 닿기 않은 부분의 온도 차이를 이용하여 지문영상을 얻어내는 방식으로 동작한다. 센서부는 작은 바(Bar) 형태로 구성되어 있으며, 손가락을 센서 면에 긁음으로써 전체 지문영상을 얻을 수 있다.

(3) 축전식 센서(Capacitive Sensors)

센서와 접촉되는 융선부와 골간의 대전되는 전기량의 차이를 이용하여 지문영상을 얻어내는 센서이다.

(4) 전기장식 센서

전기장식 센서(Electric Field Sensors)는 센서에서 전기장을 형성하고 융선부 접촉시 전기장의 변화를 감지하여 이를 지문영상으로 변환하는 센서이다. 피부에서 외피 내부의 진피의 특성을 이용하기 때문에 보다 안정된 영상을 얻을 수 있다는 특성을 가지고 있다.

2) 지문인식 센서별 장점 비교

(1) 광학식 센서

강인한 센서 표면과 비교적 저렴한 가격이다.

(2) 열감지식 센서

센서의 크기가 작고 대량 주문시 매우 저렴하다.

(3) 축전식 센서

표면이 강화 코팅처리되어 있고 영상 품질이 우수하다.

(4) 전기장식 센서

표면이 오염된 지문에 강한 특성을 갖는다.

3) 지문인식 알고리즘

(1) 특정기반 알고리즘

특정기반 알고리즘은 지문에서 끝점(Ending), 분기점(Bifurcation), 특이점(Singular points) 등과 같은 특징점(Minutiae)을 기반으로 한다. 아울러 전체적인 융선 정보와 같은 부가정보를 활용함으로써, 특징점이 갖는 단점을 보완하여 탁월한 인증성능을 보이고 있다. 알고리즘은 크게 특징 추출(Feature extraction)과 정합(Matching)으로 구분된다.

(2) 특징 추출

지문 센서로부터 취득된 지문영상은 다양한 형태의 잡음과 갈라짐, 얼룩, 뭉개짐 등으로 많이 열화되어 있는 상태이다. 특정기반 알고리즘은 이러한 입력영상으로부터 고수준의 영상처리과정을 통해 고품질의 융선을 얻어내고, 잘못 추출된 특징들을 효율적으로 제거하여 최적의 지문특징을 추출해 내게 된다.

[그림 1-7] 지문인식의 특징 추출과정

(3) 정 합

일반적으로 지문인식에 있어서 높은 인증성능을 얻기 위해서는 보다 복잡한 영상처리가 필요하여 인증속도가 느려지는 문제점이 있다. 반면, 정합 알고리즘은 높은 인증율과 인증속도라는 두 가지의 특성을 모두 갖추고 있어서, 저속 CPU 기반의 임베디드 시스템에도 쉽게 적용될 수 있다는 장점을 가지고 있다. 또한, 대량의 데이터베이스를 고속으로 검색 가능하다.

02장 센서 응용 시스템

01 센서 응용 시스템 개요

센서 응용 시스템(Hyper Sensor Kit)은 20종의 다양한 센서들을 테스트해 볼 수 있도록 구성된 시스템이다. Texas Instruments사의 16Bit MCU인 MSP430을 제어하여 측정된 데이터를 볼 수 있다.

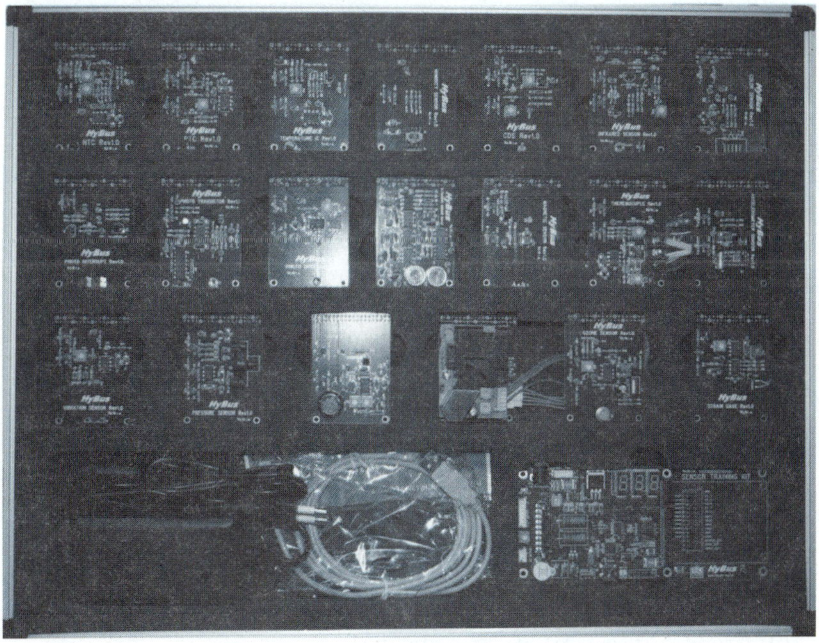

[그림 2-1] 센서 응용 시스템

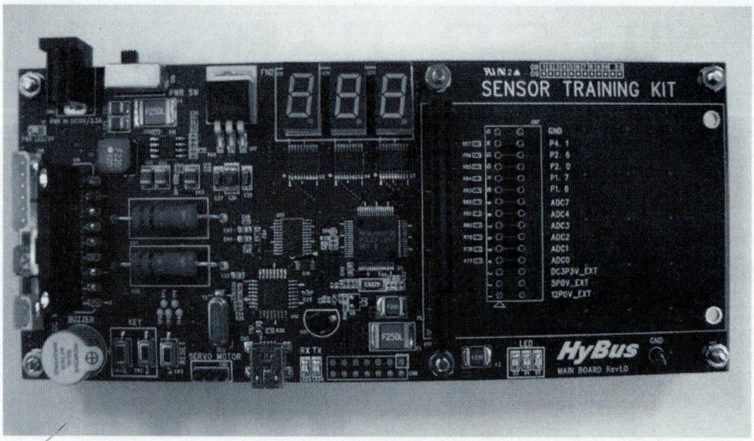

[그림 2-2] 센서 시스템의 메인보드

02 센서 시스템의 구성

센서 시스템의 Package에 포함되어 있는 구성은 다음과 같다.

- 메인보드(Main Board) : 1개
- NTC 보드(Board) : 1개
- PTC 보드(Board) : 1개
- 온도(Temperature) IC 보드(Board) : 1개
- 습도 센서보드(Humidity Sensor Board) : 1개(SHT11 Board 포함)
- CdS 보드(Board) : 1개
- 적외선 센서보드(Infrared Sensor Board) : 1개
- 컬러 센서보드(Color Sensor Board) : 1개(TCS230 Board 포함)
- 포토 인터럽트 보드(Photo Interrupt Board) : 1개
- 포토 트랜지스터 보드(Photo Transistor Board) : 1개
- 포토 다이오드 보드(Photo Diode Board) : 1개
- 울트라 센서보드(Ultrasonic Sensor Board) : 1개
- 마그네틱 센서보드(Magnetic Sensor Board) : 1개
- 열전대 보드(Thermocuple Board) : 1개
- 가속도 센서보드(Accelerometer Sensor Board) : 1개(ADXL103 Board 포함)

- 진동 센서보드(Vibration Sensor Board) : 1개
- 압력 센서보드(Pressure Sensor Board) : 1개
- 가스 센서보드(Gas Sensor Board) : 1개
- 먼지 센서보드(Dust Sensor Board) : 1개
- 오존 센서보드(Ozone Sensor Board) : 1개
- 스트레인게이지 보드(Straingage Board) : 1개
- USB 케이블(Cable) : 1개
- 12V 전원공급 어댑터(Power Supply Adopter) : 1개
- DC 모터(DC Motor) : 1개(Optional)
- 스텝 모터(Step Motor) : 1개(Optional)
- 서보 모터(Servo Motor) : 1개(Optional)
- 제품 CD

03 메인 및 센서보드의 사양서(Specifications)

메인보드의 사양은 [표 2-1]처럼 구성되어 있다.

[표 2-1] 메인보드 상세사양

분 류	내 용
MPU	MSP430F1611(include 48kB+256B Flash Memory)
USB	USB TO Serial IC
FND	COMMON Cathode Type x3
버저(Buzzer)	Min. Sound Output at 10cm : 85dB
푸시버튼 입력	User Button x2
LED 출력	User LED x3
DC 모터	Option
Step 모터	Option
Servo 모터	Option
전원	DC Adapter (12V/3.3A)
확장 커넥터	Header Socket 40Pin 2.54pitch

[표 2-2]는 센서보드 상세사양이다.

[표 2-2] 센서보드 상세사양

번호	보드명	적용 센서
1	NTC	NTC-10KD-5J, Resistance at 25℃:10kΩ, Resistance Tolerance:±5%
2	PTC	SYP12152, Rated Resistance:1.5KΩ
3	Temperature IC	LM35, Linear + 10.0 mV/℃ scale factor
4	Humidity	SHT71, Digital Output, Humidity accuracy:±3.0
5	CdS	GL5537, Light Resistance at 10Lux (at 25℃):18~50kΩ
6	Infrared	EL-1KL2(발광부):Infrared Emitting Diode, HP-5FR2(수광부):Photo Diode
7	Color	TCS230, Programmable Color Light To Frequency Converter Nonlinearity Error Typically 0.2% at 50kHz
8	Photo INT	SG-207, Photo Interrupters(Transmissive)
9	Photo TR	ST-1KLA, Photo Transistors(Detectors)
10	Photo Diode	SP-1KL, Photo Diodes
11	Ultra Sonic	255~400ST12(Transmitter), 255~400SR12(Receiver), Center frequency (f0) : 40.0kHz ± 1.0kHz
12	Magnetic	A3144, Sensitive Hall-Effect Switches
13	Thermocuple	K Type Thermocuple
14	Accelerometer	ADXL103, Precision ±1.7g Accelerometer
15	Vibration	LDT0 Soolid State Switch / Vibration Sensor
16	Pressure	MPX5010, Integrated Silicon Pressure Sensor, 0 to 10kPa
17	Gas	TGS813, High sensitivity to methane, propane and butane
18	Dust	PPD4NS, Optical Particulate Sensors
19	Ozone	MiCS-2610, O3 Sensor
20	StrainGage	FLA-5-11-1L

04 센서 응용 시스템 블록도

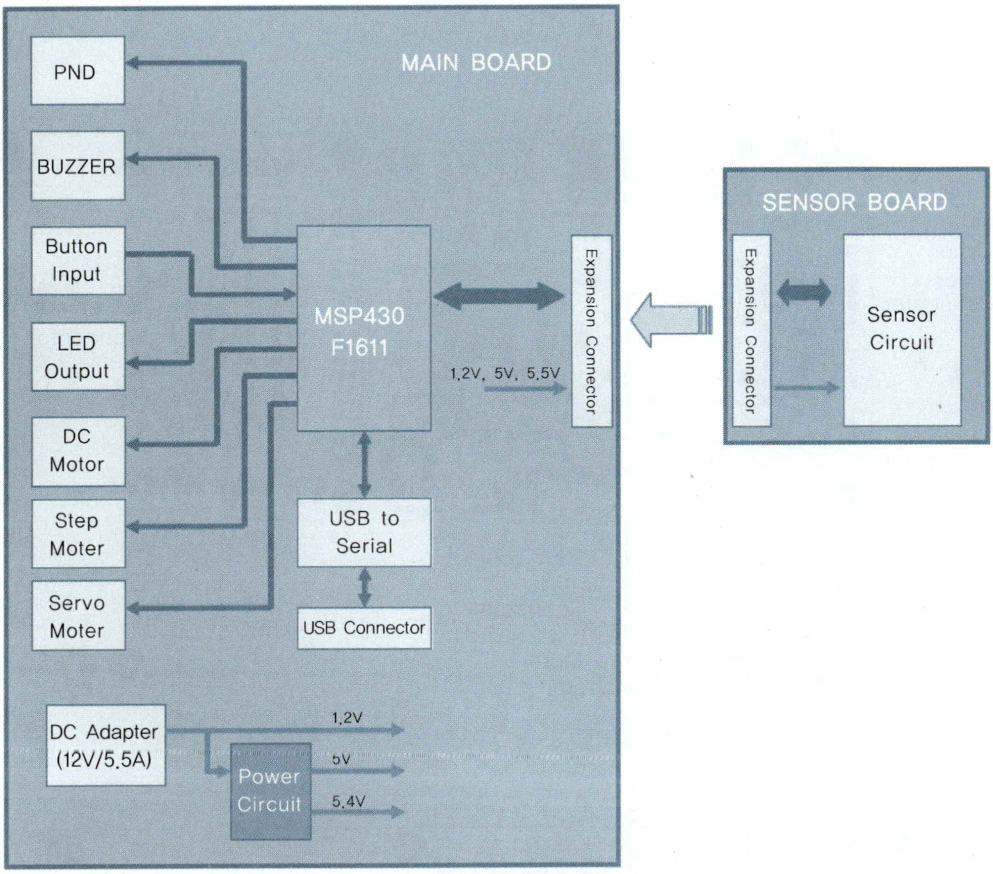

[그림 2-3] 시스템 블록도

05 보드의 배치도

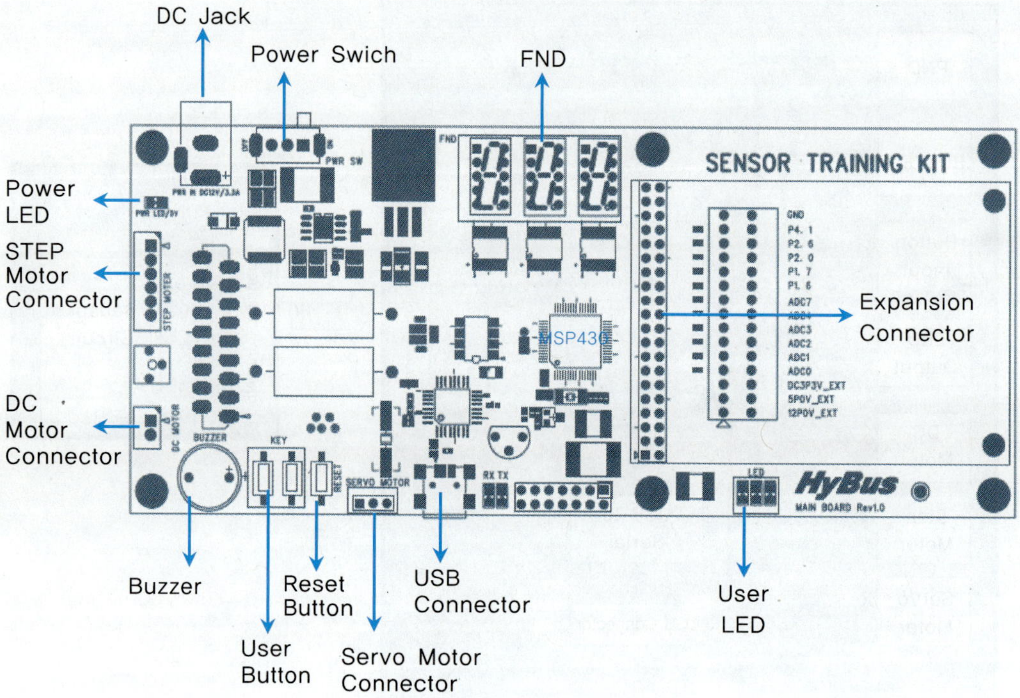

[그림 2-4] 메인보드 전면

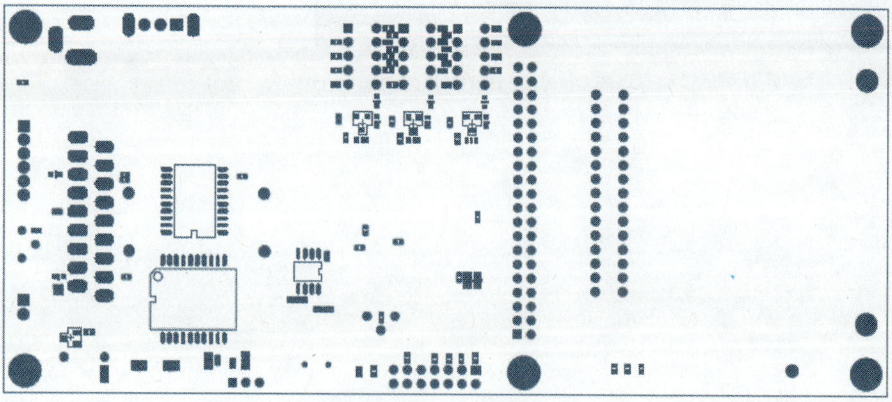

[그림 2-5] 메인보드 후면

06 보드의 크기

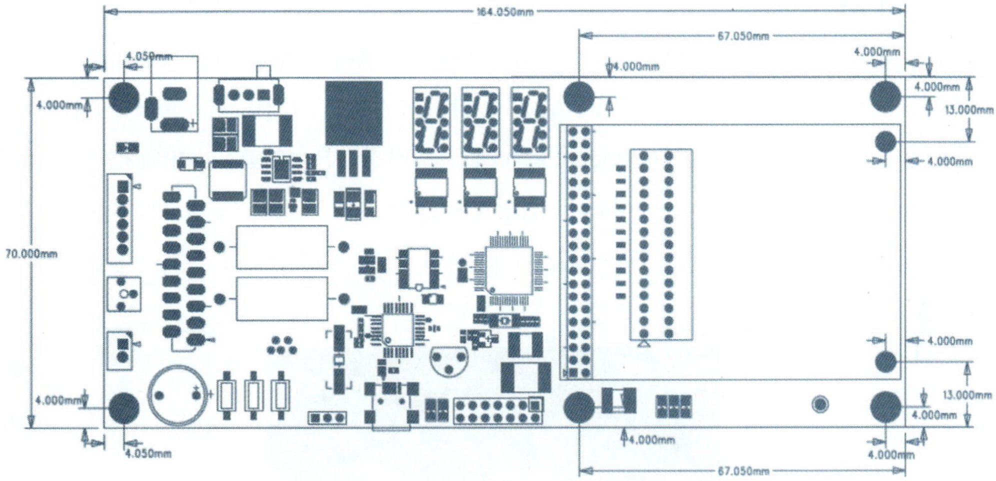

[그림 2-6] Main Board의 크기(Dimension)

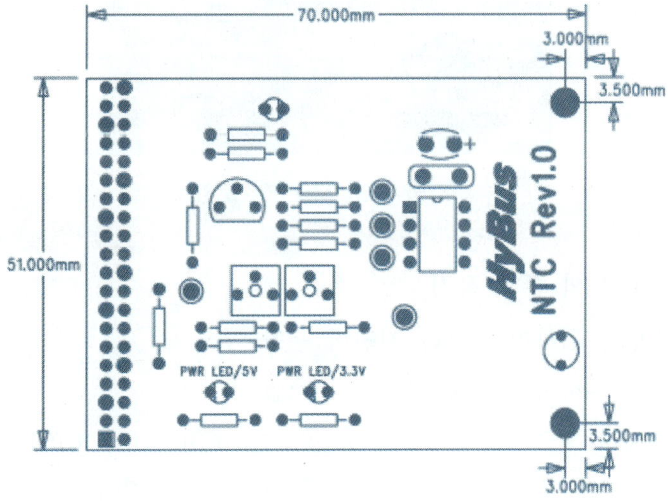

[그림 2-7] Sensor Board의 크기(Dimension)

07 MSP430 MCU

(1) MSP430은

MSP430은 TI사의 16Bit MCU로서 RISC 구조로 저전력 고성능 마이크로프로세서이다. 48kB의 Flash ROM과 10kB의 RAM을 내장하고 있다. 저전력을 요구하는 임베디드 시스템을 목적으로 개발되어 Active 모드에서의 소비전력은 330μA/MIPS(3.3V) 이하로 매우 낮은 편이다. 현재 국내외 여러 USN(ZigBee) 제품에 사용되고 있으며 이외에도 소형 의료장비나 산업용 임베디드 계측장비에 많이 사용되고 있다.

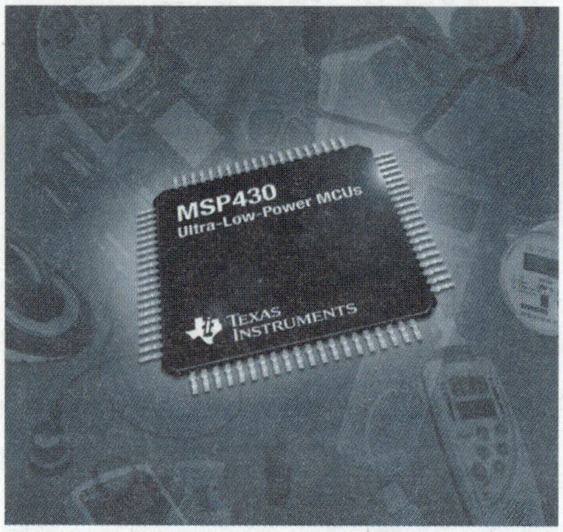

[그림 2-8] MSP430 모양

(2) MSP430F1611의 주요 특징

- 배터리의 수명을 위하여 울트라 저전력 구조
- 정밀한 관리를 위하여 고성능 아날로그 개념
- 가격과 성능에서 새로운 응용을 할 수 있도록 16Bit RISC CPU
- 필드 업그레이드와 데이터 로깅을 하도록 내부 프로그램이 가능한 플래시

- MSP430F1611의 핀디자인과 블록도

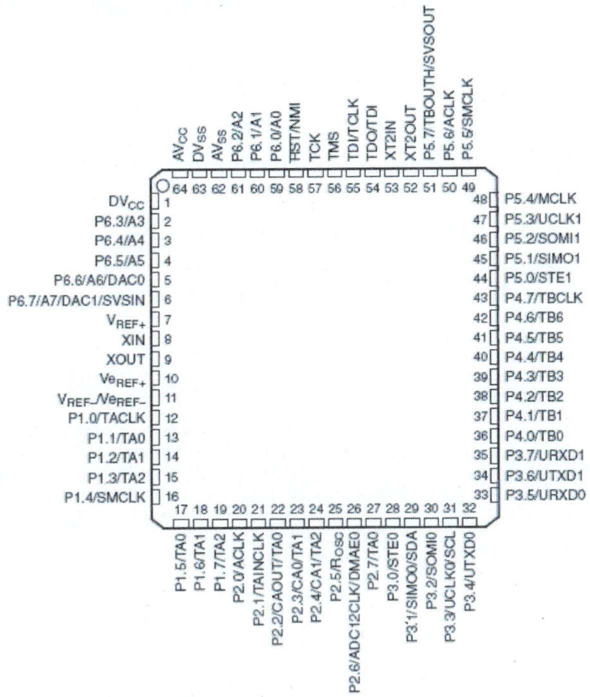

[그림 2-9] MSP430F1611의 핀 디자인

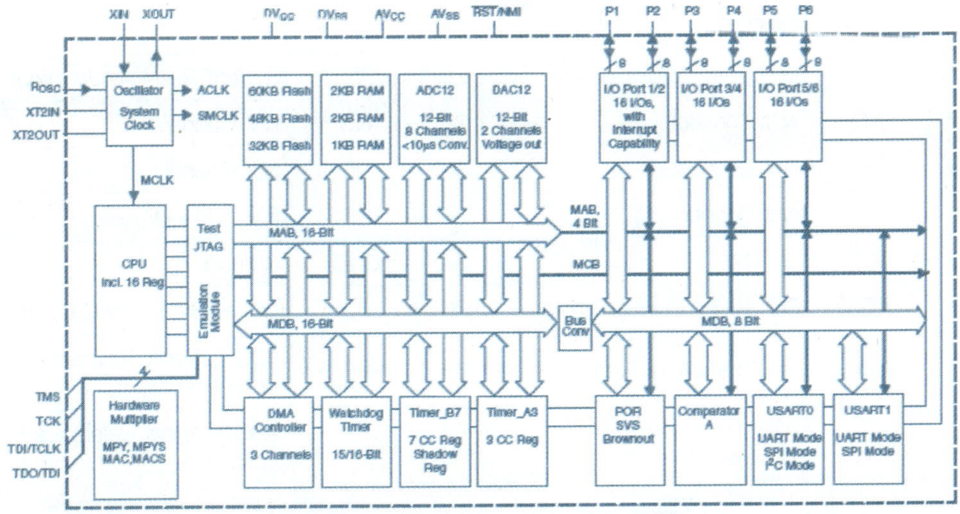

[그림 2-10] MSP430F1611의 블록도

08 핀 설명

1) 메인보드

(1) CN1 : 센서 확장 커넥터(Sensor Expansion Connector)

[표 2-3] CN1 : 센서 확장 커넥터

No.	Name	Description	No.	Name	Description
1	12P0V	DC +12V Power Output	2	12P0V	DC +12V Power Output
3	5P0V	DC +5V Power Output	4	5P0V	DC +5V Power Output
5	GND	Ground	6	GND	Ground
7	P3.3	GPIO Pin	8	ADC0	Analog Input A0
9	P3.2	GPIO Pin	10	ADC1	Analog Input A1
11	P3.1	GPIO Pin	12	ADC2	Analog Input A2
13	P3.0	GPIO Pin	14	ADC3	Analog Input A3
15	P2.7	GPIO Pin	16	ADC4	Analog Input A4
17	P1.2	GPIO Pin	18	ADC5	Analog Input A5
19	P1.6	GPIO Pin	20	ADC6	Analog Input A6
21	P1.7	GPIO Pin	22	ADC7	Analog Input A7
23	P4.1	GPIO Pin	24	GND	Ground
25	P4.2	GPIO Pin	26	RESET	System Reset(Active Low)
27	NC	Not Connect	28	NC	Not Connect
29	NC	Not Connect	30	NC	Not Connect
31	NC	Not Connect	32	NC	Not Connect
33	GND	Ground	34	GND	Ground
35	3P3V	DC +3.3V Power Output	36	3P3V	DC +3.3V Power Output
37	VREF+	ADC Reference Voltage(+)	38	VEREF+	ADC External Reference Voltage(+)
39	VEREF–	ADC External Reference Voltage(–)	40	VEREF–	ADC External Reference Voltage(–)

(2) CN7 : 센서 확장 터미널 블록(Sensor Expansion Terminal Block)

[표 2-4] CN7 : 센서 확장 터미널 블록

No.	Name	Description
1	12P0V	DC +12V Power Output
2	5P0V	DC +5V Power Output
3	3P3V	DC +3.3V Power Output
4	ADC0	Analog Input A0
5	ADC1	Analog Input A1
6	ADC2	Analog Input A2
7	ADC3	Analog Input A3
8	ADC4	Analog Input A4
9	ADC7	Analog Input A7
10	P1.6	GPIO Pin
11	P1.7	GPIO Pin
12	P2.0	GPIO Pin
13	P2.6	GPIO Pin
14	P4.1	GPIO Pin
15	GND	Ground

(3) CN2 : 서보 모터 커넥터(Servo Motor Connector)

[표 2-5] CN2 : 서보 모터 커넥터

No.	Name	Description
1	PWM_OUT	Servo Motor Control Signal
2	5P0V	DC +5V Power Output
3	GND	Ground

(4) CN5 : DC 모터 커넥터(DC Motor Connector)

[표 2-6] CN5 : DC 모터 커넥터

No.	Name	Description
1	OUT1	데이터시트 참조
2	OUT2	데이터시트 참조

(5) CN6 : 스텝 모터 커넥터(Step Motor Connector)

[표 2-7] CN6 : 스텝 모터 커넥터

No.	Name	Description
1	OUTB	데이터시트 참조
2	CNTRL SPLY	데이터시트 참조
3	nOUTA	데이터시트 참조
4	CNTRL SPLY	데이터시트 참조
5	OUTA	데이터시트 참조
6	nOUTB	데이터시트 참조

(6) CN3 : USB 커넥터(Connector)

[표 2-8] CN3 : USB 커넥터

No.	Name	Description
1	VUSB_5V	DC +5V Power Input
2	USBDM	USB Data pin DATA(–)
3	USBDP	USB Data Pin DATA(+)
4	GND	Ground
5	GND	Ground

(7) CN4 : 전원 커넥터(Power Connector)

[표 2-9] CN4 : 전원 커넥터

No.	Name	Description
1	12P0V	DC +12V Power Input
2	GND	Ground
3	GND	Ground

2) 센서보드(Sensor Board, 20종)

(1) CN1 : 센서 확장 커넥터

메인보드(Main Board)의 CN1 센서 확장 커넥터(Sensor Expansion Connector)의 핀 설명(Pin Description)과 동일하다.

[표 2-10] CN1 : 센서 확장 커넥터

No.	Name	Description
1	12P0V	DC +12V Power Output
2	5P0V	DC +5V Power Output
3	3P3V	DC +3.3V Power Output
4	ADC0	Analog Input A0
5	ADC1	Analog Input A1
6	ADC2	Analog Input A2
7	ADC3	Analog Input A3
8	ADC4	Analog Input A4
9	ADC7	Analog Input A7
10	P1.6	GPIO Pin
11	P1.7	GPIO Pin
12	P2.0	GPIO Pin
13	P2.6	GPIO Pin
14	P4.1	GPIO Pin
15	GND	Ground

09 시스템 연결 구성

1) 전원 케이블의 연결

메인보드의 좌측 상단 12V전원 커넥터가 있다. 반드시 제공된 12V전원을 연결한다.

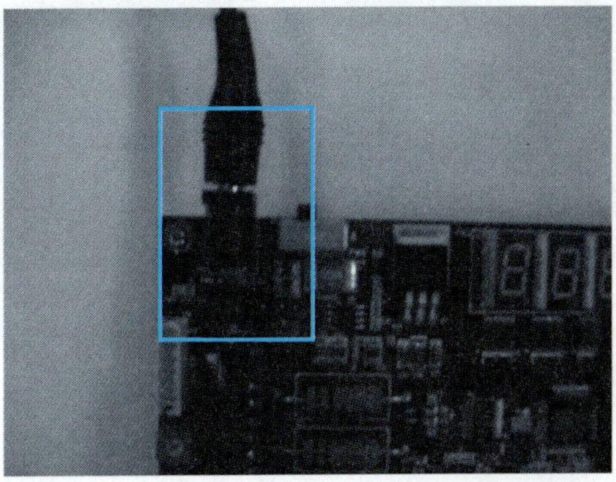

[그림 2-11] 전원 케이블(Power Cable)의 연결

2) USB 케이블의 연결

메인보드의 좌측 하단에 USB 포트가 있다. PC와 연결하여 두 가지 용도로 사용된다.

- 첫째 : MSP430의 플래시롬에 프로그램할 때 사용
- 둘째 : 시리얼 디버깅으로 사용

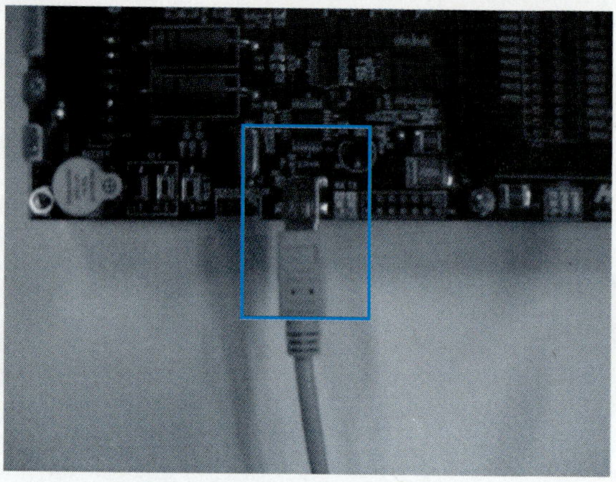

[그림 2-12] USB 케이블의 연결

3) 모터 연결(옵션)

(1) 스테핑 모터

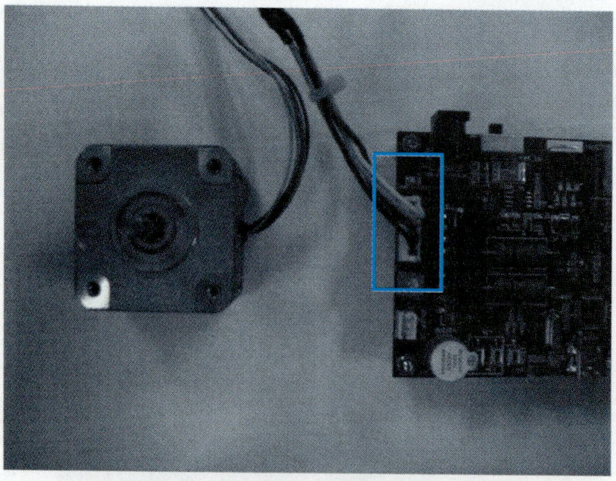

[그림 2-13] 스테핑 모터

(2) DC 모터

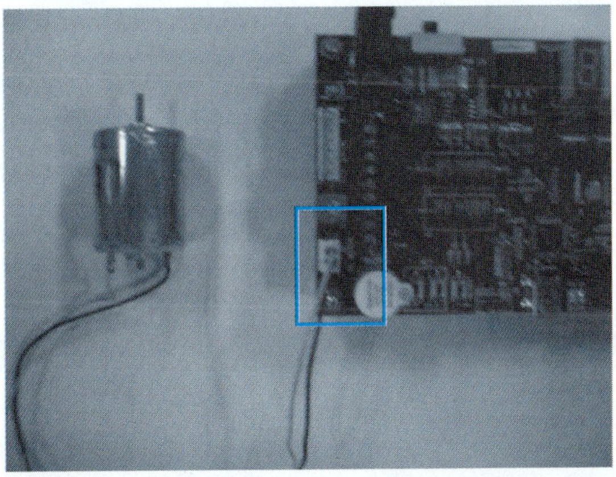

[그림 2-14] DC 모터

(3) 서보 모터

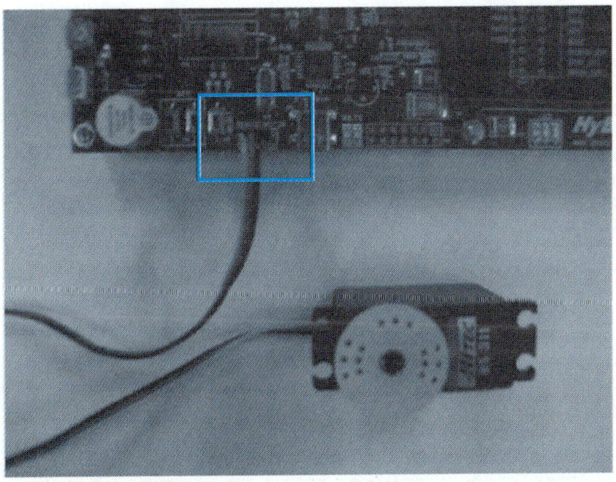

[그림 2-15] 서보 모터

10 MSPGCC 설치

MSPGCC는 MSP430의 S/W 개발환경을 위한 GNU C Compiler(GCC)이다.

아래의 홈페이지에서 MSPGCC에 대한 상세한 설명과 GCC 툴체인을 다운로드할 수 있다.

http://mspgcc.sourceforge.net/

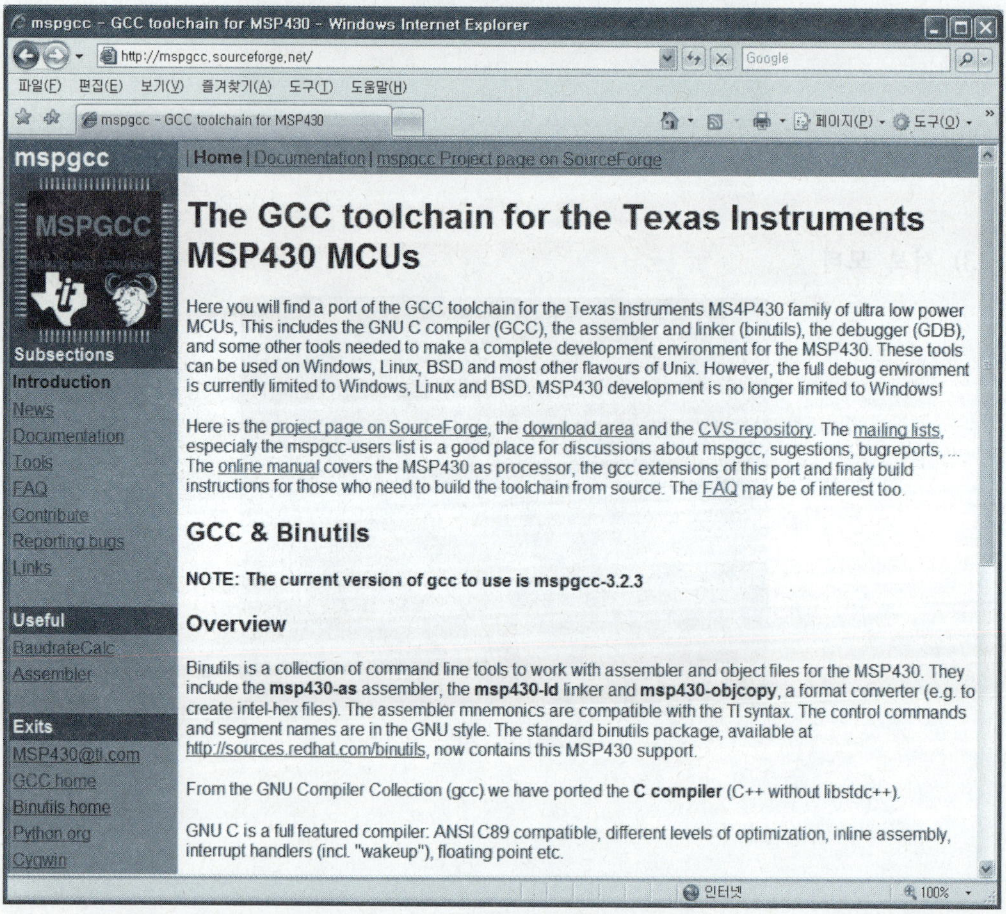

[그림 2-16] GCC 툴체인을 다운로드

1) MSPGCC 설치방법

① 제공된 CD안에 mspgcc_intall 폴더안에 있는 mspgcc-20070216.exe를 설치한다. 아래의 과정을 거쳐서 설치한다.

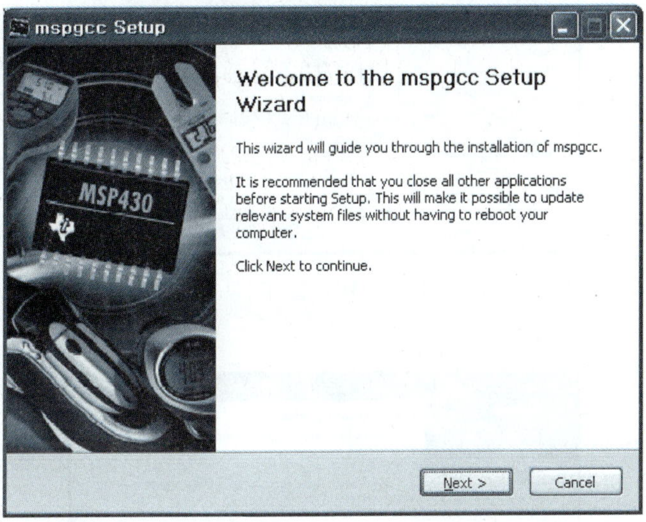

[그림 2-17] 설치과정 1

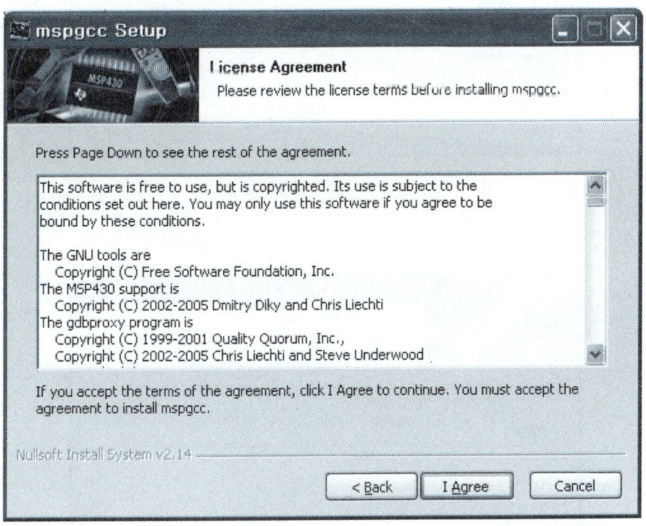

[그림 2-18] 설치과정 2

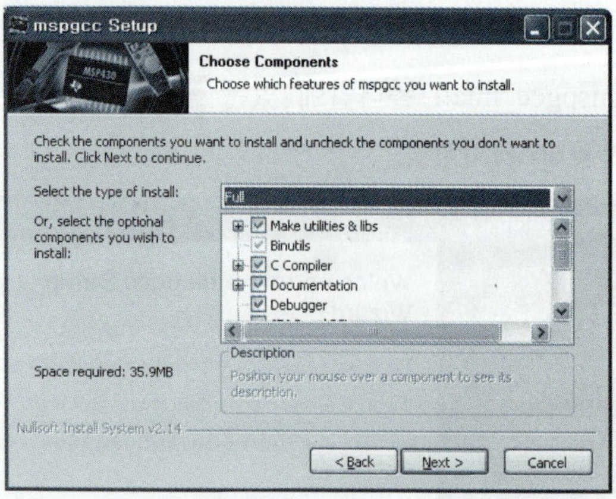

[그림 2-19] 설치과정 3

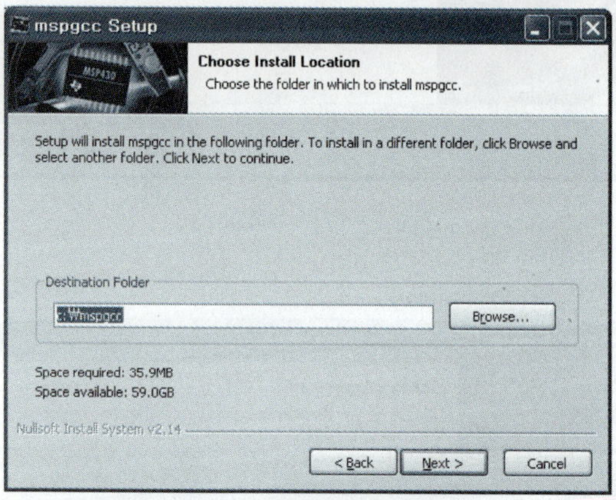

[그림 2-20] 설치과정 4

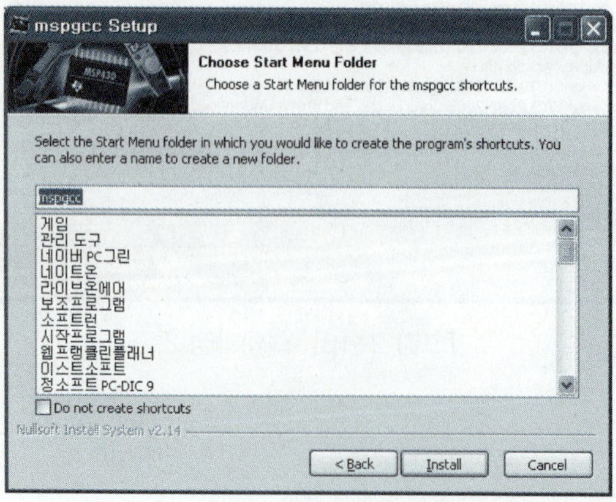

[그림 2-21] 설치과정 5

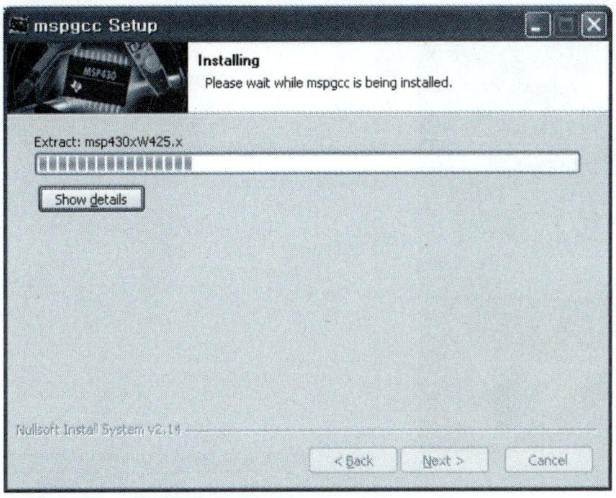

[그림 2-22] 설치과정 6

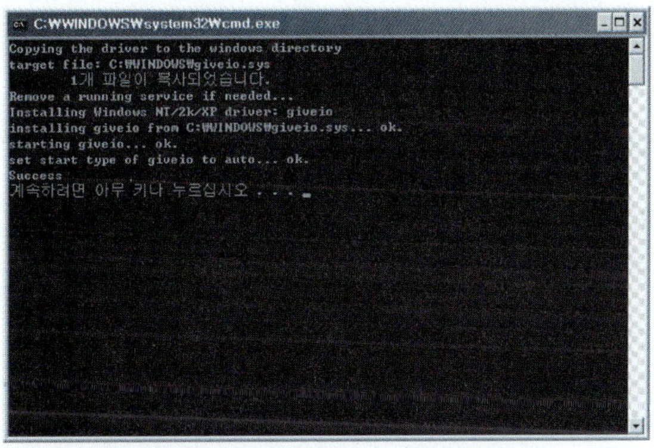

[그림 2-23] 설치과정 7

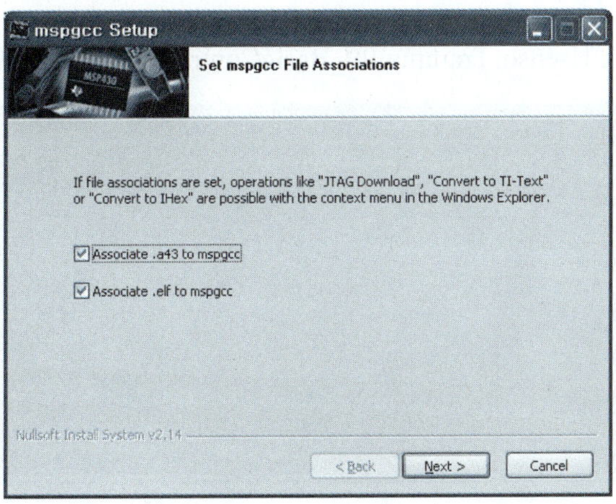

[그림 2-24] 설치과정 8

CHAPTER 02

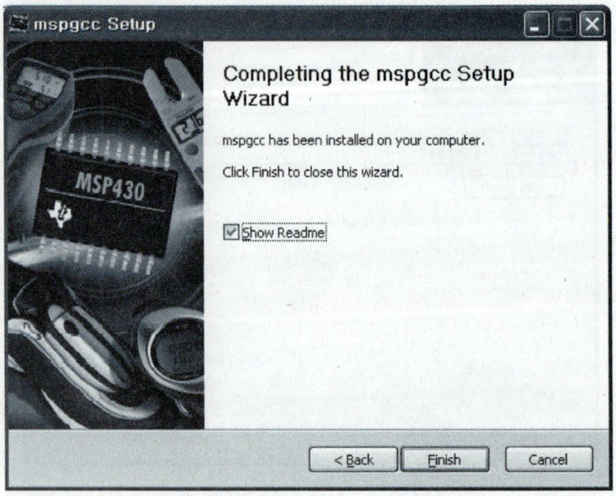

[그림 2-25] 설치과정 9

② 위의 과정들을 마쳤다면 "C:\mspgcc" 디렉토리가 생성된다.

2) Hyper Sensor Kit patch

CD안에 있는 'mspgcc_install\mspgcc패치\'의 내용을 C:\mspgcc 폴더에 덮어 쓴다.

11 MSPGCC 컴파일

1) MSPGCC 컴파일 과정

① "C:\mspgcc\work\HsensorTraining\00_BasicControl" 디렉토리로 이동

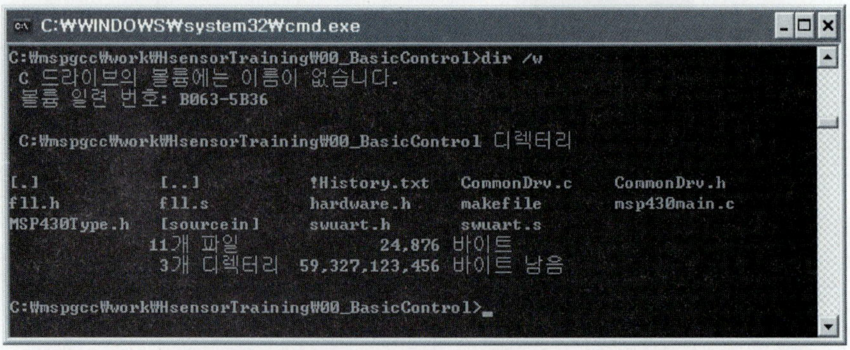

```
C:\WINDOWS\system32\cmd.exe
C:\mspgcc\work\HsensorTraining\00_BasicControl>dir /w
 C 드라이브의 볼륨에는 이름이 없습니다.
 볼륨 일련 번호: B063-5B36

 C:\mspgcc\work\HsensorTraining\00_BasicControl 디렉터리

[.]              [..]             !History.txt     CommonDrv.c      CommonDrv.h
fll.h            fll.s            hardware.h       makefile         msp430main.c
MSP430Type.h     [sourcein]       swuart.h         swuart.s
              11개 파일              24,876 바이트
               3개 디렉터리  59,327,123,456 바이트 남음

C:\mspgcc\work\HsensorTraining\00_BasicControl>_
```

[그림 2-26] 00_BasicControl 디렉토리로 이동

② "make" 명령으로 빌드(VISTA 환경에서는 불가, XP에서 Cygwin이 설치된 경우에는 "시작→실행→regedit"를 실행 후 레지스트리 편집기에서 "편집→찾기→Cygnus"로 찾기, Cygnus Solution을 전부 제거 후 make 실행)

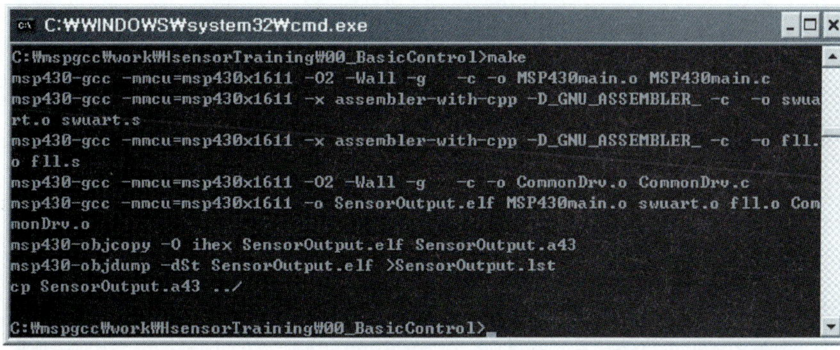

[그림 2-27] make 명령으로 빌드

③ make 이후 SensorOutput.a43이라는 파일이 있는지 확인하며 있으면 정상이다.

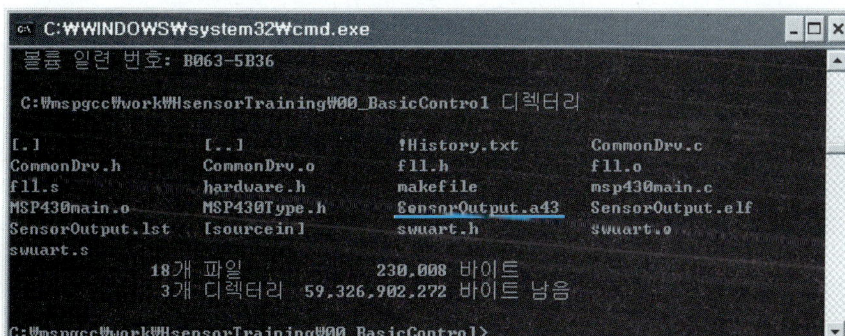

[그림 2-28] SensorOutput.a43이라는 파일이 있는지 확인

2) Flash ROM에 이미지 Write하는 과정

Hyper 센서키트는 시리얼(USB 케이블)을 통하여 flash rom의 프로그램을 변경할 수 있다.

① USB COM 포트 번호설정

① 센서키트에 12V전원을 인가하고 USB 케이블을 PC와 연결하면 COM 포트가 잡힌다. 윈도우의 "시스템 등록정보→하드웨어→장치관리자"에서 COM3으로 잡혀있는지 확인한다.

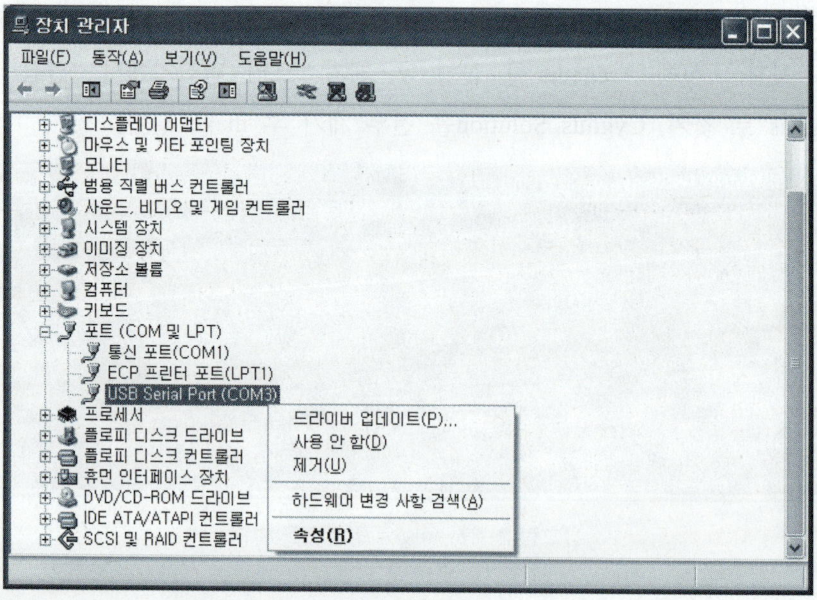

[그림 2-29] USB COM 포트 번호설정

② 다른 포트로 잡혀있다면 "속성 → 포트 설정 → 고급"에서 COM 포트 번호를 COM3으로 변경해야 한다.

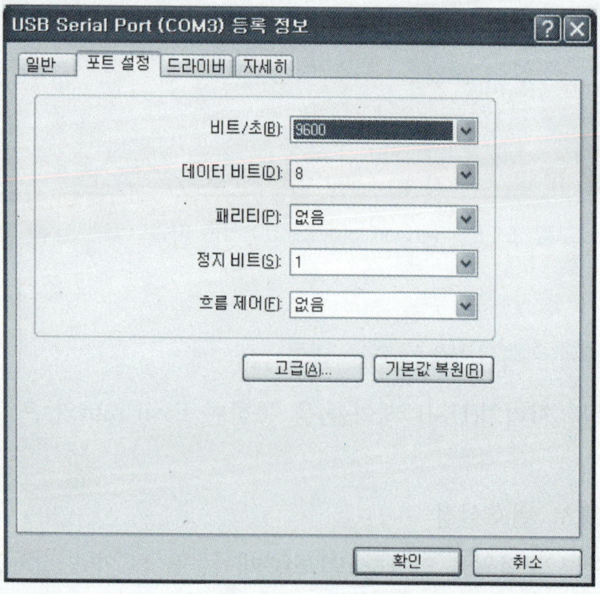

[그림 2-30] 다른 포트로 잡혀있다면 속성입력

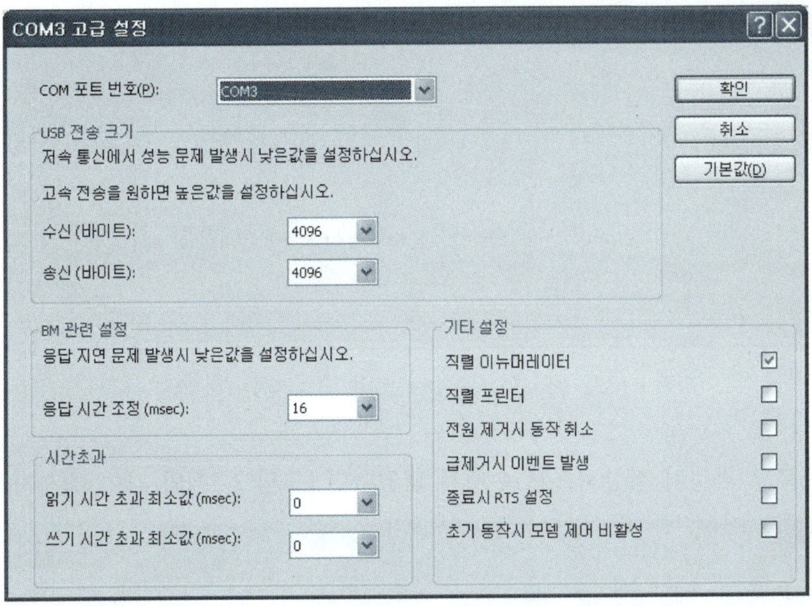

[그림 2-31] COM 포트 번호를 COM3으로 변경

② msp430-bsl을 이용하여 flash rom에 프로그램하는 과정

mspgcc에서는 msp430-bsl을 제공하는데, 이 프로그램으로 USB 케이블(시리얼)을 이용하여 flash rom에 프로그램을 다운로드할 수 있다.

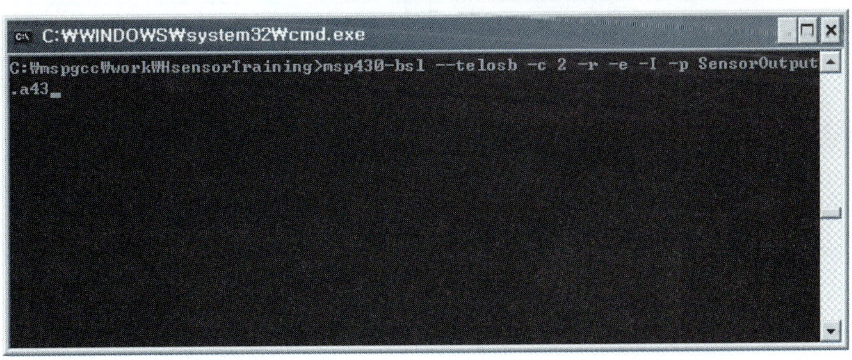

[그림 2-32] flash rom에 프로그램을 다운로드

③ Msp430-bsl 명령어를 사용하려면 [그림 2-32]와 같이 많은 옵션을 입력하여 사용하기 때문에 프로그램할 때마다 번거로울 것이다. 이런 번거로움을 피하기 위해 bsl_downloader.bat 파일을 만들었다. bsl_downloader.bat을 이용하여 프로그램을 굽는다.

```
C:\WINDOWS\system32\cmd.exe
 C:\mspgcc\work\HsensorTraining\00_BasicControl 디렉터리

[.]                 [..]                !History.txt        CommonDrv.c
CommonDrv.h         CommonDrv.o         fll.h               fll.o
fll.s               hardware.h          makefile            msp430main.c
MSP430main.o        MSP430Type.h        SensorOutput.a43    SensorOutput.elf
SensorOutput.lst    [sourcein]          swuart.h            swuart.o
swuart.s
              18개 파일             230,008 바이트
               3개 디렉터리  59,326,902,272 바이트 남음

C:\mspgcc\work\HsensorTraining\00_BasicControl>cd ..

C:\mspgcc\work\HsensorTraining>bsl_downloader.bat
```

[그림 2-33] bsl_downloader.bat을 이용하여 프로그램 퓨징

④ 다운로드 과정이 정상적으로 수행이 되었다면 [그림 2-34]와 같이 메시지가 나온다.

```
C:\WINDOWS\system32\cmd.exe
C:\mspgcc\work\HsensorTraining>msp430-bsl --telosb -c 2 -r -e -I -p SensorOutput
.a43
MSP430 Bootstrap Loader Version: 1.39-telos-7
Mass Erase...
Transmit default password ...
Invoking BSL...
Transmit default password ...
Current bootstrap loader version: 1.61 (Device ID: f16c)
Changing baudrate to 38400 ...
Program ...
3776 bytes programmed.
Reset device ...

C:\mspgcc\work\HsensorTraining>
```

[그림 2-34] 정상적으로 수행이 되면 출력 메시지

다운로드가 정상적으로 되지 않는다면 USB 포트가 COM3로 잡혀 있는지 또는 다른 장치가 COM3으로 이미 잡혀 있는지 확인한다.

3) 소프트웨어 분석

앞의 과정에서 메인보드에 다운로드한 프로그램은 다음에 나열한 디바이스들을 제어할 수 있다.

- Key
- LED
- Buzzer
- FND
- DC Motor

- Step Motor
- LM35 temp IC Sensor

각 디바이스가 S/W에서 어떻게 제어되는지 간략하게 설명한다.

“00_BasicControl”의 Msp430main.c이다.

```
C:\mspgcc\work\HsensorTraining\00_BasicControl \ Msp430main.c

void Button1Event(void)
{
        GREEN_LED_ON;
        BuzzerCtrl(ON);
        DCMotorCtrl(TURN_LEFT);
        StepMotorCtrl(TURN_LEFT);
}

void Button2Event(void)
{
        RED_LED_ON;
        BuzzerCtrl(ON);
        DCMotorCtrl(TURN_RIGHT);
        StepMotorCtrl(TURN_RIGHT);
}

void ButtonReleaseEvent(void)
{
        RED_LED_OFF;
        GREEN_LED_OFF;
        BuzzerCtrl(OFF);
        DCMotorCtrl(STOP);
        StepMotorCtrl(STOP);
}

////////////////////////////////////////////////////////////////

INT16 main(VOID)
{
        UINT16 ADCval;
        WDTimerInit(); // watchdog timer Initialize
        PortInit();             // Port Init.
        ADCInit();              // ADC Port Init.
        DeviceInit();           // Buzzer, Motor, FND Init.
        UartInit();             // Uart Init
        blinkLED();
        EnableIntr();  // Enable Interrupt.

        while(FOREVER)
        {
                ADCval=ADCRead();  // ADC으로 입력되는 전압값을 읽어온다.
                FNDVout(ADCval);  // ADC의 값을 Voltage값으로 변환하여
FND에 표시.

                switch(ButtonRead())   // button을 읽는다.
                {
                        case 0x3:
```

CHAPTER 02

```
                              break;
                    case 0x2:
                              Button2Event();          // 2번 button
을 눌렀을 때.
                              break;
                    case 0x1:
                              Button1Event();          // 1번 button
을 눌렀을 때.
                              break;
                    case 0x0:
                              ButtonReleaseEvent(); //   button을
release 처리.
                              break;
                    default:
                              break;
          }
     }
     return TRUE;
}
```

(1) Key **이벤트**

243라인의 ButtonRead() 함수가 키 이벤트를 처리한다.

1번키를 눌렀을 때 Button1Event() 함수를 호출한다.

2번키를 눌렀을 때 Button2Event() 함수를 호출한다.

(2) LED, Buzzer, DC Motor, Step Motor **제어**

201라인의 Button1Event() 함수 안에 LED, Buzzer, DC Motor, Step Motor를 제어하는 코드가 있다. 키 이벤트를 발생하여 테스트해보자.

Line	Msp430main.c의 Button1Event()

201:	`void Button1Event(void)`
	`{`
	`GREEN_LED_ON;`
	`BuzzerCtrl(ON);`
	`DCMotorCtrl(TURN_LEFT);`
	`StepMotorCtrl(TURN_LEFT);`
	`}`

(3) LM35 temp IC Sensor **제어**

233라인의 ADCInit() 함수 내부에서 메인보드의 LM35 센서의 값을 읽을 수 있도록 설정되었다.

241라인의 ADCRead() 함수는 ADC로 입력되는 전압을 읽는다.

(4) FND 제어

242라인의 FNDVout() 함수는 ADC로 입력된 전압값을 FND에 디스플레이한다.

12 MSP430 Digital I/O 레지스터

MSP430F1611 MCU는 총 64핀을 가지고 있는데 이 중에서 포트 1~포트 6까지 Digital I/O를 제공하며(각 포트는 8개의 핀을 제공) 모두 48핀의 I/O핀이 제공된다.

48핀의 I/O핀들은 레지스터를 제어하여 입·출력으로 사용 또는 각 핀의 특성에 맞는 기능(타이머, 인터럽트, ADC, DAC 등)으로 사용 가능하다. PxIN, PxOUT, PxDIR, PxSEL의 레지스터를 사용하여 각각 I/O핀들을 제어한다.

(1) PxIN : 입력 레지스터(Read Only)

PxIN의 각 비트는 포트의 입력값을 나타낸다.

Bit = 0 : 입력값 Low

Bit = 1 : 입력값 High

(2) PxOUT : 출력 레지스터

포트의 출력을 low/high로 설정한다.

Bit = 0 : 포트의 핀의 출력을 Low로 설정

Bit = 1 : 포트의 핀의 출력을 High로 설정

(3) PxDIR : 방향 설정 레지스터

포트의 입·출력 방향을 선택한다.

Bit = 0 : 핀을 입력으로 선택

Bit = 1 : 핀을 출력으로 선택

(4) PxSEL : 기능 선택 레지스터

포트의 핀의 기능을 설정한다.

Bit = 0 : General I/O 모드로 선택한다.

Bit = 1 : Function 핀으로 선택한다.

03장 온도 센서 모듈의 응용

01 온도 센서의 종류와 개요

온도 센서에는 여러 가지 종류가 있지만 일반적으로는 접촉식과 비접촉식이 있다.

1) 접촉식

접촉식이란 피측온체(被側溫體)에 온도 센서를 접촉시키는 방식을 말하고, 측온의 기본형이 된다. 또한, 이 방식은 접촉을 위한 피측온체의 열에너지가 온도 센서로 이동하기 때문에 이것에 의해 피측온체의 온도저하를 가져온다. 이 경우 특히 피측온체가 작고 열에너지가 미약한 검출대상에서는 이것이 현저하여 정확한 온도측정이 실시되지 못한다.

따라서 이 방식은 피측온체의 열용량이 센서소자에 비해 충분히 큰 것을 전제조건으로 한다. 결국, 센서소자를 접촉시키는 것만으로 피측온체의 온도가 저하하는 미약한 검출물체에는 부적합하다고 할 수 있다.

2) 비접촉식

비접촉식은 피측온체에서 방사하는 열선(熱線)을 계측하는 방식으로, 접촉식과 같은 문제는 없다. 또 이 방식은 상당히 떨어진 물체의 온도측정도 가능하기 때문에 접촉식에서는 생각할 수 없는 다채로운 응용도 가능하다.

그러나 그 성질상 방사 에너지를 태우는 광학계와 여러 가지 보조 부재료를 필요로 하기 때문에 일반적으로 고가(高價)가 되기 쉽다. 어쨌든 만능형의 온도 센서는 있을 수 없으므로 측온할 때에는 사용목적, 요구정밀도, 가격 등도 고려하여 적절하게 선별하여 사용하는 것이 필요하다.

3) 접촉식의 온도계측

센서 자체가 측정대상 온도에 견디면서 소정의 동작을 해야 한다. 물질은 거의 모두 온도의 의존성을 가지므로, 원리적으로는 모든 물질이 온도 센서가 될 수 있다. 그러나 센서는 상태량으로서의 온도에만 의존해서 동작하는 것이 바람직하고, 다른 상태량(압력, 전자, 자장 등)의 의존성이 적을수록 좋다. 이러한 요구에 따라 실제에서는 종류가 한정된다. 이 밖에 변환특성의 효율(감도), 안정성, 재현성, 직선성 그리고 응답성, 열용량, 크기 등이 센서로서의 적성을 결정하는 요소가 된다.

접촉식 센서는 모두 특정물질의 성질(물성)을 이용하고 있다. 여기서 물성이란 열적, 역학적, 전기적, 자기적 및 이들이 복합된 성질이다. 물성이 평형상태의 물성인가, 비평형상태의 물성인가에 따라 두 가지로 분류된다.

(1) 평형상태의 물성과 관련된 물리현상

열팽창, 탄성의 온도변화, 포화 증기압의 온도변화, 자화율(磁化率)의 온도변화, 결정장(結晶場)의 온도변화(핵자기공명), 핵 스핀의 정렬(整列), 유전율의 온도변화, 전자의 열적 흔들림 등이다. 이러한 현상에서 센서 요소는 모두 열평형상태에 있다는 점에 주의하기 바란다.

(2) 비평형상태의 물성

전자, 정공의 수 및 이동도와 관련된 전기전하의 온도변화, 반도체 접합의 전압, 전류특성, 열전효과 등이다. 이러한 현상에서는 센서 요소의 흐름을 일으켜 비평형상태를 형성시켜서 그 특성의 온도변화를 이용하고 있다.

열전대는 전류와 열류와의 상호작용을 이용한 센서이다. 열방사란 물체 중의 전자나 원자, 이온이 열적으로 여기(勵起)되어 그 역학적 에너지가 전자파의 에너지로 변환되어 방출되는 것이다. 이것을 간단히 표현하면 전자파의 열적 방출이라 해도 좋을 것이다.

보통 가시광, 적외방사, 마이크로파가 실제의 온도측정에서 이용된다. 따라서, 센서는 방사검출기이고, 광학계와 조합시켜 방사계를 구성한다. 다만, 이 방사계는 대상의 방사휘도가 측정되도록 구성되며(휘도계), 이것을 흑체에 대해 교정함으로써 방사온도계로서 동작시킬 수 있다.

4) 비접촉식의 온도계측

센서가 방사의 검출기일뿐이므로 방사강도에만 의존하는 센서가 바람직하다. 접촉식과 달라서 센서 출력은 센서의 온도에 의존해서는 안되며 다른 적성은 접촉식과 같다.

온도계측을 계획함에 있어 우선 결정해야 할 것은 접촉식과 비접촉식에서 어느 방식을 채택해야 하는가의 문제이다. 접촉방식은 온도 센서를 측정 대상물에 공간적으로 근접시켜 열적 평형상태를 형성시키는 것을 원칙으로 한다. 반면, 비접촉방식에서는 측정대상이 방사하는 열방사를 원격 관측하므로, 관측장소에서 측정대상이 보이는 것, 즉 측정파장의 방사에 대해 관측경로가 투명해야 하는 것이 원칙이다.

따라서 복잡한 구조물 내부의 한 점의 온도를 측정하고자 할 때는 접촉방식이 유리하다. 즉, 작은 센서를 골라 그것을 측정 개소에 매입하여 적당한 틈새로 리드선을 끌어내야 할 것이다. 만일 이것을 비접촉방식으로 한다면, 측정대상의 한 점을 향해 외부에서 똑바로 구멍을 뚫어서 구멍지름을 상당히 크게 해야 하는 것이 보통이다.

지표나 해수면 등의 광역에 걸친 온도분포를 측정하고자 할 때를 생각해 보면 접촉방식에서는 센서를 운반하여 측정 개소마다 지표나 해부면과 열접촉시켜야 할 것이다. 이에 반해, 비접촉방식에서는 인공위성이나 항공기에 방사온도계를 탑재하여 기계적으로 시야를 선택시켜 준다면 거의 연속적으로 2차원의 온도분포를 관측할 수 있다.

광역의 2차원 계획에서는 비접촉방식이 위력을 발휘한다. 일반적으로 접촉방식에는 전기저항 응용의 측온저항 온도계와 서미스터, 열전대, 반도체 응용 센서, 진동응용의 수정온도 센서와 SAW 온도 센서, 자기응용의 감열 페라이트, 액정온도계, NQR 온도계 등이 있고, 비접촉방식에는 서모 파일과 파이로 센서 등이 있다.

02 서미스터의 원리 및 종류

1) 서미스터

서미스터(Thermistor)란 열에 민감한 저항체(Thermally Sensitive Register)의 준말이며 온도변화에 의해 그 저항값이 크게 변화하는 반도체 소자이다. 열에 민감한 저항체라는 의미이고 비교적 오래 전부터 실용화되고 현재 가장 많이 사용되고 있다.

사용되고 있는 대부분의 서미스터는 Mo, Ni, Co 등의 산화물(반도체)이고 기본특성에 의해서 분류하면 온도가 상승함에 따라 전기저항이 지수함수적으로 감소하는 부(−)의 온도계수를 갖는 NTC(Negative Temperature Coefficient) 서미스터, 반대로 비직선적으로 현저하게 저항이 증가하고 전체로서 정(+)의 온도계수를 갖는 PTC(Positive Temperature Coefficient) 서미스터 또는 NTC와 동일특성을 갖지만 어떤 온도경계에서 전기저항이 갑자기 감소하는 급변 서미스터 CTR(Critical Temperature Resistor)의 3가지가 있다. 단순히 서미스터라고 부를 때는 서미스터를 가리키는 경우가 많다.

PTC, CTR은 넓은 온도범위의 온도 센서로서는 사용할 수 없으나 온도가 특정한 온도(저항이 급변하는 온도)를 초과하는가의 여부를 검출하는 데에 사용하면 편리하다. 예를 들면, PTC에 전류를 흘리면 발열하고 급변온도를 초과하면 저항이 크게 되어 전류가 감소해서 발열하지 않게 되므로 전자보온밥솥에 부착하여 내부온도를 일정하게 유지하거나 건조기나 드라이어(Drier)에 부착해서 온도 스위치를 작용시킬 수가 있다.

2) 서미스터의 종류

서미스터를 온도특성에 의해 분류하면 온도상승에 따라 저항값이 감소하는 음의 온도계수를 갖는 NTC 서미스터, 양의 온도계수를 갖는 PTC 서미스터 등이 있다.

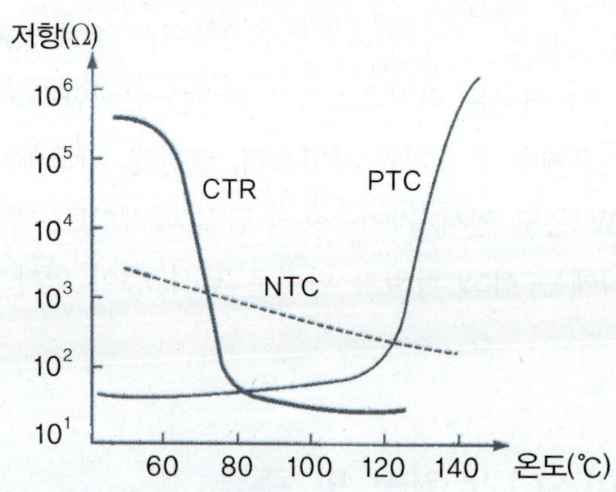

[그림 3-1] 각종 서미스터의 온도

3) 서미스터의 원리

서미스터는 크기와 형태 등이 다양하며 그 재료에 따라서도 많은 특성의 차이를 나타낸다. 특히, 온도특성에 대하여 크게 구별한다면 부온도특성의 NTC와 정온도특성의 PTC로 나타낸다. 온도 센서로는 대개 NTC를 많이 사용하므로 이를 좀 더 설명한다면 NTC 서미스터는 온도 T(K)에 대한 온도 대 저항(R)을 다음과 같이 나타낸다.

$$R = R_0 \epsilon^{B(1/T - 1/T_0)} \tag{3-1}$$

T : 절대온도(K), T_0 : 초기의 온도(K)

R_0 : T_0에서의 서미스터의 저항값, B : 서미스터의 정수

이 식에서 서미스터의 저항온도계수 α를 구한다면

$$\alpha = \frac{1}{R} \cdot \frac{dR}{dT} = -\frac{B}{T^2} \tag{3-2}$$

가 된다. 즉, 온도 T의 제곱에 반비례하는 저항값을 나타냄을 알 수 있다.

4) 서미스터의 특징 및 용도

서미스터는 일반적인 저항소자와 같이 그 자체가 기본적인 저항값을 갖고 있을 뿐만 아니라 발열체로도 동작하기 때문에 전력용량을 표시하고 있다. 따라서 전자회로의 온도 보상소자로 많이 사용되고 있으며, 특히 PTC 같은 경우에는 자동온도 제어회로의 발열체로도 이용되고 있다.

서미스터는 용도에 따라서 수십 μW에서 수십 W(Watt)까지 여러 가지 규격이나 특성으로 제작되고 있으므로 손쉽게 이용할 수 있으며 근래에는 직선보상 앰프의 발달에 의하여 서미스터의 이용가치를 더욱 넓혀 주고 있다. 용도는 온도 센서 이외에 방열상태의 변화가 저항변화를 가져오게 하는 풍속 센서, 진공 센서, 가스 센서 등에도 사용할 수 있으며, 전자온도 제어회로 및 전자회로의 온도보상용 등으로 사용된다.

03 NTC 서미스터

1) NTC 서미스터의 원리

저항값 변화의 성질에 따라 정특성(온도가 올라가면 저항값이 높아진다)과 부특성(온도가 올라가면 저항값이 떨어진다)의 것이 있는데, 단지 서미스터라고 부를 때는 부특성 서미스터(NTC : Negative Temperature Coefficient of Registor)를 가리킬 만큼 NTC 서미스터가 일반적이다.

NTC 서미스터라는 것은 NiO, CoO, MnO, Fe_2O_3 등을 주성분으로 한 것이고 스피넬

구조에 가까운 결정구조를 갖고 있다. 일반적으로 그들의 저항값은 산소의 영향을 그다지 받지 않고 공기중에서 안정하고 불순물의 영향도 다른 경우처럼 크지 않으므로 서미스터로서는 매우 적당하다. 현재 많이 사용되고 있는 것은 서미스터 정수가 2000~5000K 정도이고 사용할 수 있는 온도범위는 −50℃~300℃ 정도까지이다.

서미스터는 세라믹스의 일종으로 소결체이다. NTC 서미스터에는 소결체 외에 탄화규소계의 것도 있다. 전체적으로 보면 아직 사용량이 적고 서미스터의 감도를 정하는 서미스터 정수(B 정소라고 한다)가 보통의 NTC 서미스터의 1/2 정도인데 감도가 낮다는 것은 리니얼라이즈가 편하므로 용도에 따라서는 편리한 경우가 있다.

2) NTC 서미스터의 특징

(1) 비드형 서미스터

유리로 싸여져 있으며 신뢰성과 안정성이 아주 뛰어나다. 소체 부분을 주사기로 액의 방울을 떨어뜨려 만드는 방식에서 프렉스나 인쇄에 가까운 방식으로 변화해 가고 있다. 손으로 만드는 경향이 많으므로 고가이며, 온도계측에 사용한다.

(2) 칩형 서미스터

최근에 대량으로 생산되면서 저가격으로 정확도가 높은 것이 출하되고 있으며, 온도검출용에 주로 이용되어 대량으로 만들어지고 있는 저장체온계는 거의 100%가 이 타입이다. 범용이면서 정확도가 높은 것을 지향하고 있어 일반 가전용에는 최적이라고 생각된다.

(3) 디스크형 서미스터

온도검출로서는 값이 싸고 대량으로 공급할 수 있다는 잇점 때문에 에어컨이나 쿨러, 스위칭 레귤레이터의 전원투입시 러시 전류억제용으로 대부분 사용되고 있으나, 온도검출용으로서는 다른 형보다 소형화할 수 없고 에폭시 수지 등의 간단한 외형 때문에 기밀성이 곤란하므로 응답속도가 느린 기온 등의 측정용으로 한정되어 있다.

(4) 수지외장 서미스터

겉으로 보기에는 방수형인 것 같지만 사용은 건조공기에서만이며 물이 접촉하는 곳은 물론 수증기 속에서의 사용도 불가능하다. 설사 수분에서 사용한 다음 건조한다고 해도 장해가 남을 염려가 있다.

3) NTC 서미스터를 사용할 때 고려할 사항

① 서미스터는 본래 100℃ 이상의 온도에서 소결한 것이기 때문에 사용방법에 잘못이 없으면 충분히 장기간 안정된 특성을 유지한다. 그러나 모든 물질에 경년변화가 있듯이 영구히 변화하지 않는 것은 아니다.

[그림 3-2] 서미스터의 안정도에서는 100℃에서 사용한 경우의 안정도를 1로 했을 때의 상대값을 나타낸 것으로 고온이 될수록 안정도가 저하하고 있는 것을 알 수 있다. 이것은 서미스터의 재료, 소결 조건에 따라 달라지지만 100℃ 정도의 저온에서 사용할 때는 이 원인에 의한 변화는 무시할 수 있다. 만일 정온도에서 변화가 있다면 외형의 손상으로 수분이나 용제 등이 침입한 것이라고 생각된다.

② 무엇보다도 중요한 것은 어떤 온도를 어떻게 포착하는가 하는 것이다. 서미스터와 측정물간의 온도차가 2~3℃나 되는 경우는 흔히 있는 일이고, 10℃ 정도 벗어나도 무의식적으로 온도조절기의 손잡이를 거기에 맞추어서 대응하는 경우가 있다.

단지 온도에 민감한 서미스터만을 믿고 기기를 거칠게 조작함으로써 고장을 일으키는 경우도 있다. 트러블을 피하기 위한 기본적인 사항은 필요 이상으로 민감하고 정확도가 높은 온도조절은 피해야 한다는 것이다. 이 점을 고려하면 노이즈 방지의 콘덴서 등을 부가함으로써 충분히 노이즈에 강한 온도조절을 할 수 있다.

그만큼 응답속도는 떨어지지만 순간온수기, 샤워 등의 일부를 제외하고는 온도 샘플링은 매초 1~2회이면 충분하다. 오히려 매초 3~15회의 고속 샘플링으로 온도를 표시하면 표시의 변화가 심하여 불안정하다는 오해를 받는 일이 있으므로 디지털 온도계를 만들 때에는 주의해야 한다.

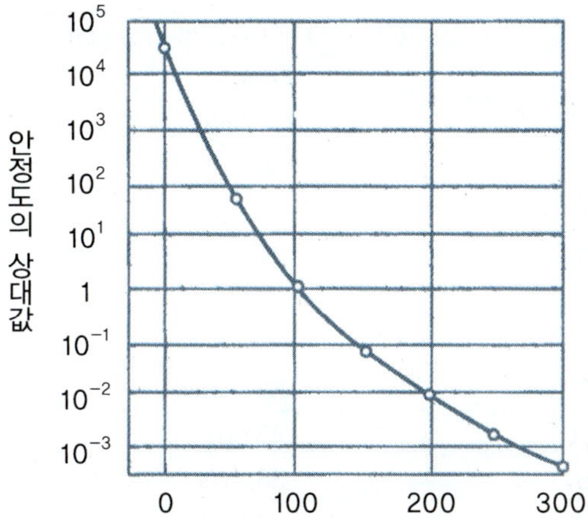

[그림 3-2] 서미스터의 안정도

③ 특별한 도구 없이 서미스터의 특성을 알 수 없으므로 사용하는 서미스터의 데이터를 필히 입수하여 특성이 명확한 것을 준비해야 한다.

4) 용 도

트랜지스터 회로의 온도보상, 온도측정, 제어 또는 통신기의 자동 이득조절

5) NTC 서미스터의 실습

- Part No : NTC-10K D-5 J
- 제조회사 : 삼양(samyang)
- 25℃에서 저항값 : 10kΩ
- 측정범위 : −40℃~120℃
- 오차범위 : ±5%

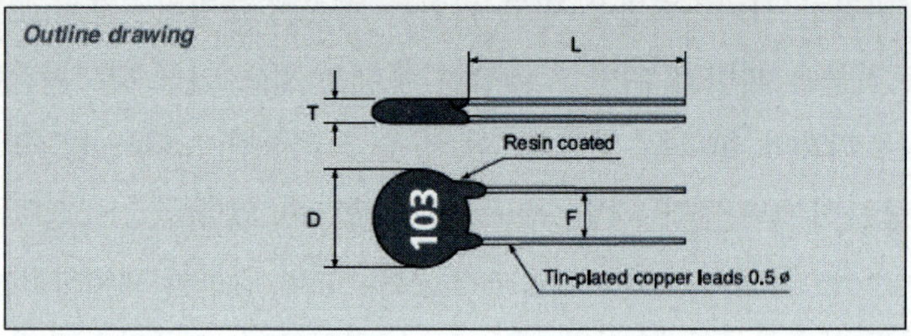

[그림 3-3] NTC-10K D-5 J

[표 3-1] 온도변화에 대한 NTC 저항값 변화

TEMP. (℃)	NTC10 KD-5J Resistance(kΩ)		
	MIN.	center	MAX.
-40	267.215	311.858	363.048
-35	199.515	230.753	266.214
-30	149.834	171.765	196.414
-25	133.194	128.642	145.832
-20	86.029	96.944	108.969
-15	65.780	73.513	81.949
-10	50.602	56.094	62.026
-5	39.160	43.067	47.246
0	30.487	33.270	36.216
5	23.873	25.856	27.934
10	18.803	20.215	21.679

TEMP. (℃)	NTC10 KD-5J Resistance(kΩ)		
	MIN.	center	MAX.
15	14.893	15.897	16.925
20	11.862	12.573	13.292
25	9.500	10.000	10.500
30	7.546	7.996	8.453
35	6.027	6.429	6.840
40	4.840	5.195	5.563
45	3.906	4.220	4.547
50	3.169	3.444	3.734
55	2.584	2.825	3.081
60	2.117	2.328	2.553
65	1.742	1.927	5.125
70	1.442	1.602	1.777
75	1.196	1.337	1.492
80	0.997	1.121	1.257
85	0.835	0.994	1.064
90	0.702	0.797	0.903
95	0.593	0.676	0.770
100	0.502	0.576	0.659
105	0.427	0.492	0.565
110	0.364	0.422	0.487
115	0.312	0.363	0.421
120	0.268	0.313	0.365
β(25/85)=4200 ° k±3%			

6) NTC 보드

[그림 3-4]의 NTC 보드는 NTC 소자를 이용하여 온도를 측정한다.

[그림 3-4] NTC 보드

7) 부품배치도

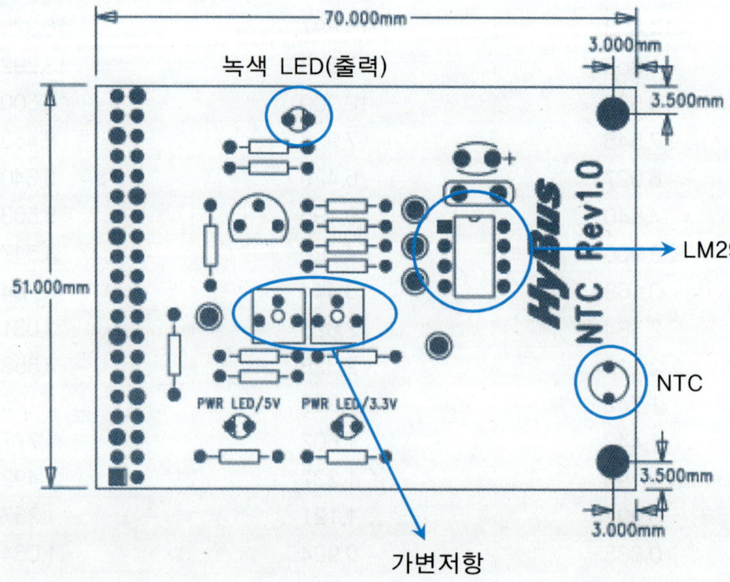

[그림 3-5] 보드 전면

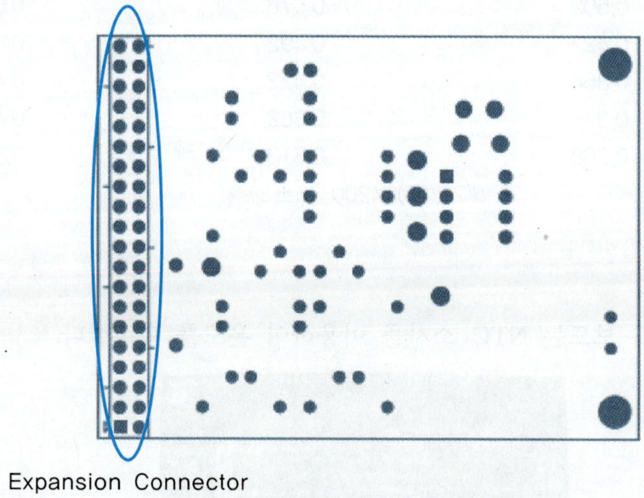

[그림 3-6] 보드 후면

8) 회로도

NTC 보드의 주요 회로는 [그림 3-7]과 같다.

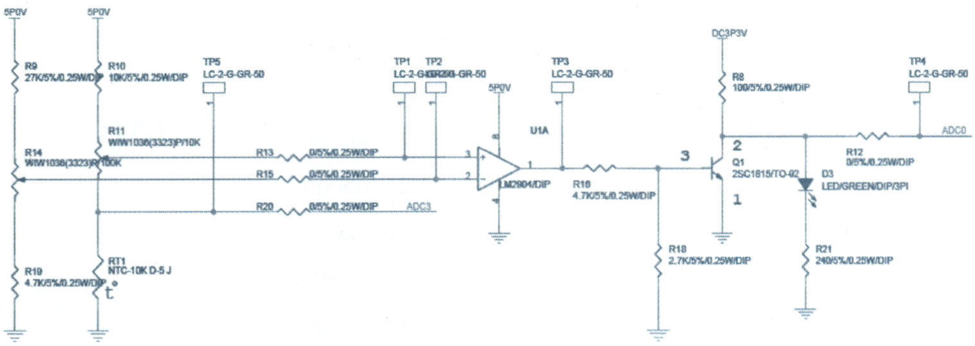

[그림 3-7] 주요 회로부

9) 회로동작설명

① R14 가변저항을 조정하여 TP2 단자의 전압(기준전압)을 조절한다.

② R11 가변저항을 조절하여 TP1 단자의 전압(NTC 전압)을 조절한다.

③ RT1 NTC 소자에 열을 가하면 TP1 단자의 전압이 내려간다.

④ TP1 단자의 전압이 TP2 단자의 전압보다 낮으면 TP3 단자의 전압이 Low 상태가 된다.

⑤ TP3 단자의 전압이 Low 상태가 되면 Q1 트랜지스터에 의해 TP4 단자의 전압이 High 상태가 된다. 즉, D3 녹색 LED가 ON된다.

⑥ TP5 단자의 전압은 NTC 소자에 걸리는 전압으로써 프로세서의 ADC 입력단자로 직접 인가된다.

10) 부품 리스트

NTC 보드에 사용된 부품 리스트는 [표 3-2]와 같다.

[표 3-2] NTC 보드 부품 리스트

순서	수량	부품번호	부품명
1	1	CN1	PIN HEADER 20PX2/2.54mm/Straight Type
2	1	C1	10μF/16V/TAN/DIP
3	1	C2	100nF/50V/CE/DIP
4	2	D1, D2	LED/RED/DIP/3PI
5	1	D3	LED/GREEN/DIP/3PI
6	1	Q1	2SC1815/TO-92
7	1	RT1	NTC-10K D-5 J
8	1	R1	330/5%/0.25W/DIP
9	2	R2, R21	240/5%/0.25W/DIP
10	1	R8	100/5%/0.25W/DIP
11	1	R9	27K/5%/0.25W/DIP
12	1	R10	10K/5%/0.25W/DIP
13	1	R11	WIW1036(3323)P/10K
14	4	R12, R13, R15, R20	0/5%/0.25W/DIP
15	1	R14	WIW1036(3323)P/100K
16	2	R16, R19	4.7K/5%/0.25W/DIP
17	1	R18	2.7K/5%/0.25W/DIP
18	5	TP1, TP2, TP3, TP4, TP5	LC-2-G-GR-50
19	1	U1	LM2904/DIP

11) 프로그램 설명

회로구성상 온도변화에 따라 ADC3로 입력되는 전압이 변한다. MSP430의 내부 ADC를 이용하여 입력되는 전압값을 측정하여 FND에 표시한다.

Line	work\HsensorTraining\01_NTCSensor**msp430main.c**
197:	`INT16 main(VOID)`

```
INT16 main(VOID)
{
        UINT16 ADCval;
        WDTimerInit();
        PortInit();
        ADCInit();
        DeviceInit();
```

```
        UartInit();
        blinkLED();
        EnableIntr();

        while(FOREVER)
        {
                ADCval=ADC3Read();      // ADC3으로 입력되는 전압값을 읽
어온다.
                FNDVout(ADCvalue);      // ADC3의 값을 Voltage값으로 변
환하여 FND에 표시.
                printf("NTC %d\r\n",ADCval);
                msdelay(10);
        }
        return TRUE;
}
```


12) 연구내용 및 실험방법

(1) 보드 장착 및 케이블 연결(전원, USB)

[그림 3-8]과 같이 전원과 USB 케이블을 연결하고 NTC 보드를 메인보드에 장착한다.

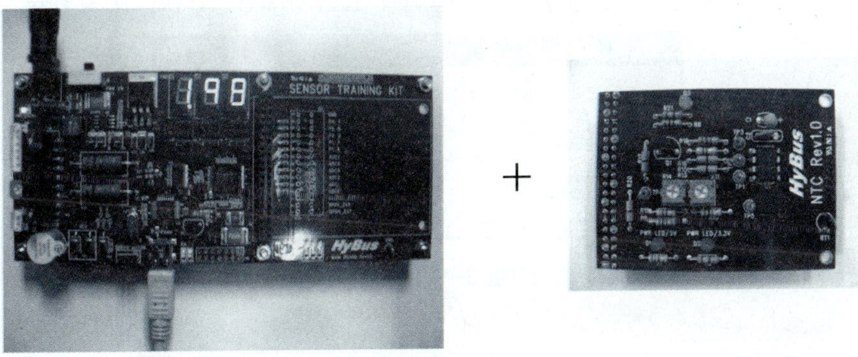

[그림 3-8] 센서보드 결합

(2) 장치관리자에서 COM 포트 확인

장치관리자에서 USB가 COM3로 잡혀있는지 확인하고 만약 포트 번호가 다를 경우 포트 설정에서 포트 번호를 3번으로 변경한다.

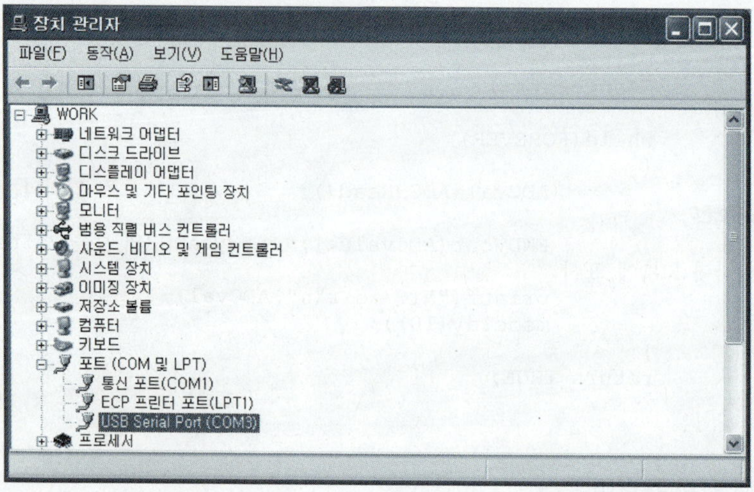

[그림 3-9] COM3 확인

(3) 프로그램 빌드 및 다운로드

1 윈도우에서 시작→실행에서 [그림 3-10]과 같이 cmd를 입력한 뒤 확인을 클릭한다.

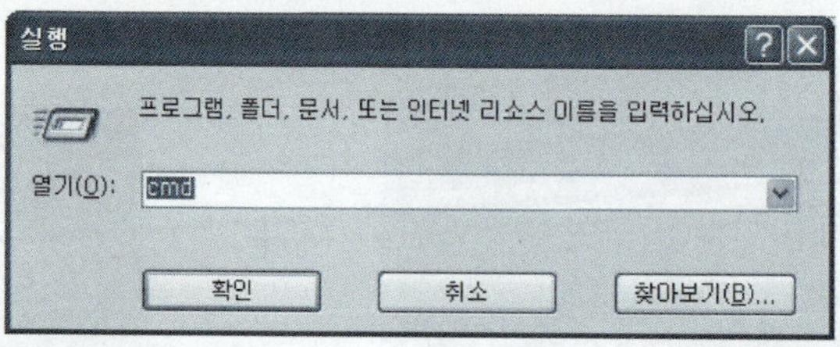

[그림 3-10] CMD 실행

2 CMD창에서 NTC 센서 프로그램("C:\mspgcc\work\HsensorTraining\01_NTCSensor") 위치로 이동을 한 뒤 "make" 명령으로 프로그램을 빌드한다.

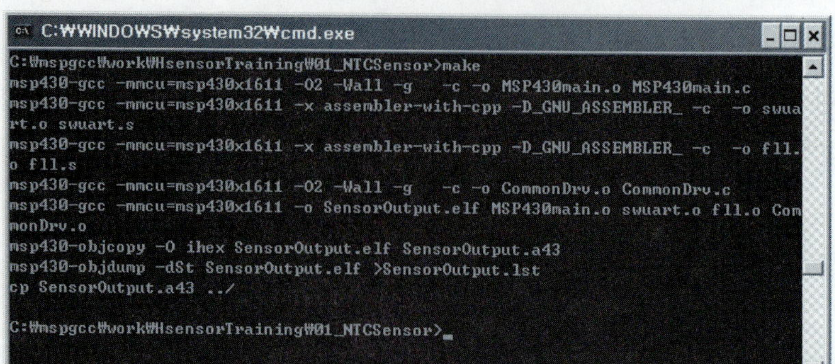

[그림 3-11] S/W 빌드

③ 정상적으로 빌드되었다면 상위 디렉토리인 C:\mspgcc\work\HsensorTraining" 폴더에 "SensorOutput.a43"이라는 파일이 생성된다.

[그림 3-12]와 같이 bsl_downloader.bat을 이용하여 a43파일을 보드에 다운로드한다.

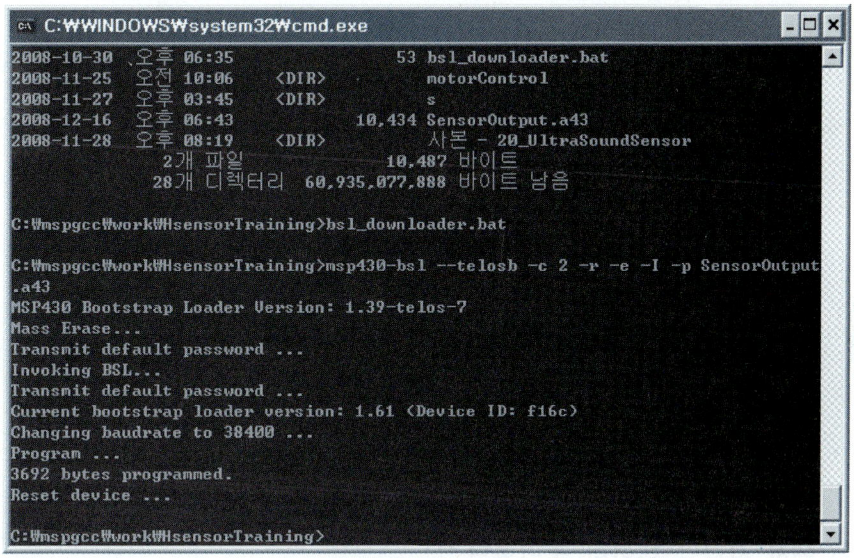

[그림 3-12] 이미지 다운로드

(4) 프로그램 실행

[그림 3-13] NTC 프로그램 실행결과

CHAPTER 03

(5) PC에서 시리얼 설정화면

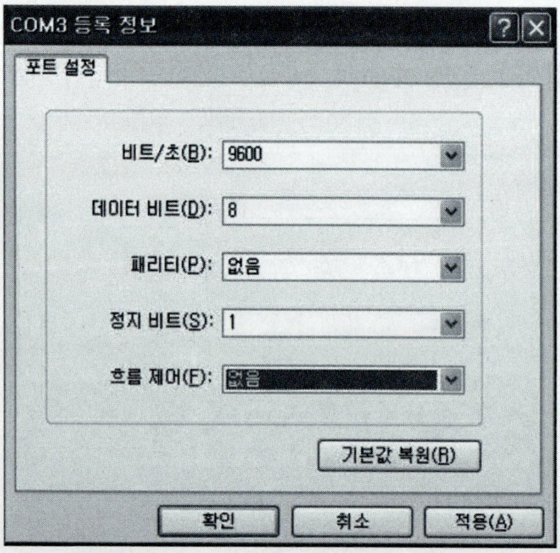

[그림 3-14] 시리얼통신 설정화면

(6) PC에서 시리얼 데이터 출력화면

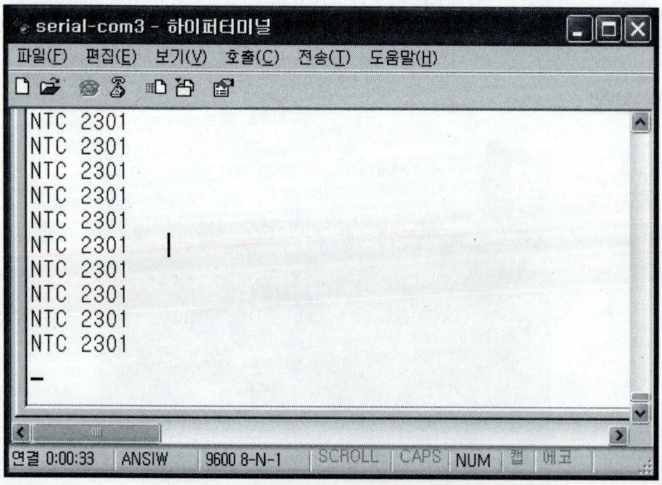

[그림 3-15] 시리얼 데이터 출력화면

13) 연구결과

NTC 프로그램을 실행하면 FND로 출력전압을 표현한다. 현재 출력전압의 크기를 참고하여 전압분배법칙을 이용하면 NTC의 저항값의 변화를 계산할 수 있다. 전압분배식은 다음과 같다.

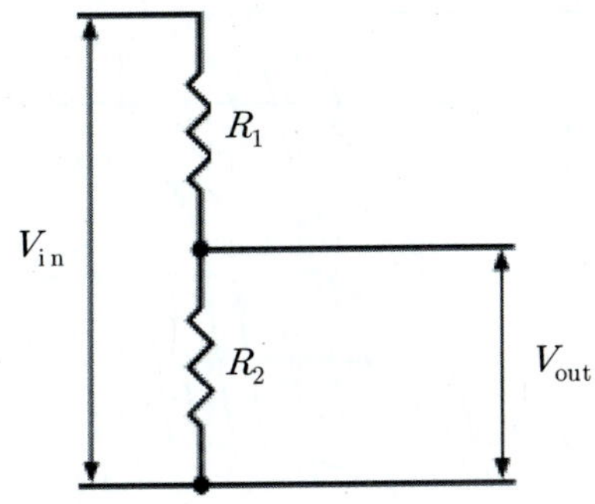

[그림 3-16] 전압분배회로

$$V_{out} = V_{in} * R_2 / (R_1 + R_2)$$

현재 온도가 25℃라 가정할 때 NTC의 저항값은 10kΩ이다.

따라서 [그림 3-16] 회로도에서 ADC로 입력되는 전압은 아래와 같이 계산할 수 있다.

전압분배공식을 적용하면

R_1=10kΩ+10kΩ, R_2=10kΩ (±5%), V_{in}=5V

이므로

V_{out} = 5V * 10k / (10k+10k+10k) = 5V * 10k / 30k

= 5V * 0.33 = 1.66V

이 나온다.

NTC 저항의 허용오차가 ±5%인 점을 감안하면 대략 1.61V~1.72V 사이의 값이 측정된다.

04 PTC 서미스터

1) PTC 서미스터의 원리

정특성 서미스터(PTC : Positive Temperature Coefficient of Registor)는 그 주성분인 티탄산바륨($BaTiO_3$) 미량의 희토류 원소(Y La, Dy)를 첨가하여 전도성을 갖게 한 N형 티탄산바륨계 산화물 반도체의 일종이다. $BaTiO_3$ 특유의 퀴리점에 있어서 상전이에 따라 전기전도성이 현저하게 변화하는 성질, 바꾸어 말하면 소자가 특정한 온도에 달하면

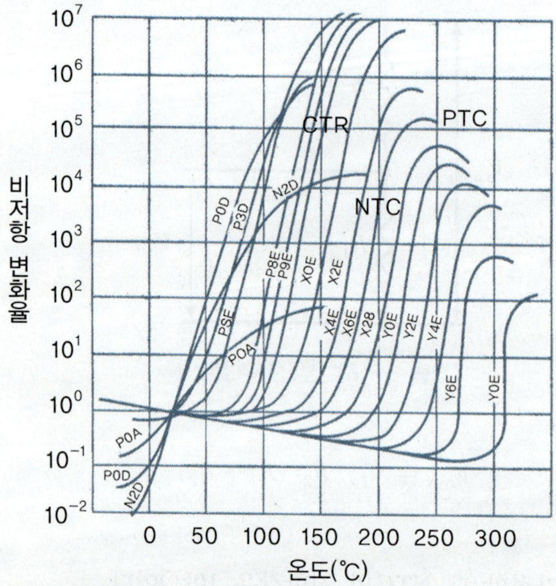

[그림 3-17] 비저항 변화율(기준온도 20℃)

저항값이 급격히 증대하는 성질을 가진다.

이와 같은 성질을 가진 PTC 서미스터는 그 구조가 간단하기 때문에 전류제한 소자(퓨즈 기능 소자), 정온도 발열체 또는 온도 센서로 여러 분야에 사용되고 있다. 그리고 더욱 높은 신뢰성이 요구되는 분야에서의 새로운 용도 전개가 기대되고 있다.

2) PTC 서미스터의 특징

① PTC 서미스터의 주위온도를 바꾸어 가면서 줄열에 의한 자기발열을 수반하지 않을 정도의 미소전압(통산 1.5V DC 이하)에서 전기저항을 측정하면 [그림 3-18]에 나타낸 바와 같은 저항-온도 특성이 얻어진다. 이 특성에서 저항값이 급격히 증가하는 온도를 저항 급변점 온도를 급변점 온도 또는 퀴리 온도라 부르며, 최소 저항값 $R_{\min}$의 2배의 저항값에 대응한 온도로 정의하고 재료특성이 중요한 요소로 되어 있다.

또한, 온도를 높여가면 일단 저항이 최대값을 나타낸 후에는 온도상승에 따라 반대로 저항값이 감소하는 성질을 나타낸다. 또 다른 특성은 전압-전류 특성이다.

② PTC 서미스터의 단자 간 전압을 서서히 높여가면 줄열에 의한 자기발열에 의해 서서히 소자의 온도가 상승하고 퀴리 온도 부근에 도달하면 부성전류 특성(전압의 증가에 따라 전류가 감소한다)을 나타낸다. 전압과 전류축을 양대수눈금상에 플롯하면 이 부성전류 영역은 정전력 특성을 나타냄을 알 수 있다.

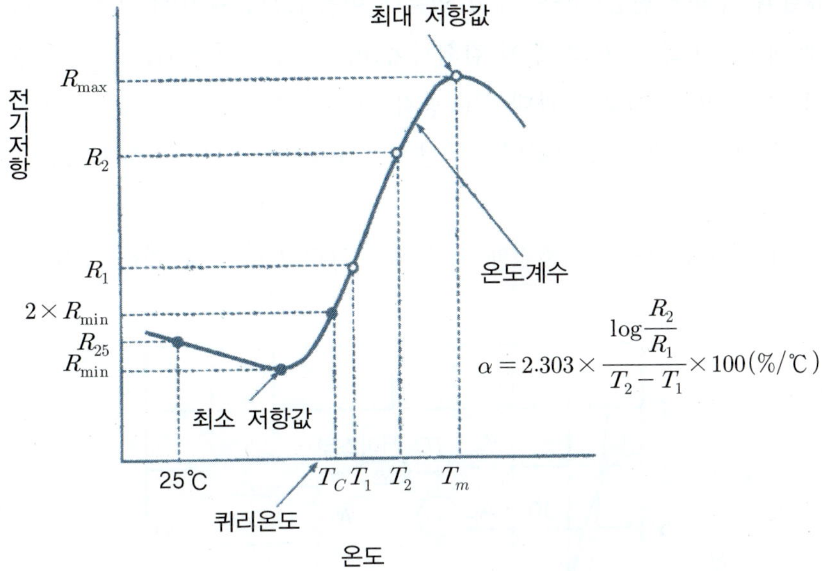

[그림 3-18] 저항-온도 특성

소자에 인가하는 전압이 어떤 값을 넘으면 전압의 증가에 따라 전류도 증가하고 결국에는 브레이크다운(파괴)에 이르게 된다. 이 전압을 파괴전압(V_b)이라 하며, 정격 사용전압에 대한 안전여유도를 짐작할 수 있다. 주위 온도의 변화에 대하여 약간의 차이를 보이는데 [그림 3-19]에서 전압-전류의 특성을 보여준다.

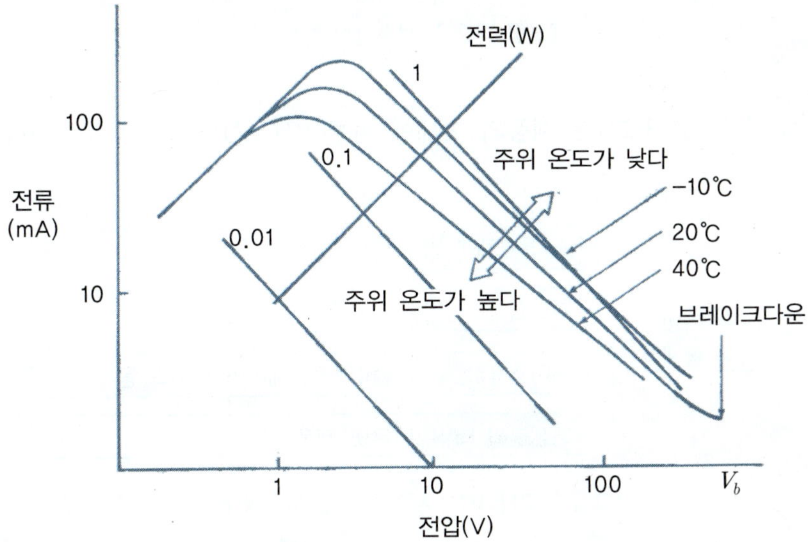

[그림 3-19] 전압-전류 특성

③ 전류감쇠 특성을 전압인가시 갖고 있는데 이를 [그림 3-20]에서 보여준다. 이와 같이 초기에 대전류가 흐르고 그 후에 감쇠하여 미소전류로 억제되는 성질을 온도상승이 빠른 발열체로서 또는 회로의 과대전류 방지용으로, 그리고 초기에만 대전류를 필요로 하는 컬러 TV의 자기제거용, 모터의 기동용으로 신뢰성이 높은 무접점 스위치의 기능을 갖는다.

④ PTC 서미스터는 용도 및 조건에 따른 재료 그리고 형상 등 여러 가지 종류가 있다.

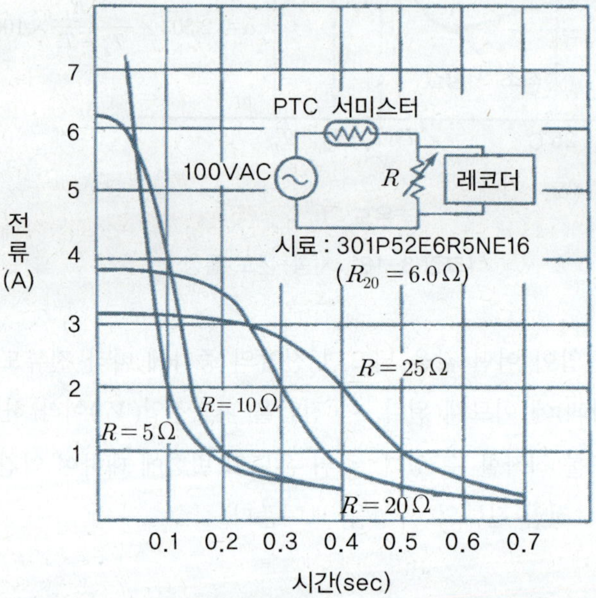

[그림 3-20] 전류감쇠 특성

[그림 3-21]과 [그림 3-22]는 제품의 형태에 따른 PTC 서미스터의 분류이다.

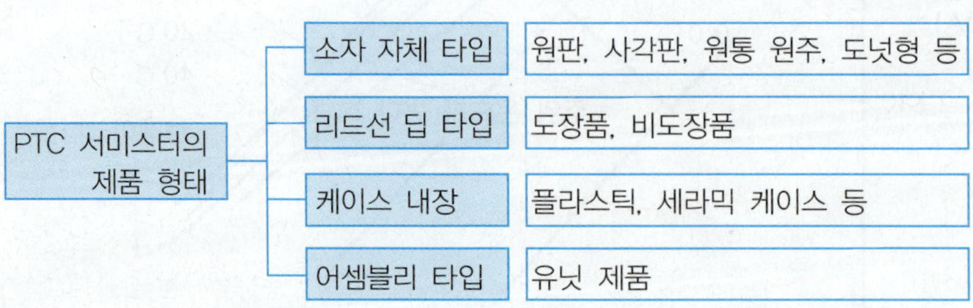

[그림 3-21] PTC 서미스터의 제품 형태

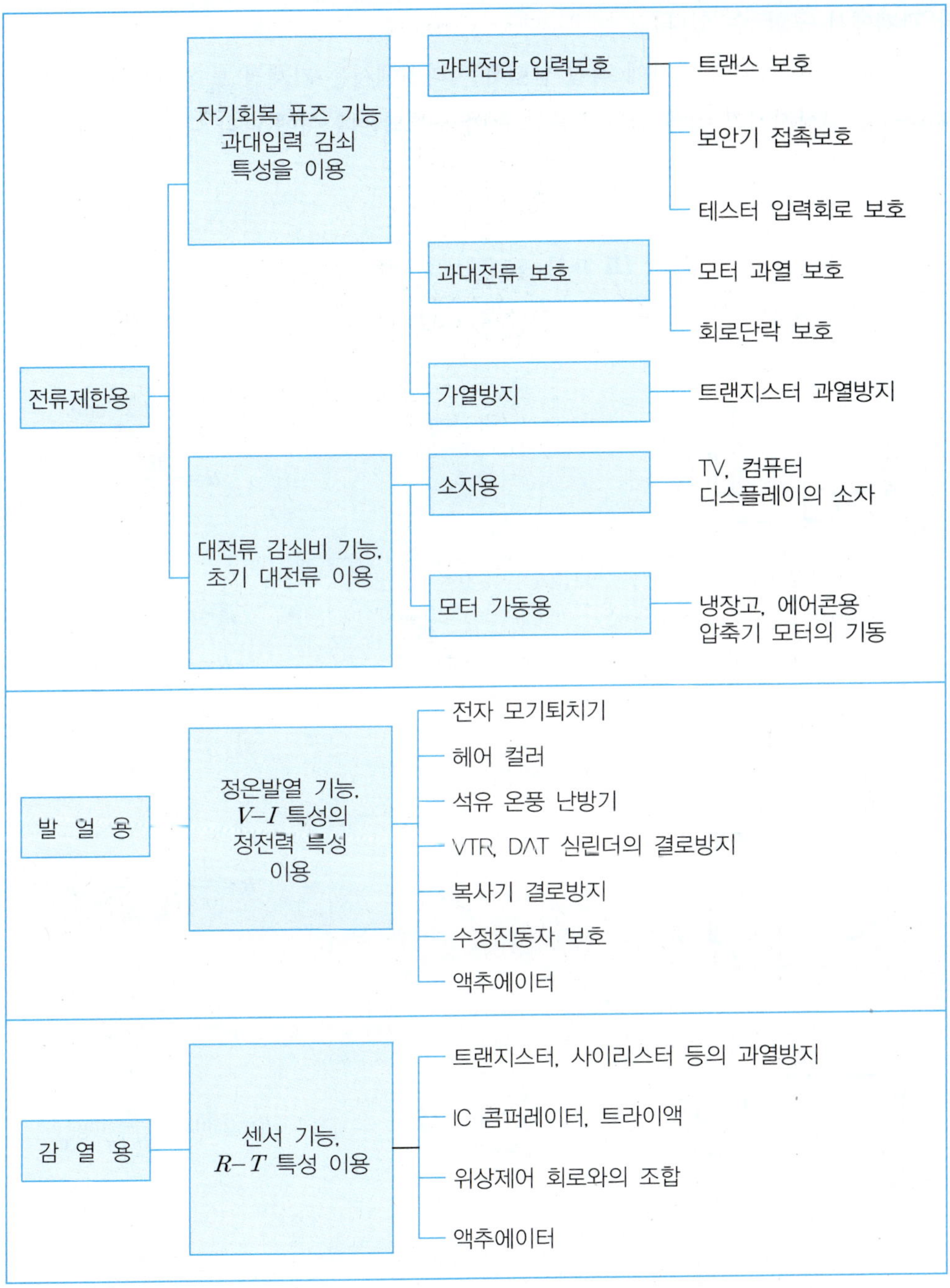

[그림 3-22] PTC 서미스터의 분류

⑤ 형상은 세라믹 성형의 금형, 소성 후의 커팅이나 연마가능 등에 따라 여러 가지 형태와 치수로 할 수 있다. 또 소자의 평상온도에 있어서 저항은 재료의 비저항과 형상치수

의 관계에서 구할 수 있다.

⑥ 이러한 형상 외에 소자에 직접 납땜하는 타입에서는 기계적 보호, 전기적 절연, 내습성 등을 향상시키기 위해 내열성 도료 등이 사용되는데 이에 따라 다른 형상이 사용조건이나 용도에 따라 필요하다.

[표 3-3] 소자 자체의 각종 형상

형 상	치수 취득 범위	전기저항 환산식
원 판 형 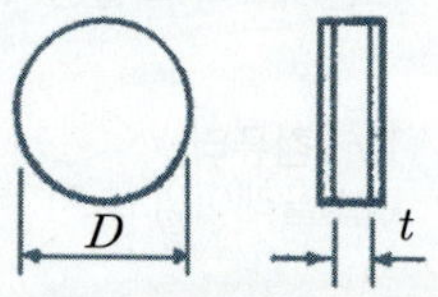	(단위 : mm) $D = \phi 5 \sim 35$ $t = 1 \sim 5$	ρ : 비저항(Ω · cm) R : 전기저항 $R = \frac{4t}{\pi D_2} \cdot \rho$
사각판형 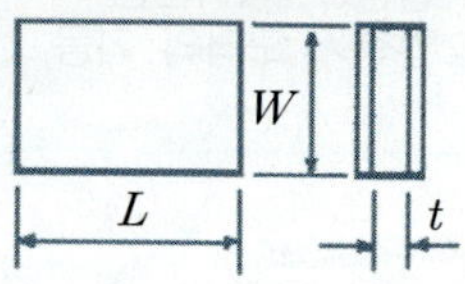	$W = 10 \sim 45$ $L = 5 \sim 35$ $t = 1 \sim 5$	$R = \frac{t}{L \times W} \cdot \rho$
도 넛 형 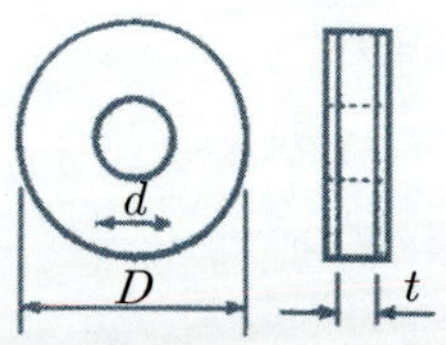	$D = \phi 10 \sim 35$ $t = 1 \sim 3$	$R = \frac{4t}{\pi (D_2 - d_2)} \cdot \rho$
원 통 형 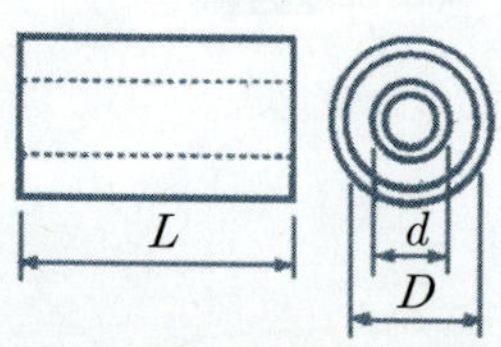	$L = 10 \sim 30$ $D = \phi 5 \sim 10$ $t = \phi 3$	$R = 2.303 \times \frac{\rho}{2nL} \log \frac{D}{d}$
원 주 형 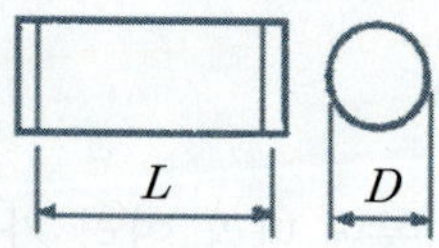	$L = 5 \sim 15$ $D = \phi 5 \sim 10$	$R = \frac{4L}{\pi D_2} \cdot \rho$

3) PTC 서미스터의 실습

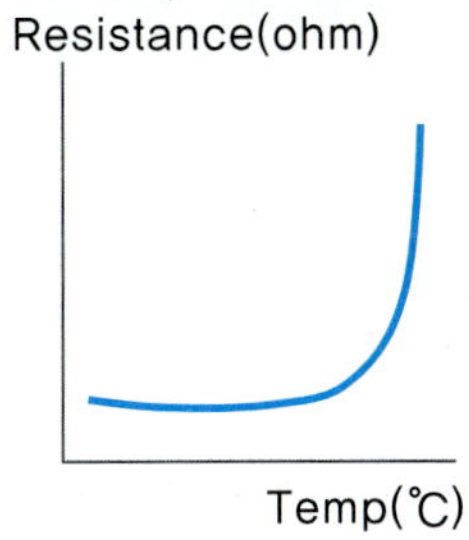

1.5V DC 이하에서 PTC 서미스터 주위 온도의 변화에 따른 전기저항을 측정하면 그림과 같은 저항-온도 특성이 얻어진다. 이 특성에서 저항값이 급격히 증가하는 온도를 저항 급변점 온도(switching 온도) 또는 퀴리온도라고 하는데 일반적으로 최소 저항값 또는 기준온도(25℃) 저항값의 2배에 대응하는 온도로 정의된다.

[그림 3-23] PTC 특성

- Part No : SYP12152
- 제조회사 : 삼양(samyang)
- 25℃에서 저항값 : 1.5kΩ
- 측정범위 : 퀴리온도(Curie temperature) 120℃
- 오차범위 : ±10% ~ ±30%
- 사용용도 : 과전류 보호용

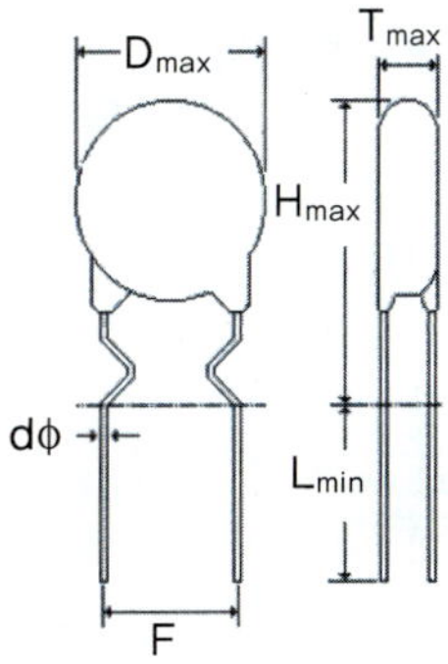

Model No.	Dmax.	Tmax.	Lmin.	Hmax.	dφ(±0.1)	F(±1.0)
D03 Series	4.0	5.0	25.0	9.0	0.5	5.0
D04 Series	4.5	5.0	25.0	10.0	0.5	5.0
D05 Series	6.5	5.0	25.0	12.0	0.6	5.0
D07 Series	8.5	5.0	25.0	14.0	0.6	5.0
D08 Series	9.5	5.0	25.0	14.0	0.6	5.0
D10~D12 Series	14.0	5.0	25.0	17.0	0.6 또는 0.8	5.0 또는 7.5
D13~D14 Series	18.0	5.0	25.0	22.0	0.8	7.5 또는 10
D16~D18 Series	20.0	5.0	25.0	25.0	0.8	7.5 또는 10

[그림 3-24] SYP12152

4) PTC 보드

PTC 보드는 PTC 소자를 이용하여 온도를 측정할 수 있는 보드이다.

[그림 3-25]는 PTC 보드의 실물을 나타낸다.

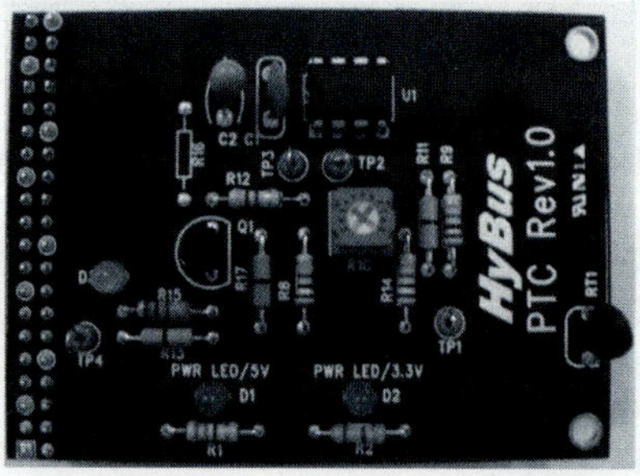

[그림 3-25] PTC 보드 사진

5) 부품배치도

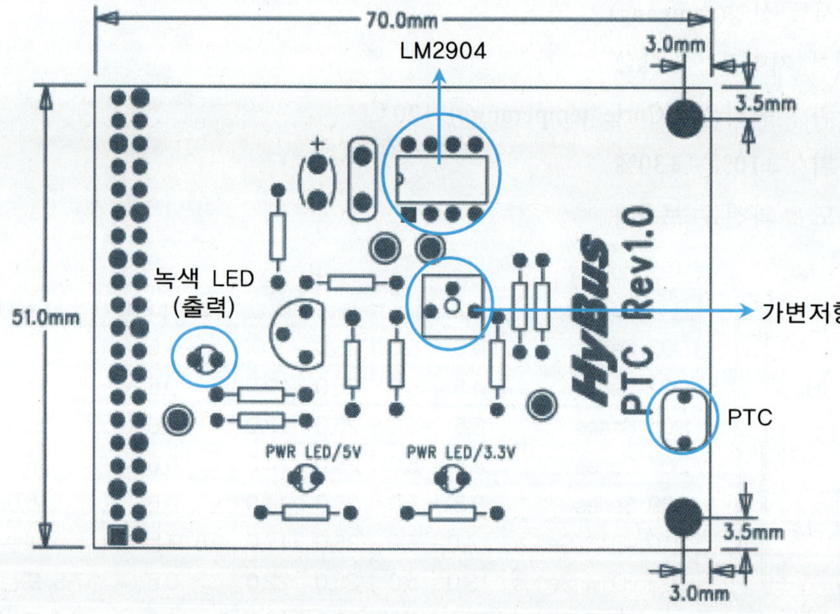

[그림 3-26] 보드 전면

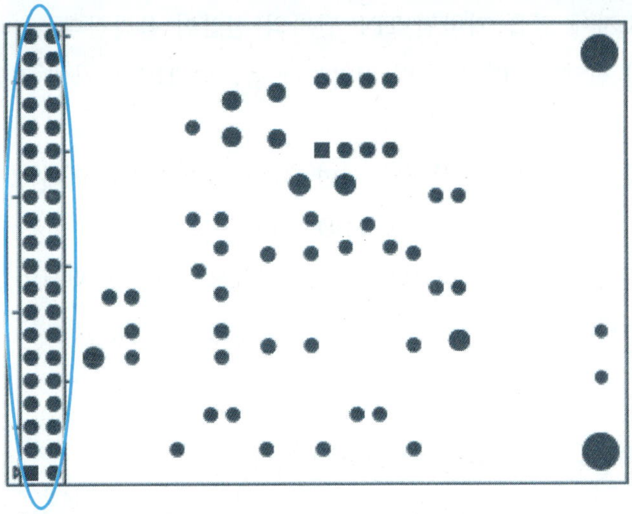

(확장 커넥터)Expansion Connector

[그림 3-27] 보드 후면

6) 회로도

PTC 보드의 주요 회로는 [그림 3-28]과 같다.

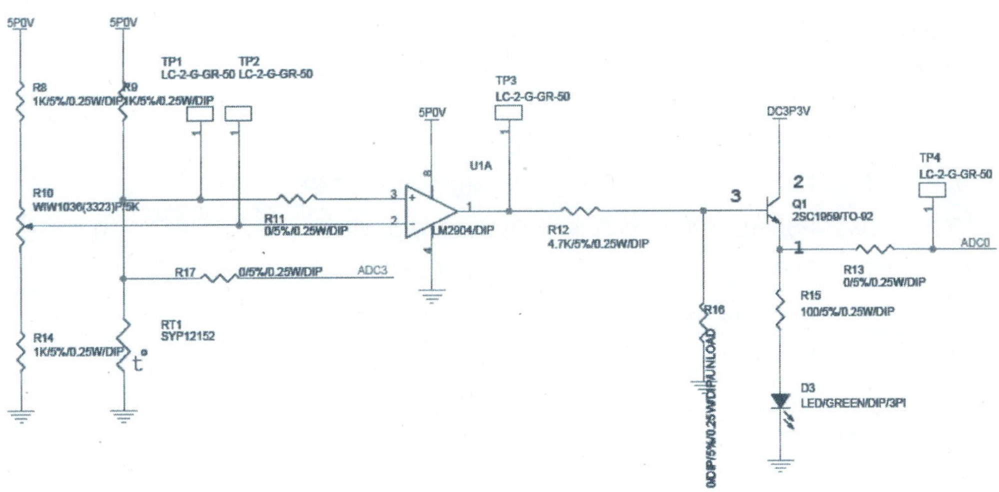

[그림 3-28] 주요 회로부

7) 회로동작설명

① R10 가변저항을 조정하여 TP2 단자의 전압(기준전압)을 조절한다.

② RT1 PTC소자에 열을 가하면 TP1 단자의 전압이 올라간다.

③ TP1 단자의 전압이 TP2 단자의 전압보다 높으면 TP3 단자의 전압이 High 상태가 된다.

④ TP3 단자의 전압이 High 상태가 되면 Q1 트랜지스터에 의해 TP4 단자의 전압이 High 상태가 된다. 즉, D3 녹색 LED가 ON된다.

⑤ TP1 단자의 전압은 PTC 소자에 걸리는 전압으로써 프로세서의 ADC 입력단자로 직접 인가된다.

8) 부품 리스트

PTC 보드에 사용된 부품 리스트는 [표 3-4]와 같다.

[표 3-4] PTC 부품 리스트

순서	수량	부품번호	부품명
1	1	CN1	PIN HEADER 20PX2/2.54mm/Straight Type
2	1	C1	100nF/50V/CE/DIP
3	1	C2	10μF/16V/TAN/DIP
4	2	D1, D2	LED/RED/DIP/3PI
5	1	D3	LED/GREEN/DIP/3PI
6	1	Q1	2SC1959/TO-92
7	1	RT1	SYP12152
8	1	R1	330/5%/0.25W/DIP
9	1	R2	240/5%/0.25W/DIP
10	3	R8, R9, R14	1k/5%/0.25W/DIP
11	1	R10	WIW1036(3323)P/5k
12	3	R11, R13, R17	0/5%/0.25W/DIP
13	1	R12	4.7k/5%/0.25W/DIP
14	1	R15	100/5%/0.25W/DIP
15	1	R16	0/DIP/5%/0.25W/DIP/UNLOAD
16	4	TP1, TP2, TP3, TP4	LC-2-G-GR-50
17	1	U1	LM2904/DIP

9) 프로그램 설명

회로구성상 온도변화에 따라 ADC3로 입력되는 전압이 변한다. MSP430의 내부 ADC를 이용하여 입력되는 전압값을 측정하여 FND에 표시한다.

work\HsensorTraining\02_PTCSensor**msp430main.c**

```
INT16 main(VOID)
{
        UINT16 ADCval;
        WDTimerInit();
        PortInit();
        ADCInit();
        DeviceInit();
        UartInit();
        blinkLED();
        EnableIntr();

        while(FOREVER)
        {
                ADCval=ADC3Read();  // ADC3으로 입력되는 전압값을 읽어온다.
                FNDVout(ADCvalue);  // ADC3의 값을 Voltage값으로 변환
하여 FND에 표시.
                printf("PTC %d\r\n",ADCval);
                msdelay(10);
        }
        return TRUE;
}
```

10) 연구내용 및 실험방법

(1) 보드 장착 및 케이블 연결(전원, USB)

[그림 3-29]와 같이 전원과 USB 케이블을 연결하고 PTC 보드를 메인보드에 장착한다.

[그림 3-29] 센서보드 장착

(2) 장치관리자에서 COM 포트 확인

장치관리자에서 USB가 COM3로 잡혀있는지 확인하고 만약 포트 번호가 다를 경우 포트 설정에서 포트 번호를 3번으로 변경한다.

(3) 프로그램 빌드 및 다운로드

① CMD창에서 PTC 센서 프로그램("C:\mspgcc\work\HsensorTraining\02_PTCSensor") 위치로 이동을 한 뒤 "make" 명령으로 프로그램을 빌드한다.

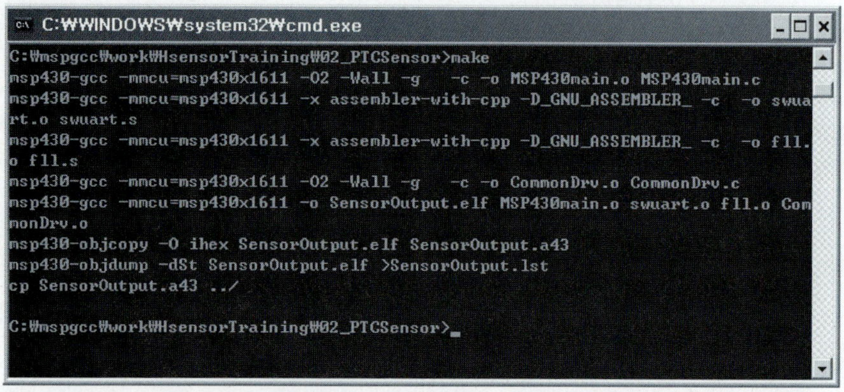

[그림 3-30] S/W 빌드

② 정상적으로 빌드되었다면 상위 디렉토리인 C:\mspgcc\work\HsensorTraining" 폴더에 "SensorOutput.a43"이라는 파일이 생성된다.

[그림 3-31]과 같이 bsl_downloader.bat을 이용하여 a43파일을 보드에 다운로드한다.

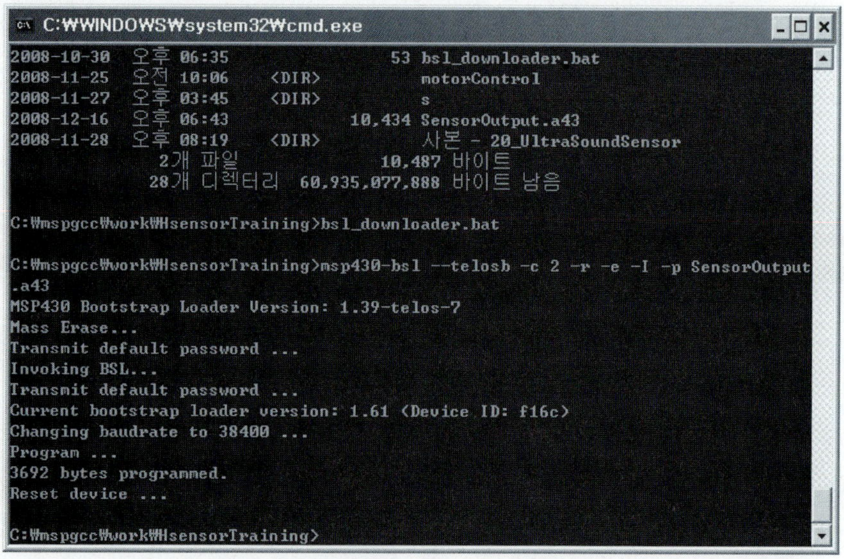

[그림 3-31] 이미지 다운로드

(4) PTC 프로그램 실행

[그림 3-32] PTC 프로그램 실행결과

(5) PC에서 시리얼 데이터 출력화면

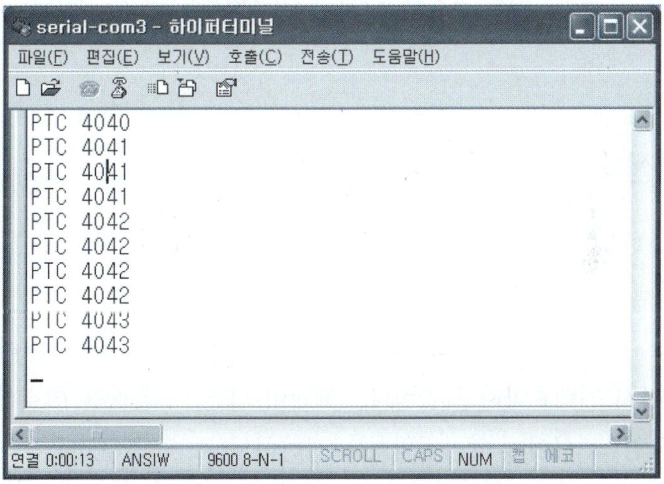

[그림 3-33] 시리얼 데이터 출력화면

11) 연구결과

PTC 프로그램을 실행하면 FND로 출력전압을 표현한다. 현재 출력전압의 크기를 참고하여 전압분배법칙을 이용하면 PTC의 저항값의 변화를 계산할 수 있다. 전압분배식은 다음과 같다.

$$V_{out} = V_{in} * R_2 / (R_1 + R_2)$$

예를 들어 현재 온도가 25℃라 가정할 때 PTC의 저항값은 1.5kΩ이다([그림 3-28] 회로도 참고).

R_1=1kΩ : $R9$

R_2=1.5kΩ (±10% ~ ±30%) : RT1(PTC 저항)

V_{in}=5V

이므로

$$V_{out} = 5V * 1.5k / (1k+1.5k) = 5V * 1.5k / 2.5k$$
$$= 5V * 0.6 = 3.00V$$

가 나온다.

이때 PTC 저항의 허용오차가 ±30%일 경우 대략 2.56V~3.30V 사이의 값이 측정된다. 이처럼 PTC 센서는 허용오차범위가 매우 크기 때문에(±10% ~ ±30%) 온도 센서로 사용되기 보다는 퀴리온도 특성을 이용한 과열보호 / 과전류보호용 센서로 주로 사용된다.

05 열전대

1) 열전대

1821년 독일의 물리학자 T. J. Seebeek이 구리와 안티몬 사이에서 발견한 현상으로 발견자의 이름을 따서 제백효과라고 불린다. 재질이 다른 두 금속을 연결하고 양접점 간에 온도차를 부여하면 그 사이에 열기전력이 발생하여 회로 내에 열전류가 흐르는데 이러한 물질을 열전대(Thermocouple)라 부른다.

(1) 원 리

서로 다른 두 종류의 금속이나 반도체의 양끝을 접합하여 온도차를 주면 회로에 열기전력이 발생하여 폐회로에 열전류가 흐른다. 발생하는 열기전력은 두 종류의 금속과 양 접점간의 온도차에 의하여 결정되며 금속의 형상이나 치수에도 영향을 받는다. 이는 종류가 다른 두 도체, 예를 들어 크로멜과 알루멜 또는 백금과 백금로듐이 [그림 3-34]와 같이 접합되면 여기서 열기전력이 나타나는 원리를 이용한 것이다.

[그림 3-35] (b)와 같이 중간의 온도가 t_3, t_4에서도, 또한 중간에 다른 금속 C가 접속

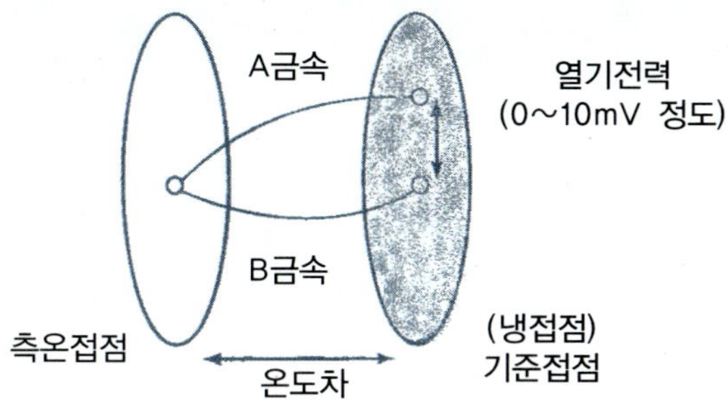

[그림 3-34] 열전대의 원리

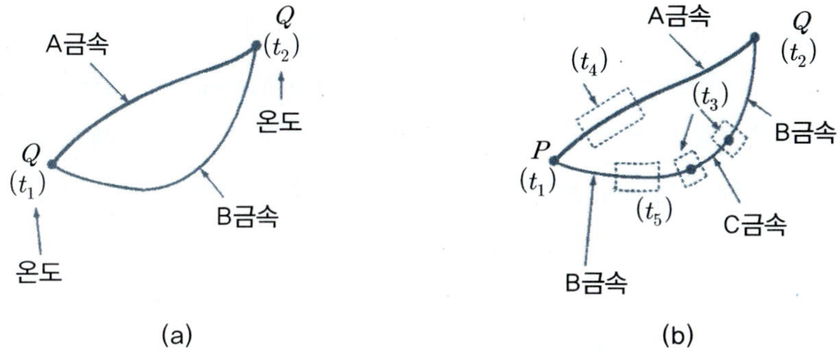

[그림 3-35] 온도차($t_1 - t_2$)가 있으면 전류가 흐른다.

해 있어도 양단이 같은 t_5의 온도라면 열기전력의 크기에 변함은 없다.

C 대신에 전압계를 연결하면 이 기전력을 측정할 수가 있으며, 반대로 온도차가 구해진다. 또한 열전대는 [그림 3-36]과 같이 여러 종류가 있는데 필요에 따라 선택하여 사용할 수 있다.

[그림 3-36] (a)는 물체표면의 온도가 비교적 낮은 경우에 측정할 수 있고, [그림 3-36] (b)는 보호관이 있는 경우로 실험실 등에서는 소선만 사용하는 경우도 있으나 공업용에서는 기계적 강도, 내열성, 내식성 등의 목적 때문에 보호관에 넣어 사용한다. 보호관이 있는 열전대는 단자, 보호관, 열전대 소선으로 구성되어 있다.

보호관에는 스테인리스 등을 사용한 금속 보호관과 알루미늄 자기 등의 비금속 보호관이 있다. 또, 고온뿐 아니라 환경조건이 나쁜 곳에서도 사용할 수 있는 [그림 3-36] (c)같이 생긴 금속관(금속 시스) 속에 열전대 소선을 넣고 그 주위에 무기절연물(MgO 또는 Al_2O_3)을 단단하게 채우고 열전대 소선 간 및 금속 시스와 열전대 간을 절연함과 동시에 소선을 기밀상태로 해서 부식과 열화를 방지한 시스형이 있다. 이것은 보호관이 있는 열

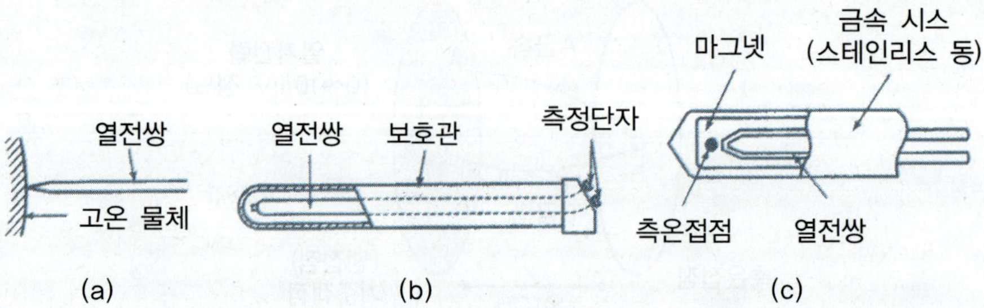

[그림 3-36] 열전대의 종류

전대에 비해 응답이 빠르고 내열성이나 내진성이 우수하며, 어느 정도의 굽힘도 가능하다. 외형치수는 0.2~8mm 정도의 것이 있으며 피측정체에 납땜해서 사용할 수도 있다.

열전대로 온도를 측정하는 경우에 원리적으로는 열전대를 계기에 접속하는 것이 이상적이다. 그러나 측정점과 계기까지의 거리가 먼 경우 열전대 소선을 계기까지 연장하게 되면 비용이 많이 들기 때문에 열전대의 소선을 대신 할 수 있는 것으로 열전대와 동일하거나 유사한 열기전력 특성을 가진 2종류의 도체를 1조로 한 도선을 사용하여 열전대와 계기간을 접속한다. 이 도선을 보상도선이라 부르며 접속방법을 [그림 3-37]에 나타낸다.

보상도선에는 열전대와 같은 재질을 사용한 익스텐션(Extension)형과 보상도선의 사용 온도범위에 있어서 열전대의 열기전력 특성과 거의 동등한 합금을 사용한 컴펜세이션(Compensation)형이 있다.

익스테션형은 열전쌍과 같은 재질을 사용하기 때문에 넓은 온도범위에 걸쳐 높은 정밀도를 유지할 수 있지만 가격이 높은 것이 결점이다. 한편, 컴펜세이션형은 가격은 싸지만 열전대와 다른 재질이므로 넓은 온도범위에 걸쳐 낮은 오차로 유지할 수 없고, 사용온도 범위가 제약되는 결점이 있다.

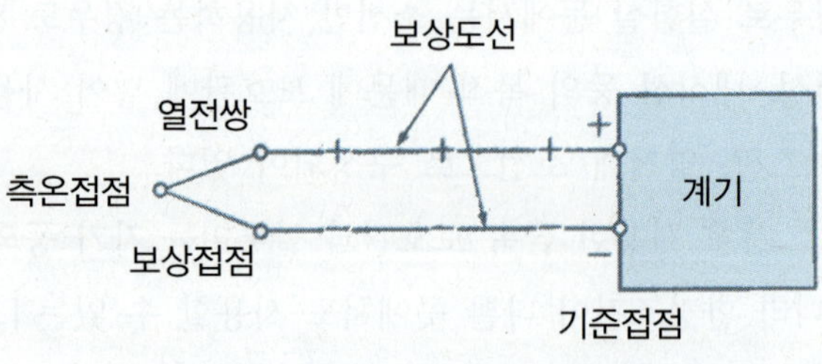

[그림 3-37] 열전대와 보상도선의 접속

어느 경우에나 열전대의 종류에 맞는 보상도선을 사용해야 한다. 최근에는 구조가 기준접점의 전압에 해당하는 보상전압을 발생시키는 외에 기전력을 증폭해서 10mWV/℃의 출력이 나오는 열전대 신호처리용 IC도 제작되고 있다.

(2) 특 징

① 장 점

구조가 간단하고 기계적이며 견고하고 비교적 오차가 적다. 넓은 온도범위에서 측정이 가능(0℃~2500℃)해 가는 소선을 사용하면 작은 장소의 측정을 할 수 있고 응답도 빠르다. 온도를 전기량으로 직접 환산하고 검출할 수 있으므로 측정이 용이해 측정물과의 거리를 크게 잡을 수 있어 도중에 온도변화의 영향을 받지 않는다. 비교적 가격이 저렴하여 입수하기 쉽다.

② 단 점

기준접점이 필요 기준접점 및 보상도선의 오차를 고려할 필요가 있다. 출력이 비교적 작으므로 측정회로의 노이즈나 드리프트 등에 주의가 필요 상온 부근에서는 보정에 주의하지 않으면 좋은 정밀도를 얻기 힘들다. 고온이나 장시간용인 경우에는 수명에 한도가 있다.

열전대 소선의 조합

참조규격 : JIS C 1602-1981
IEC-Pub584-2

종류	구 JIS	열전대 소선의 조합	
		플러스 (+)측	마이너스 (-)측
B	-	70% Platinum(백금) 30% Rhodium(로듐)	94% Platinum(백금) 6% Rhodium(로듐)
R	PR*	87% Platinum(백금) 13% Rhodium(로듐)	100% Platinum(백금)
S	-	90% Platinum(백금) 10% Rhodium(로듐)	100% Platinum(백금)
K	CA	Chromel(크로멜)** [90%Ni(니켈) · 10%Cr(크롬)]	Alumel(알루멜)** [95%Ni(니켈) · 2%Mn(망간) · 2%Al(알루미늄)]
E	CRC	Chromel(크로멜)** [90%Ni(니켈) · 10%Cr(크롬)]	Constantan(콘스탄탄) [55%Cu(구리) · 45%Ni(니켈)]
J	IC	99.5% Iron(철)	Constantan(콘스탄탄) [55%Cu(구리) · 45%Ni(니켈)]
T	CC	100% Copper(구리)	Constantan(콘스탄탄) [55%Cu(구리) · 45%Ni(니켈)]
N	-	Nicrosil(니크로실) [84%Ni(니켈) · 14.2%Cr(크롬) · 1.45%Si(실리콘)]	Nisil(니실) [95%Ni(니켈) · 4.4%Si(실리콘) · 0.15%Mg(마그네슘)]

주의 : * 구 JIS의 PR타입은 현재의 R타입과 비교시 (+)측의 로듐 함량이 일치하지 않습니다.
**크로멜, 알루멜은 미국 호스킨스(Hoskins)사의 등록상표입니다.

[그림 3-38] 열전대 소선의 조합

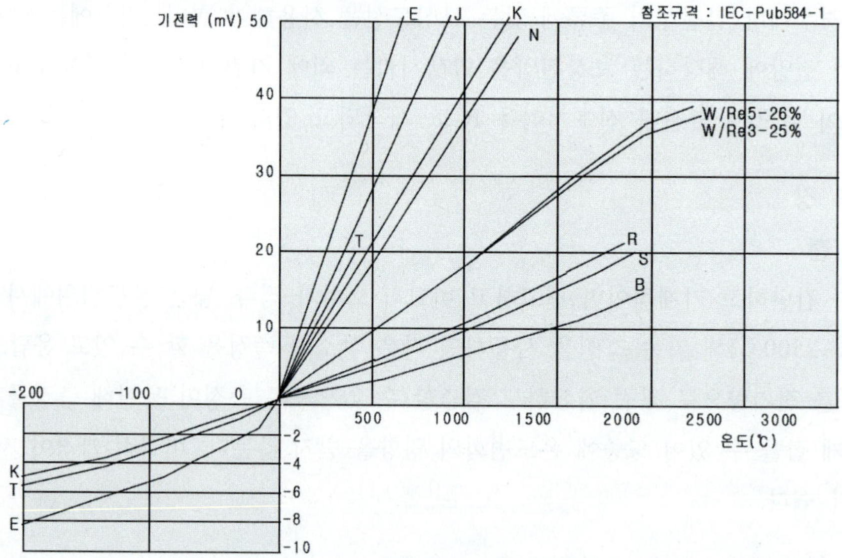

[그림 3-39] 열전대 종류별 기전력

온도 목성상의 오차

참조규격 : JIS C 1602-1981
IEC-Pub584-2

종류	구JIS	온도 범위	Class	허용 오차*
B	-	600℃~1,700℃	0.5	±4℃또는 목성상의±0.5%
R	PR13	0℃~1,600℃	0.25	±1.5℃또는 목성상의±0.25%
S	-			
	CA	0℃~1,000℃	0.4	±1.5℃또는 목성상의±0.4%
		0℃~1,200℃	0.75	±2.5℃또는 목성상의±0.75%
		-200℃~0℃	1.5	±2.5℃또는 목성상의±1.5%
E	CRC	0℃~800℃	0.4	±1.5℃또는 목성상의±0.4%
		0℃~800℃	0.75	±2.5℃또는 목성상의±0.75%
		-200℃~0℃	1.5	±2.5℃또는 목성상의± 1.5%
J	IC	0℃~750℃	0.4	±1.5℃또는 목성상의± 0.4%
		0℃~750℃	0.75	±2.5℃또는 목성상의± 0.75%
T	CC	0℃~350℃	0.4	±0.5℃또는 목성상의± 0.4%
		0℃~350℃	0.75	±1℃또는 목성상의± 0.75%
		-200℃~0℃	1.5	±1℃또는 목성상의±1.5%
N	-	0℃~1,250℃	0.75	±2.5℃또는 목성상의0.75%

주의 : *허용오차는 기전력표로부터 환산된 온도값

[그림 3-40] 온도 목성상의 오차

표준 열전대의 종류별 저항값

참조규격 : JIS C 1602-1981
단 위 : Ω/m

AWG	Ømm	B	R	S	K	E	J	T	N*
구 JIS		-	PR	-	CA	CRC	IC	CC	-
28	0.32	-	-	-	-	-	-	6.17	16.43
24	0.50	1.75	1.47	1.43	-	-	-	-	6.50
22	0.65	-	-	-	2.95	3.56	1.70	1.50	4.08
18	1.00	-	-	-	1.25	1.50	0.72	0.63	1.62
14	1.60	-	-	-	0.49	0.59	0.28	0.25	0.64
11	2.30	-	-	-	0.24	0.28	0.14	-	0.32
8	3.20	-	-	-	0.12	0.15	0.07	-	0.13

주의 : 섭씨 0℃에서 (+)와 (-)간에 측정된 저항값

[그림 3-41] 표준 열전대의 종류별 저항값

[표 3-5] 열전대와 사용온도

기 호	(+)	(–)	사용온도범위(℃)
K(CA)	크로멜	알루멜	–200~+1000℃
E(CRC)	크로멜	콘스탄탄	–200~+700℃
J(IC)	철	콘스탄탄	–200~+600℃
T(CC)	구리	콘스탄탄	–200~+–300℃
R(PR)	백금 · 로듐	백금	0~+1400℃
S(–)	백금 · 로듐	백금	
B(–)	백금 · 로듐	백금 · 로듐	+300~1550℃
크로멜 = 니켈(크롬 합금), 알루멜 = 니켈(알루미늄 합금), 콘스탄탄 = 니켈(구리 합금)			

2) K-형태 열전대

- Part No : K-Type 열전대(Thermocuple)
- 감도 : 41μV/℃
- 측정범위 : 0℃~1000℃
- 오차범위 : ±1.5℃ 또는 목성상의 ±0.4%

3) 열전대 보드

열전대 보드(Thermocuple Board)는 열전대를 이용하여 온도를 측정할 수 있는 보드이다.

[그림 3-42]는 열전대 보드(Thermocuple Board)의 실물을 나타낸다.

[그림 3-42] 열전대 보드 사진

4) 부품배치도

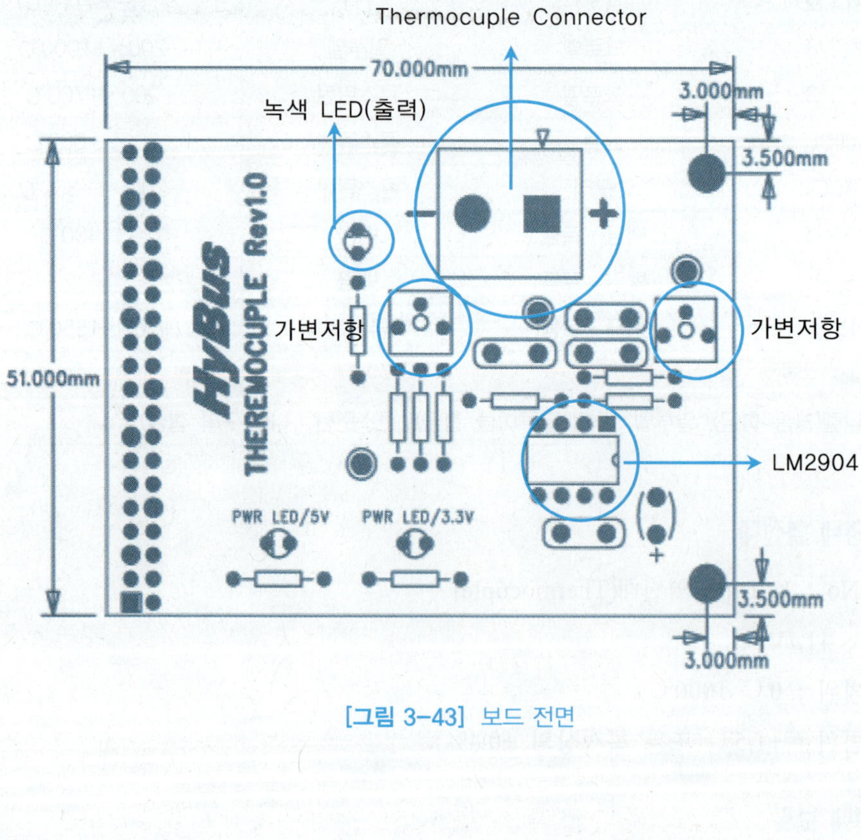

[그림 3-43] 보드 전면

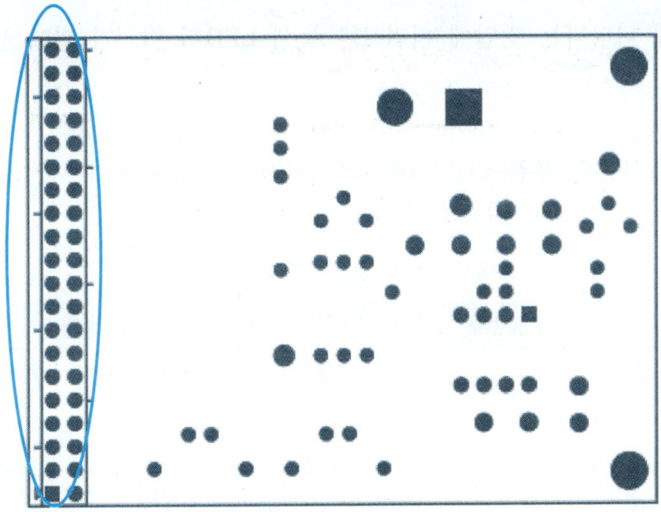

[그림 3-44] Board 후면

5) 회로도

열전대 보드(Thermocuple Board)의 주요 회로는 [그림 3-45]와 같다.

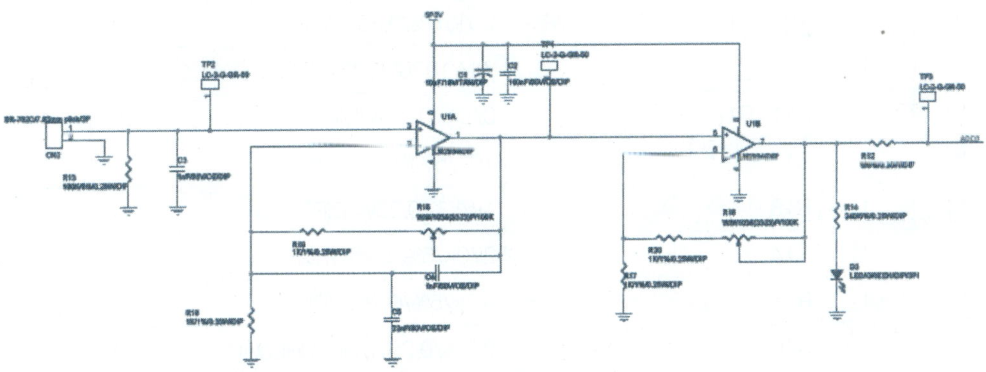

[그림 3-45] 주요 회로부

6) 회로동작설명

① CN2 단자에 열전대 커넥터를 연결한다.

② R15, R16 가변저항을 조정하여 열전대 출력전압의 증폭도를 조절한다.

③ 열전대 센서에 열을 가하면 TP2 단자에 미세한 전압이 발생한다.

④ TP2 단자에 미세전압이 발생하면 TP1, TP3 단자에 설정된 증폭도에 따라 큰 전압이 나타난다.

⑤ TP3 단자에 나타나는 전압에 따라 D3 녹색 LED의 밝기가 달라진다.

7) 부품 리스트

열전대 보드에 사용된 부품 리스트(Board Layout)는 [표 3-6]과 같다.

[표 3-6] 열전대 보드의 부품 리스트

순서	수량	부품번호	부품명
1	1	CN1	PIN HEADER 20PX2/2.54mm/Straight Type
2	1	C1	10μF/16V/TAN/DIP
3	2	C2, C3	100nF/50V/CE/DIP
4	2	D1, D2	LED/RED/DIP/3PI
5	1	D3	LED/GREEN/DIP/3PI
6	1	Q1	2SC1959/TO-92
7	1	R3	240/5%/0.25W/DIP
8	1	R5	330/5%/0.25W/DIP
9	1	R8	100/5%/0.25W/DIP
10	1	R9	2.7k/5%/0.25W/DIP
11	1	R10	WIW1036(3323)P/50k
12	2	R11, R17	0/5%/0.25W/DIP
13	1	R12	10k/5%/0.25W/DIP
14	1	R13	1k/5%/0.25W/DIP
15	1	R14	270k/5%/0.25W/DIP
16	1	R15	4.7k/5%/0.25W/DIP
17	1	R16	0/5%/0.25W/DIP/UNLOAD
18	4	TP1, TP3, TP4, TP5	LC-2-G-GR-50
19	1	U1	LM35/TO-92
20	1	U2	LM2904/DIP

8) 프로그램 분석

회로구성상 온도변화에 따라 ADC3로 입력되는 전압이 변한다. MSP430의 내부 ADC를 이용하여 입력 전압값을 측정하여 FND에 표시한다.

Line work\HsensorTraining\03_ThoermocupleSensor**msp430main.c**

```
INT16 main(VOID)
{
        UINT16 ADCval;
        WDTimerInit();
        PortInit();
        ADCInit();
        DeviceInit();
        UartInit();
        blinkLED();
        EnableIntr();

        while(FOREVER)
        {
                ADCval=ADC3Read();      // ADC3으로 입력되는 전압값을 읽어온다.
                FNDVout(ADCvalue);      // ADC3의 값을 Voltage값으로 변환하여 FND에 표시.
                printf("Thoermo %d\r\n",ADCval);
                msdelay(10);
        }
        return TRUE;
}
```

9) 연구내용 및 실험방법

(1) 보드 장착 및 케이블 연결(전원, USB)

[그림 3-46]과 같이 전원과 USB 케이블을 연결하고 서모커플센서보드를 메인보드에 장착한다.

[그림 3-46] 센서보드 장착

(2) 프로그램 빌드 및 다운로드

① CMD창에서 서모커플센서 ("C:\mspgcc\work\HsensorTraining\03_ThermocupleSensor")

프로그램 위치로 이동을 한 뒤 "make" 명령으로 프로그램을 빌드한다.

```
C:₩WINDOWS₩system32₩cmd.exe
C:₩mspgcc₩work₩HsensorTraining₩03_ThoermocupleSensor>MAKE
msp430-gcc -mmcu=msp430x1611 -O2 -Wall -g    -c -o MSP430main.o MSP430main.c
msp430-gcc -mmcu=msp430x1611 -x assembler-with-cpp -D_GNU_ASSEMBLER_ -c  -o swua
rt.o swuart.s
msp430-gcc -mmcu=msp430x1611 -x assembler-with-cpp -D_GNU_ASSEMBLER_ -c  -o fll.
o fll.s
msp430-gcc -mmcu=msp430x1611 -O2 -Wall -g    -c -o CommonDrv.o CommonDrv.c
msp430-gcc -mmcu=msp430x1611 -o SensorOutput.elf MSP430main.o swuart.o fll.o Com
monDrv.o
msp430-objcopy -O ihex SensorOutput.elf SensorOutput.a43
msp430-objdump -dSt SensorOutput.elf >SensorOutput.lst
cp SensorOutput.a43 ../

C:₩mspgcc₩work₩HsensorTraining₩03_ThoermocupleSensor>
```

[그림 3-47] S/W 빌드

② 정상적으로 빌드되었다면 상위 디렉토리인 C:\mspgcc\work\HsensorTraining" 폴더에 "SensorOutput.a43"이라는 파일이 생성된다.

[그림 3-48]과 같이 bsl_downloader.bat을 이용하여 a43파일을 보드에 다운로드한다.

```
C:₩WINDOWS₩system32₩cmd.exe
2008-10-30  오후 06:35                53 bsl_downloader.bat
2008-11-25  오전 10:06    <DIR>          motorControl
2008-11-27  오후 03:45    <DIR>          s
2008-12-16  오후 06:43            10,434 SensorOutput.a43
2008-11-28  오후 08:19    <DIR>          사본 - 20_UltraSoundSensor
               2개 파일              10,487 바이트
              28개 디렉터리  60,935,077,888 바이트 남음

C:₩mspgcc₩work₩HsensorTraining>bsl_downloader.bat

C:₩mspgcc₩work₩HsensorTraining>msp430-bsl --telosb -c 2 -r -e -I -p SensorOutput
.a43
MSP430 Bootstrap Loader Version: 1.39-telos-7
Mass Erase...
Transmit default password ...
Invoking BSL...
Transmit default password ...
Current bootstrap loader version: 1.61 (Device ID: f16c)
Changing baudrate to 38400 ...
Program ...
3692 bytes programmed.
Reset device ...

C:₩mspgcc₩work₩HsensorTraining>
```

[그림 3-48] 이미지 다운로드

(3) 프로그램 실행

[그림 3-49] 열전대 프로그램 실행결과

(4) PC에서 시리얼 데이터 출력화면

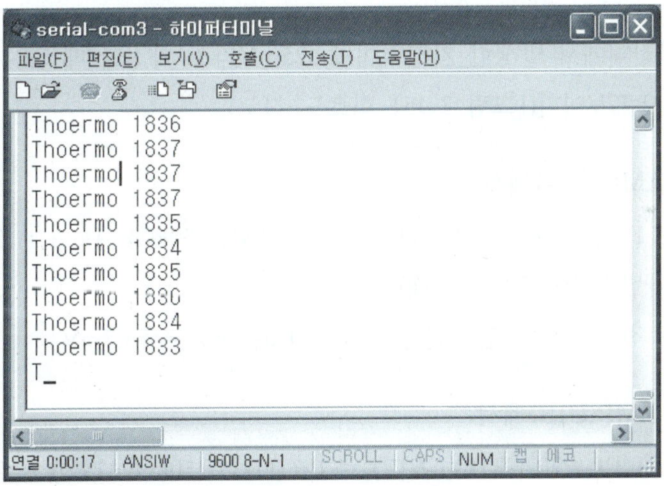

[그림 3-50] 시리얼 데이터 출력화면

10) 연구결과

열전대 프로그램을 실행하면 FND로 출력전압을 표현한다. 열전대의 감도는 41μV/℃이므로 25℃일 때의 기전력은 1.025mV이다.

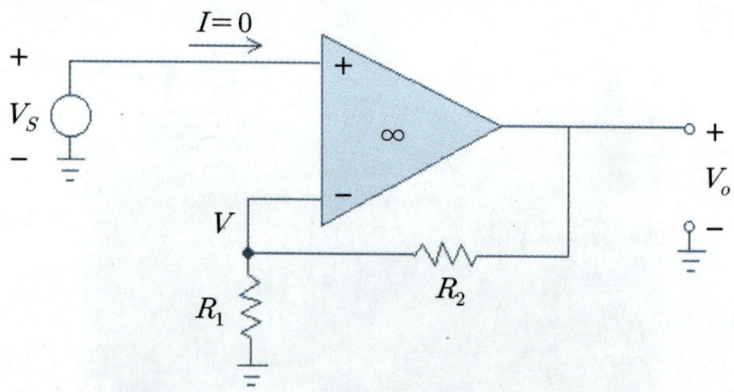

[그림 3-51] OP-AMP의 비반전 증폭회로

전압이득식은 다음과 같다.

$$V_o / V_s = 1 + (R_2 R_1)$$

예를 들어 열전대에서 발생한 기전력이 1.025mV라고 가정할 때 OP-AMP 최종 단의 출력전압은 약 2.77V이다([그림 3-45] 회로도 참고).

(1) 1차 OP-AMP(U1A)에서

- 전압이득 = 1 + ((*R*19 + *R*15) / *R*18) = 1 + ((1kΩ + 50kΩ) / 1kΩ) = 52
  (단, *R*15 가변저항이 50kΩ일 때)
- 출력전압 = 전압이득 × 입력전압 = 52 × 1.025mV = 53.3mV

(2) 2차 OP-AMP(U1B)에서

- 전압이득 = 1 + ((*R*20 + *R*16) / *R*17) = 1 + ((1kΩ + 50kΩ) / 1kΩ) = 52
  (단, *R*16 가변저항이 50kΩ일 때)
- 출력전압 = 전압이득 × 입력전압 = 52 × 53.3mV = 2771.6mV = 2.7716V

06 온도 IC

1) 반도체 온도 센서

(1) 원 리

일반적으로 트랜지스터나 다이오드 소자를 사용하여 회로를 구성할 경우 온도에 민감하기 때문에 온도에 대한 안정에 많은 노력이 필요하다. 이것은 PN접합 반도체가 그만큼 온도(Temperature)에 따라 그 특성이 변함을 의미한다. 즉, 트랜지스터의 경우 베이스 이미터(Base Emiter) 접합부의 순방향 전압을 V_{BE}, 이미터 전류를 I_{IE} 라고 한다면 이것의 관계는

$$I_E = I_S(E^{V_{BE}/KT} - 1) \tag{3-3}$$

I_S : 접합부 온도에 결정되는 포화전류, T : 절대온도(K)
q : 전자의 전하(1.6×10^{-19} C), K : 볼츠만 정수(1.38×10^{-23} J/K)

이와 같이 비선형적이지만 온도에 의하여 반도체의 전도율이 변함을 알 수 있다.

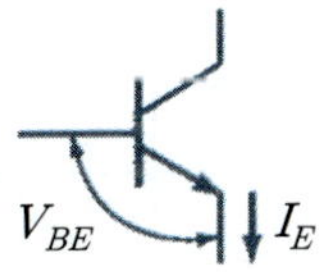

V_{BE}와 I_E의 관계는 온도계수를 갖는다.

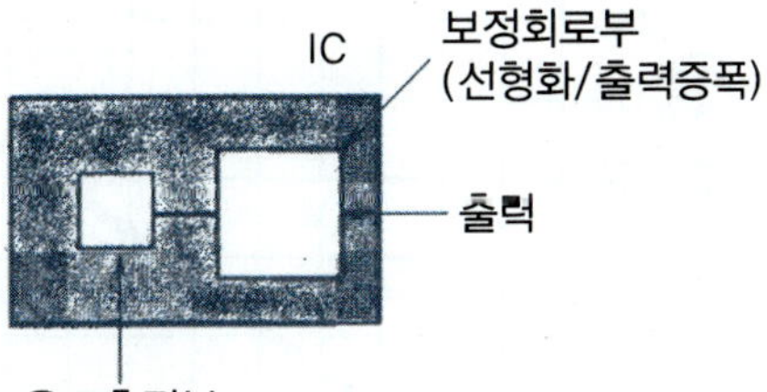

온도측정부

[그림 3-52] 반도체 온도 센서

(2) 특 징

소형화할 수 있으며 온도변화에 대하여 정밀성을 나타내고 또한 응답특성이 대단히 빠르다. 그러나 비선형적 출력을 나타내므로 OP-AMP 등을 사용하며 이를 보정해 주어야 한다. 그리고 측정 온도범위는 좁은 편이며 대개 0~120℃ 범위에서 사용된다. 일반적인 온도측정 및 의료기에 응용된다.

2) LM35

- 제조회사 : National semiconductor

- 섭씨온도(℃)로 설정되어 있다.
- 섭씨온도에 대하여 10.0mV/℃의 선형 출력전압을 얻을 수 있다.
- 측정범위 : +2℃ ~ +150℃(basic) 또는 －55℃ ~ +150℃(full)
- 4V~35V에서 동작한다.
- 공기 중에서 자체 발생온도가 0.08℃로 낮다.
- 1mA의 부하에 대하여 낮은 임피던스 출력을 갖는다.

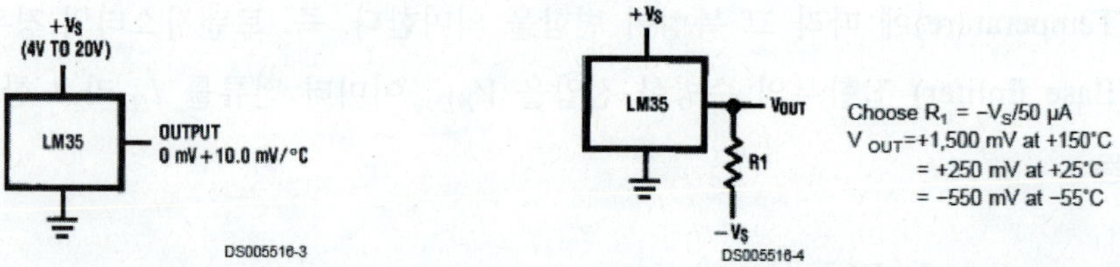

(a) Basic Centigrade Temperature Sensor(+2℃~+150℃)

(b) Full-Range Centigrade Temperature Sensor

[그림 3-53] 온도 센서 응용

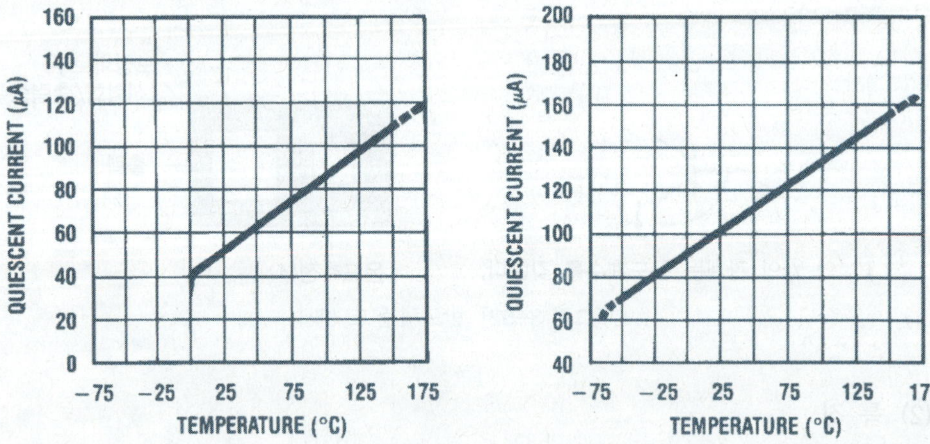

[그림 3-54] 정지전류와 온도의 특성

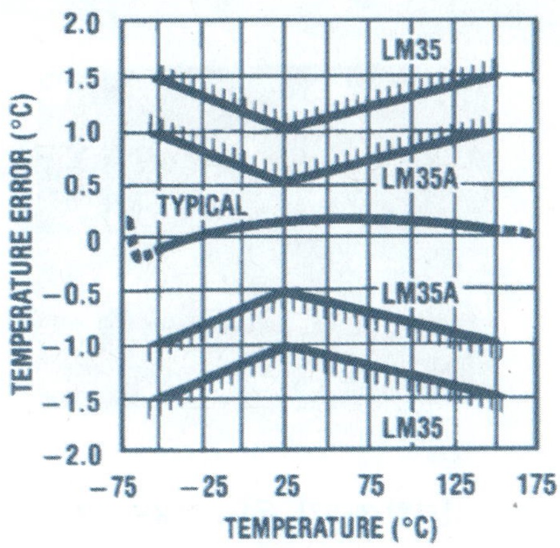

[그림 3-55] 정밀도와 온도의 특성

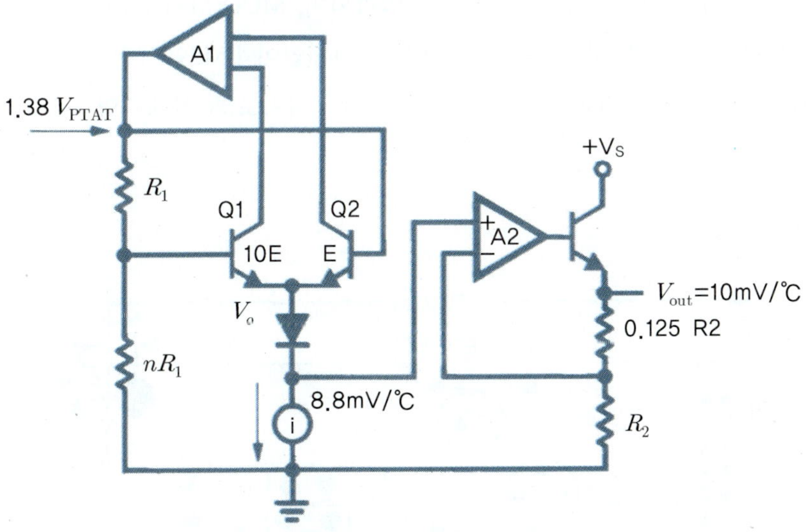

[그림 3-56] 블록도

3) 온도 IC 보드

온도(Temperature) IC 보드는 LM35 소자를 이용하여 온도를 측정할 수 있는 보드이다. [그림 3-57]은 온도 IC 보드의 실물을 나타낸다.

[그림 3-57] 온도 IC 보드 사진

LM35의 회로구성이 basic으로 구성되어 있어 +2℃ ~ +150℃까지 온도변화를 측정할 수 있다. LM35의 출력이 ADC3번 핀으로 입력되며, MCU(MSP430)의 내부 ADC를 이용하여 전압을 디지털로 처리한다. LM35의 출력전압이 LM2904(전압비교기)의 기준전압(2번핀)보다 낮으면 LED(D3)가 켜지고 높으면 꺼지도록 설계하였다.

4) 부품배치도

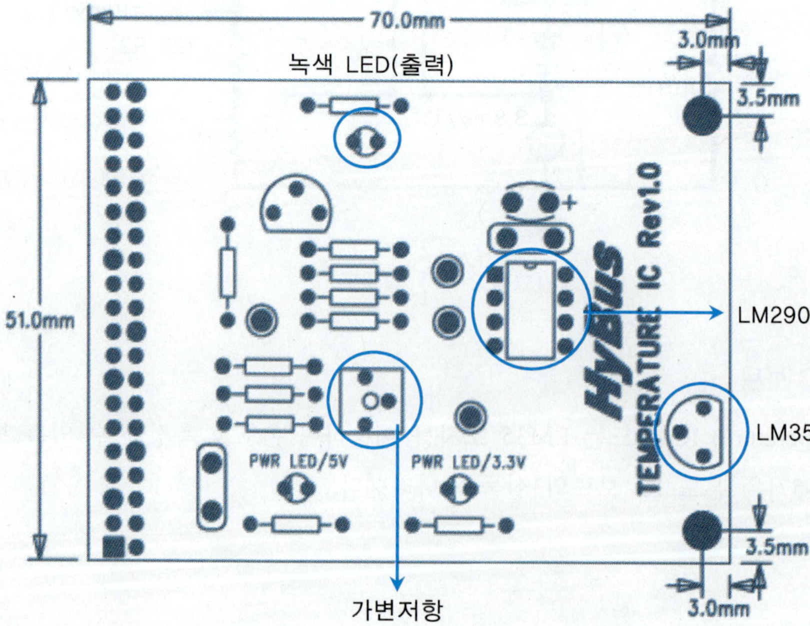

[그림 3-58] 보드 전면

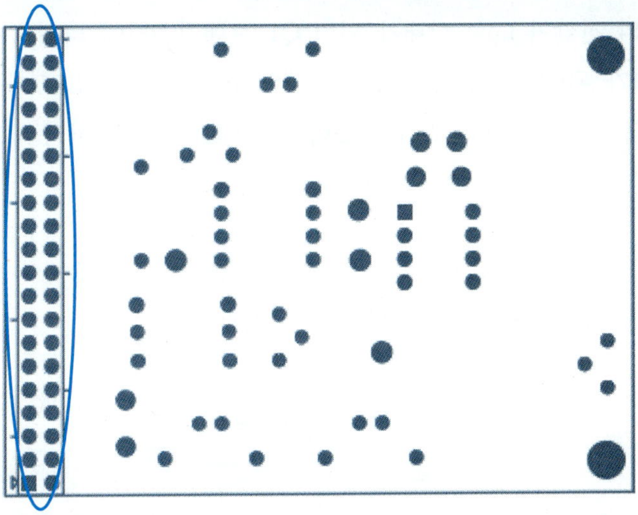

Expansion Connector

[그림 3-59] 보드 후면

5) 회로도

온도 IC 보드의 주요 회로는 [그림 3-60]과 같다.

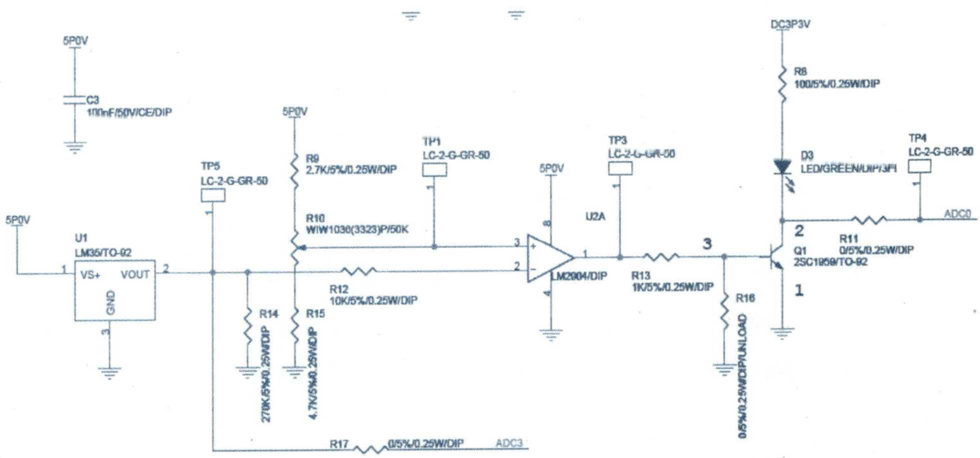

[그림 3-60] 주요 회로부

6) 회로동작설명

① R10 가변저항을 조정하여 TP1 단자의 전압(기준전압)을 조절한다.

② U1 LM35 소자에 열을 가하면 TP5 단자의 전압이 올라간다.

③ TP5 단자의 전압이 TP2 단자의 전압보다 높으면 TP3 단자의 전압이 Low 상태가 된다.

④ TP3 단자의 전압이 Low 상태가 되면 Q1 트랜지스터에 의해 TP4 단자의 전압이 High 상태가 된다. 즉, 트랜지스터가 차단되어 D3 녹색 LED가 OFF된다.

⑤ TP5 단자의 전압은 LM35 소자의 출력전압으로써 프로세서의 ADC 입력단자로 직접 인가된다.

7) 부품 리스트

온도 IC보드에 사용된 부품 리스트는 [표 3-7]과 같다.

[표 3-7] 온도 IC 부품 리스트

순서	수량	부품번호	부품명
1	1	CN1	PIN HEADER 20PX2/2.54mm/Straight Type
2	1	C1	10μF/16V/TAN/DIP
3	2	C2, C3	100nF/50V/CE/DIP
4	2	D1, D2	LED/RED/DIP/3PI
5	1	D3	LED/GREEN/DIP/3PI
6	1	Q1	2SC1959/TO-92
7	1	R3	240/5%/0.25W/DIP
8	1	R5	330/5%/0.25W/DIP
9	1	R8	100/5%/0.25W/DIP
10	1	R9	2.7K/5%/0.25W/DIP
11	1	R10	WIW1036(3323)P/50K
12	2	R11, R17	0/5%/0.25W/DIP
13	1	R12	10K/5%/0.25W/DIP
14	1	R13	1K/5%/0.25W/DIP
15	1	R14	270K/5%/0.25W/DIP
16	1	R15	4.7K/5%/0.25W/DIP
17	1	R16	0/5%/0.25W/DIP/UNLOAD
18	4	TP1, TP3, TP4, TP5	LC-2-G-GR-50
19	1	U1	LM35/TO-92
20	1	U2	LM2904/DIP

8) 프로그램 설명

회로구성상 온도변화에 따라 ADC3로 입력되는 전압이 변한다. MSP430의 내부 ADC를 이용하여 입력전압을 측정하여 FND에 표시한다.

Line	work\HsensorTraining\04_LM35Sensor**msp430main.c**
191:	(아래 코드)

```
INT16 main(VOID)
{
        UINT16 ADCval;
        WDTimerInit();
        PortInit();
        ADCInit();
        DeviceInit();
        UartInit();
        blinkLED();
        EnableIntr();

        while(FOREVER)
        {
                ADCval=ADC3Read();      // ADC3으로 입력되는 전압값을 읽어온다.
                FNDVout(ADCvalue);      // ADC3의 값을 Voltage값으로 변환하여 FND에 표시.
                printf("LM35 %d\r\n",ADCval);
                msdelay(10);
        }
        return TRUE;
}
```

9) 연구내용 및 실험방법

(1) 온도 IC 보드 장착 및 케이블 연결(전원, USB)

[그림 3-61]과 같이 전원과 USB 케이블을 연결하고 온도 IC 보드를 메인보드에 장착한다.

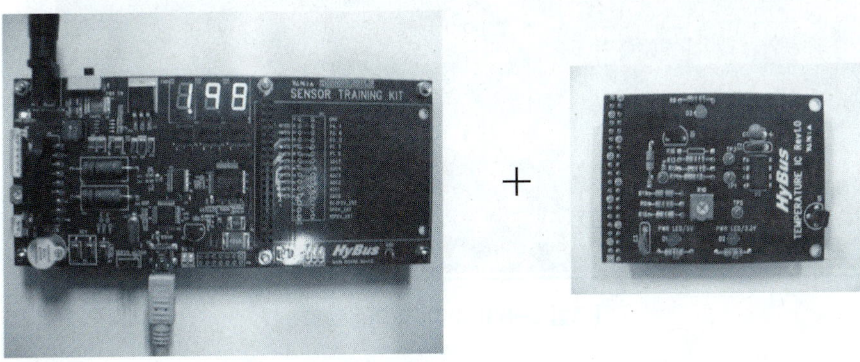

[그림 3-61] 센서보드 결합

(2) 장치관리자에서 COM 포트 확인

장치관리자에서 USB가 COM3로 잡혀있는지 확인하고 만약 포트 번호가 다를 경우 포트 설정에서 포트 번호를 3번으로 변경한다.

(3) 온도 IC 프로그램 빌드 및 다운로드

① CMD창에서 온도 IC 프로그램("C:\mspgcc\work\HsensorTraining\04_LM35Sensor") 위치로 이동한 뒤 "make" 명령으로 프로그램을 빌드한다.

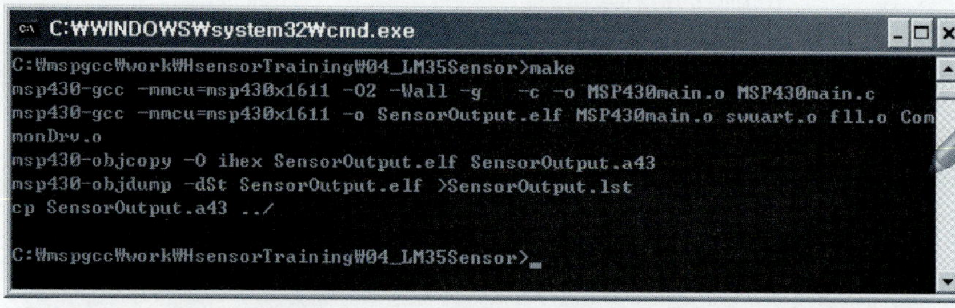

[그림 3-62] S/W 빌드

② 정상적으로 빌드되었다면 상위 디렉토리인 C:\mspgcc\work\HsensorTraining" 폴더에 "SensorOutput.a43"이라는 파일이 생성된다.

[그림 3-63]과 같이 bsl_downloader.bat을 이용하여 a43파일을 보드에 다운로드한다.

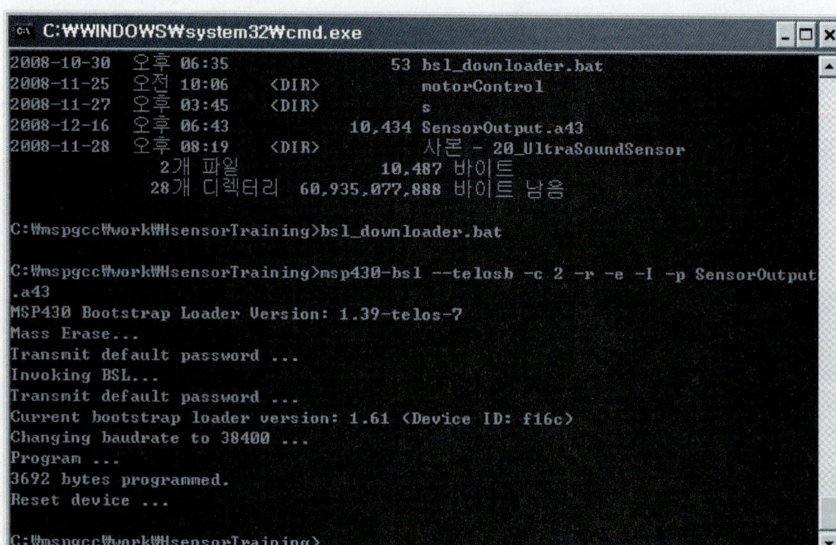

[그림 3-63] 이미지 다운로드

(4) 프로그램 실행

[그림 3-64] 온도 IC 프로그램 실행결과

(5) PC에서 시리얼 데이터 출력화면

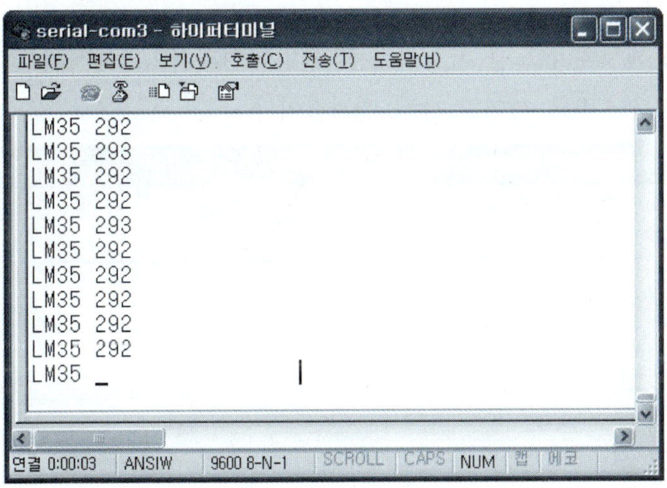

[그림 3-65] 시리얼 데이터 출력화면

10) 연구결과

① U1에 있는 센서의 온도를 상승시켰을 때의 하이퍼터미널에서의 결과값의 변화 세그먼트값은 25~26도 사이일 때의 결과값이다.

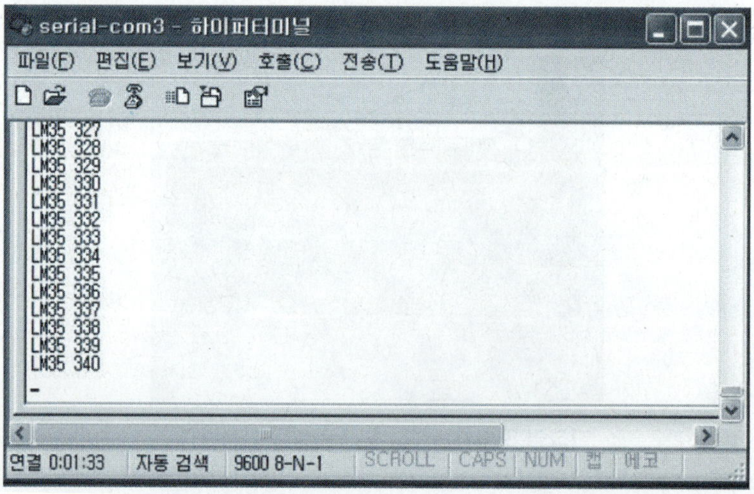

[그림 3-66] 온도상승시 시리얼 데이터 출력화면

② U1에 있는 센서의 온도를 하강시켰을 때의 하이퍼터미널에서의 결과값의 변화 세그먼트값은 31~30도 사이일 때의 결과값이다.

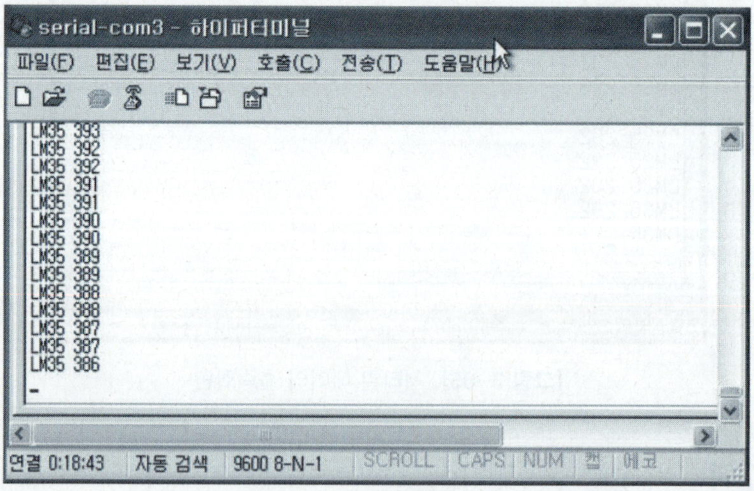

[그림 3-67] 온도하강시 시리얼 데이터 출력화면

[그림 3-68] 온도상승시 사진

[그림 3-69] 온도하강시 사진

04장 광센서 모듈의 응용

01 광센서의 기술동향

산업의 발전은 한 세기를 보내면서 눈부신 발전을 거듭해 왔다. 고도의 첨단기술로 FA 장비들이 변화되어 가고 공장자동화의 필요성이 필연적으로 진행되어 온 모습을 속속들이 지켜본 20세기다. 시작되는 21세기에 FA 관련 기술개발의 최첨단화는 더욱 더 그 중요성과 필요성을 요구하는 분야가 되었다. 그러기에 그 분야의 핵심이라고 할 수 있는 장치들의 변화모습을 들여다보는 것을 무심코 지나쳐서는 안 될 것이다.

1990년대 초반부터 본격적으로 시작된 FA 관련개발은 장비의 소형화, 고정밀도, 고신뢰성, 기능의 다양화 등 첨단화 추진이 가속화되어 왔다. 이러한 첨단장비 실현이 가능하도록 중추적인 역할을 해온 것이 센서(Sensor)의 기술발전이다. 센서기술발전의 성장이 첨단 장비화 실현의 큰 역량을 차지했다고 할 수 있다.

Sensor의 기술개발 없이는 더 이상 FA 자동화 고도성장은 불가능하다고 해도 지나친 표현은 아니라고 생각된다. 특히 경박, 단소화되어 가는 FA 산업현장에서 광(光)센서의 중요도는 더욱 그러하다.

광센서는 빛을 매개체로 사용하고 있다. 광은 전자파의 일종인 횡파이며 전자파의 파장(주파수)대역에 있어서 1mm에서 1mm의 파장대에 있다. 380~780mm의 빛을 가시광이라 부르고 그 파장의 차이에 의하여 색이 달라진다. 단파장의 광을 자외선, 장파장의 영역을 적외선이라 한다. 또한 모든 물체는 빛을 받으면 그 빛을 변화시키는 반사, 산란, 투과 현상을 지니고 있다. 즉, 투광기에서 방사한 적외선 파장이 물체에 반사 변화된 파장을 검출하여 필요한 신호로 변화시켜 주는 원리이다.

1990년대 후반부터 본격적인 광센서기술인 전자적인 메커니즘과 기구적인 메커니즘이 상호 접목되어 기술이 발전하기 시작했다. 이런 계기로 국내 광센서도 물체의 유・무 판별에 국한되어 있었던 것에서 벗어나 소형화를 요구하는 정밀기기에 적용할 수 있을 정도로 소형화되었고 고정밀도가 실현되었다.

현재 FA 산업 이외에도 도난방지 시스템, 가전제품, 일반 생활용품, 레저 상품, 교통 시스템 등 다양한 용도로 적용되고 있으며 그 기능을 이용한 상품들을 우리 일상생활에서 쉽게 접할 수 있게 되었다.

현재에도 광센서기술개발은 멈추지 않고 계속해서 발전을 거듭하고 있으며, 초기 범용 기능의 광센서에서 발전하여 현장적용과 상황에 맞도록 고품질 및 고기능을 갖춘 광센서가 주류를 이루고 있으며, MICOM 기술축적으로 소형화가 실현되었고 자동거리설정, 출력진단기능 등 사용자의 사양(Option)에 맞추어 대응할 수 있는 맞춤 마케팅 전략을 가미한 제품도 출시되고 장거리 직접 반사형, 방수형 광센서, 초음파 센서, 레이저 변위 센서, 이미지 센서 등 센서기술의 고난이도가 동반되는 제품들이 속속 개발되어 현장에 적용되고 있다.

현재 국내 광센서기술도달 수준도 일본기술의 90~100% 수준까지 도달해 있다. 여기에는 렌즈와 수광소자의 개발향상도 한몫 차지하고 있는 상황이다. 모든 분야의 기술이 아날로그 형태에서 디지털화 방식으로 변화되어 가고 있다. 광센서 분야 역시 아날로그 검출형태라고 표현할 수 있는 방식에서 벗어나 디지털 검출혁명으로 돌입하고 있는 시기이다.

광센서가 새로이 인식되어 부각되기 시작하는 시점에서 자동화 시스템의 추세는 고속 검출 판단기능의 무결점을 요구하고 있다. 이러한 광센서의 시장규모가 나날이 확대되어 가고 있는 상황에서 국내 제조업체들의 지속적이고 과감한 기술개발투자가 필요하며 FA 산업발전의 큰 획을 긋는 센서 산업이 자동화 산업발전의 주역이 될 것이다.

02 광센서의 종류와 선택

광센서의 검출대상으로는 눈에 보이는 가시광선과 눈에 보이지 않는 자외선, 근적외선 등이 있다. 이것들은 파장뿐만 아니라 전자파의 성질도 각각 다르다. 말하자면 검출대상의 성질에 따라 그 센서의 종류도 한정되는 것이다.

따라서, 한 마디로 광센서는 검출대상의 발광파장 또는 응답속도에 따라 센서 엘리먼트(Element)를 구분해서 사용해야 한다. 또, 광센서의 종류에는 포토 다이오드를 비롯하여 포토 트랜지스터, 포토 IC, CdS셀, 태양전지, 이미지 센서 등이 있다.

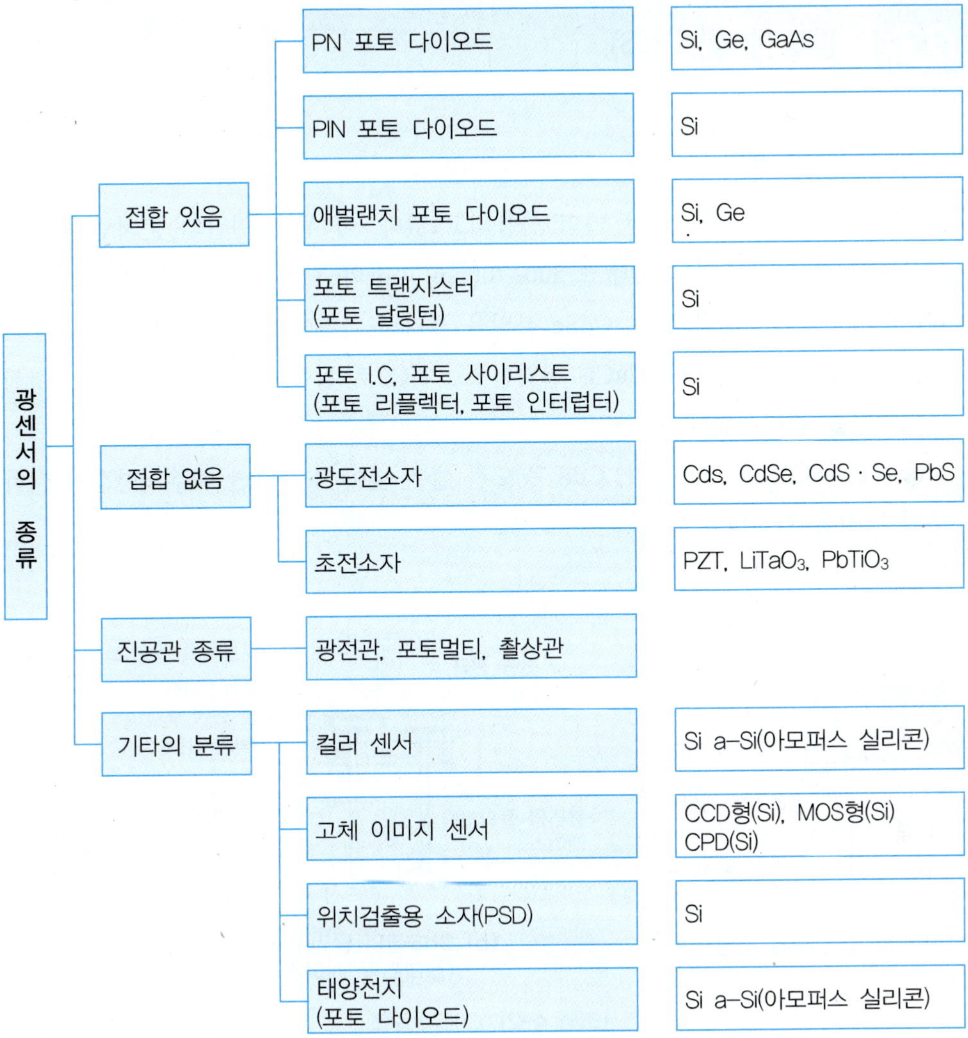
광센서의 종류
접합 있음
PN 포토 다이오드
Si, Ge, GaAs
PIN 포토 다이오드
Si
애벌랜치 포토 다이오드
Si, Ge
포토 트랜지스터
(포토 달링턴)
Si
포토 I.C, 포토 사이리스트
(포토 리플렉터, 포토 인터럽터)
Si
접합 없음
광도전소자
Cds, CdSe, CdS · Se, PbS
초전소자
PZT, LiTaO3, PbTiO3
진공관 종류
광전관, 포토멀티, 촬상관
기타의 분류
컬러 센서
Si a-Si(아모퍼스 실리콘)
고체 이미지 센서
CCD형(Si), MOS형(Si)
CPD(Si)
위치검출용 소자(PSD)
Si
태양전지
(포토 다이오드)
Si a-Si(아모퍼스 실리콘)

[그림 4-1] 광센서의 종류

03 광도전 셀(CdS)

1) 광도전 센서의 원리 및 특징

CdS셀은 광도전 센서로 가장 널리 사용되고 있다. 이 셀은 인간의 눈처럼 시감도가 잘 닮은 스펙트로 감도를 나타내고 500~700nm 파장의 광에서 최고의 감도를 가진다.

CdS, CdSe 광도전 셀은 CdS, CdSe 분말을 세라믹 기판에 $CdCl_2$, $CuCl_2$와 함께 도포하고 열처리하여 소결시킨다. $CuCl_2$ 첨가는 Cd가 Cu로 치환하여 불순물 준위가 형성되어 광도전성을 증대시킨다.

[그림 4-2]는 CdS의 구조이다. CdS 광도전 셀은 빛이 조사되면 내부저항값이 저하되는 부의 특성을 가진다.

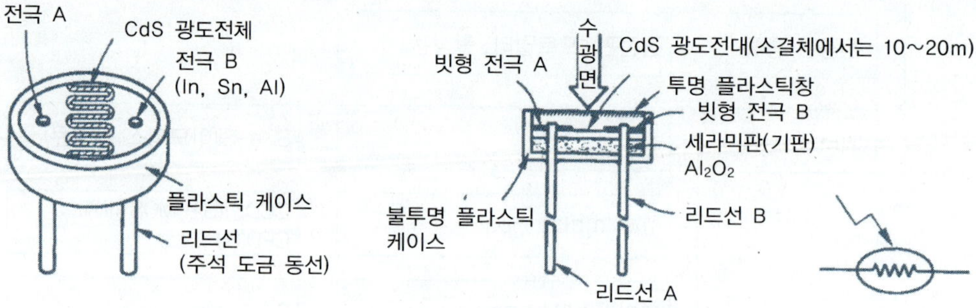

(a) CdS셀의 외관 모양 (b) CdS셀의 단면구조 (플라스틱 케이스형) (c) 기호

[그림 4-2] CdS의 구조

(1) CdS의 조도 대 저항특성

[그림 4-3]은 조도 L_a, L_b (lux)일 때 저항값은 R_a, $R_b(\Omega)$이라면 조도지수 r_{ab}는

$$r_{ab} = \frac{\log(R_a/R_b)}{\log(L_a/L_b)}$$

① CdS 광도전 셀의 조도지수 r값으로 표시한다.

② CdS의 r은 조도 10lux와 100lux, 2점 사이의 내부저항으로 산출한다.

③ r 지수가 큰 CdS셀은 조도에 대한 저항값 변화가 크다.

④ $r=1$의 CdS셀은 노출시간과 조도변화가 일치한다.

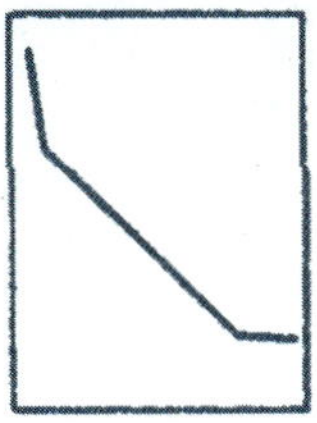

[그림 4-3] 조도 대 저항특성

(2) CdS의 저항값

조도에 의한 저항값은 $R_x = R_s \cdot \left(\dfrac{E_x}{E_s}\right)^r$ 이다.

(3) CdS의 전압의 전류

CdS에 전압 V를 가하고 조도 L lux를 조사할 때 광전류 I는

$I = \alpha V \beta L r$

α : 상수, β : 전압지수(인가전압 수~수십 V일 때 거의 1이다)

r : 조도지수(조도 및 재료에 따라 0.5~1 범위이다)

① CdS셀의 출력전류는 조도와 공급전압에 의존한다.

② CdS셀의 전류가 증가할 경우 허용손실과 허용전압에 주의한다.

③ 전류가 크면 자기발열을 수반하여 CdS셀의 r 지수가 변한다.

(4) CdS의 응답특성

① [그림 4-4]는 CdS의 V-I 특성이다.

② [그림 4-5]는 CdS의 응답특성으로 조도, 부하저항, 전력조건, 주위온도에 의하여 응답특성이 다르다.

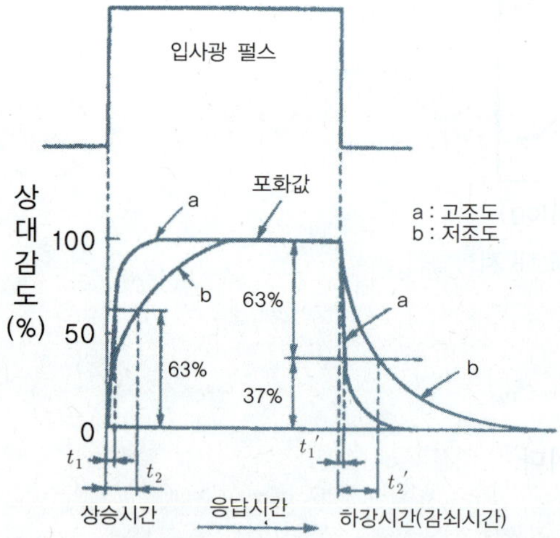

[그림 4-4] CdS의 V–I 특성

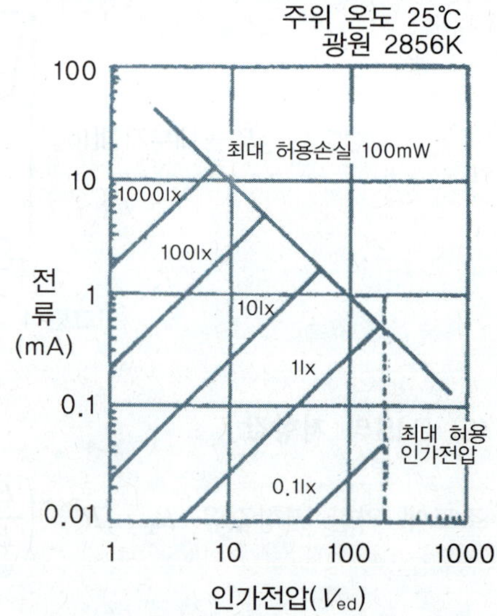

[그림 4-5] CdS의 응답특성

(5) CdS 분광감도특성

[그림 4-6]은 CdS의 분광특성을 나타낸 것이다.

① CdS 520nm, CdSe 720nm에서 최대감도를 갖는다.

② CdS와 CdSe를 혼합하면 520~720nm의 파장을 바꿀 수 있다.

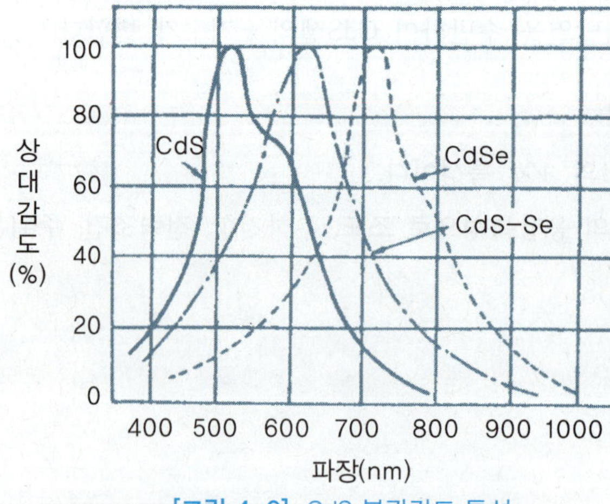

[그림 4-6] CdS 분광감도 특성

(6) CdS셀의 기본회로

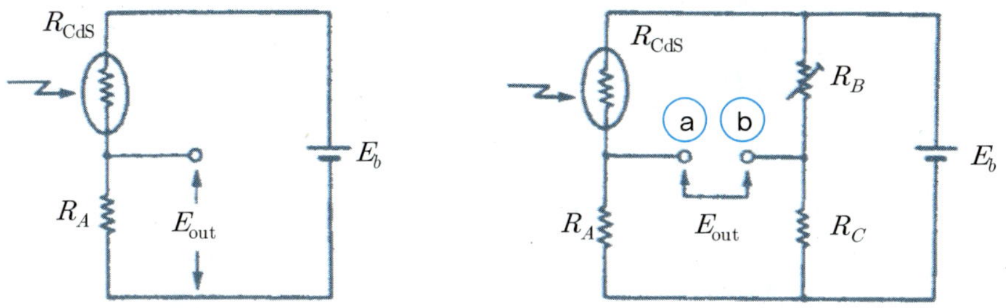

[그림 4-7] CdS셀의 기본회로

2) CdS 광도전 셀 응용

(1) CdS 광도전 셀의 개요

CdS 광도전 셀은 황화 카드뮴을 주성분으로 한 광도전 소자의 일종이며 조사광(照射光)에 의해 내부저항이 변화하는 일종의 광저항기라고 볼 수 있다. 따라서, 앞의 포토 다이오드나 포토 트랜지스터에 비해 회로적으로는 다루기 쉽고 광센서이므로 저항기와 동일한 감각으로 사용할 수 있다.

CdS 광도전 셀은 그 성질상 응답특성이 매우 느려 고속의 광스위치에는 부적합하다. 이 때문에 그 용도는 오로지 조도가 완만하게 변하는 센싱에 한정된다. 그러나 그 반면에 CdS셀은 저항과 똑같은 감각으로 회로설계를 할 수 있기 때문에 이용가치가 높은 센서라고 할 수 있다.

(2) CdS셀의 응용회로

① 로그 다이오드를 사용한 조도계

밝기를 측정하는 측정기로서 흔히 조도계가 널리 알려져 있지만, 자연계의 조도는 매우 광범위하게 미쳐 이것을 전부 커버하는 것은 매우 곤란하다. 이것을 해결하기 위해서는 직선성이 뛰어난 포토 다이오드나 마이컴 등을 이용하는 방법도 있지만 여기에서는 CdS셀과 로그 다이오드를 병용한 간단한 조도계를 소개한다.

[그림 4-8]은 로그 다이오드를 사용한 조도계 회로도이다. 여기에서는 복잡한 회로기법을 사용하지 않고 CdS셀의 광전류 변화를 대수압축(對數壓縮)하여 등간격 눈금의 조도계를 실현하고 있다. 다시 말해서, 대수압축형 소자로 로그 다이오드를 사용하지만, 1lux 이상의 조도범위라면 일반 정류용 다이오드라도 어느 정도 특성을 기대할 수 있다. 그러나, 조도가 낮은 쪽에서는 그 성질상 측광정밀도가 매우 약화되기 때문에 명전류(광전류) 범위는 100μA 이상이 바람직하다.

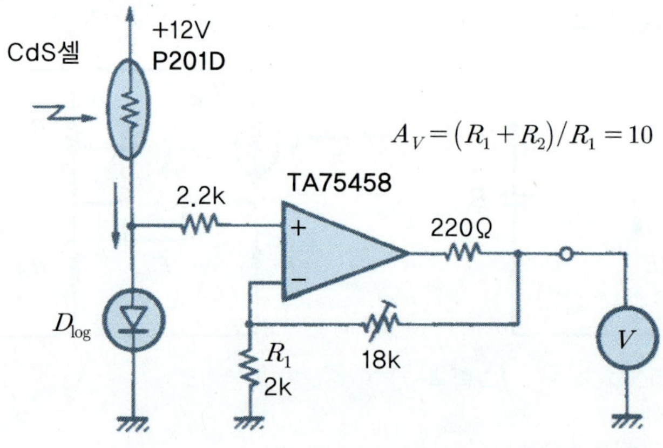

[그림 4-8] 로그 다이오드를 사용한 조도계

② 전자 셔터 회로(타이머 회로)

[그림 4-9]는 적분용 콘덴서 C와 적분용 저항 R_{CdS}에 의한 타이머 회로이다. 출력은 One-shot 타입의 지연 펄스로 된다. 따라서, 여기에 $r = 1$의 CdS셀을 사용하면 노광(露光)시간과 밝기가 정확하게 대응하기 때문에 카메라 등의 전자 셔터로 이용할 수 있다. 이 회로의 동작을 간단히 설명하자면, 현재 소정의 조도하에 있는 CdS셀은 입사광에 대응하는 저항값 변화(R_{Cds})를 나타내며, 이 R_{Cds}와 직렬접속된 콘덴서 C로 인해 전기적 시상수를 형성한다.

또, 이것과 컨버터용 IC의 비교입력 E와의 설정값에 따라 이것들을 모두 포함한 One-shot 펄스가 IC(3번 핀)에 출력된다. 따라서, 여기에 카메라의 셔터 플런저(Plunger)

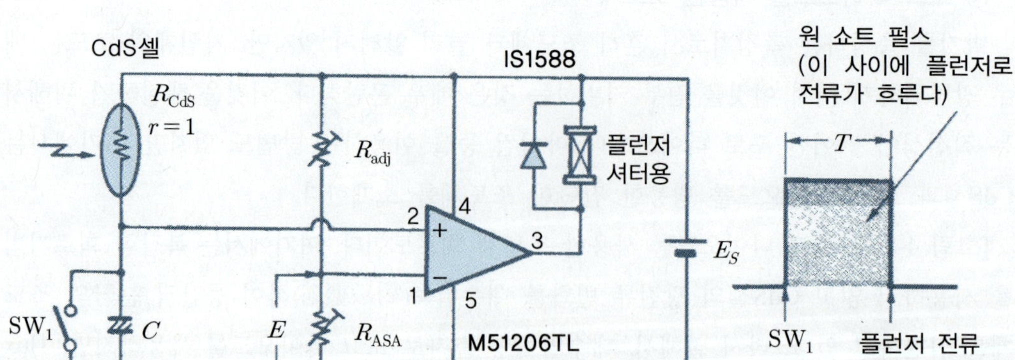

M51206TL : 비교기용 IC　SW₁ : 방전용 스위치

[그림 4-9] 전자 셔터 회로

를 배치해 두면 셔터의 개방시간을 자동으로 설정할 수 있다. 여기에서는 R_{Cds}에 CdS셀을 사용했지만 보통의 고정저항을 사용해서 타이머 회로로 이용할 수도 있다.

③ 밝아지면 버저가 울리는 회로

[그림 4-10]은 밝아지면 버저(Buzzer)가 울리는 회로의 예이다. 여기에서는 미리 설정해 둔 전압 E_S에 대응하여 그 조도 레벨을 임의로 설정할 수 있으며 이 조작은 가변저항 R_A로 할 수 있다. 또 입력부는 CdS를 한 변으로 한 브리지(Bridge) 회로를 구성하고 있기 때문에 각종 보정정보를 입력할 수도 있다. 주요 용도로 각종 방범장치, 자명종, 광리모콘 등 여러 가지 용도가 있다. 또, 압전(壓電) 버저 대신 릴레이를 사용하면 가로등의 자동점멸기로도 사용할 수 있다.

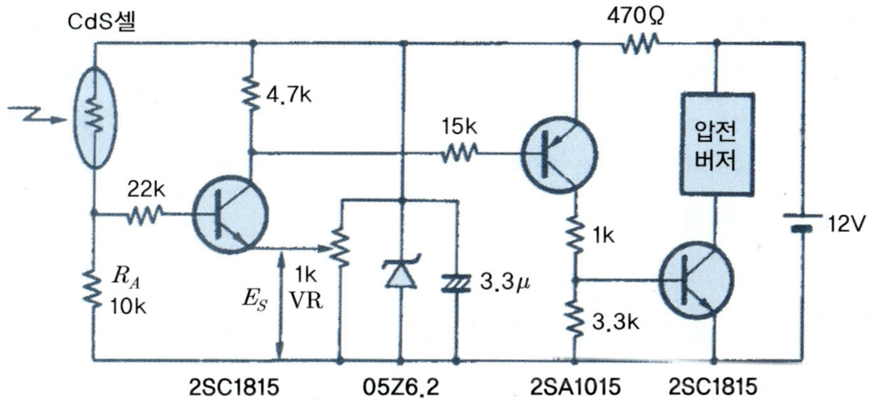

[그림 4-10] 밝아지면 버저가 울리는 회로

④ 어두워지면 불이 켜지는 조명장치

[그림 4-11]은 CdS셀을 사용한 램프 점멸회로의 예이다. 여기에서는 어두워지면 자동적으로 조명장치가 켜지도록 구성되어 있다. 다음에 회로동작을 간단히 설명해 본다. 주위가 어두워지면 CdS셀의 저항값이 증대되어 ⓐ점의 전압이 내려가고, ⓐ점의 전압이 내려가면 트랜지스터 Tr_1이 OFF, Tr_2가 ON으로 된다. 이 경우 회로구성상 Tr_3, Tr_4는 모두 ON으로 되기 때문에 램프 La가 켜진다. 즉, 이 회로에서는 ⓐ점의 전압이 설정값 이상으로 내려가면 자동적으로 램프 La가 켜지도록 구성되어 있다.

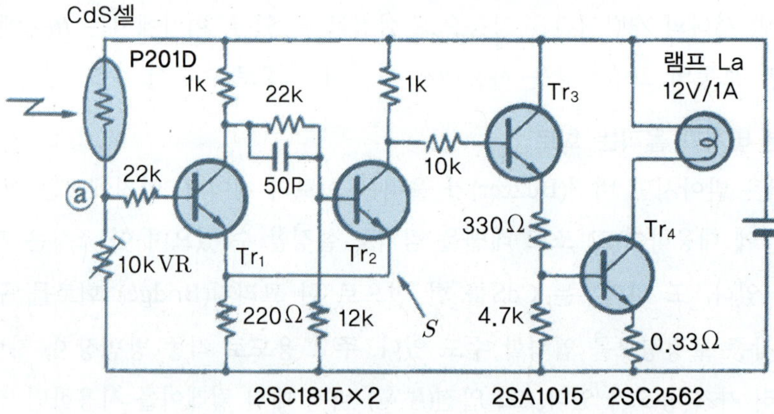

[그림 4-11] 어두워지면 불이 켜지는 조명장치

이런 종류의 장치는 옥외의 밝기를 연속적으로 검출하기 때문에 외부조도가 매우 완만하게 변화한다. 따라서, 입력도 완만하게 되고 램프 La를 점등시키는 조도를 중심으로 어느 범위에서 스위칭 동작이 불안전하게 된다. 이 때문에 앞단에 슈미트 회로 S를 설치하여 적당한 히스테리시스 특성을 갖게 하고 있다. 따라서, 이 회로에서는 설정조도 근처에서 램프 La가 깜박일 수 없다.

⑤ 어두워지면 불이 점멸하는 표지등

[그림 4-12]는 어두워지면 램프 La가 점멸하는 표지등(標識登)회로이다. 이 회로는 도로공사 등에서 눈에 잘 띄게 야간에 보안등으로 이용되고 있다.

회로구성은 트랜지스터의 프리러닝 멀티바이브레이터(Free Running Multi-vibratoe)에 CdS셀을 조합시킨 것으로 그 출력을 증폭해서 램프 La를 점멸시킨다. 회로동작을 간단

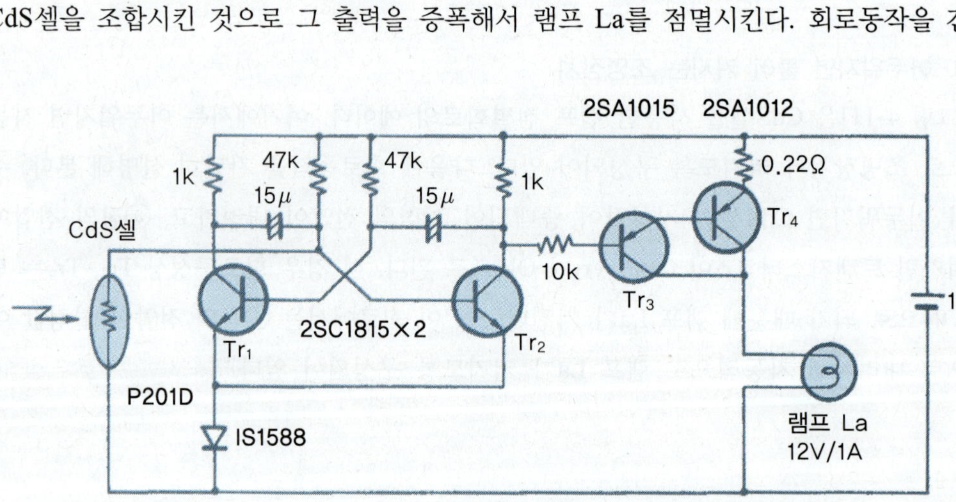

[그림 4-12] 어두워지면 불이 점멸하는 표지등

하게 설명하면 주간에는 입사광량이 많기 때문에 CdS셀의 저항값이 낮아져 Tr_2의 베이스 전압이 내려간다. 이 때문에 Tr_2는 OFF로 되고, 이것에 접속된 Tr_3, Tr_4는 모두 다 OFF로 된다. 따라서 이 상태에서 램프 La가 켜지지 않는다.

다음에 야간일 경우에는 CdS셀로의 입사광량은 거의 없어서 그 저항은 매우 높게 되어 MΩ 정도에 도달한다. 따라서 실질적으로는 CdS셀이 접속되어 있지 않은 상태와 똑같이 되어 프리러닝 멀티바이브레이터가 작동하고, 램프 La가 점멸을 반복하는 것이다.

⑥ 잠 깨우는 알람 회로

[그림 4-13]은 CdS셀을 이용해 잠을 깨우는 알람(Alarm)을 울려주는 회로이다. 이 회로는 CdS셀의 저항변화를 슈미트 회로로 잡아서 다시 그 출력으로 다음 단의 프리러닝 멀티바이브레이터를 작동하고 있다.

그림에서 압전 버저는 알람용이고, 이것에 의해 광센서로의 입사광 유무를 확인할 수 있다. 사용법으로는 여러 가지가 있으나, 아침이 되면 버저가 울려 잠을 깨우는 알람, 광빔이 비치면 울리기 시작하는 광선총의 타깃, 그외 앨범, 책, 서랍 등을 열면 자동적으로 울리게 되는 차임 장치도 있다. 이들은 모두 설정조도값이 다르지만 그림 중의 가변저항 Ra를 적절히 조정해서 임의의 조도 레벨로 스위칭할 수 있다.

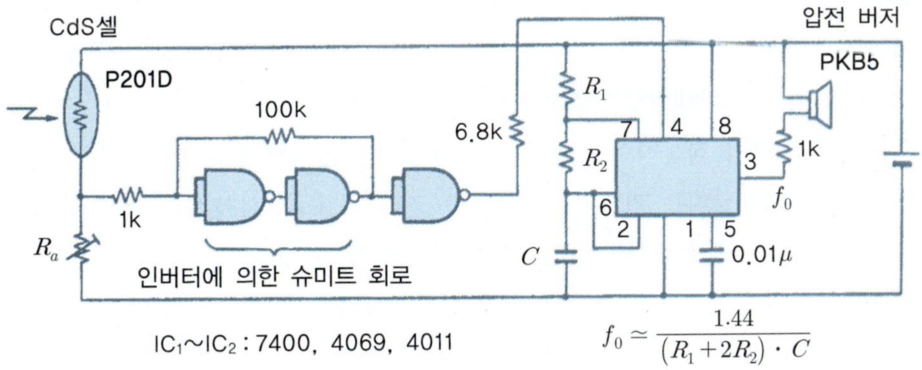

[그림 4-13] 잠 깨우는 알람 회로

⑦ 자동 조리개 장치

[그림 4-14]는 카메라의 자동 조리개 장치의 일례이다. 여기에서는 R_{CdS}를 한 변으로 한 저항 브리지를 구성해 그 출력편차를 서보 모터(Servo motor) M에 전해준다.

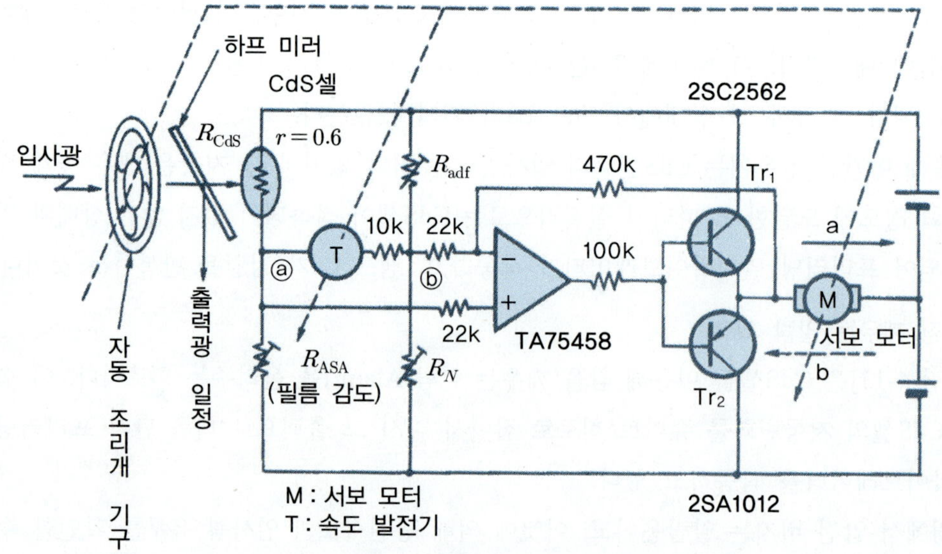

[그림 4-14] 자동 조리개 장치

이 회로의 동작을 간단히 설명하면, 브리지 저항 R_{CdS}, R_{ASA}, R_N, R_{adj}의 관계가 R_{CdS}, $R_N = R_{ASA}$, R_{adj}로 될 때 이 브리지 회로는 평형해선 양자의 어떤 방향에도 불평형 전압은 발생하지 않는다. 또 이 경우 서보 모터 M도 정지한다.

다음으로 브리지 출력단자를 전압이 ⓑ보다 높아질 경우 파워 트랜지스터 Tr_1이 ON으로 되어 서보 모터 M은 실선 화살표 방향으로 회전한다. 반대로 ⓐ<ⓑ로 될 경우 Tr_1은 ON으로 되어 앞과는 반대방향으로 서보 모터 M이 회전한다. 그 결과 서보 모터 M에 연동된 조리개 기구가 작동하여 CdS셀의 입사광량을 일정하게 제어한다.

이와 같은 종류의 장치는 카메라 등의 자동 조리개 기구로서 많이 이용되고, 그밖의 일정한 조도(밝기)를 필요로 하는 모든 용도에 사용할 수 있다.

광도전 센서는 N형 반도체에 속하는 소자로서 조사되는 빛의 조도에 따라서 전기저항이 변하는 성질을 가지는 일종의 가변저항이다. 공급되는 빛 에너지의 양에 따라서 N형 반도체 내부에서 생성되는 자유전자의 수가 변하여 도전율의 변화가 생기는 광도전 효과가 나타난다. 즉, 조도가 높으면 N형 반도체의 자유전자가 증가하여 도전율이 증가하여 저항이 낮아진다. 광도전 효과를 이용한 반도체 소자를 광도전 센서, 조도 센서 혹은 광도전 셀이라고 한다.

광도전 센서로 주로 사용되는 저항체의 소재는 CdS(황화카드뮴)와 CdSe(셀런화카드뮴) 등이 있다.

3) 광도전셀(CdS)의 실습

CdS는 광도전 셀이라고도 하며 카드뮴과 유황이 화합하여 생긴 황화카드뮴 결정에 금속다리를 붙인 부품으로서 가시광선이 없는 어두운 곳에서는 절연체와 같이 전류가 흐르지 않고 가시광선이 닿으면 도체와 같이 전류가 흐르는 성질을 가지고 있다.

(1) 특 징

- 고감도이며 가격이 저렴하다.
- 가시광선에 의한 자동점멸기, 노출계 등 다양하게 활용되고 있다.
- 응답속도가 0.1~10ms로 늦다.
- 2개의 단자로 되어 있지만 극성이 없다.
- 사용 온도범위는 −30~70℃이다.

(2) GL5537(CdS Photoconductive Cells)

- 제조회사 : LIDA optical & electronic
- 10Lux에서 Light 저항(25℃) : 18~50kΩ
- 0Lux에서 Dark 저항 : 2.0MΩ(min)
- 100~10Lux에서 감마값 : 0.7
- 온도범위 : −30℃ ~ +70℃
- 오차범위 : ±5%
- 측정조건으로 하면

① 광저항(Light Resistance) : 표준조명 A를 갖은 10룩스(285K 컬러 온도)와 400~600 룩스에서 2h 사전 광도를 검사하기 위하여 측정한다.

② 음영 저항(Dark Resistance) : 10룩스 펄스 후에 10초동안 측정한다.

③ 감마특성(Gamma Characteristic) : 10룩스와 100룩스 사이를 주어진 식을 이용한다.

$$T = \frac{\log(R10/R100)}{\log(100/10)} = \log(R10/R100)$$

10룩스와 100룩스에서 $R10, R100$ 셀저항 T의 에러는 +0.1이다.

CHAPTER 04

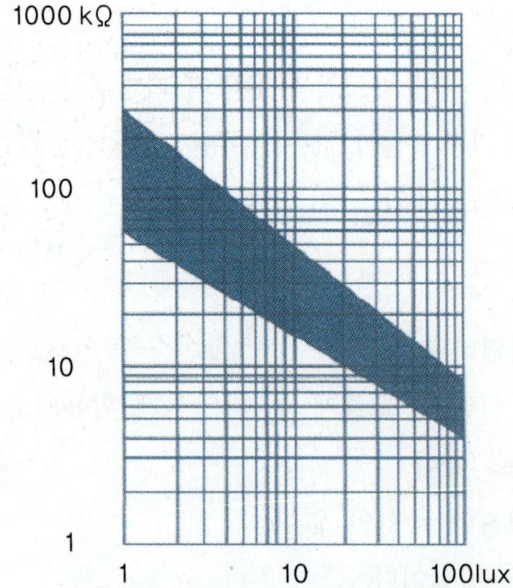

[그림 4-15] 광도 대 포토 저항 특성

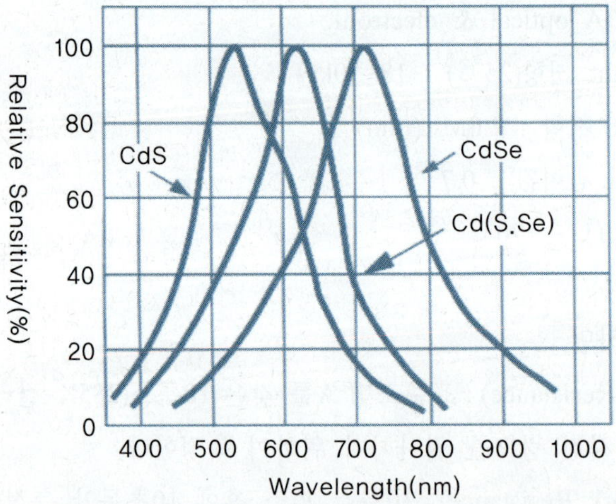

[그림 4-16] 스펙트럼 응답(Spectral Response)

(3) 광도전 셀 보드(CdS Board)

CdS 보드는 CdS 소자를 이용하여 빛의 세기를 측정할 수 있는 보드이다. [그림 4-17]은 CdS 보드의 실물을 나타낸다.

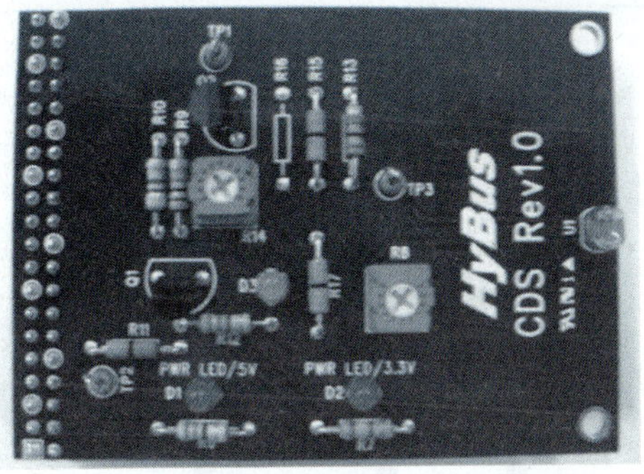

[그림 4-17] CdS 보드 사진

빛의 세기에 따라 CdS의 저항값이 변하므로 CdS양단에 걸리는 전압값이 달라진다. 변화된 전압값은 ADC3번핀으로 입력되며, MCU(MSP430)의 내부 ADC를 이용하여 전압값을 디지털로 처리한다. 빛의 세기에 따른 전압은 트랜지스터 회로를 거쳐 빛의 세기가 크면 LED(D3)가 켜지고 낮으면 꺼지도록 설계하였다.

4) 부품배치도

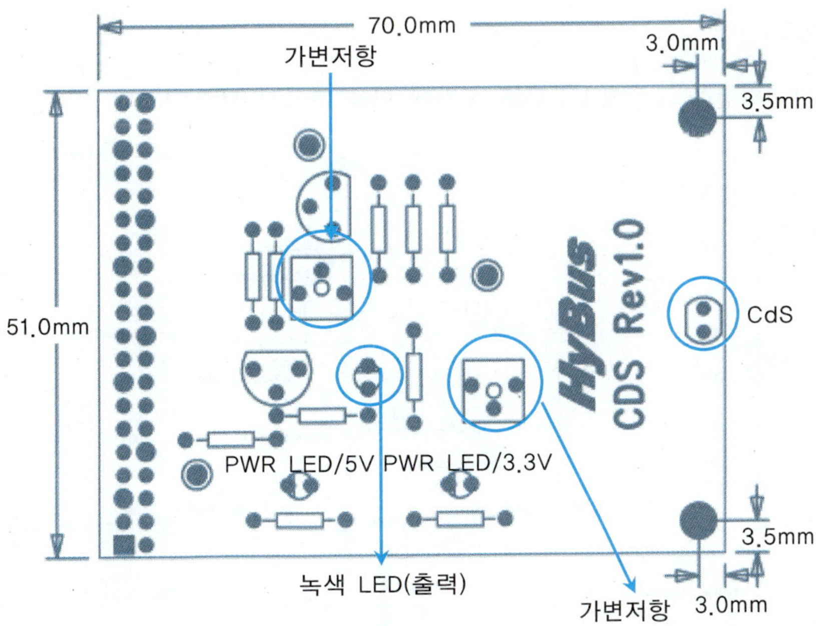

[그림 4-18] 보드 전면

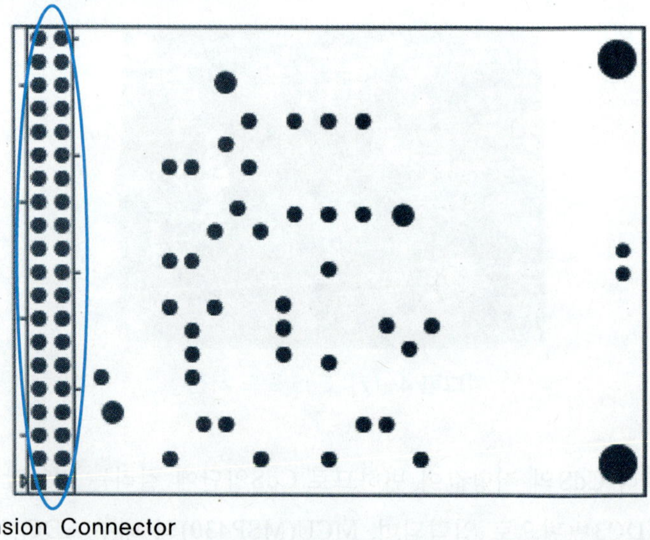

[그림 4-19] 보드 후면

5) 회로도

CdS 보드의 주요 회로는 [그림 4-20]과 같다.

6) 회로동작설명

① R8 가변저항을 조정해 U1 CdS 소자에 빛을 조사시 TP3 단자의 전압을 조절한다.

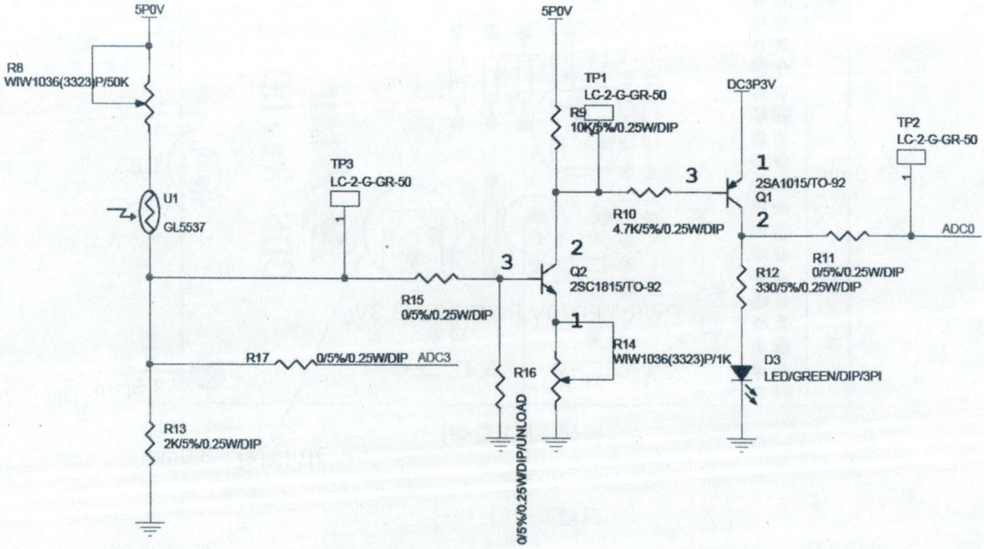

[그림 4-20] 주요 회로부

② CdS에 빛을 조사시 D3 녹색 LED는 ON상태이다.

③ CdS에 빛을 차단하면 CdS의 내부저항이 높아져서 TP3 단자의 전압이 내려간다.

④ TP3 단자의 전압이 낮아지게 되면 Q2, Q1 트랜지스터에 의해 TP2 단자의 전압이 Low 상태가 된다. 즉, D3 녹색 LED가 OFF된다.

⑤ TP3 단자의 전압은 CdS에 빛을 조사시 내부저항에 따른 전압값으로써 프로세서의 ADC 입력단자로 직접 인가된다.

7) 부품 리스트

CdS보드에 사용된 부품 리스트는 [표 4-1]과 같다.

[표 4-1] CdS 부품 리스트

순서	수량	부품번호	부품명
1	1	CN1	PIN HEADER 20PX2/2.54mm/Straight Type
2	2	D1, D2	LED/RED/DIP/3PI
3	1	D3	LED/GREEN/DIP/3PI
4	1	Q1	2SA1015/TO-92
5	1	Q2	2SC1815/TO-92
6	2	R6, R12	330/5%/0.25W/DIP
7	1	R7	240/5%/0.25W/DIP
8	1	R8	WIW1036(3323)P/50K
9	1	R9	10K/5%/0.25W/DIP
10	1	R10	4.7K/5%/0.25W/DIP
11	3	R11, R15, R17	0/5%/0.25W/DIP
12	1	R13	2K/5%/0.25W/DIP
13	1	R14	WIW1036(3323)P/1K
14	1	R16	0/5%/0.25W/DIP/UNLOAD
15	3	TP1, TP2, TP3	LC-2-G-GR-50
16	1	U1	GL5537

8) 프로그램 분석

회로구성상 센서 변화에 따라 ADC3로 입력되는 전압이 변한다. MSP430의 내부 ADC를 이용하여 입력 전압값을 측정하여 FND에 표시한다.

Line work\HsensorTraining\05_CdSSensor**msp430main.c**

```
INT16 main(VOID)
{
        UINT16 ADCval;
        WDTimerInit();
        PortInit();
        ADCInit();
        DeviceInit();
        UartInit();
        blinkLED();
        EnableIntr();

        while(FOREVER)
        {
                ADCval=ADC3Read();      // ADC3으로 입력되는 전압값을 읽어온다.
                FNDVout(ADCvalue);      // ADC3의 값을 Voltage값으로 변환하여 FND에 표시.
                printf("CdS %d\r\n",ADCval);
                msdelay(10);
        }
        return TRUE;
}
```

9) 연구내용 및 실험방법

(1) 보드 장착 및 케이블 연결(전원, USB)

[그림 4-21]과 같이 전원과 USB 케이블을 연결하고 CdS 보드를 메인보드에 장착한다.

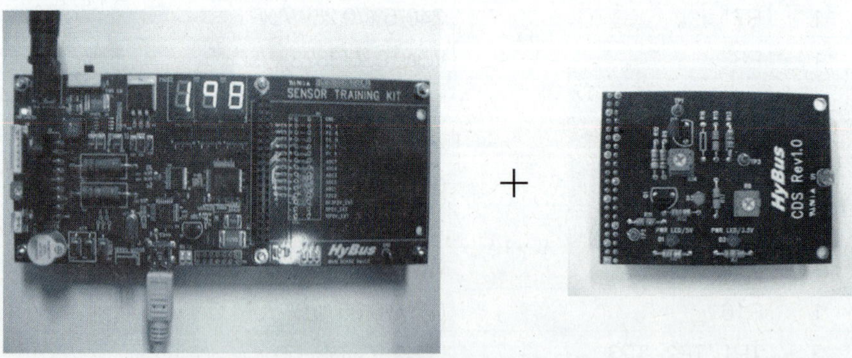

[그림 4-21] 센서보드 결합

(2) 장치관리자에서 COM 포트 확인

장치관리자에서 USB가 COM3로 잡혀있는지 확인하고 만약 포트 번호가 다를 경우 포트 설정에서 포트 번호를 3번으로 변경한다.

(3) 프로그램 빌드 및 다운로드

① CMD창에서 CdS 프로그램(“C:\mspgcc\work\HsensorTraining\05_CdSSensor”) 위치로 이동을 한 뒤 “make” 명령으로 프로그램을 빌드한다.

[그림 4-22] S/W 빌드

② 정상적으로 빌드되었다면 상위 디렉토리인 C:\mspgcc\work\HsensorTraining” 폴더에 “SensorOutput.a43”이라는 파일이 생성된다.

[그림 4-23]과 같이 bsl_downloader.bat을 이용하여 a43파일을 보드에 다운로드한다.

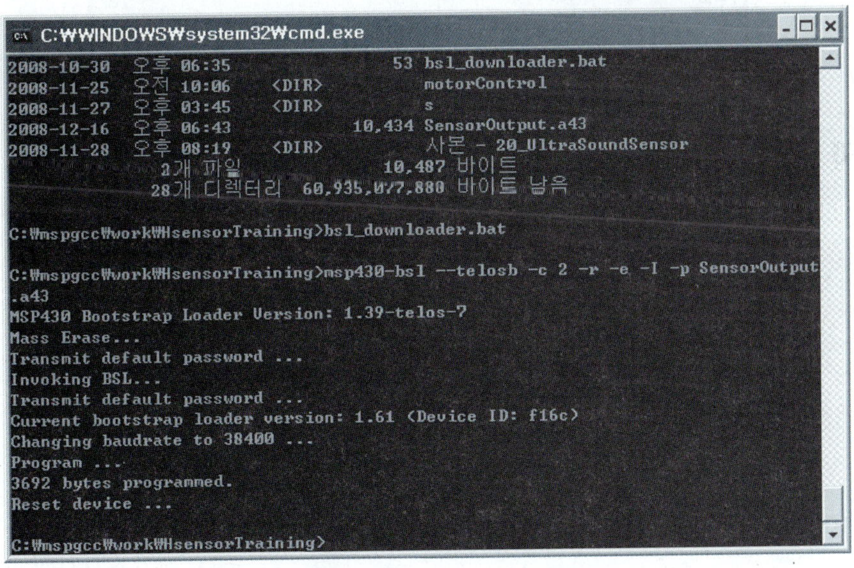

[그림 4-23] 이미지 다운로드

CHAPTER 04

(4) 프로그램 실행

[그림 4-24] CdS 프로그램 실행결과

(5) PC에서 시리얼 데이터 출력화면

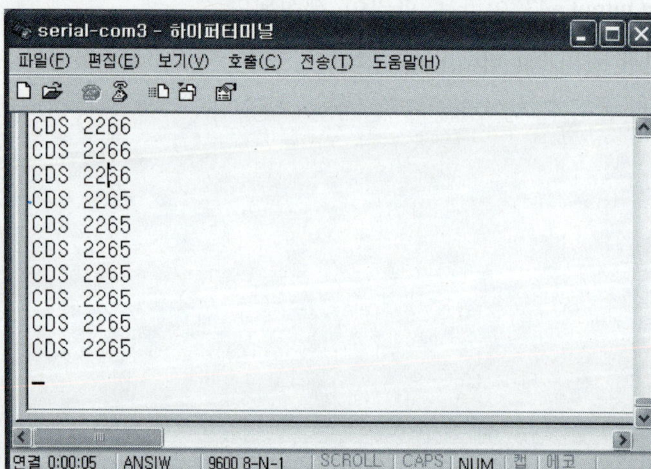

[그림 4-25] 시리얼 데이터 출력화면

10) 연구결과

CdS 프로그램을 실행하면 FND로 출력전압을 표현한다. 현재 출력전압의 크기를 참고하여 전압분배법칙을 이용하면 CdS의 저항값의 변화를 계산할 수 있다. 전압분배식은 다음과 같다.

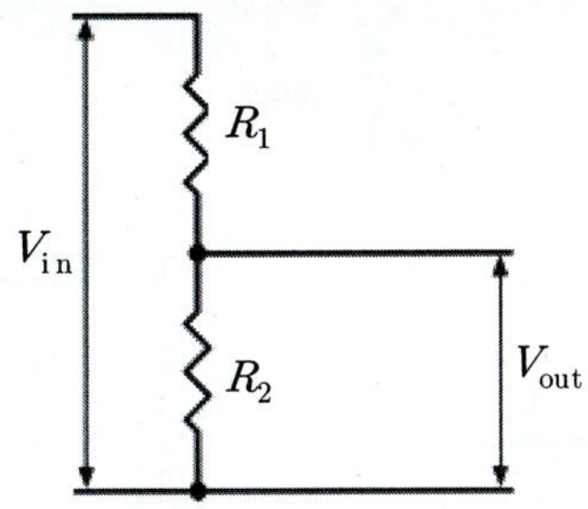

[그림 4-26] 전압분배 회로

$$V_{out} = V_{in} * R_2 / (R_1 + R_2)$$

[그림 4-20] 회로도에서 CdS창에 빛을 조사할 경우 CdS의 저항값이 7kΩ라고 한다면 ADC로 입력되는 전압은 아래와 같이 계산할 수 있다(단, $R8$ 가변저항은 10kΩ).

R_1=10kΩ+7kΩ, R_2=2kΩ (±5%), V_{in}=5V

이므로

$$V_{out} = 5V \times 2k / (10k+7k+2k) = 5V \times 2k / 19k$$
$$= 5V \times 0.105 = 0.526V$$

가 나온다.

04 포토 다이오드

1) 포토 다이오드

포토 다이오드(Photo Diode)는 광에너지를 전기 에너지(기전력)로 변화시키는 다이오드이다. 직사광선을 받으면 0.6~0.8V 정도의 기전력을 일으킨다. 그러나 전류의 세기는 매우 미약하여 최대 1mA이내이다.

[그림 4-27]에서 빛은 P^+층을 통해 입사되고 N^+층은 N형과 금속과의 Ohmic contact를 위한 것으로, 포토 다이오드를 희망하는 파장대의 빛에 응답을 위해 에너지 갭을 고려하여 GaAsP 등이 사용한다. 광에너지 $E_{ph} = h\nu$로 $E_{ph} > E_g$이면 전자·정공쌍이 발생하여 전계작용에 의해서 전자와 정공이 가속된다.

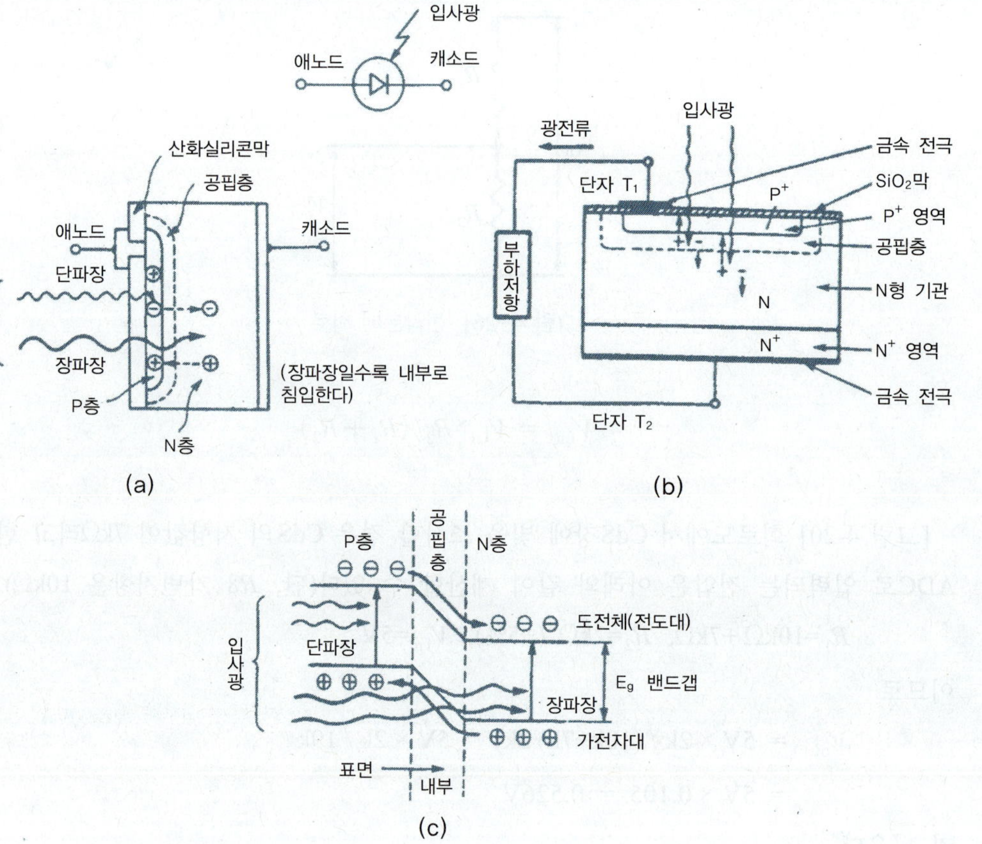

[그림 4-27] 포토 다이오드의 구조 및 에너지 밴드

(1) 포토 다이오드의 등가회로

[그림 4-28]에서

$$I_p = I_e - I_{Rp} = I_e - I_s\left(\exp\frac{e\,Vp}{KT} - 1\right) - I_{Rp} \tag{4-1}$$

포토 다이오드의 개방전압 V_{op}는 $I_p = 0$인 경우

$$V_{op} = \frac{KT}{e}\ln\left(\frac{I_e - I_{Rp}}{I_s} + 1\right) \tag{4-2}$$

단락전류 I_{ps}는 $R_L = 0$ 또는 $V_o = 0$일 때

$$I_{ps} = I_e - I_s\left(\frac{e\,V_p}{KT} - 1\right) - \frac{V}{R_p} \tag{4-3}$$

C_j 는 접합용량으로

$$C_j = (\rho(V_o + V_B)) - \frac{1}{2} \tag{4-4}$$

ρ : 기판의 비저항, V_o : 접촉정위, V_B : 역방향 전압

응답시간을 개선하기 위하여 C_j 를 작게 해야 한다.

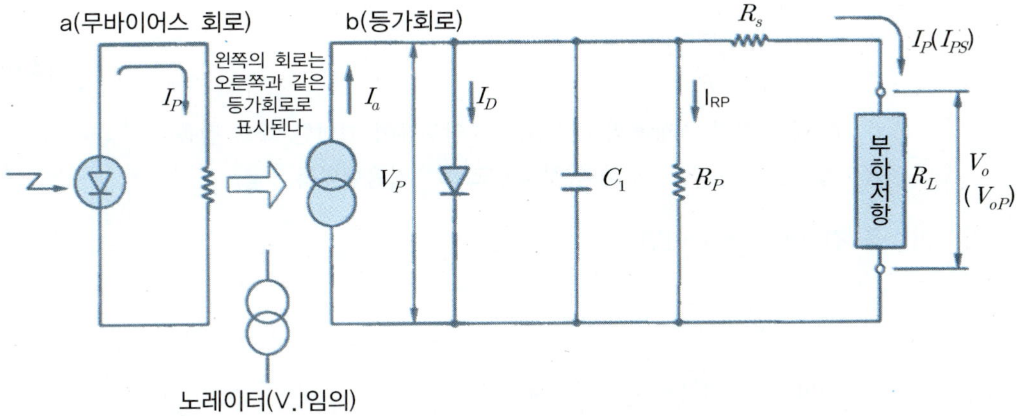

[그림 4-28] 포토 다이오드의 등가회로

(2) 분광특성

① 최대 피크는 장파장 또는 단파장 쪽으로 갈수록 감소한다.

② 장파장에서 빛은 반도체내에서 흡수하지 못하고 투과하여 전자·정공쌍을 생성하지 못하며 단파장에서는 재결합된다.

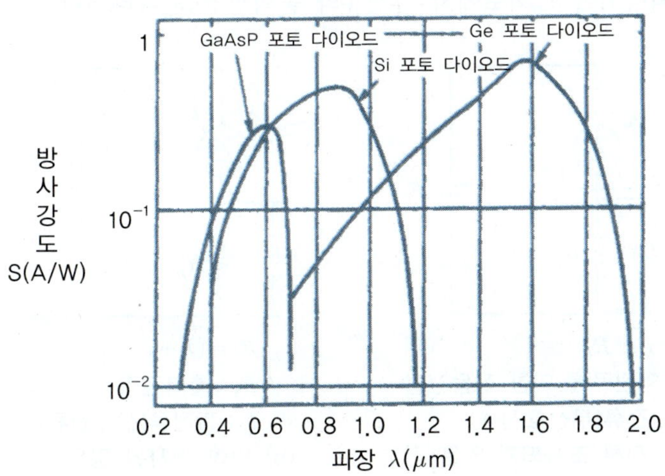

[그림 4-29] 분광특성

③ 포토 다이오드는 자외선－근적외선 영역에서 사용한다.

$$\lambda = \frac{h_c}{E_g} \times 10^9 = \frac{1240}{E_g}\ [\mathrm{nm}] \tag{4-5}$$

(3) 포토 다이오드의 잡음특성

포토 다이오드의 잡음전류 $i_n = \sqrt{i_j^2 + i_s^2}$ 로 무바이어스일 때

$$i_n = i_j = \sqrt{\frac{4KTB}{R_p}} \tag{4-6}$$

i_j : R_p 에 근사한 저항체의 열잡음, i_s : 암전류에 기인한 쇼트 잡음
K : 볼츠만 상수, T : 소자의 절대온도, B : 잡음대역폭

바이어스를 걸 때 $i_s \gg i_j$이면

$$i_n = i_s = \sqrt{2qI_dB}\ [\mathrm{A}]$$

이고, $I_L \gg I_d$ 이면(I_d : 암전류, I_L : 광전류)

$$i_n = i_s = \sqrt{2qI_LB}\ [\mathrm{A}]$$

① 포토 다이오드는 저조도일수록 암전류의 영향이 크다.

② 미약광 검출을 직류결합할 경우 증폭기의 온도 드리프트가 문제된다.

(4) 역바이어스 회로에서 암전류와 출력전압

[그림 4-30]은 역바이어스 회로에서 암전류와 출력전압을 나타낸다.

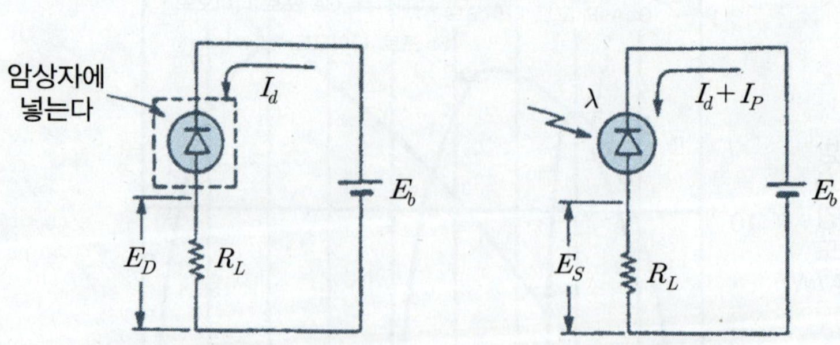

$E_D = I_d \times R_L$
E_D : 암전류에 의한 잡음전압
I_d : 암전류(무신호전류)
(a) 빛이 전혀 조사되지 않은 경우

$E_S = (I_p + I_d)R_L$
E_S : 출력전압
I_p : 광전류(신호전류)
(b) 빛이 조사된 경우

[그림 4-30] 역바이어스 전류에 의한 암전류와 출력전압

2) 포토 다이오드의 성질 및 특징

(1) 포토 다이오드의 성질

PN 접합부에 빛이 들어가면 애노드극을 출발하여 캐소드로 향하는 전류가 발생한다.

이 광전류는 빛 에너지의 세기에 선형적으로 비례한다. 그러나 광기전력은 처음에는 비례하여 증가하다가 0.6V를 넘으면 포화되어 더 이상 크게 증가하지는 않는다.

포토 다이오드는 그 소재에 따라 PN, PIN, APD, SPD 등으로 구분된다.

(2) 포토 다이오드의 특성 및 용도

① 수광영역은 접합의 구조에 따라 다르나 일반적으로 100~1100nm의 파장영역에서 사용할 수 있고 700~800nm에서 최대감도가 된다.

② 입사광에 대한 광전류출력의 직선성이 양호하다.

③ 입사광량에 따른 출력전류의 직선성이 우수하다.

④ 신뢰성이 높고 수명이 길다.

⑤ 고속응답 및 수명이 길다.

⑥ 온도에 대한 특성변화와 출력분산이 적다.

포토 다이오드의 특성과 용도는 [표 4-2]와 같다.

[표 4-2] 포투 다이오드의 특성과 용도

구 분	특 성	용 도
쇼트키 포토 다이오드	• 고자외선 감도 • 저압전류	분광 반도체, 비색계, 광전 스위치
PN 포토 다이오드	• 입사광량과 출력전류의 직선성 양호 • 400~1000nm에서 감도가 있음	카메라 노출계
PIN 포토 다이오드	• 고속응답 • 입사광량과 출력전류의 직선성 양호 • 400~1000nm에서 감도가 있음	리모콘 팩시밀리 광통신(단거리)
애벌런치 포토 다이오드	• 고속응답 • 고주파에서 S/N양호 • 증폭기능 있음 → 고감도 • 400~1000nm에서 감도가 있음	광통신 (단 · 중거리)
쇼트키 접합형	단파장에 고감도	He–Ne 레이저 광센서(분석장치)

CHAPTER 04

3) SP-1KL

- 제조회사 : Kodenshi
- 높은 신뢰성
- 견고함

[표 4-3] 최대 비율

(T_a=25℃)

항 목	심 벌	비 율	단 위
Reverse voltage	V_R	20	V
Operation temp	Topr.	−25~+120	℃
Storage temp	Tstg.	−30~+150	℃
Soldering temp*	Tsol.	260	℃

* For MAX.5 seconds at the position of 2mm from the package

[표 4-4] 전기 및 광 특성

(T_a=25℃)

항목	심벌	조건	최소	Typ	최대	단위
Opencircuit voltage	V_{OC}	E_V=1,000lx*		0.4		V
Short circuit current	I_{SC}		18	35		μA
Dark current	Id	V_R=5V			0.1	μA
Curve factor	C.F.		0.55			−
Capacitance	Ct	V=0V, f=1MHz		50		pF
Temperature coefficient of V_{OC}	αt			−2.2		mV/℃
Temperature coefficient of I_{SC}	βt			0.18		%/℃
Spectral sensitivity	λ			450~1,050		nm
Peak wavelength	λp			900		nm
Half angle	$\Delta\theta$			±15		deg.

* Color temp.=2856K standard Tungsten lamp

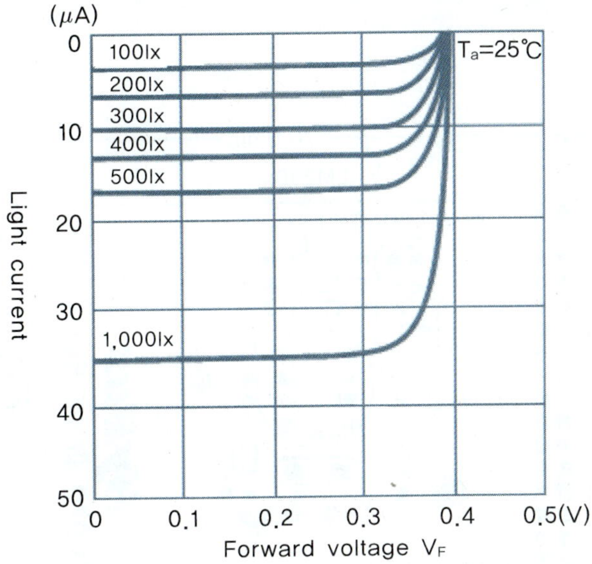

[그림 4-31] Light current Vs. Forward voltage

4) 포토 다이오드 보드

[그림 4-32]의 포토 다이오드 보드는 SP-1KL을 이용하여 빛의 양을 측정한다.

[그림 4-32] 포토 다이오드 보드

5) 부품배치도

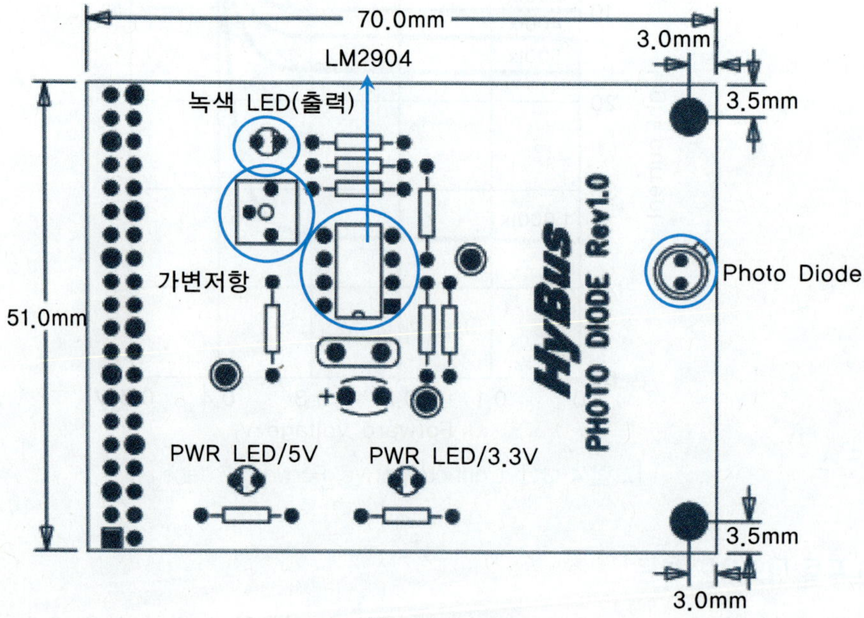

[그림 4-33] 보드 전면

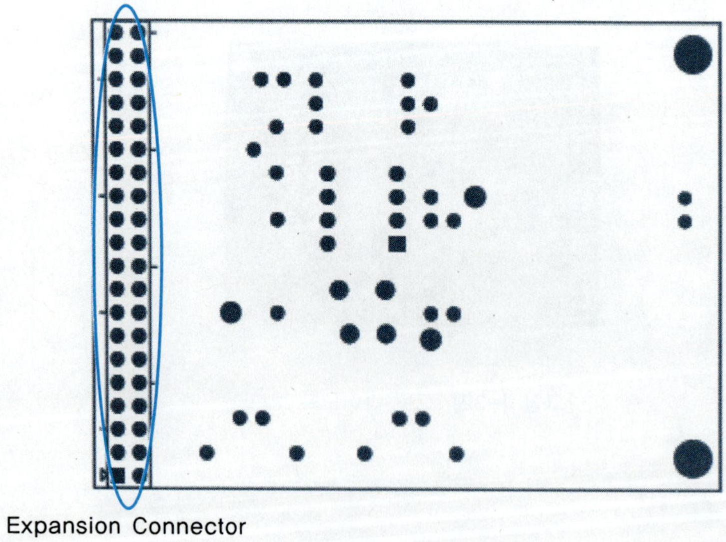

[그림 4-34] 보드 후면

6) 회로도

포토 다이오드 보드의 주요 회로는 [그림 4-35]와 같다.

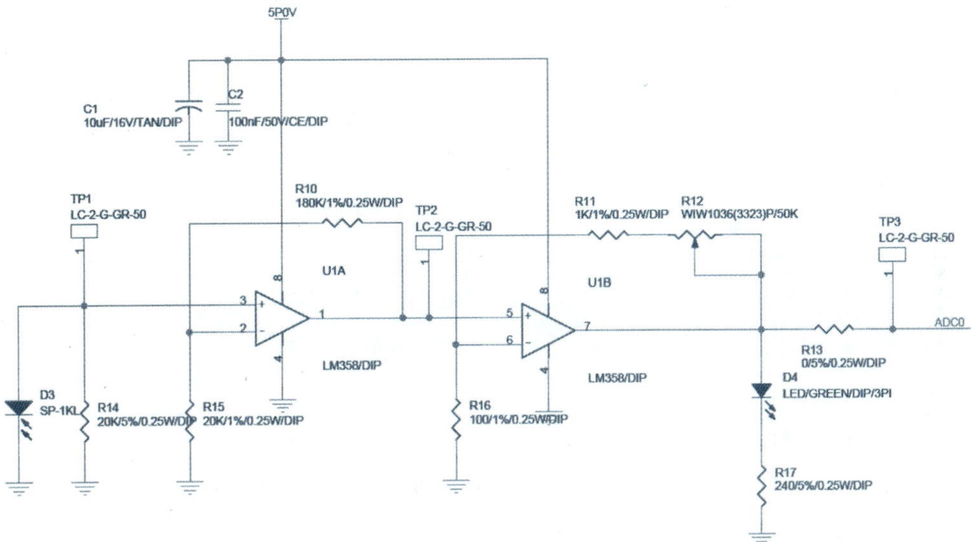

[그림 4-35] 주요 회로부

7) 회로 동작설명

① R12 가변저항을 조정하여 포토 다이오드 양단에 걸리는 전압의 증폭도를 조절한다.

② 포토 다이오드에 빛을 조사하면 TP1 단자에 미세한 전압이 발생한다.

③ TP1 단자에 미세전압이 발생하면 TP2, TP3 단자에 각각의 설정된 증폭도에 따라 큰 전압이 나타난다.

④ TP3 단자에 나타나는 전압에 따라 D4 녹색 LED의 밝기가 달라진다.

8) 부품 리스트

포토 다이오드보드에 사용된 부품 리스트는 [표 4-5]와 같다.

[표 4-5] 포토 다이오드 보드 부품 리스트

순서	수량	부품번호	부품명
1	1	CN1	PIN HEADER 20PX2/2.54mm/Straight Type
2	1	C1	10μF/16V/TAN/DIP
3	1	C2	100nF/50V/CE/DIP
4	2	D1, D2	LED/RED/DIP/3PI
5	1	D3	SP-1KL
6	1	D4	LED/GREEN/DIP/3PI
7	1	R6	330/5%/0.25W/DIP
8	2	R7, R17	240/5%/0.25W/DIP
9	1	R10	180K/1%/0.25W/DIP
10	1	R11	1K/1%/0.25W/DIP
11	1	R12	WIW1036(3323)P/50K
12	1	R13	0/5%/0.25W/DIP
13	1	R14	20K/5%/0.25W/DIP
14	1	R15	20K/1%/0.25W/DIP
15	1	R16	100/1%/0.25W/DIP
16	3	TP1, TP2, TP3	LC-2-G-GR-50
17	1	U1	LM358/DIP

9) 프로그램 설명

회로구성상 빛의 양에 따라 ADC0으로 입력되는 전압이 변한다. MSP430의 내부 ADC를 이용하여 입력되는 전압값을 측정하여 FND에 표시한다.

Line work\HsensorTraining\06_PhotoDiodeSensor**msp430main.c**

```
INT16 main(VOID)
{
        UINT16 ADCval;
        WDTimerInit();
        PortInit();
        ADCInit();
        DeviceInit();
        UartInit();
        blinkLED();
```

```
        EnableIntr();

        while(FOREVER)
        {
                ADCval=ADC3Read();      // ADC3으로 입력되는 전압값을 읽
어온다.
                FNDVout(ADCvalue);      // ADC3의 값을 Voltage값으로 변
환하여 FND에 표시.
        }
        return TRUE;
}
```

10) 연구내용 및 실험방법

(1) 보드 장착 및 케이블 연결(전원, USB)

[그림 4-36]과 같이 전원과 USB 케이블을 연결하고 포토 다이오드 보드를 메인보드에 장착한다.

[그림 4-36] 센서보드 결합

(2) 장치관리자에서 COM 포트 확인

장치관리자에서 USB가 COM3로 잡혀있는지 확인하고 만약 포트 번호가 다를 경우 포트 설정에서 포트 번호를 3번으로 변경한다.

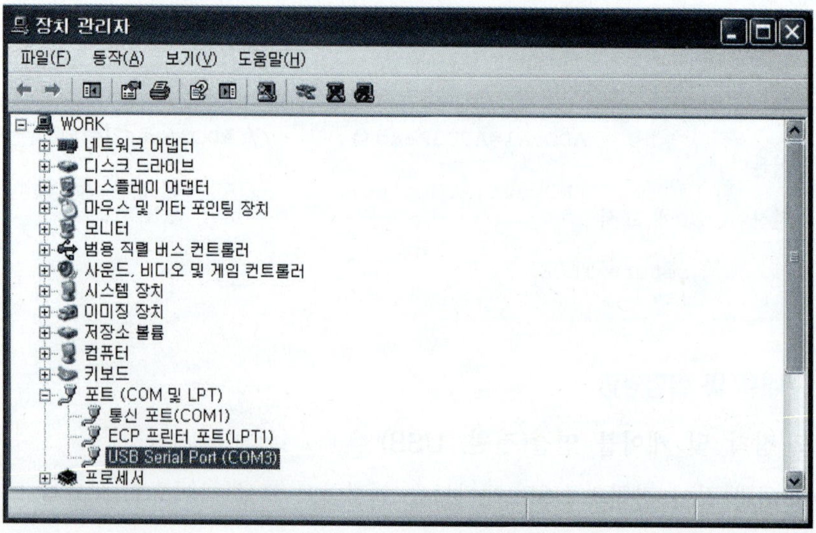

[그림 4-37] COM3 확인

(3) 프로그램 빌드 및 다운로드

① 윈도우에서 시작→실행에서 [그림 4-38]과 같이 cmd를 입력한 뒤 확인을 클릭한다.

[그림 4-38] CMD 실행

② CMD창에서 포토 다이오드 프로그램("C:\mspgcc\work\HsensorTraining\06_PhotoDiodeSensor") 위치로 이동을 한 뒤 "make" 명령으로 프로그램을 빌드한다.

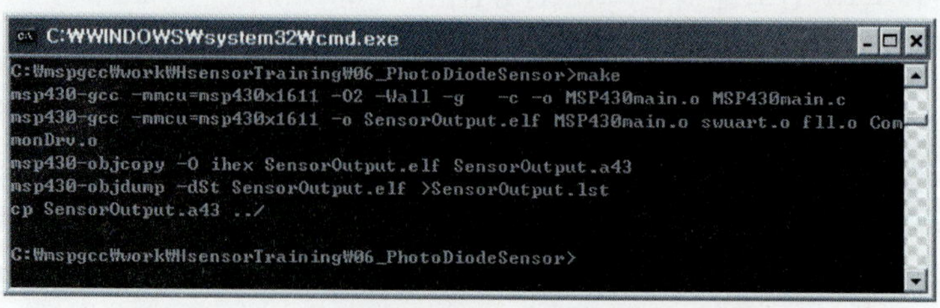

[그림 4-39] S/W 빌드

③ 정상적으로 빌드되었다면 상위 디렉토리인 C:\mspgcc\work\HsensorTraining" 폴더에 "SensorOutput.a43"이라는 파일이 생성된다.

[그림 4-40]과 같이 bsl_downloader.bat을 이용하여 a43파일을 보드에 다운로드한다.

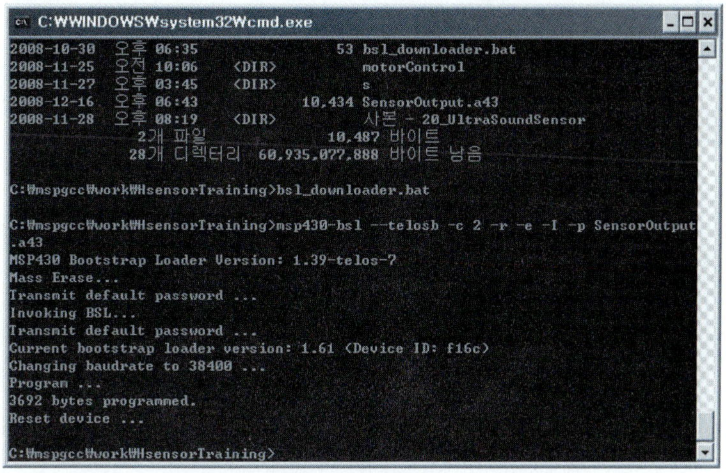

[그림 4-40] 이미지 다운로드

(4) 프로그램 실행

[그림 4-41] 포토 다이오드 프로그램 실행결과

(5) PC에서 시리얼 데이터 출력화면

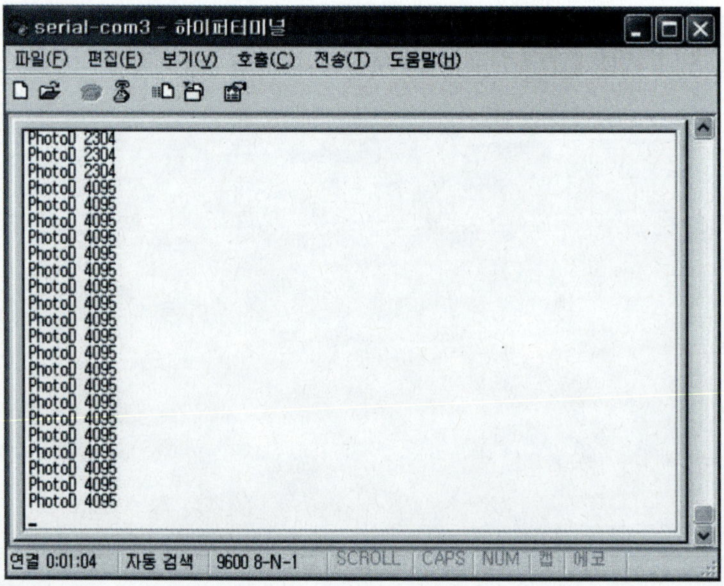

[그림 4-42] 시리얼 데이터 출력화면

11) 연구결과

포토 다이오드 프로그램을 실행하면 FND로 출력전압을 표현한다. 전압이득식은 다음과 같다.

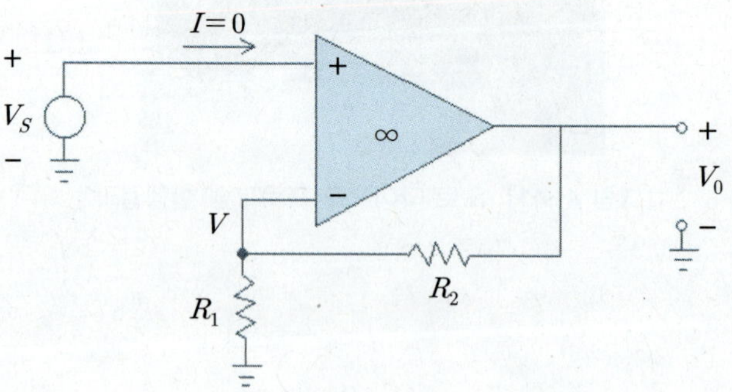

[그림 4-43] OP-AmP의 비반전 증폭회로

$$V_o/V_s = 1 + (R_2/R_1)$$

[그림 4-35] 회로도에서 ADC로 입력되는 전압은 아래와 같이 계산할 수 있다.

(1) 1차 OP-AMP(U1A)에서

- 전압이득 = 1 + $R10$ / $R15$
- 출력전압 = 전압이득 * 입력전압

(2) 2차 OP-AMP(U1B)에서

- 전압이득 = 1 + (($R11$+$R12$) / $R16$)
- 출력전압 = 전압이득 * 입력전압(1차 출력전압)

05 포토 트랜지스터

1) 포토 트랜지스터란

포토 트랜지스터(Photo Transistor)는 트랜지스터의 베이스에 포토 다이오드를 역접속한 것으로, 그 특성은 포토 다이오드에 트랜지스터의 여러 가지 특성이 첨부된 것이라 생각할 수 있다. 광센서에서도 여러 가지가 있지만 포토 트랜지스터의 회로구성이 비교적 간단하고 또한 출력전류도 크기 때문에 비교적 저주파의 광센서 회로에 폭 넓게 이용되고 있다.

[그림 4-44]는 포토 트랜지스터의 구조도이다.

① 빛의 조사에 의해 베이스(Base)에 전자·정공쌍이 발생하면 전자는 확산에 의해 컬렉터(Collector)로 빠져 나가거나 재결합한다. 정공은 베이스에 축적되어 베이스가 (+) 전하로 되고 E-B 사이는 순방향 바이어스로 E에 많은 전자가 베이스에 주입된다.

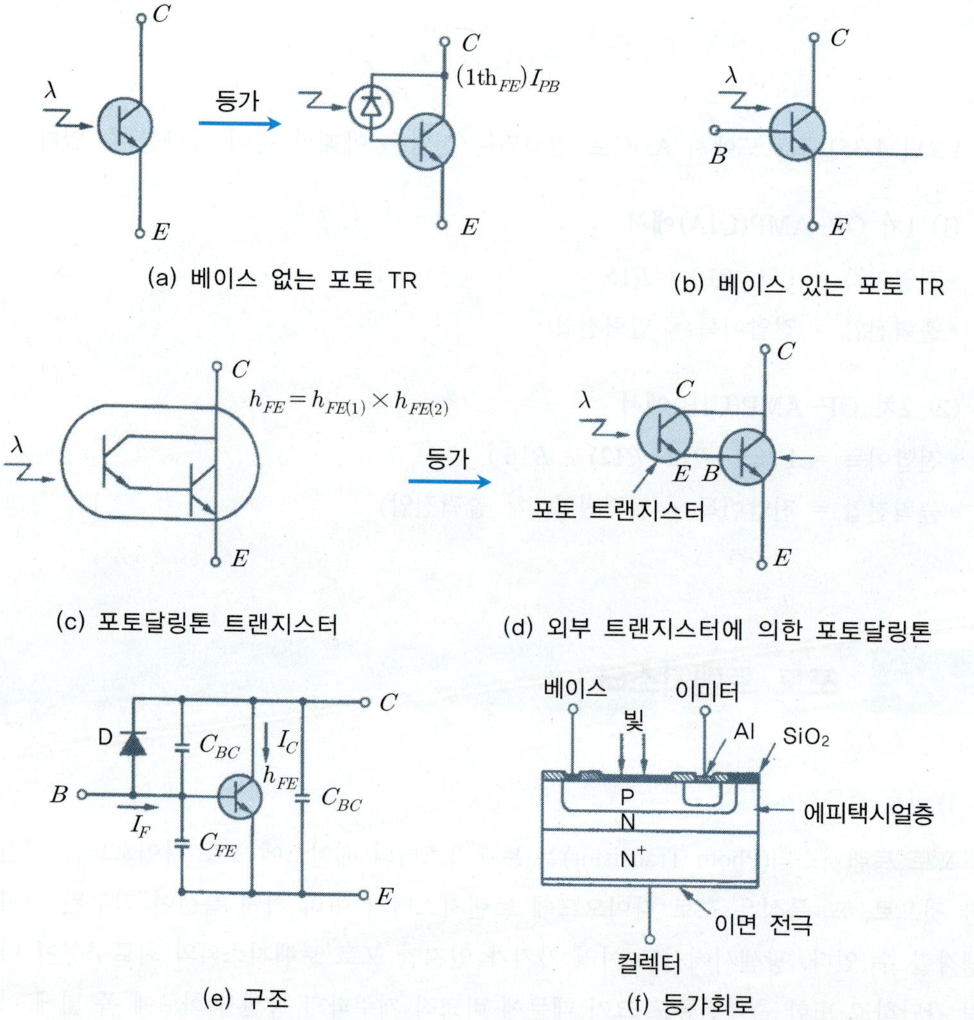

[그림 4-44] 포토 트랜지스터의 구조

② 전자는 매우 얇은 베이스 영역을 통과해서 컬렉터로 들어가 컬렉터 전류가 흐른다.

$$h_{FE}=\beta=\frac{I_C}{I_B}$$

(1) 응답성

응답성은 C-B간의 밀러(miller) 효과에 의해 겉보기 용량 C는

$$C=C_{CB}\cdot h_{FE}$$

부하저항 R_L로 하면 응답성 I는

$$I = C_{CB} \cdot h_{FE} \cdot R_L$$

(2) 암전류

I_{CBO}의 h_{FE}배인 I_{CEO}가 암전류가 되어 I_D는 온도에 의하여 증가한다.

[그림 4-45]의 온도-암전류 특성에서 B-E 사이에 저항을 삽입하면 암전류가 작다.

R_L을 높이면 출력전압이 크고 R_L을 낮추면 응답특성이 좋다.

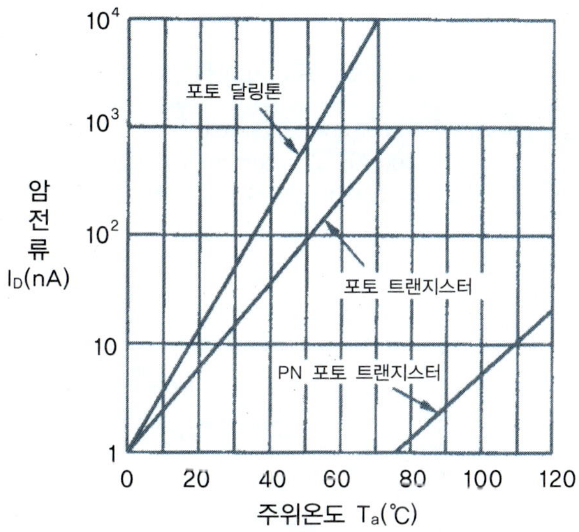

[그림 4-45] 온도-암전류 특성

2) 포토 트랜지스터의 특징

① 현재 가장 많이 사용되는 수광소자로서 일반적으로 500~600nm의 파장영역에서 사용할 수 있고, 특히 800nm 부근에서 최대감도를 갖고 있다.

② 포토 다이오드에 비해 출력되는 광전류가 크고 신호는 동일 칩 내에서 증폭되고 있으므로, 전기적 노이즈도 적고 큰 S/N비를 얻을 수 있다.

③ 트랜지스터와 포토 달링톤의 경우 고온이 될수록 S/N비가 저하되므로 온도보상회로가 필요없다.

④ 신뢰성이 높고 암전류가 적으며 가격이 싸다.

⑤ 전류증폭률이 크고 소형화가 가능하다.

⑥ 포토 다이오드에 비해 입사광에 대한 광전류의 직선성이 나쁘며, 고감도인 것일수

록(특히, 달링톤 트랜지스터형) 응답속도가 늦고 포화전압이 높은 결점이 있다.

⑦ 광스위치, 단거리 광통신기, 마크 판별기 등에 이용되고 있다.

⑧ 발광 다이오드와의 조합에 의한 용도로 이용되고 있으며, 앞으로는 직선성의 개선, 응답속도 및 변환효율의 개선 등이 이루어져 아날로그 동작으로의 응용이 확산될 전망이다.

3) 적용 센서 : ST-1KLA

- 제조회사 : Kodenshi
- 특 징

[표 4-6] ST-1KLA 특징

Type No.	Light current I_L(mA)			Darkcurrent Id(nA)	Spectral sensitivity	Peak wavelength	Half angle	Operating temp.
	Min	V_{CE}(V)	Ev(lx)	V_{CEO}=10V Max.	λ(nm)	λp(nm)Typ.	Δθ (°)	Topr.(℃)
ST-1KLA	1.5	10	200	200	500-1050	800	±15	-30~100

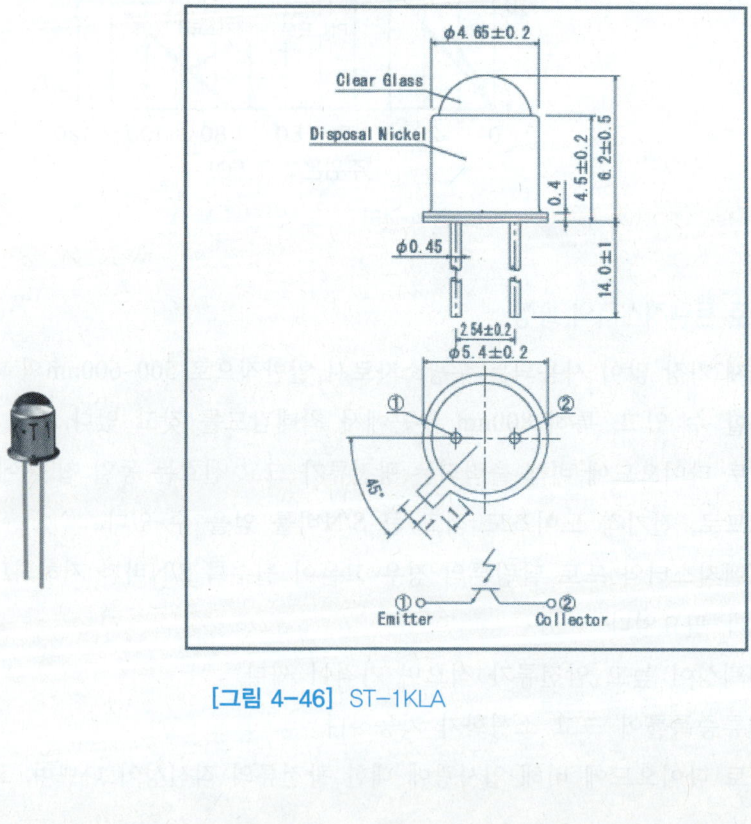

[그림 4-46] ST-1KLA

4) 포토 트랜지스터 보드

포토 트랜지스터 보드는 포토 트랜지스터 소자를 이용하여 빛의 세기를 측정할 수 있는 보드이다.

[그림 4-47]은 포토 트랜지스터 보드의 실물을 나타낸다.

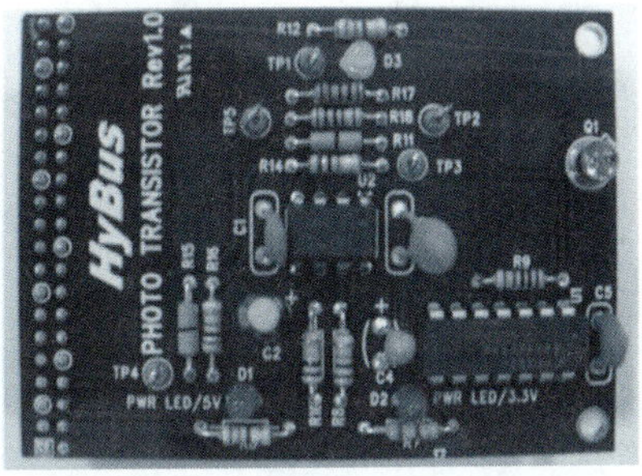

[그림 4-47] 포토 트랜지스터 보드 사진

5) 부품배치도

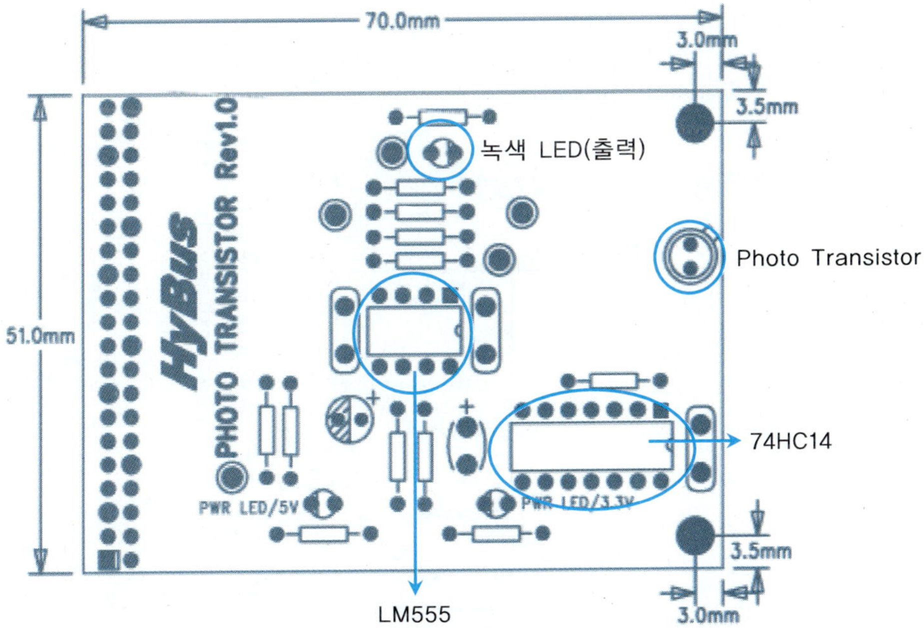

[그림 4-48] 보드 전면

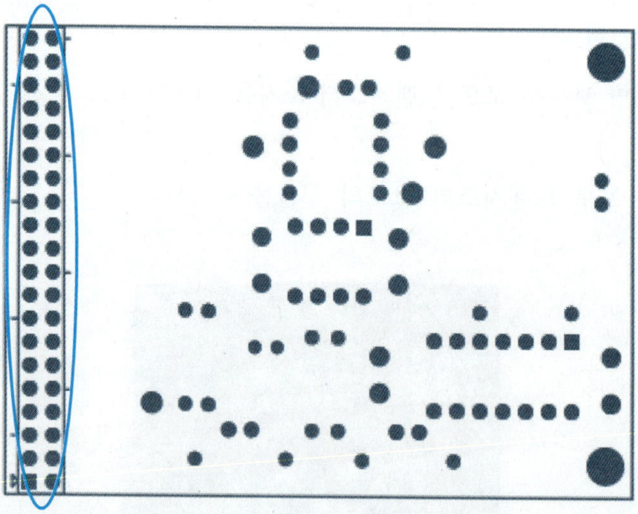

[그림 4-49] 보드 후면

6) 회로도

포토 트랜지스터 보드(Photo Transistor Board)의 주요 회로는 [그림 4-50]과 같다.

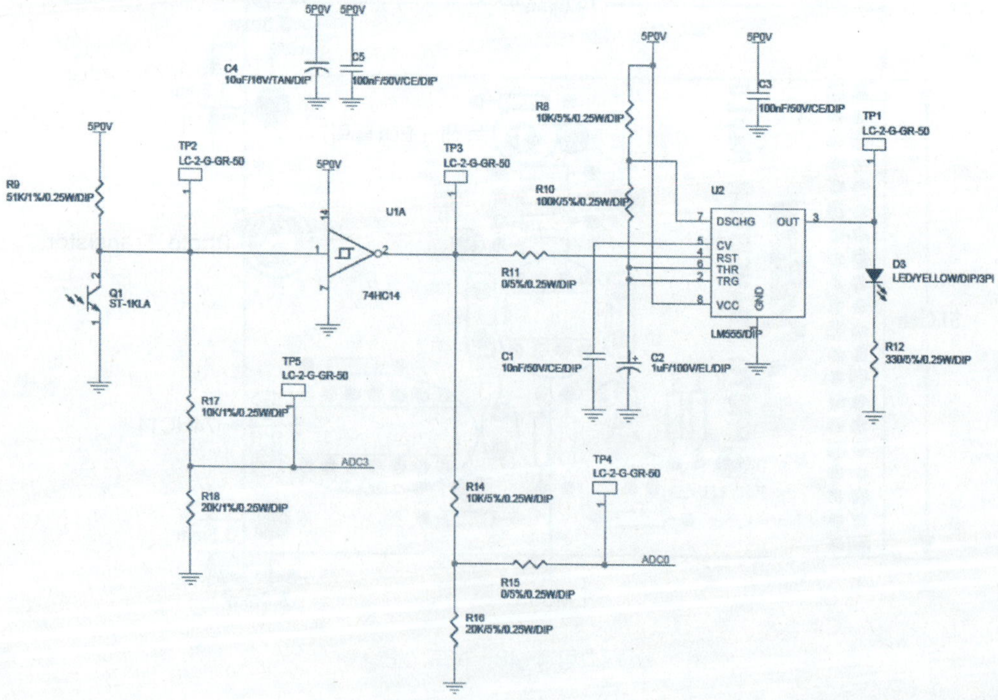

[그림 4-50] 주요 회로부

7) 회로동작설명

① Q1 포토 트랜지스터 소자에 빛을 조사하면 TP2 단자의 전압이 내려간다.

② TP2 단자의 전압이 U1 슈미트 트리거의 스레시홀드 전압보다 낮으면 TP3 단자의 전압이 High 상태가 된다.

③ TP3 단자의 전압이 High 상태가 되면 U2 LM555 동작에 의해 D3 녹색 LED가 깜빡거린다.

④ TP3 단자의 전압은 슈미트 트리거의 출력전압('L' or 'H')으로써 프로세서의 Digital 입력단자로 직접 인가된다.

⑤ TP5 단자의 전압은 포토 트랜지스터 소자에 걸리는 전압으로써 $R17$, $R18$ 저항에 의해 전압분배되어 프로세서의 ADC 입력단자로 직접 인가된다.

8) 부품 리스트

포토 트랜지스터 보드에 사용된 부품 리스트는 [표 4-7]과 같다.

[표 4-7] 부품 리스트

순서	수량	부품번호	부품명
1	1	CN1	PIN HEADER 20PX2/2.54mm/Straight Type
2	1	C1	10nF/50V/CE/DIP
3	1	C2	1μF/100V/EL/DIP
4	2	C3, C5	100nF/50V/CE/DIP
5	1	C4	10μF/16V/TAN/DIP
6	2	D1, D2	LED/RED/DIP/3PI
7	1	D3	LED/YELLOW/DIP/3PI
8	1	Q1	ST-1KLA
9	2	R6, R12	330/5%/0.25W/DIP
10	1	R7	240/5%/0.25W/DIP
11	2	R8, R14	10K/5%/0.25W/DIP
12	1	R9	51K/1%/0.25W/DIP
13	1	R10	100K/5%/0.25W/DIP
14	2	R11, R15	0/5%/0.25W/DIP
15	1	R16	20K/5%/0.25W/DIP

순서	수량	부품번호	부품명
16	1	R17	10K/1%/0.25W/DIP
17	1	R18	20K/1%/0.25W/DIP
18	5	TP1, TP2, TP3, TP4, TP5	LC-2-G-GR-50
19	1	U1	74HC14
20	1	U2	LM555/DIP

9) 프로그램 분석

포토 트랜지스터 저항값의 변화에 따라 변하는 전압이 ADC3번 핀으로 입력된다. MSP430의 내부 ADC를 이용하여 입력 전압값을 측정하여 FND에 표시한다.

work\HsensorTraining\07_PHOTO_TR_Sensor**msp430main.c**

```
INT16 main(VOID)
{
        UINT16 ADCval;
        WDTimerInit();
        PortInit();
        ADCInit();
        DeviceInit();
        UartInit();
        blinkLED();
        EnableIntr();

        while(FOREVER)
        {
                ADCval=ADC3Read();      // ADC3으로 입력되는 전압값을 읽어온다.
                FNDVout(ADCvalue);      // ADC3의 값을 Voltage값으로 변환하여 FND에 표시.
        }
        return TRUE;
}
```

10) 연구내용 및 실험방법

(1) 보드 장착 및 케이블 연결(전원, USB)

[그림 4-51]과 같이 전원과 USB 케이블을 연결하고 포토 트랜지스터 보드를 메인보드에 장착한다.

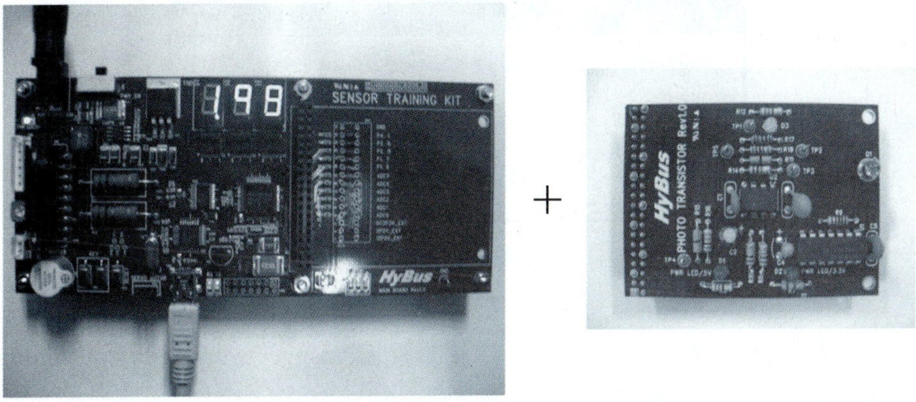

[그림 4-51] 센서보드 결합

(2) 장치관리자에서 COM 포트 확인

장치관리자에서 USB가 COM3로 잡혀있는지 확인하고 만약 포트 번호가 다를 경우 포트 설정에서 포트 번호를 3번으로 변경한다.

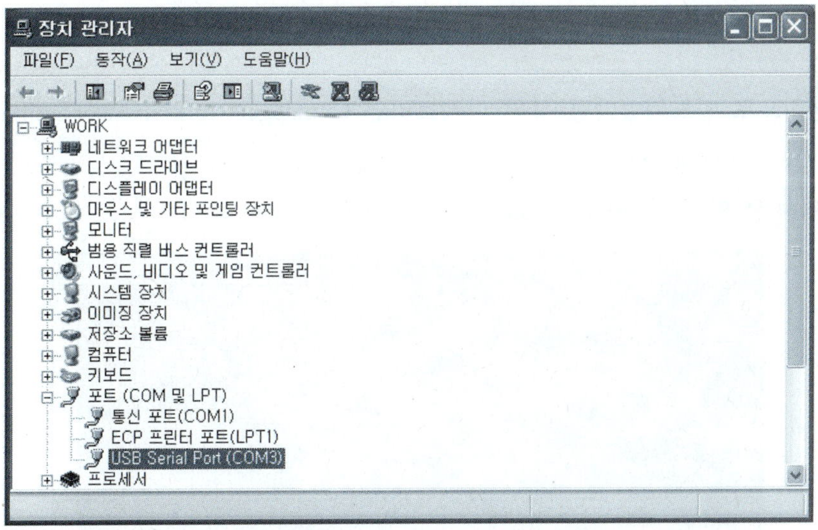

[그림 4-52] COM3 확인

(3) 프로그램 빌드 및 다운로드

1 윈도우에서 시작 → 실행에서 [그림 4-53]과 같이 cmd를 입력한 뒤 확인을 클릭한다.

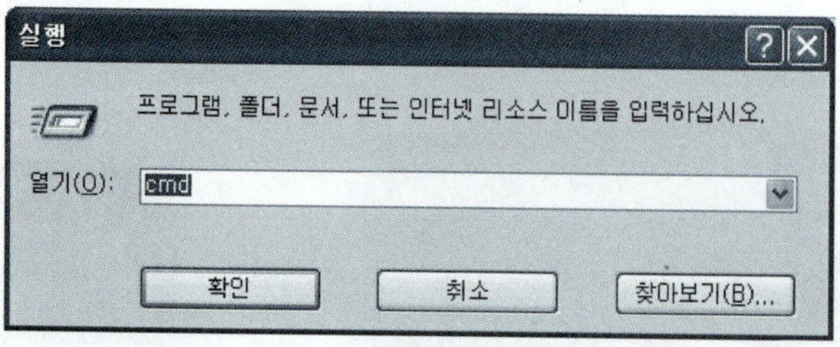

[그림 4-53] CMD 실행

2 CMD창에서 포토 트랜지스터 프로그램("C:\mspgcc\work\HsensorTraining\07_PHOTO_TR_Sensor") 위치로 이동을 한 뒤 "make" 명령으로 프로그램을 빌드한다.

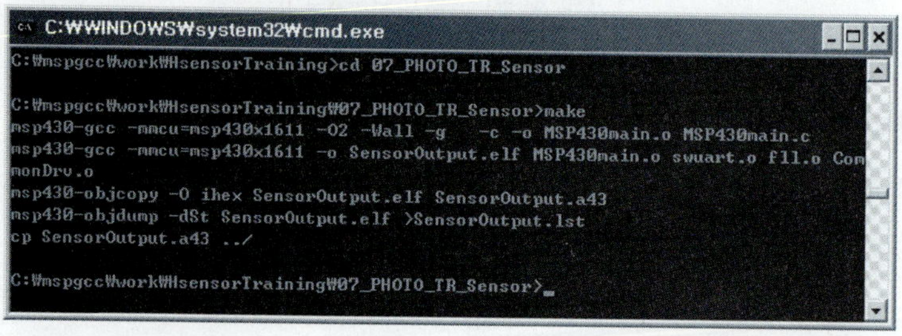

[그림 4-54] S/W 빌드

3 정상적으로 빌드되었다면 상위 디렉토리인 C:\mspgcc\work\HsensorTraining" 폴더에 "SensorOutput.a43"이라는 파일이 생성된다.

[그림 4-55]와 같이 bsl_downloader.bat을 이용하여 a43 파일을 보드에 다운로드한다.

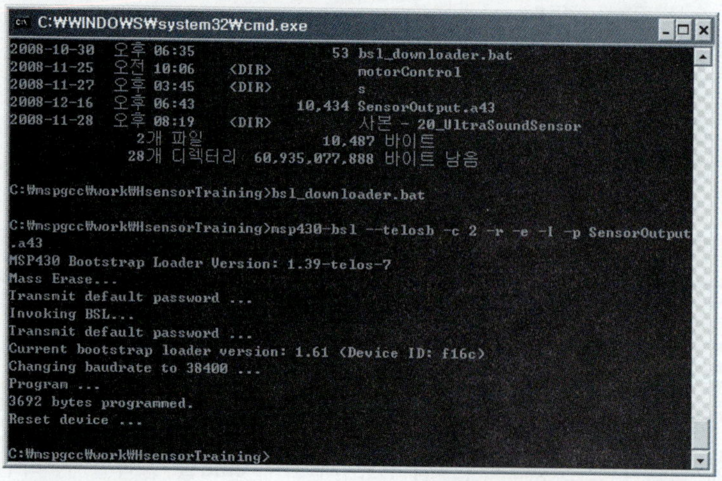

[그림 4-55] 이미지 다운로드

(4) 프로그램 실행

[그림 4-56] 포토 트랜지스터 프로그램 실행결과

(5) PC에서 시리얼 데이터 출력화면

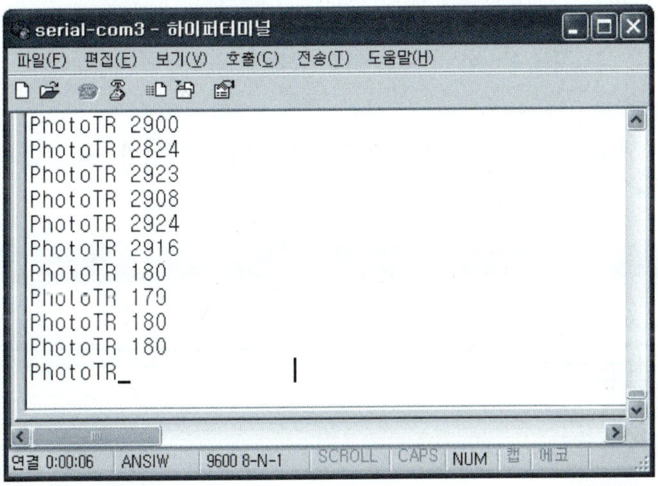

[그림 4-57] 시리얼 데이터 출력화면

11) 연구결과

① Q1에 있는 센서를 손으로 가려서 적외선을 차단시켰을 때의 하이퍼터미널에서의 결과값의 변화 및 세그먼트 값은 250가량까지 상승되었다.

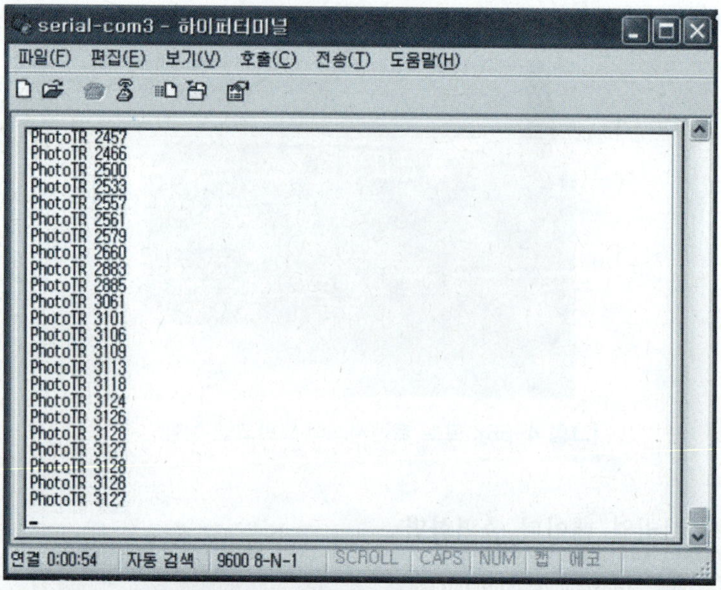

[그림 4-58] 적외선 차단시 시리얼 데이터 출력화면

② Q1에 있는 센서의 적외선 차단을 해제하였을 때의 하이퍼터미널에서의 결과값의 변화이다.

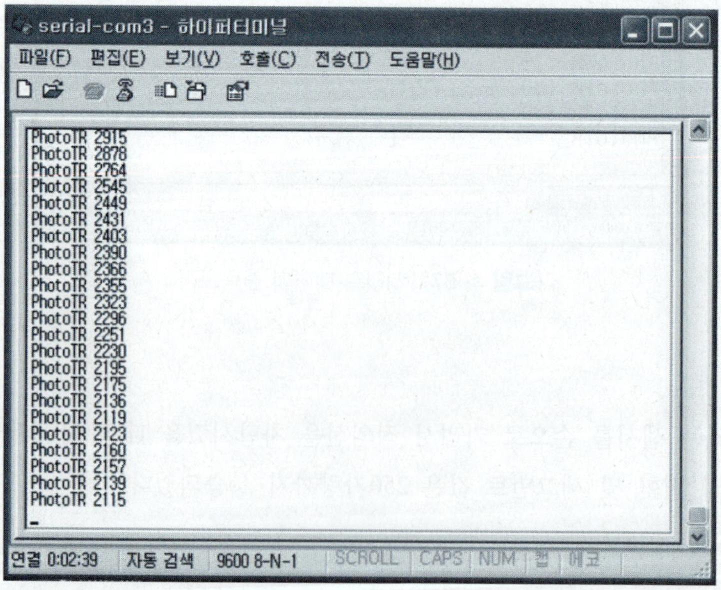

[그림 4-59] 적외선 차단해제시 시리얼 데이터 출력화면

06 컬러 센서

빛의 파장을 측정하는 소자로 다층형 센서와 적형 센서가 있다. 파장이 짧은 빛일수록 반도체의 표면에서, 파장이 긴 빛일수록 반도체의 깊은 곳에서 흡수된다.

1) 다층형 컬러 센서

다층형 컬러 센서(Color Sensor)는 [그림 4-60]에 나타낸 바와 같이 실리콘 기판 위에 P형과 N형의 포토 다이오드를 2단 겹친 구조이며 색상을 식별할 수 있는 것이 특징이다. 이것은 최상부에 두께 약 0.5μm의 P층, 중간부에 깊이 약 10μm의 N층을 가지며, 하부의 실리콘 기판은 P층에 해당한다. 상부의 P층과 N층의 접합면에는 단파장(약 580nm)에 피크 감도를 가진 포토 다이오드(전극 ①~②)가 형성되며 N층과 하부의 P층의 접합면에는 장파장(약 980nm)에 피크 감도를 가진 포토 다이오드(전극 ②~③)가 형성되어 있다.

이 센서의 특징은 실리콘 두께 자체가 필터 효과를 가지고 있으므로 유리가 가진 렌즈 작용에 의해서 미소면적의 색변화를 식별하는 데 적합하다.

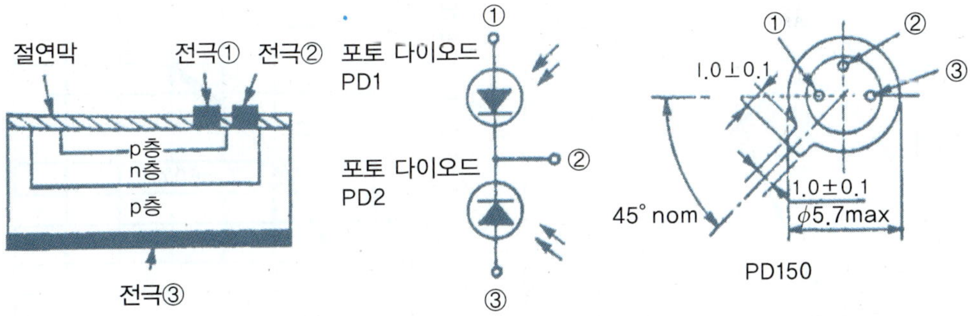

[그림 4-60] 다층형 컬러 센서의 구조 및 등가회로

여기서 전극 ①~②와 ②~③의 2개의 포토 다이오드의 단락전류를 각각 I_{sc1} 및 I_{sc2}라 하면 단락전류비(I_{sc2}/I_{sc1})는 [그림 4-61]에 나타낸 바와 같이 파장에 대해 비례관계가 되므로 단락전류비를 계측하면 그 빛의 파장을 알 수 있으며, 색의 식별이 가능하게 된다. 컬러 센서의 전면에 적외광 컬러 필터를 붙이면 가시광선을 식별할 수 있다.

이들 컬러 센서는 소형으로 안정한 공급이 가능하기 때문에 도장이나 인쇄의 색채관

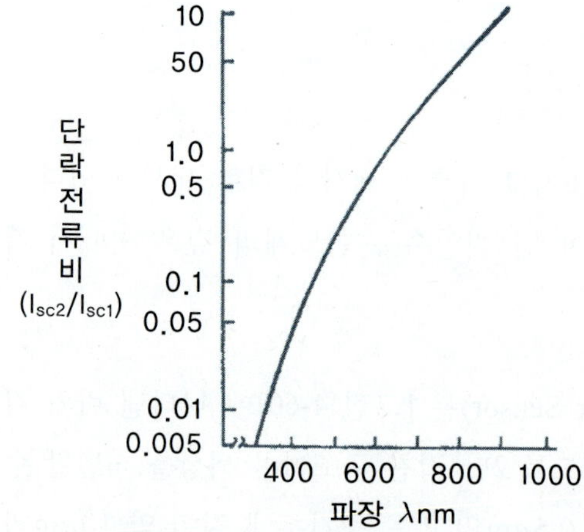

[그림 4-61] 단락전류비-파장 특성

리, 물류(物流)에서의 컬러 코드의 판독, 신호나 표지의 색맞춤, 용광로의 온도관리, 컬러 텔레비전의 색조정, 정제 · 과립 · 분말 등의 색얼룩 판별 등 광범위한 공업 분야에 이용되고 있다. [그림 4-62]는 분광특성 및 파장에 따른 단락전류비를 나타낸 것이다.

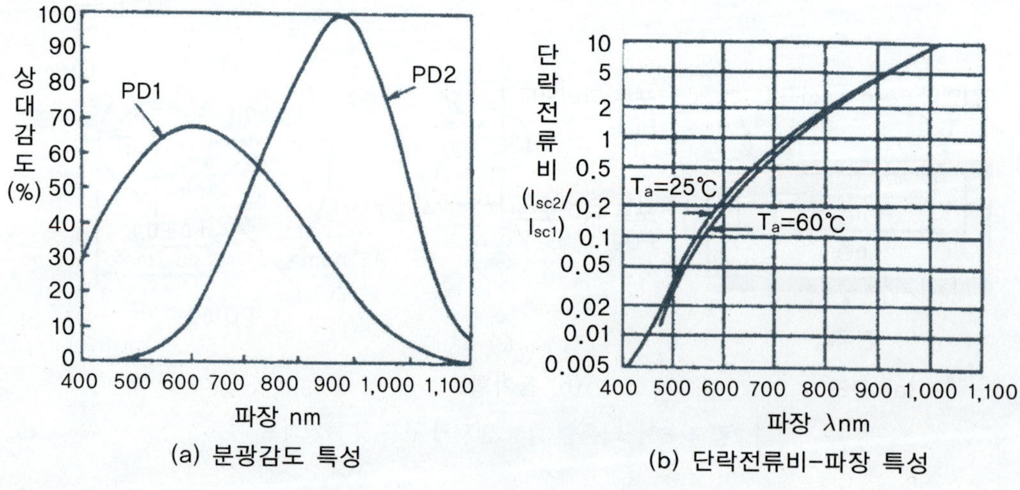

[그림 4-62] 분광특성 및 파장에 따른 단락전류비 특성

[그림 4-63]은 다층형 컬러 센서의 응용회로이다. 이 회로는 CO, CO_2, 농도 센서, 연소 불꽃의 온도 열전대, 파장측정 등에 응용된다.

$$V_o = \left(\frac{R_4}{R_3 + R_4}\right)\left(1 + \frac{R_2}{R_1}\right)V_1 - \left(\frac{R_2}{R_1}\right)V_2$$

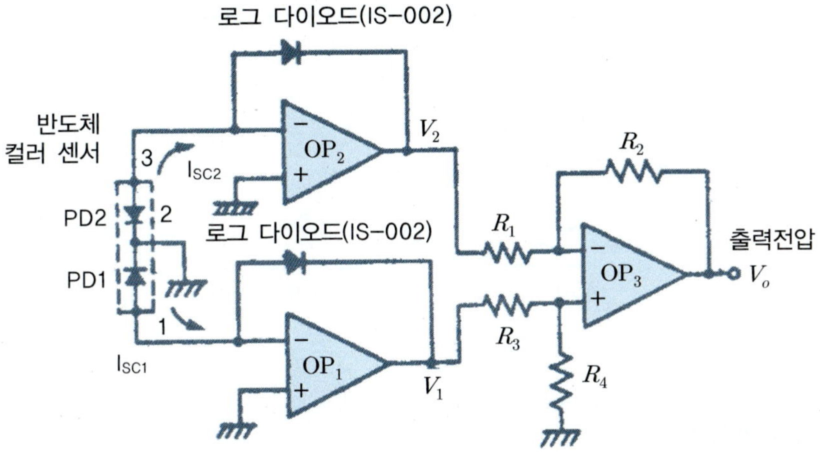

[그림 4-63] 응용회로 예

2) 집적형 컬러 센서

(1) 집적형 컬러 센서

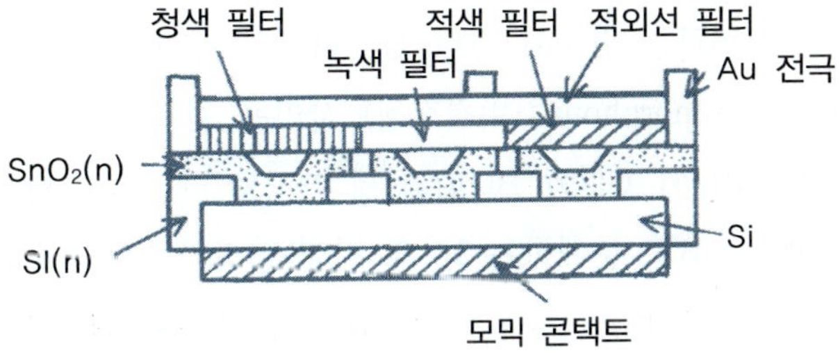

[그림 4-64] 집적형 컬러 센서 구조

집적형 컬러 센서는 [그림 4-64]에 나타낸 바와 같이 1개의 채널에 3조의 SnO_2-Si 포토 다이오드로 색식별 소자를 형성하고 그 위에 적외선 필터와 적색, 청색, 녹색의 각 필터를 싣고 있다. 이 포토 다이오드는 종래의 단결정 실리콘에 비해 빛의 흡수정도가 1 자릿수 높으며 막두께가 1μm 이상 떨어져 있기 때문에 각 다이오드 사이에서의 누설이 거의 없고 특수한 소자분리를 필요로 하지 않는 것이 특징이다.

또, 이 센서는 전극에 증착하고 기판의 뒷면에 초음파 납땜으로 콘택트를 형성하고 있으므로 구조의 간략화와 고신뢰성을 얻을 수 있다.

[그림 4-65]는 집적형의 분광감도 특성을 나타낸 것이며, 중간색 등의 다색식별에서는 3색으로 분광된 출력을 A/D 변환하여 마이컴에 접속하고 연산처리에 의해서 그 성분의 광량비를 검출함으로써 색의 판정을 하므로, 온도차의 영향을 받지 않고 중간색을 포함한 12색 이상의 컬러 식별이 가능하게 된다.

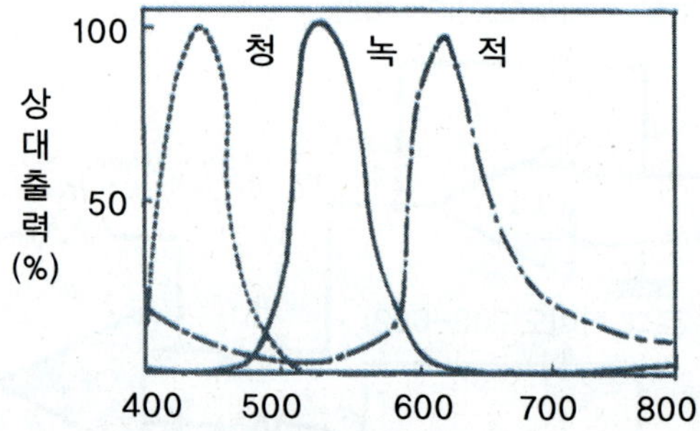

[그림 4-65] 분광감도 특성

(2) 컬러 검출회로

컬러 센서는 백색광 속에 포함되는 고유의 파장대역을 검지하는 일종의 광센서이며 여기에는 집적형(集積型) 컬러 센서와 다층형(多層型) 컬러 센서가 있다. 중요한 용도는 색의 식별용과 비디오 카메라의 화이트(white) 밸런스 조정용이고, 검출용 소자는 포토 다이오드가 사용된다.

[그림 4-66], [그림 4-67]은 집적형 컬러 검출회로의 예이다. 여기에서는 시감도(視感度)에 가까운 아모퍼스(Amorphous : 비결정질) 실리콘 컬러 센서를 사용했다.

집적형 컬러 센서는 R(적), G(녹), B(청)의 세 가지로 나누어져 단색 센서를 일체화한 것으로, 그 구조는 R, G, B로 분해하는 3장의 컬러 필터와 3개의 실리콘 포토 다이오드로 구성되어 있다. 또, 분광감도 특성은 R, G, B 모두 똑같이 취급할 수 있기 때문에 삼원색을 적절히 분해해서 중간색을 포함한 12색 이상의 컬러 식별이 가능하다.

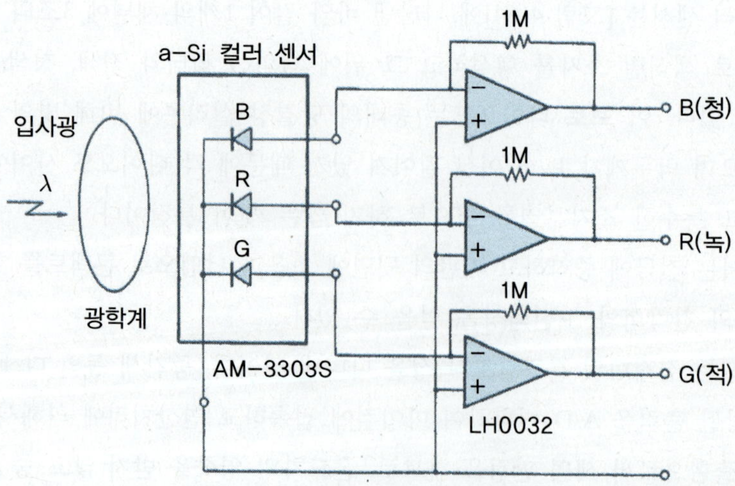

[그림 4-66] 컬러 검출회로

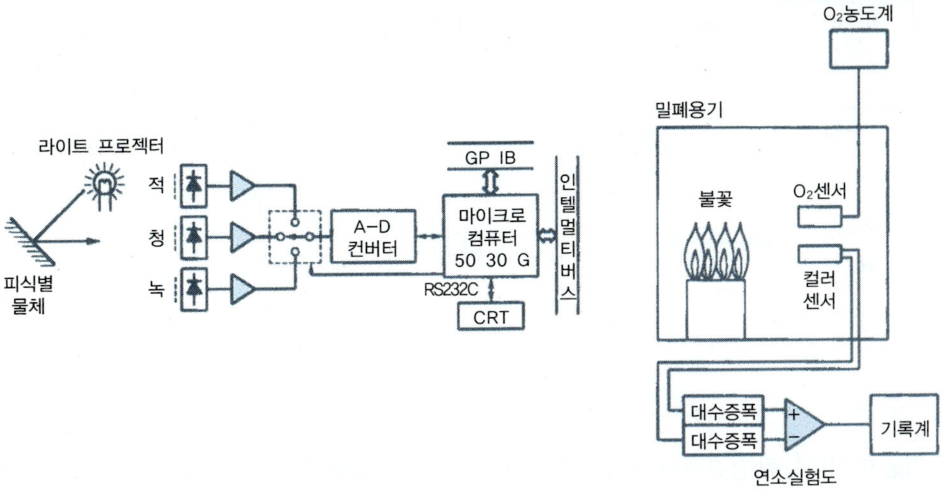

[그림 4-67] 색과 파장 관계

(3) 컬러 검출 센서를 활용한 과일의 형상, 색깔의 분류

생산 라인의 자동화가 급격히 진전되고 있는 요즈음에도 공정중이나 출하 전의 불량품 검사나 식별은 육안에 의존하고 있는데 최근에는 사람의 눈 대신 텔레비전 카메라나 컬러 센서, 두뇌 대신에 마이크로컴퓨터를 각각 사용한 고속의 간이 패턴 인식에 의한 검사 선별 로봇이 출현하였나.

[그림 4-68]은 과일의 크기나 색깔을 검출하는 검사선별 로봇의 구성을 나타낸 것이며, [그림 4-69]는 검사선별 공정의 블록 선도이다. 이것은 위치 센서로 과일이 텔레비전 카

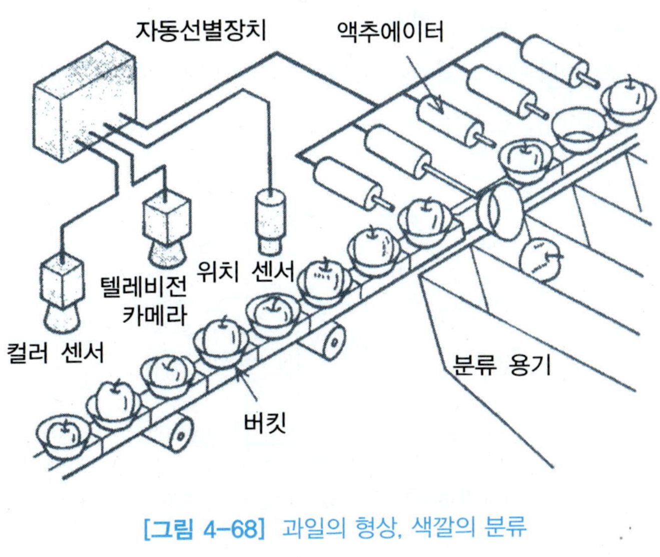

[그림 4-68] 과일의 형상, 색깔의 분류

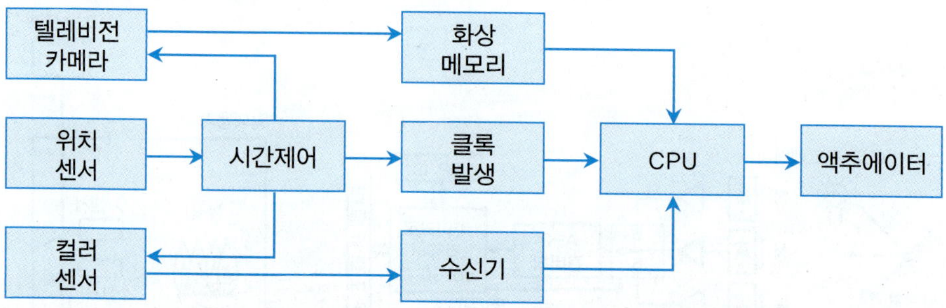

[그림 4-69] 검사선별 공정의 블록선도

메라와 컬러 센서의 시야에 들어온 것을 확인하는 동시에 컬러 센서로 과일 표면의 색깔을 검출하여 그 판별결과를 자동선별장치에 1차 기억해 둔다. 텔레비전 카메라도 과일의 정지화상을 패턴으로 판독하여 크기를 등급별로 판별한다.

이와 같이 판별되어 선별 컨베이어의 분류공정에 도착한 과일은 등급에 일치하는 장소에서 자동선별장치로부터의 신호를 받은 액추에이터에 의해서 버킷이 기울어져 분류용기 안으로 투입된다. 분류 후에는 평가전표를 발행하여 그것을 선과(選果) 데이터로 한다.

3) TCS230 컬러 센서의 특징

(1) 특 징

- 제조회사 : TAOS
- 고해상도 출력
- 2.7V~5.5V 동작 전압
- 마이크로와 직접 통신 가능한 설계

TCS23 0센서는 포토 다이오드와 전류-주파수 컨버터가 결합된 센서이고 컬러빛을 감지하여 주파수로 출력한다.

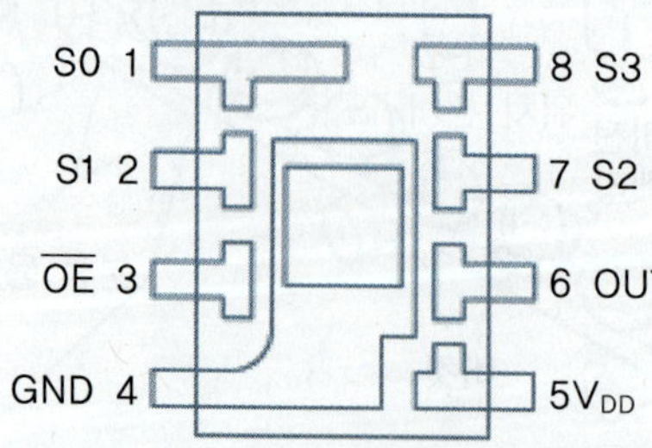

[그림 4-70] TCS230 SOIC 패키지

출력되는 주파수는 포토 다이오드의 타입(R, G, B)과 감지된 컬러의 강도에 비례한다. 그러므로 포토 다이오드의 타입을 R, G, B로 변경하여 출력되는 주파수를 비교하면 색상을 판별할 수 있다.

[그림 4-71]의 기능 블록도로 간략히 설명하면 포토 다이오드에 연결된 S2, S3핀으로 포토 다이오드의 타입을 Red, Green, Blue로 선택하고, S0, S1핀으로 전류-주파수 컨버터를 제어하여 출력주파수를 2%, 20%, 100% 중에서 선택한다([표 4-9] 옵션 참고).

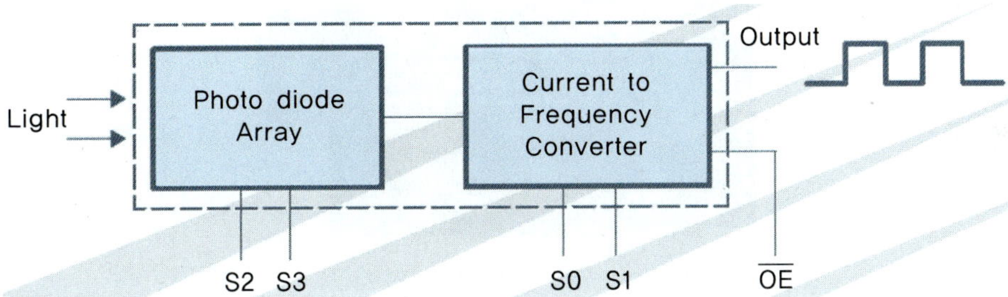

[그림 4-71] TCS230 기능 블록도

[표 4-8] TCS230 핀 기능

TERMINAL		I/O	DESCRIPTION
NAME	NO.		
GND	4		Power supply ground. All voltages are referenced to GND.
$\overline{OE}$	3	I	Enable for f_o(active low).
OUT	6	O	Output frequency(f_o).
S0, S1	1, 2	I	Output frequency scaling selection inputs.
S2, S3	7, 8	I	Photodiode type selection inputs.
V_{DD}	5		Supply voltage.

[표 4-9] TCS230 제어 옵션

S0	S1	OUTPUT FREQUENCY SCALING(f_O)	S2	S3	PHOTODIODE TYPE
L	L	Power down	L	L	Red
L	H	2%	L	H	Blue
H	L	20%	H	L	clear(no filter)
H	H	100%	H	H	Green

4) 컬러 센서보드

컬러 센서보드(Color Sensor Board)는 TCS230 센서를 이용하여 컬러를 감지할 수 있는 보드이다.

[그림 4-72]는 컬러 센서보드의 실물을 나타낸다.

[그림 4-72] 컬러 센서보드 사진

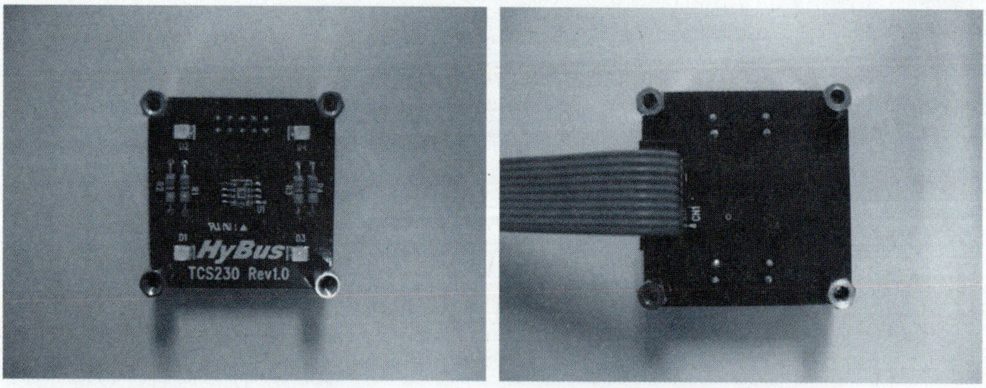

[그림 4-73] TCS230 센서보드의 케이블 연결 모습

5) 부품배치도

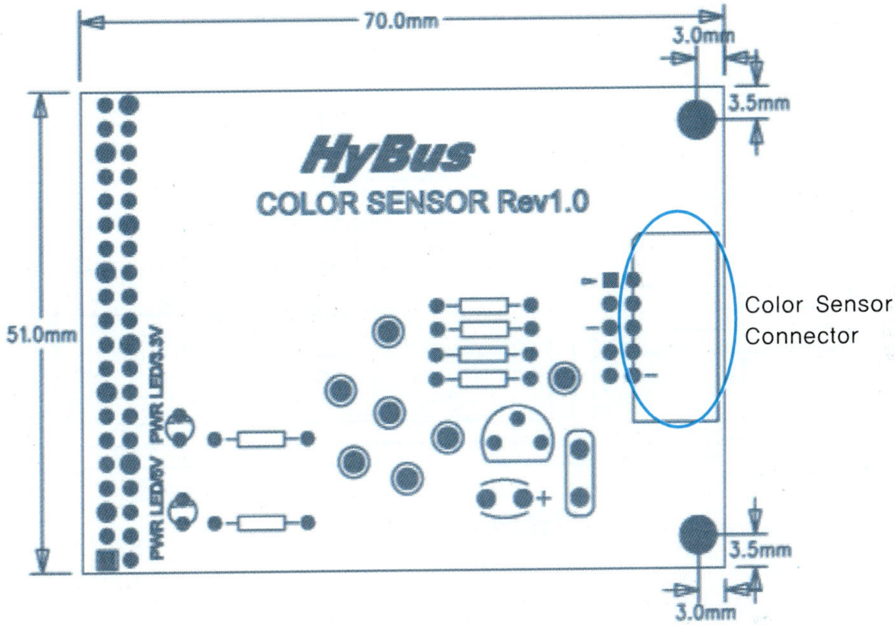

[그림 4-74] 보드 전면

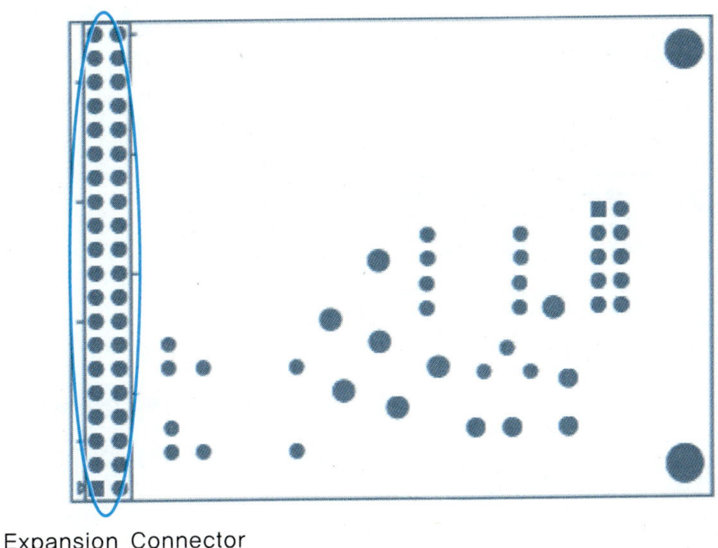

[그림 4-75] 보드 후면

6) 회로도

컬러 센서보드(Color Sensor Board)의 주요 회로는 [그림 4-76]과 같다.

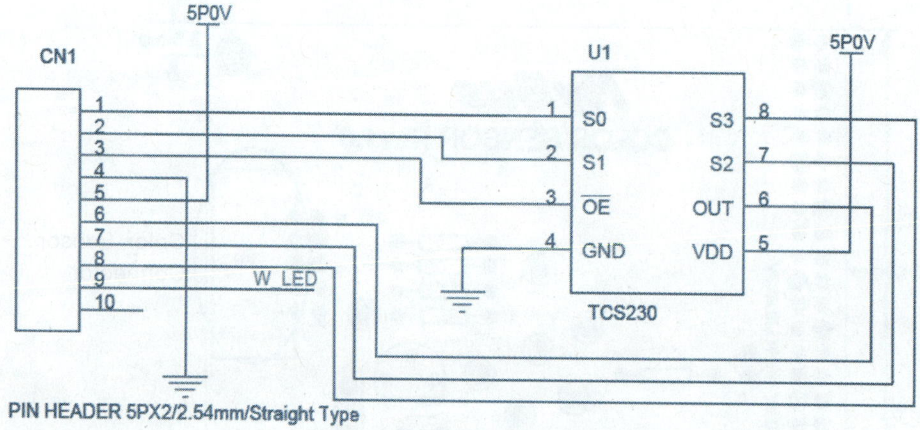

TCS230 Board

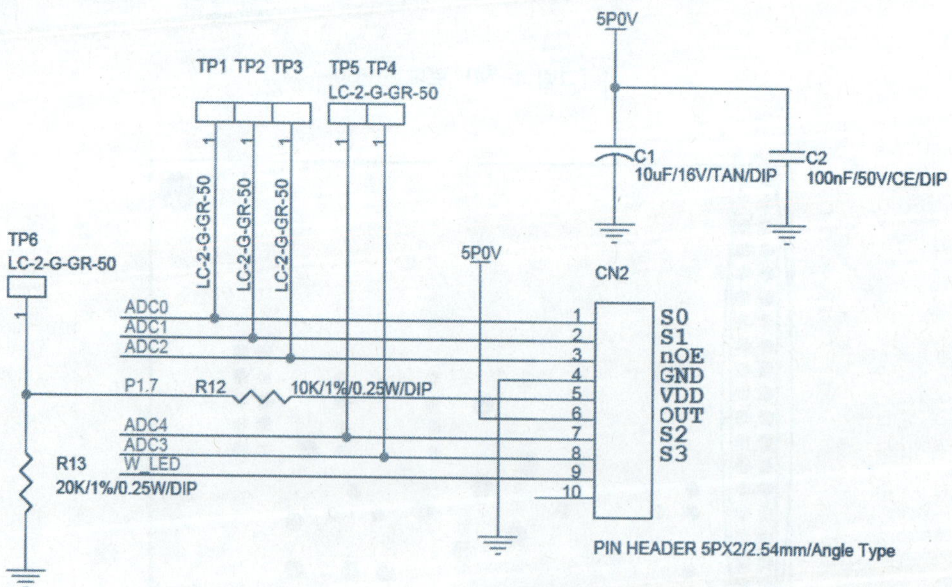

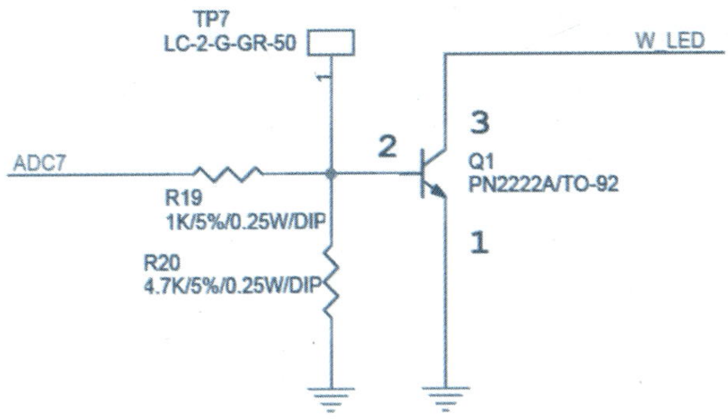

[그림 4-76] 주요 회로부

7) 부품 리스트

컬러 센서보드에 사용된 부품 리스트는 [표 4-10]과 같다.

[표 4-10] 컬러 센서 부품 리스트

순서	수량	부품번호	부품명
1	1	CN1	PIN HEADER 20PX2/2.54mm/Straight Type
2	1	CN2	PIN HEADER 5PX2/2.54mm/Angle Type
3	1	C1	10μF/16V/TAN/DIP
4	1	C2	100nF/50V/CE/DIP
5	2	D1, D2	LED/RED/DIP/3PI
6	1	Q1	PN2222A/TO-92
7	1	R6	330/5%/0.25W/DIP
8	1	R7	240/5%/0.25W/DIP
9	1	R12	10K/1%/0.25W/DIP
10	1	R13	20K/1%/0.25W/DIP
11	1	R19	1K/5%/0.25W/DIP
12	1	R20	4.7K/5%/0.25W/DIP
13	7	TP1, TP2, TP3, TP4, TP5, TP6, TP7	LC-2-G-GR-50

8) 프로그램 설명

TCS230 센서로 컬러를 판별하는 방법은 다음의 순서로 진행한다.

① 포토 다이오드 타입을 Red, Green, Blue로 변경하면서 각각의 출력주파수를 저장한다.

② Red, Green, Blue의 출력주파수를 비교하여 색상을 판별한다.

work\HsensorTraining\19_ColorSensor\msp430main.c

```
INT16 main(VOID)
{
        WDTimerInit();
        PortInit();
        ADCInit();
        DeviceInit();
        UartInit();
        blinkLED();
        EnableIntr();

        while(FOREVER)
        {
                // 포토 다이오드 타입을 Red(S2=Low, S3=Low)로 선택한다.
                // Red으로 출력되는 주파수를 읽는다.
                {
                        g_Pulse=0;
                        SEL_RED;
                        EnableIntrPort();

                        CSnOE_ENABLE;
                        delay(100); // 4ms
                        CSnOE_DISABLE;
                        DisableIntrPort();
                        g_RedFreq=g_Pulse;
                }
                delay(100);

                // 포토 다이오드 타입을 Green(S2=High, S3=High)로 선택한다.
                // Green으로 설정되어 출력되는 주파수를 읽는다.
                {
                        g_Pulse=0;
                        SEL_GREEN;
                        EnableIntrPort();
                        CSnOE_ENABLE;
                        delay(100);
                        CSnOE_DISABLE;
                        DisableIntrPort();
                        g_GreenFreq=g_Pulse;
                }
                delay(100);

                // 포토 다이오드 타입을 Blue(S2=Low, S3=High)로 선택한다.
                // Blue으로 설정되어 출력되는 주파수를 읽는다.
                {
                        g_Pulse=0;
                        SEL_BLUE;
                        EnableIntrPort();
                        CSnOE_ENABLE;
                        delay(100);
                        CSnOE_DISABLE;
                        DisableIntrPort();
                        g_BlueFreq=g_Pulse;
                }
                delay(100);
                printf("R(%d),G(%d),B(%d)\r\n",
```

```
                    g_RedFreq,g_GreenFreq,g_BlueFreq);

            LED_OFF;
            // Red, Green, Blue의 출력주파수를 비교하여 컬러를 판별한다.

if((g_GreenFreq<g_RedFreq)&&(g_BlueFreq<g_RedFreq)) {
                    // RED 출력주파수가 클 경우.
                    RED_LED_ON;
                    FNDDisplay(111);
            }
            else    if((g_RedFreq<g_GreenFreq)&&(g_BlueFreq<g_
GreenFreq)) {
                    // GREEN 출력주파수가 클 경우.
                    GREEN_LED_ON;
                    FNDDisplay(222);
            }
            else    if((g_RedFreq<g_BlueFreq)&&(g_GreenFreq<g_
BlueFreq)) {
                    // BLUE 출력주파수가 클 경우.
                    BLUE_LED_ON;
                    FNDDisplay(333);
            }

            delay(0xffff);


            switch(ButtonRead())
            {
                    case 0x3:
                            break;
                    case 0x2:
                            BLUE_LED_ON;
                            break;
                    case 0x1:
                            RED_LED_ON;
                            break;
                    case 0x0:
                            LED_OFF;
                            break;
                    default:
                            break;
            }
        }
        return TRUE;
}
```

9) 연구내용 및 실험방법

(1) 컬러 센서보드 장착 및 케이블 연결(전원, USB)

[그림 4-77]과 같이 전원과 USB 케이블을 연결하고 컬러 센서보드를 메인보드에 장착한다. 이때 컬러 센서를 연결하는 케이블의 방향에 주의하여 연결한다.

[그림 4-77] 센서보드 장착

(2) 장치관리자에서 COM 포트 확인

장치관리자에서 USB가 COM3로 잡혀있는지 확인하고 만약 포트 번호가 다를 경우 포트 설정에서 포트 번호를 3번으로 변경한다.

(3) 프로그램 빌드 및 다운로드

① 커맨드창에서 Color 센서 프로그램("C:\mspgcc\work\HsensorTraining\19_ColorSensor") 위치로 이동 후 "make" 명령으로 프로그램을 빌드한다.

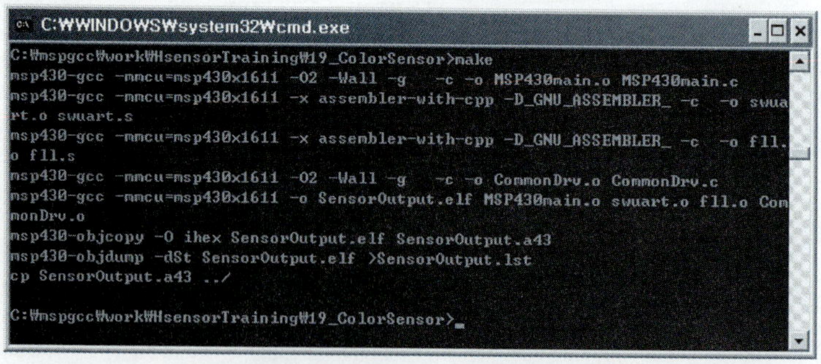

[그림 4-78] Color S/W 빌드

② 정상적으로 빌드되었다면 상위 디렉토리인 C:\mspgcc\work\HsensorTraining" 폴더에 "SensorOutput.a43"이라는 파일이 생성된다.

[그림 4-79]와 같이 bsl_downloader.bat을 이용하여 a43파일을 보드에 다운로드한다.

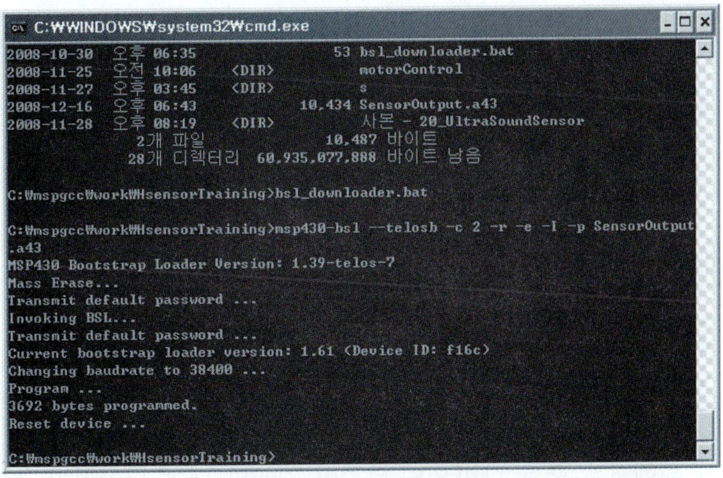

[그림 4-79] 이미지 다운로드

(4) 프로그램 실행 및 테스트

① 컬러 센서를 Red, Green, Blue가 프린팅된 용지 위에서 테스트한다. Red 색상 위에서는 포토 다이오드 타입이 Red일 때 출력파형이 높아진다. 메인보드의 Red LED가 켜지고 FND에는 "111"이 출력된다.

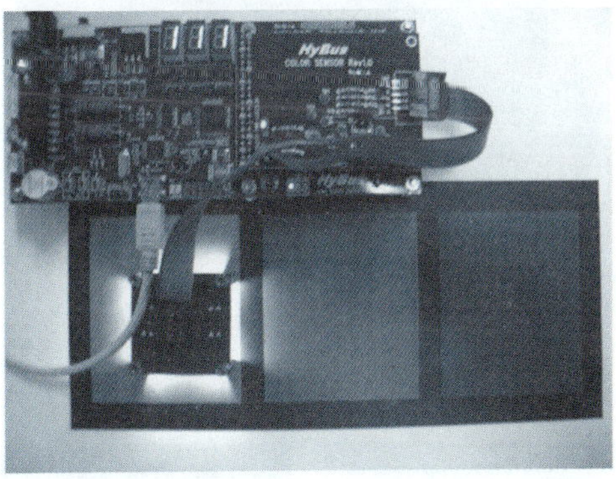

[그림 4-80] RED 실행결과

② Green 색상 위에서는 포토 다이오드 타입이 Green일 때 출력파형이 높아진다. 메인보드의 Green LED가 켜지고 FND에는 "222"가 출력된다.

CHAPTER 04

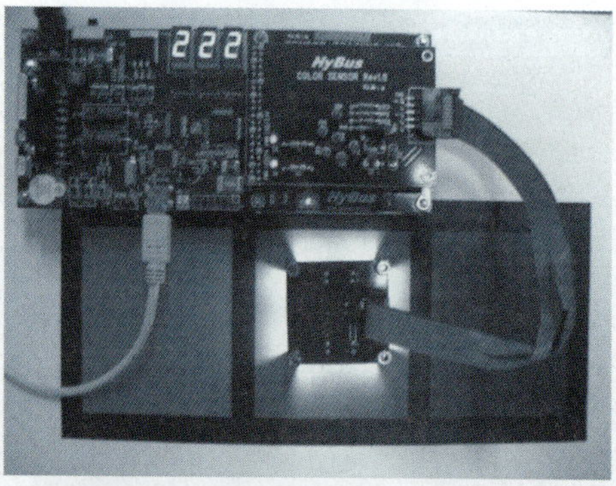

[그림 4-81] GREEN 실행결과

③ Blue 색상 위에서는 포토 다이오드 타입이 Blue일 때 출력파형이 높아진다. [그림 4-82]와 같이 메인보드의 Blue LED가 켜지고 FND에는 "333"이 출력된다.

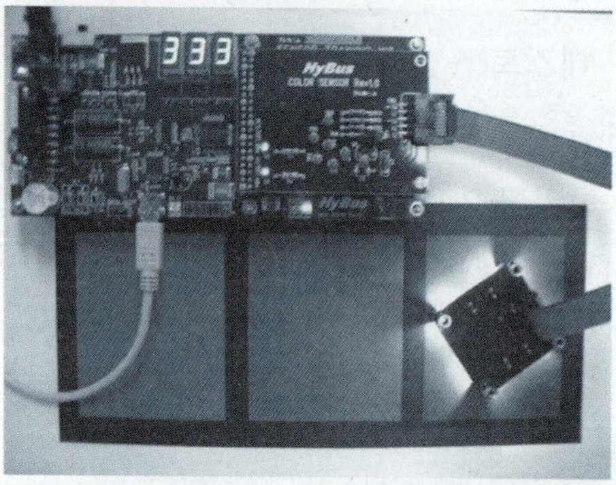

[그림 4-82] BLUE 실행결과

10) 연구결과

여러 가지 색깔을 인식할 때 하이퍼터미널에서의 결과값의 변화이다.

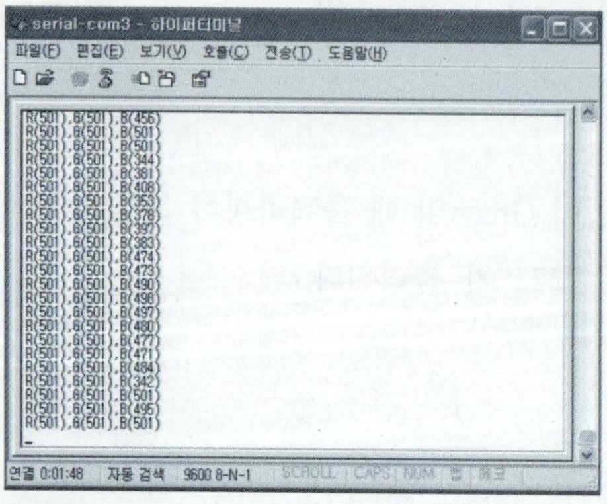

흰색

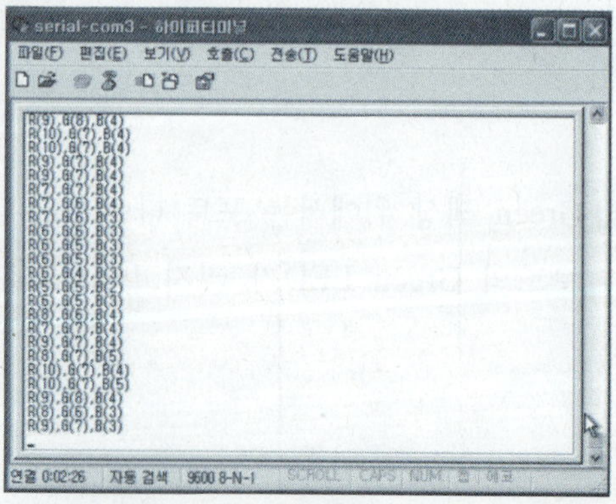

검은색

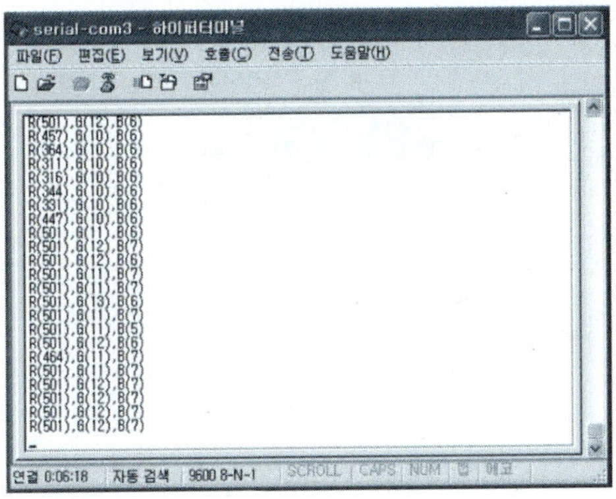

빨간색

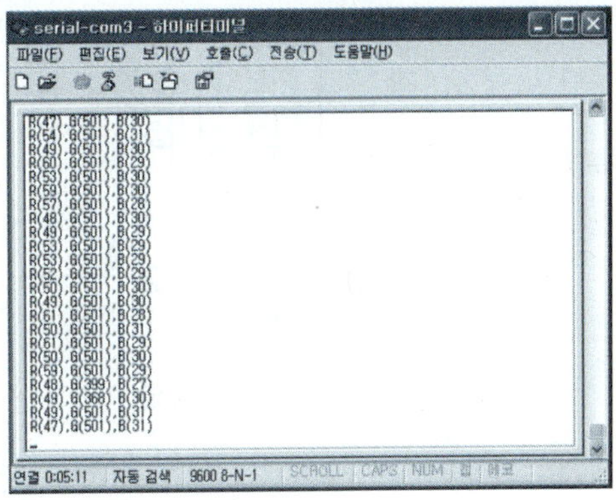

녹색

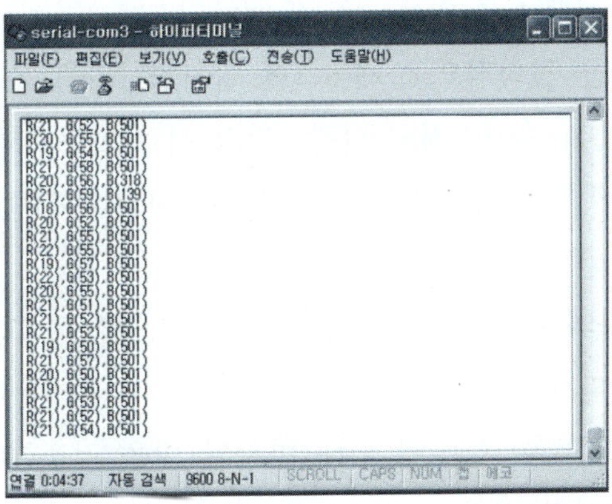

파란색

[그림 4-83] 압력이 없을 때 시리얼 데이터 출력화면

07 포토 인터럽트

포토 인터럽트(Photo Interrupter) 수광소자와 발광소자를 광학적으로 케이스에 장착한 소자로 LED와 포토 트랜지스터가 사용되고 투과형과 반사형이 있다.

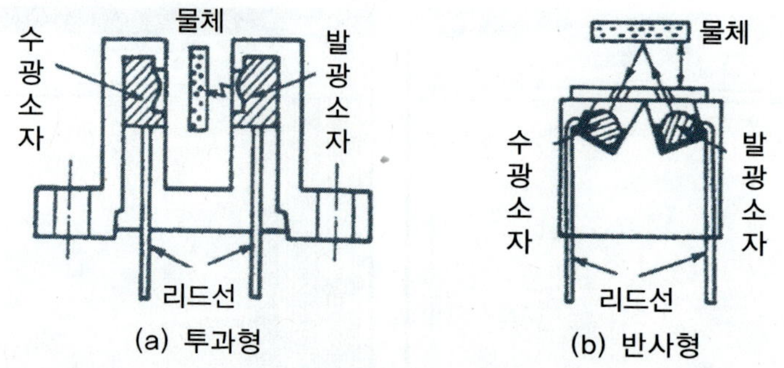

[그림 4-84] 포토 인터럽터의 종류

1) 포토 인터럽터의 동작원리

수광소자와 발광소자를 광학적으로 케이스에 장착한 소자로 발광다이오드와 포토 트랜지스터가 내장되어 있다. 수광소자와 발광소자가 서로 마주 향하고 있어 두 소자 사이의 공간에 통과하는 물체를 감지한다. [그림 4-85]는 포토 인터럽터의 구조와 특성을 나타낸 것이다.

① 투과형은 발광소자와 수광소자를 마주 향하게 한 것으로 그 사이의 공간을 통과하는 물체를 검출한다.

② 반사형은 빛을 조사하여 물체에 의해 반사된 빛을 검출한다.

③ 응용은 전기와 기계의 결합, 회전속도의 제어, 계수, 경보장치 등에 이용된다.

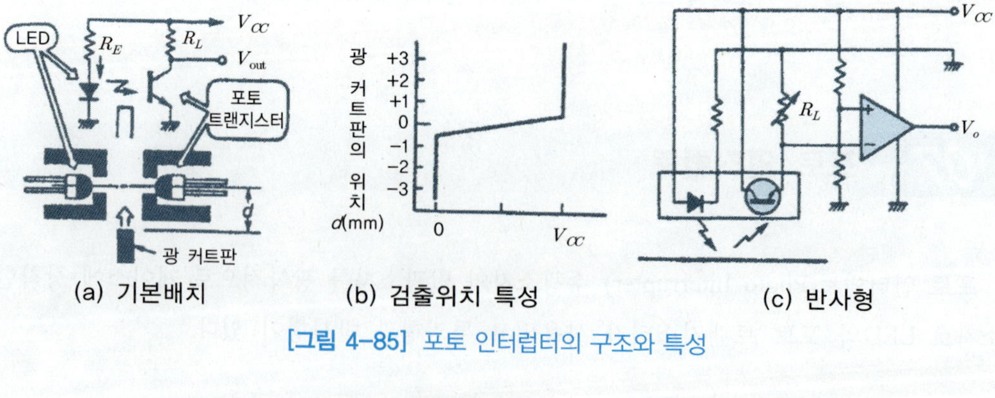

[그림 4-85] 포토 인터럽터의 구조와 특성

2) 적용 센서 : SG-207

(1) 제조회사 : Kodenshi

(2) 특 징

- 고성능
- 빠른 응답성
- 수광, 발광부 간격 5mm

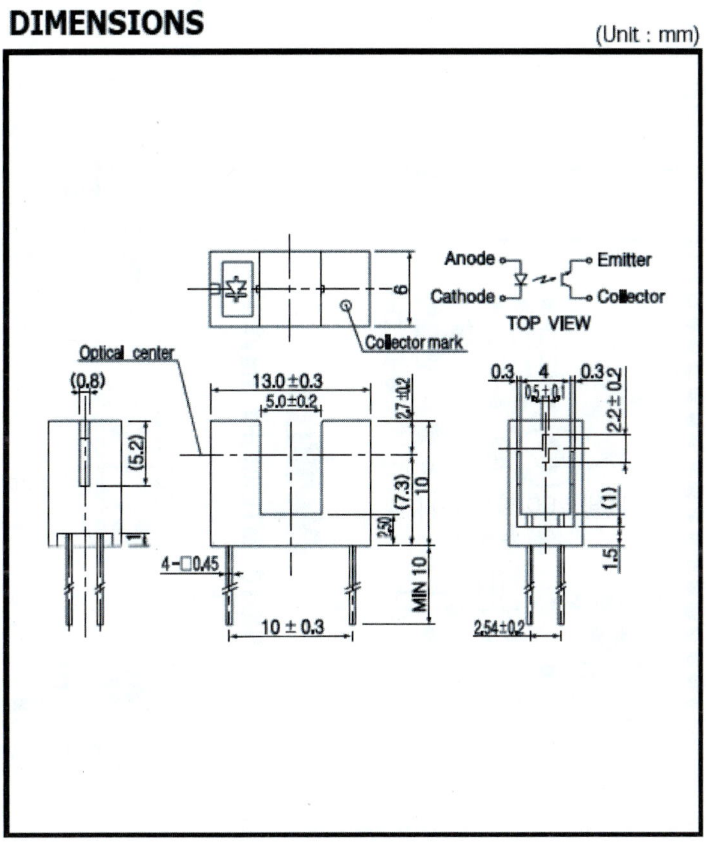

[그림 4-86] SG-207

3) 포토 인터럽트 보드

포토 인터럽트 보드(Photo Interrupt Board)는 포토 인터럽트 소자를 이용하여 소자 사이의 공간을 지나가는 물체를 측정할 수 있는 보드이다.

[그림 4-87]은 포토 인터럽트 보드의 실물을 나타낸다.

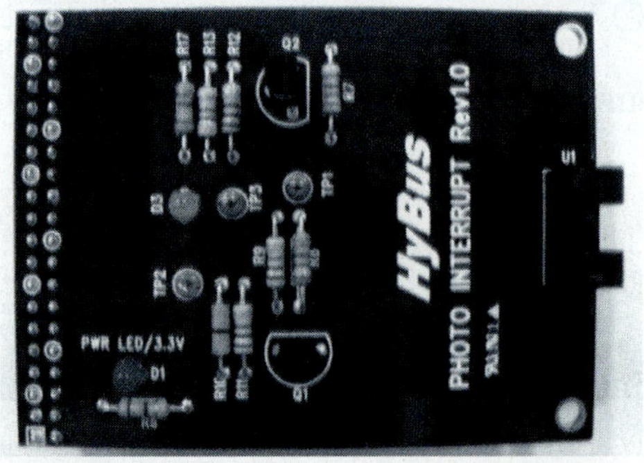

[그림 4-87] 포토 인터럽트 보드 사진

4) 부품배치도

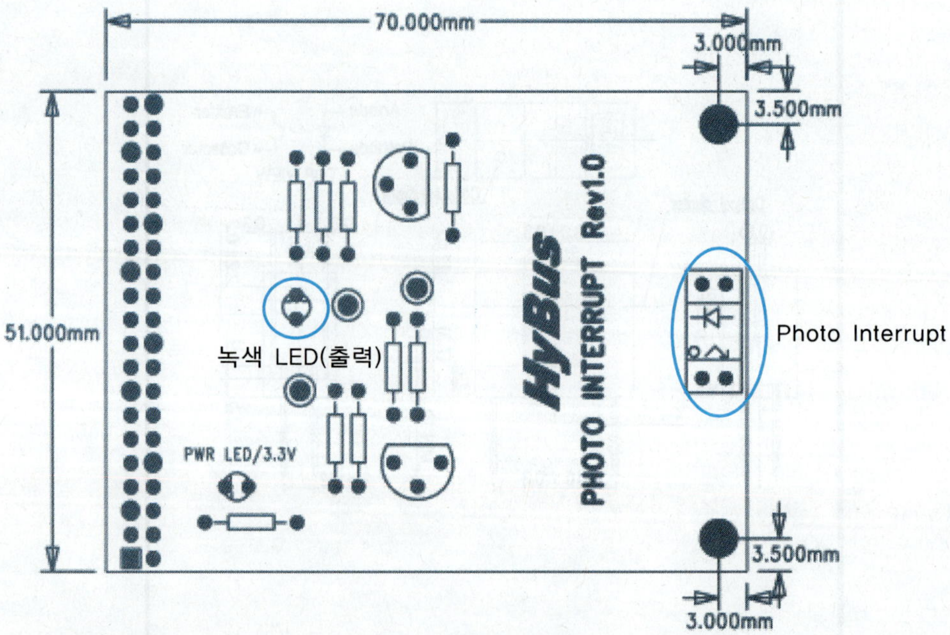

[그림 4-88] 보드 전면

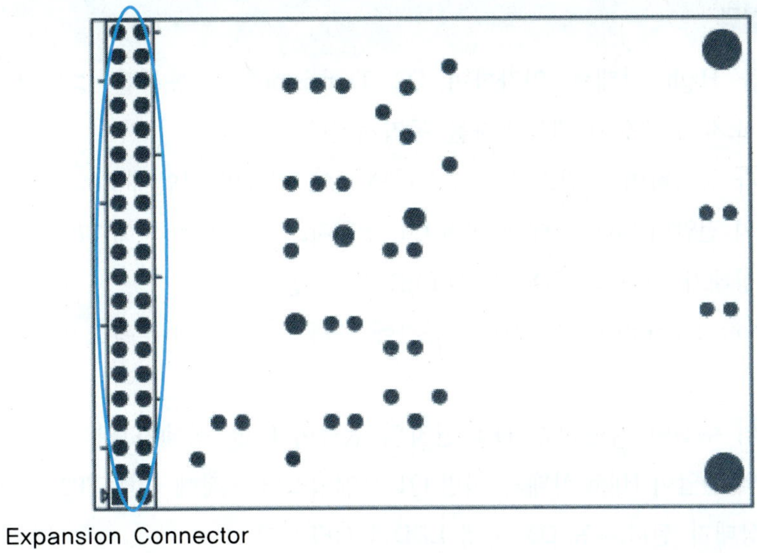

[그림 4-89] 보드 후면

5) 회로도

포토 인터럽트 보드(Photo Interrupt Board)의 주요 회로는 [그림 4-90]과 같다.

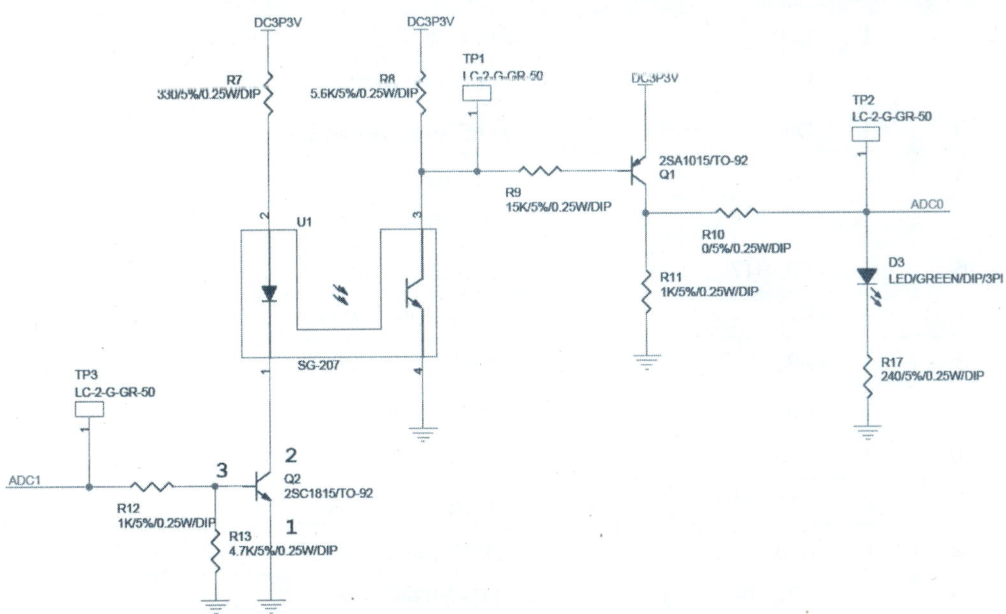

[그림 4-90] 주요 회로부

6) 회로동작설명

① ADC1핀을 High 상태로 인가하여 Q2 Transistor를 도통시킬 경우 U1 Photo Interrupt 소자에 내장된 발광소자를 동작시킨다.

② 발광소자가 동작하여 수광소자가 수신하면 TP1 단자의 전압이 Low 상태가 된다.

③ TP1 단자의 전압이 Low 상태가 되면 Q1 트랜지스터 동작에 의해 TP2 단자의 전압이 High 상태가 된다. 즉, D3 녹색 LED가 ON된다.

④ 여기서 Photo Interrupt 소자 사이의 공간에 물체를 가져가면 수광소자의 수신이 차단된다.

⑤ 수광소자의 수신이 차단되면 TP1 단자의 전압이 High 상태가 된다.

⑥ TP1 단자의 전압이 High 상태가 되면 Q1 트랜지스터 동작에 의해 TP2 단자의 전압이 Low 상태가 된다. 즉, D3 녹색 LED가 OFF된다.

7) 부품 리스트

포토 인터럽트 보드에 사용된 부품 리스트는 [표 4-11]과 같다.

[표 4-11] 부품 리스트

순서	수량	부품번호	부품명
1	1	CN1	PIN HEADER 20PX2/2.54mm/Straight Type
2	1	D1	LED/RED/DIP/3PI
3	1	D3	LED/GREEN/DIP/3PI
4	1	Q1	2SA1015/TO-92
5	1	Q2	2SC1815/TO-92
6	2	R6, R17	240/5%/0.25W/DIP
7	1	R7	330/5%/0.25W/DIP
8	1	R8	5.6K/5%/0.25W/DIP
9	1	R9	15K/5%/0.25W/DIP
10	1	R10	0/5%/0.25W/DIP
11	2	R11, R12	1K/5%/0.25W/DIP
12	1	R13	4.7K/5%/0.25W/DIP
13	3	TP1, TP2, TP3	LC-2-G-GR-50
14	1	U1	SG-207

8) 프로그램 분석

포토 인터럽터의 개폐에 따라 ADC0번 핀에 High 신호 또는 Low 신호가 들어온다.

Line work\HsensorTraining\09_PhotoIntrSensor**msp430main.c**

```
INT16 main(VOID)
{
        UINT16 ADCval;
        WDTimerInit();
        PortInit();
        ADCInit();
        DeviceInit();
        UartInit();
        blinkLED();
        EnableIntr();

        while(FOREVER)
        {
                ADCval=ADCRead();           // ADC으로 입력되는 전압값을 읽어 온다.
                FNDVout(ADCval);            // ADC의 값을 Voltage값으로 변환하여 FND에 표시.
                printf("PhotoIntr %d\r\n",ADCval);
                msdelay(10);
        }
        return TRUE;
}
```

9) 연구내용 및 실험방법

(1) 보드 장착 및 케이블 연결(전원, USB)

[그림 4-91]과 같이 전원과 USB 케이블을 연결하고 포토 인터럽트 보드를 메인보드에 장착한다.

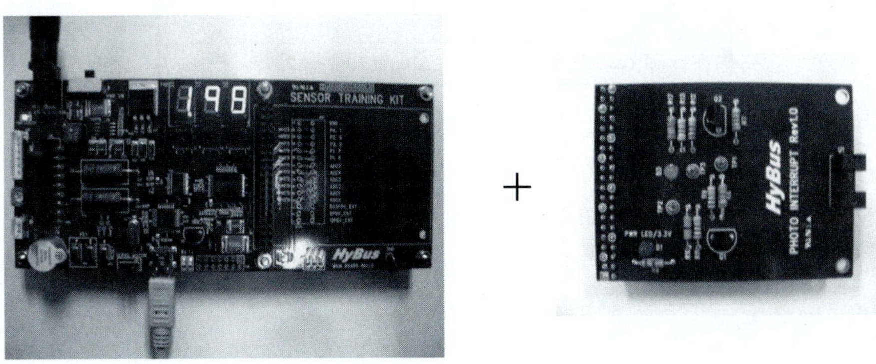

[그림 4-91] 센서보드 결합

(2) 장치관리자에서 COM 포트 확인

장치관리자에서 USB가 COM3로 잡혀있는지 확인하고 만약 포트 번호가 다를 경우 포트 설정에서 포트 번호를 3번으로 변경한다.

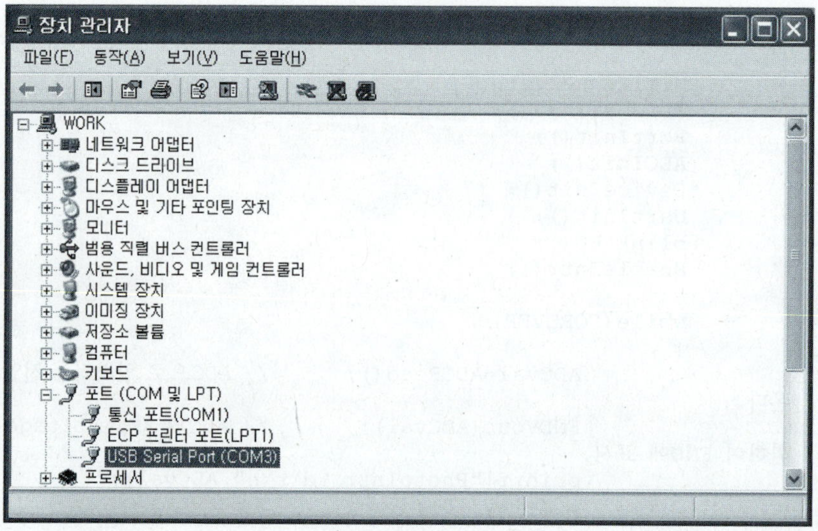

[그림 4-92] COM3 확인

(3) 프로그램 빌드 및 다운로드

① 윈도우에서 시작→실행에서 [그림 4-93]과 같이 cmd를 입력한 뒤 확인을 클릭한다.

[그림 4-93] CMD 실행

② CMD창에서 포토 인터럽트 프로그램("C:\mspgcc\work\HsensorTraining\09_PhotoIntrSensor") 위치로 이동을 한 뒤 "make" 명령으로 프로그램을 빌드한다.

```
C:\WINDOWS\system32\cmd.exe
C:\mspgcc\work\HsensorTraining\09_PhotoIntrSensor>make
msp430-gcc -mmcu=msp430x1611 -O2 -Wall -g    -c -o MSP430main.o MSP430main.c
msp430-gcc -mmcu=msp430x1611 -x assembler-with-cpp -D_GNU_ASSEMBLER_ -c  -o swua
rt.o swuart.s
msp430-gcc -mmcu=msp430x1611 -x assembler-with-cpp -D_GNU_ASSEMBLER_ -c  -o fll.
o fll.s
msp430-gcc -mmcu=msp430x1611 -O2 -Wall -g    -c -o CommonDrv.o CommonDrv.c
msp430-gcc -mmcu=msp430x1611 -o SensorOutput.elf MSP430main.o swuart.o fll.o Com
monDrv.o
msp430-objcopy -O ihex SensorOutput.elf SensorOutput.a43
msp430-objdump -dSt SensorOutput.elf >SensorOutput.lst
cp SensorOutput.a43 ../

C:\mspgcc\work\HsensorTraining\09_PhotoIntrSensor>_
```

[그림 4-94] S/W 빌드

③ 정상적으로 빌드되었다면 상위 디렉토리인 C:\mspgcc\work\HsensorTraining" 폴더에 "SensorOutput.a43"이라는 파일이 생성된다.

[그림 4-95]와 같이 bsl_downloader.bat을 이용하여 a43파일을 보드에 다운로드한다.

```
C:\WINDOWS\system32\cmd.exe
2008-10-30  오후 06:35                53 bsl_downloader.bat
2008-11-25  오전 10:06    <DIR>          motorControl
2008-11-27  오후 03:45    <DIR>          s
2008-12-16  오후 06:43            10,434 SensorOutput.a43
2008-11-28  오후 08:19    <DIR>          사본 - 20_UltraSoundSensor
               2개 파일              10,487 바이트
              28개 디렉터리  60,935,077,888 바이트 남음

C:\mspgcc\work\HsensorTraining>bsl_downloader.bat

C:\mspgcc\work\HsensorTraining>msp430-bsl --telosb -c 2 -r -e -I -p SensorOutput
.a43
MSP430 Bootstrap Loader Version: 1.39-telos-7
Mass Erase...
Transmit default password ...
Invoking BSL...
Transmit default password ...
Current bootstrap loader version: 1.61 (Device ID: f16c)
Changing baudrate to 38400 ...
Program ...
3692 bytes programmed.
Reset device ...

C:\mspgcc\work\HsensorTraining>
```

[그림 4-95] 이미지 다운로드

CHAPTER 04

(4) 프로그램 실행

[그림 4-96] 포토 인터럽트 프로그램 실행결과

(5) PC에서 시리얼 데이터 출력화면

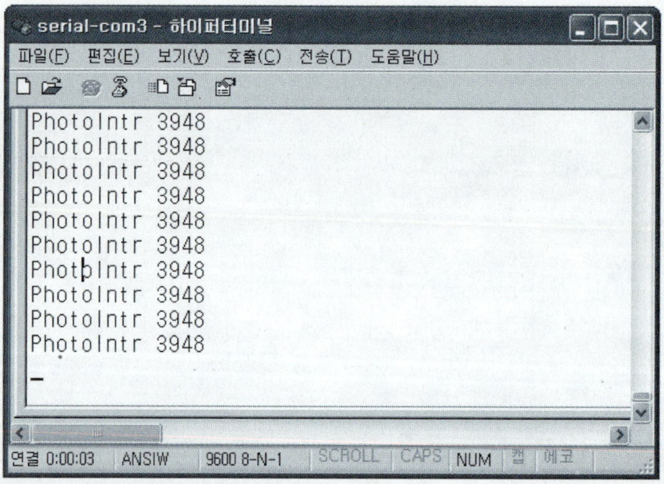

[그림 4-97] 시리얼 데이터 출력화면

9) 연구결과

① U1의 수광소자와 발광소자 사이에 아무런 물체도 없는 경우 하이퍼터미널에서의 결과값의 변화 및 세그먼트 값은 3.17로 출력된다.

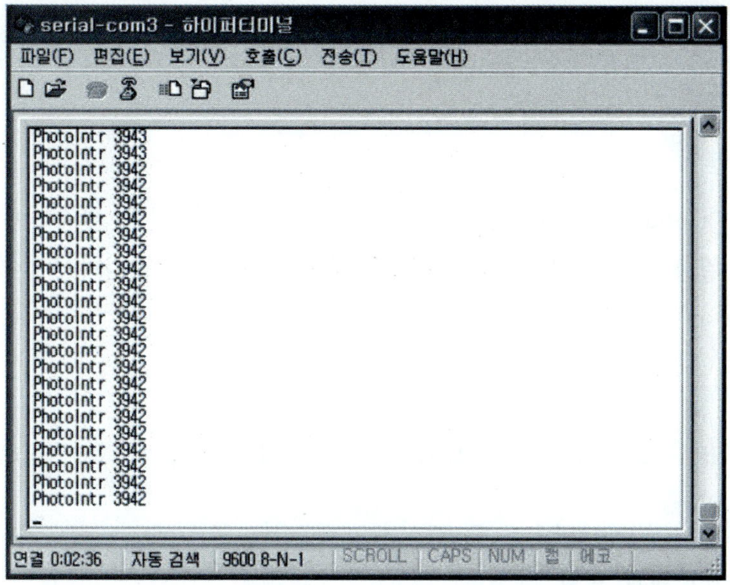

[그림 4-98] 이물이 없을 때 시리얼 데이터 출력화면

② U1의 수광소자와 발광소자 사이에 물체를 천천히 넣어 유지한 상태의 겨우 하이퍼 터미널에서의 결과값의 변화 및 최종 세그먼트 값은 0로 출력된다. 결과값 변화관찰을 위해 이물을 천천히 삽입한다.

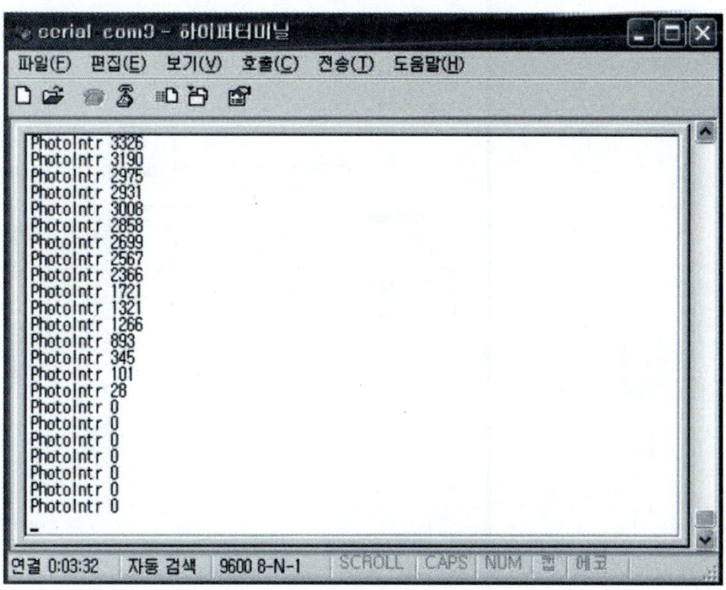

[그림 4-99] 이물 삽입시 시리얼 데이터 출력화면

CHAPTER 04

08 적외선 센서

1) 적외선 센서

적외선 센서(Infrared Sensor)는 발광부와 수광부로 나누어진다. 발광부에서 나온 적외선이 물체에 반사되어 수광부에 얼마나 많은 양이 들어오느냐에 따라서 수광부에 들어오는 전압의 양이 변화하게 된다.

2) 적용 센서

수신부인 HP-FR2와 송신부인 EL-1KL2로 구성되어 있다.

(1) 제조회사 : Kodenshi

(2) HP-FR2 센서 특징

- 빠른 응답성
- 넓은 수신각
- 응용분야 : 리모콘 센서, 광학 스위치

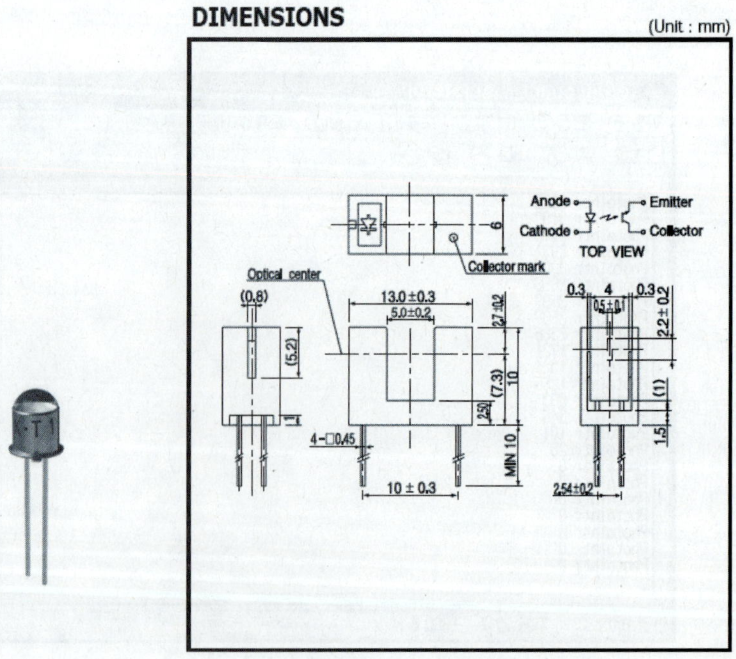

[그림 4-100] HP-FR2

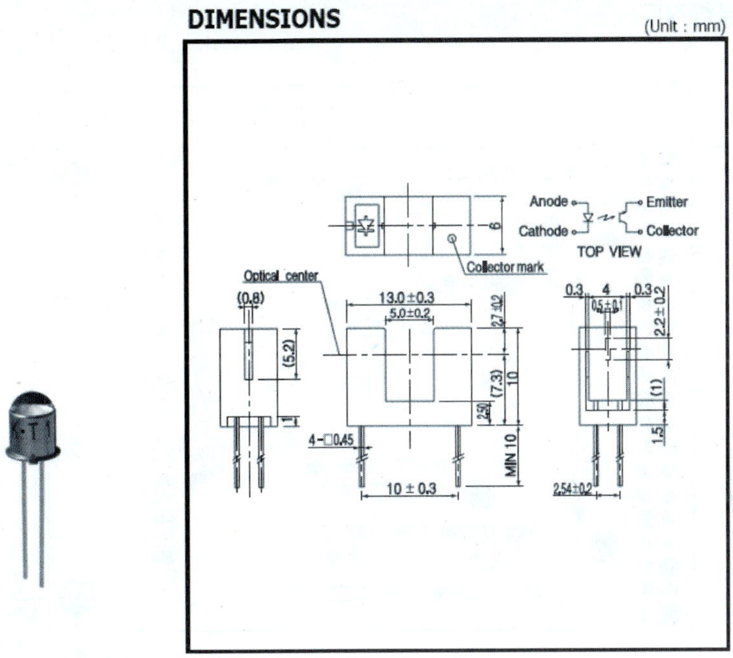

[그림 4-101] EL-1KL2

3) 적외선 센서보드

적외선 센서보드(Infrared Sensor Board)는 적외선 발광, 수광소자를 이용하여 적외선 통신을 확인할 수 있는 보드이다.

[그림 4-102]는 적외선 센서보드의 실물을 나타낸다.

[그림 4-102] 적외선 센서보드

4) 부품배치도

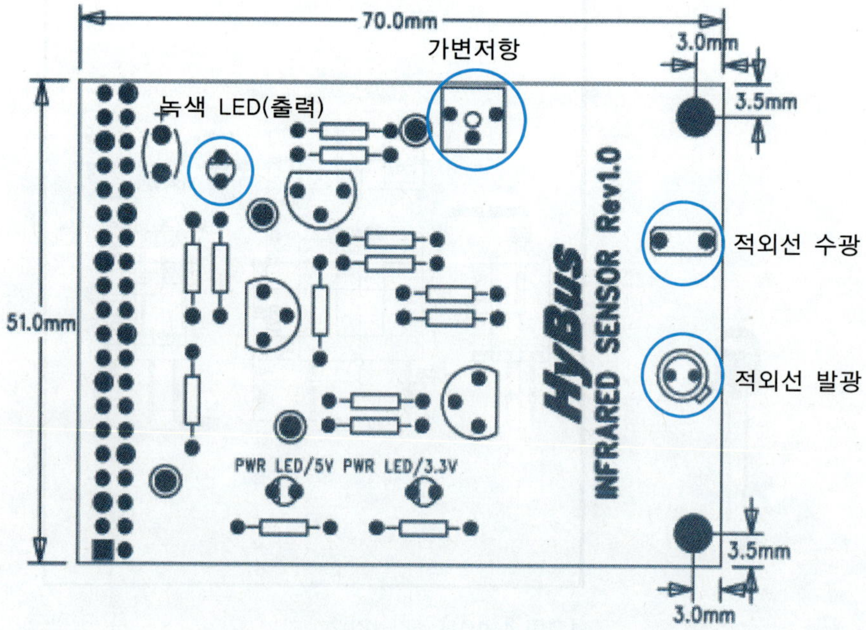

[그림 4-103] 보드 전면

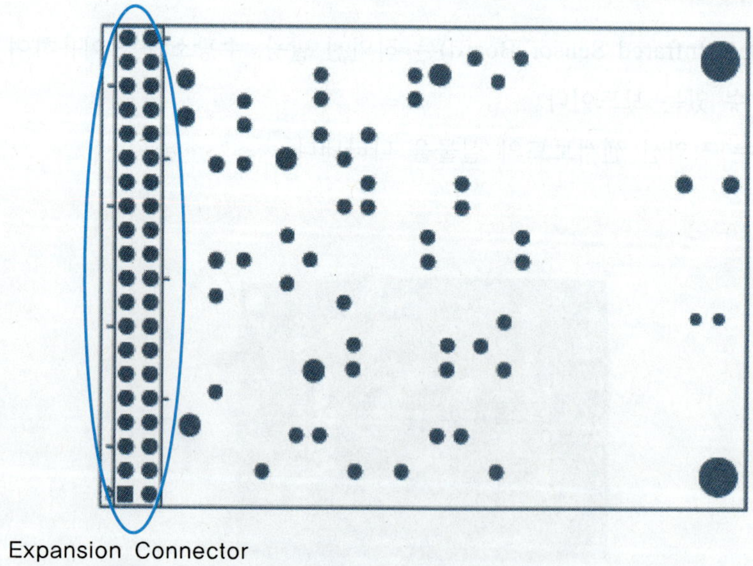

[그림 4-104] 보드 후면

5) 회로도

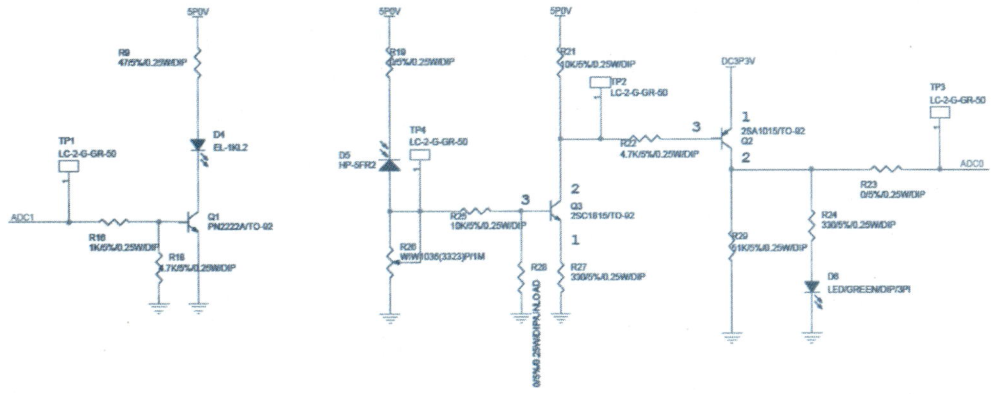

[그림 4-105] 주요 회로부

6) 회로동작설명

① R26 가변저항을 조정하여 TP4 단자(적외선 수신부)의 전압을 조절한다.

② ADC1핀을 High 상태로 인가하여 Q1 Transistor를 도통시킬 경우 D4 적외선 발광소자가 적외선을 송신한다.

③ 송신한 적외선을 D5 적외선 수광소자가 수신하면 TP4 단자의 전압이 High 상태가 된다.

④ TP4 단자의 전압이 High 상태가 되면 Q3, Q2 트랜지스터 동작에 의해 TP3 단자의 전압이 High 상태가 된다. 즉, D6 녹색 LED가 ON된다.

7) 부품 리스트

IR보드에 사용된 부품 리스트는 [표 4-12]와 같다.

[표 4-12] IR 부품 리스트

순서	수량	부품번호	부품명
1	1	CN1	PIN HEADER 20PX2/2.54mm/Straight Type
2	1	C1	10μF/16V/TAN/DIP
3	2	D2, D3	LED/RED/DIP/3PI
4	1	D4	EL-1KL2
5	1	D5	HP-5FR2

순서	수량	부품번호	부품명
6	1	D6	LED/GREEN/DIP/3PI
7	1	Q1	PN2222A/TO-92
8	1	Q2	2SA1015/TO-92
9	1	Q3	2SC1815/TO-92
10	3	R7, R24, R27	330/5%/0.25W/DIP
11	1	R8	240/5%/0.25W/DIP
12	1	R9	47/5%/0.25W/DIP
13	1	R16	1K/5%/0.25W/DIP
14	2	R18, R22	4.7K/5%/0.25W/DIP
15	2	R19, R23	0/5%/0.25W/DIP
16	2	R21, R25	10K/5%/0.25W/DIP
17	1	R26	WIW1036(3323)P/1M
18	1	R28	0/5%/0.25W/DIP/UNLOAD
19	1	R29	51K/5%/0.25W/DIP
20	4	TP1, TP2, TP3, TP4	LC-2-G-GR-50

8) 프로그램 분석

포토 인터럽터의 개폐에 따라 ADC0번 핀에 High 신호 또는 Low 신호가 들어온다.

Line	work\HsensorTraining\08_IRSensor**msp430main.c**

```
199:    INT16 main(VOID)
        {
                WDTimerInit();
                PortInit();
                ADCInit();
                DeviceInit();
                UartInit();
                blinkLED();
                EnableIntr();

                while(FOREVER)
                {
                        if((P6IN&BIT0)==BIT0) {                     // Rx
                                FNDDisplay(1);
                                blinkLED();
                                printf("IR 1\r\n");
                        }
                        else {
                                FNDDisplay(0);
                                printf("IR 0\r\n");
```

```
            }

            switch(ButtonRead())
            {
                    case 0x3:
                            msdelay(10);
                            break;
                    case 0x2:
                            BLUE_LED_ON;
                            SetBit(P6OUT,BIT1);     // Tx
                            break;
                    case 0x1:
                            RED_LED_ON;
                            SetBit(P6OUT,BIT1);     // Tx
                            break;
                    case 0x0:
                            LED_OFF;
                            ClearBit(P6OUT,BIT1);
                    default:
                            break;
            }
        }
        return TRUE;
}
```


9) 연구내용 및 실험방법

(1) IR센서보드 장착 및 케이블 연결(전원, USB)

[그림 4-106]과 같이 전원과 USB 케이블을 연결하고 IR보드를 메인보드에 장착한다.

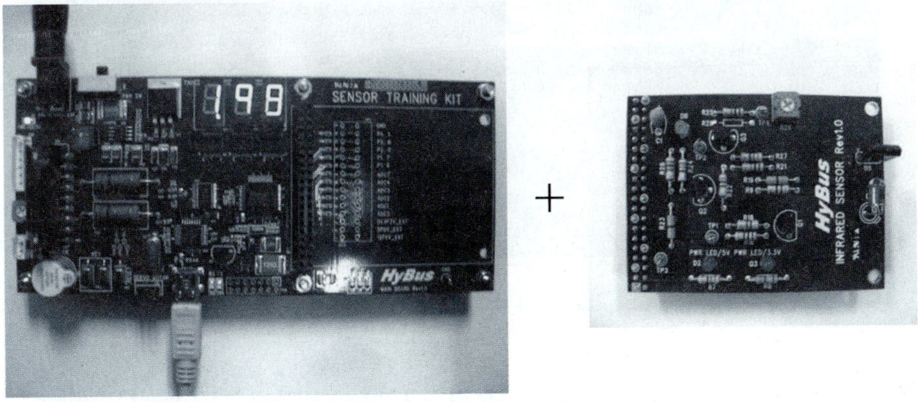

[그림 4-106] 센서보드 결합

(2) 장치관리자에서 COM 포트 확인

장치관리자에서 USB가 COM3로 잡혀있는지 확인하고 만약 포트 번호가 다를 경우 포트 설정에서 포트 번호를 3번으로 변경한다.

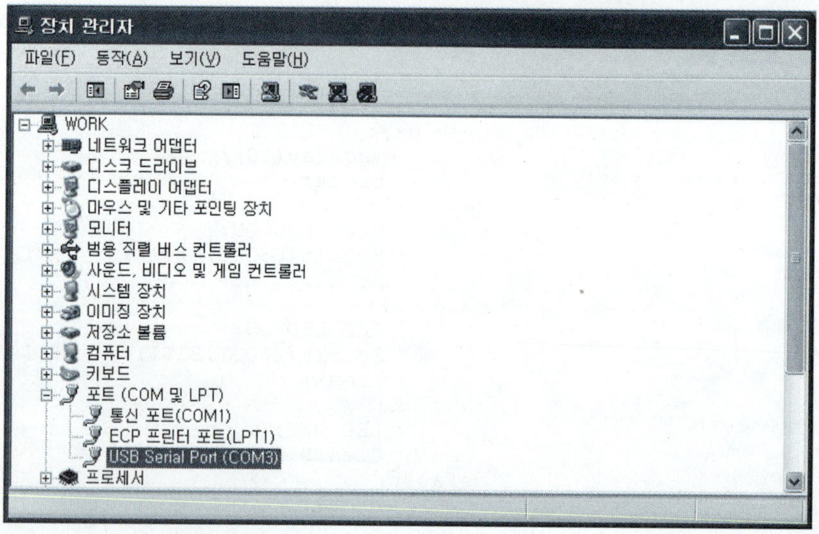

[그림 4-107] COM3 확인

(3) IR센서 프로그램 빌드 및 다운로드

① CMD창에서 IR센서 프로그램("C:\mspgcc\work\HsensorTraining\08_IRSensor") 위치로 이동을 한 뒤 "make" 명령으로 프로그램을 빌드한다.

```
C:\WINDOWS\system32\cmd.exe
C:\mspgcc\work\HsensorTraining\08_IRSensor>make
msp430-gcc -mmcu=msp430x1611 -O2 -Wall -g    -c -o MSP430main.o MSP430main.c
msp430-gcc -mmcu=msp430x1611 -x assembler-with-cpp -D_GNU_ASSEMBLER_ -c  -o swua
rt.o swuart.s
msp430-gcc -mmcu=msp430x1611 -x assembler-with-cpp -D_GNU_ASSEMBLER_ -c  -o fll.
o fll.s
msp430-gcc -mmcu=msp430x1611 -O2 -Wall -g    -c -o CommonDrv.o CommonDrv.c
msp430-gcc -mmcu=msp430x1611 -o SensorOutput.elf MSP430main.o swuart.o fll.o Com
monDrv.o
msp430-objcopy -O ihex SensorOutput.elf SensorOutput.a43
msp430-objdump -dSt SensorOutput.elf >SensorOutput.lst
cp SensorOutput.a43 ../

C:\mspgcc\work\HsensorTraining\08_IRSensor>
```

[그림 4-108] IR센서 S/W 빌드

② 정상적으로 빌드되었다면 상위 디렉토리인 C:\mspgcc\work\HsensorTraining" 폴더에 "SensorOutput.a43"이라는 파일이 생성된다.

[그림 4-109]와 같이 bsl_downloader.bat을 이용하여 a43파일을 보드에 다운로드한다.

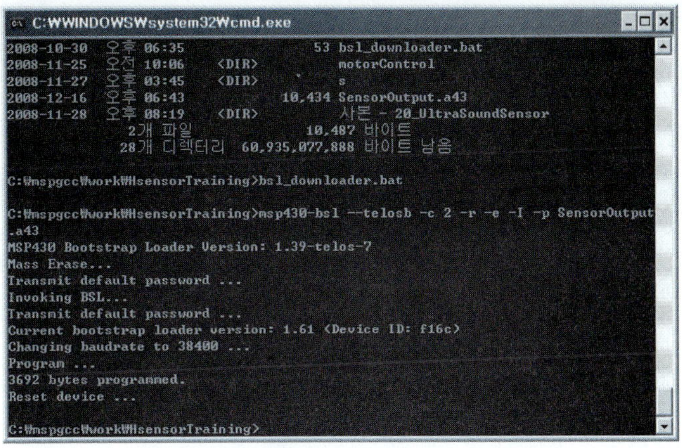

[그림 4-109] 이미지 다운로드

(4) IR센서 프로그램 실행

[그림 4-110] IR센서 프로그램 실행결과

(5) PC에서 시리얼 데이터 출력화면

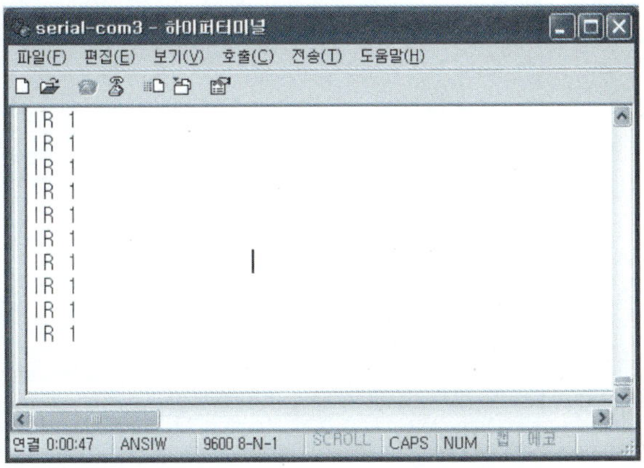

[그림 4-111] 시리얼 데이터 출력화면

9) 연구결과

① 메인보드에 있는 1버튼 또는 2버튼을 누른 채 대기할 때의 하이퍼터미널에서의 결과값의 변화 및 8)프로그램 분석을 참고하며 세그먼트값도 1로 출력된다.

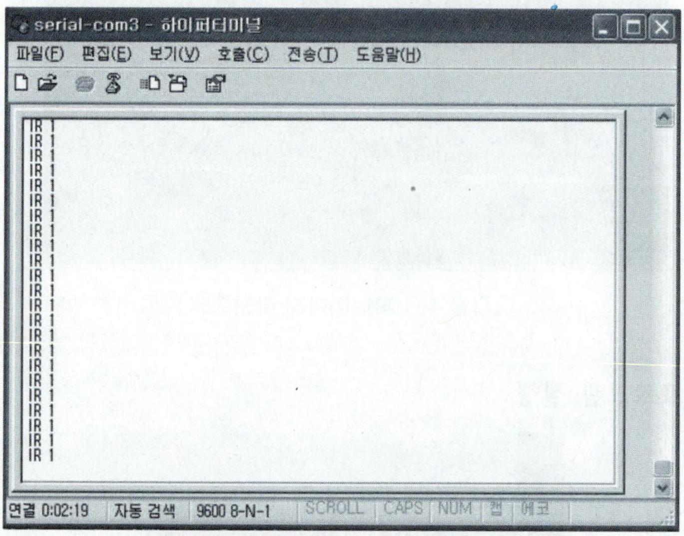

[그림 4-112] 적외선 수신시 시리얼 데이터 출력화면

② D4송신부와 D5수신부 사이에 이물을 삽입하여 적외선을 차단하였을 때의 하이퍼터미널에서 결과값의 변화이고 버튼은 계속 누른 채로 유지하여 세그먼트값도 0으로 출력된다.

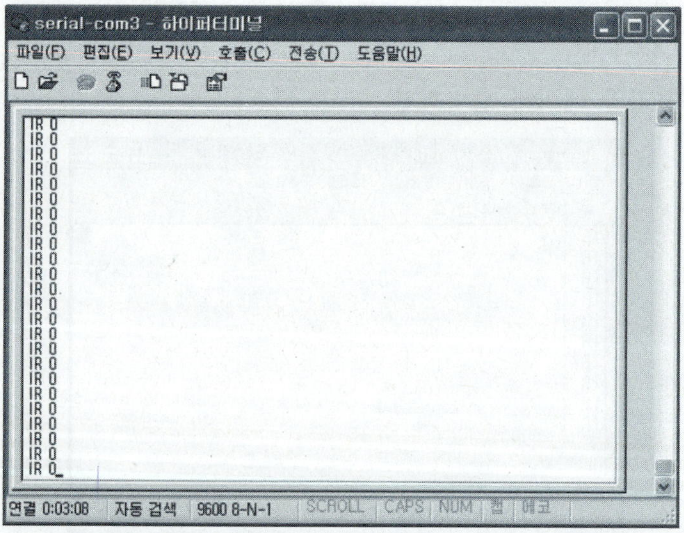

[그림 4-113] 적외선 차단시 시리얼 데이터 출력화면

05장 자기 센서 모듈의 응용

01 자기 센서

1) 자기 센서

자기 센서(Magnetic Sensor)는 자기장의 세기를 검출하는 센서로서 물리적 현상에 따라서 전자유도작용 센서와 전류 자기효과를 응용한 센서로 분류된다.

- Part No : A3144
- 제조회사 : Allegro Microsystems
- 4.5V~24V 동작 전압
- Solid State로 저전압, 저발열

자기 센서의 일종으로 일정 세기 이상의 자장 입력이 가해지면 내부의 트랜지스터 스위칭 회로가 동작하여 출력이 High 또는 Low되기 때문에 자기 스위치라 부른다.

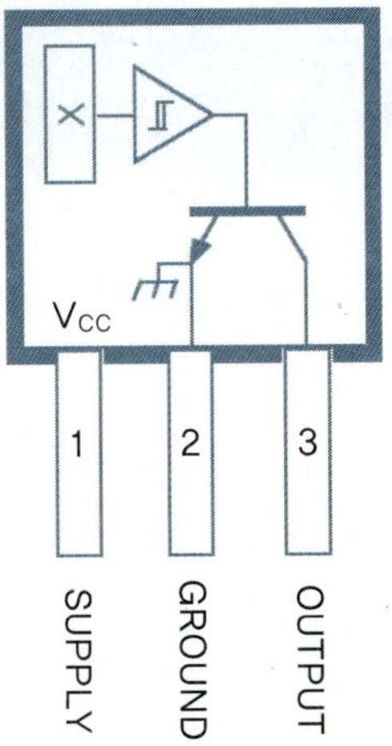

[그림 5-1] A3144

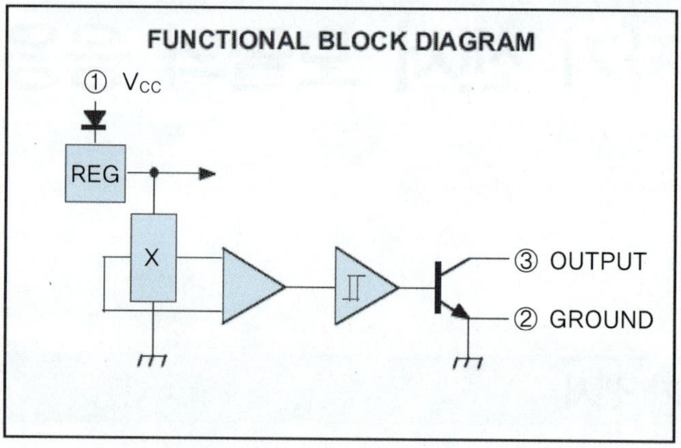

[그림 5-2] A3144 블록도

2) 자기 센서보드

자기 센서보드(Magnetic Sensor Board)는 자기 센서를 이용하여 자기장의 세기를 검출할 수 있는 보드이다.

[그림 5-3]은 자기 센서보드의 실물을 나타낸다.

[그림 5-3] 자기 센서보드

3) 부품배치도

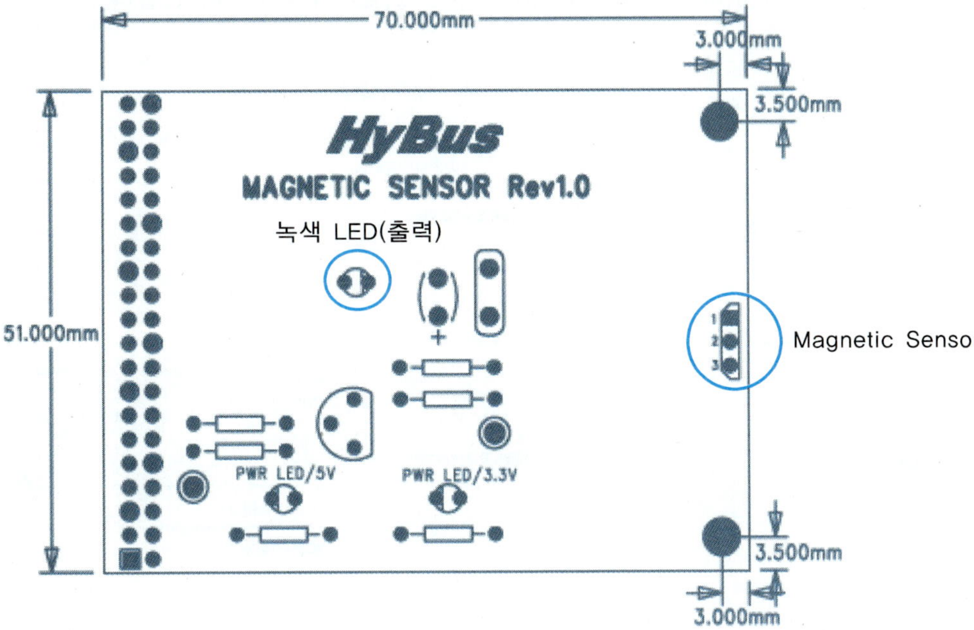

[그림 5-4] 보드 전면

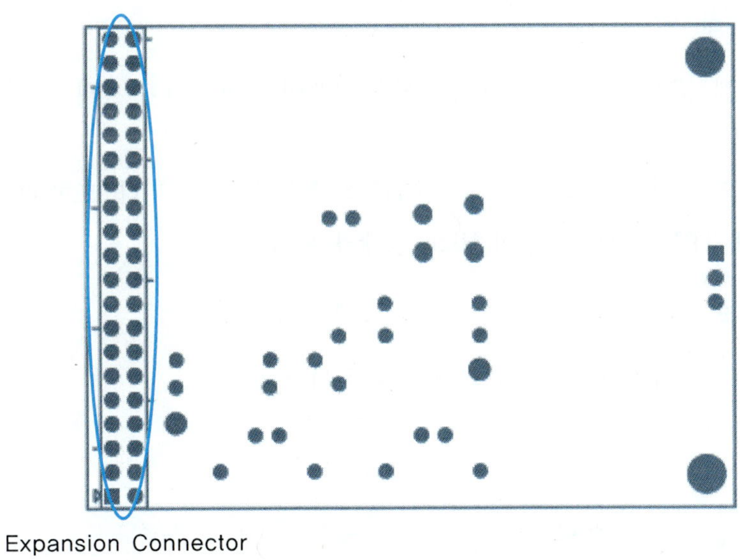

[그림 5-5] 보드 후면

4) 회로도

자기 센서보드(Magnetic Sensor Board)의 주요 회로는 [그림 5-6]과 같다.

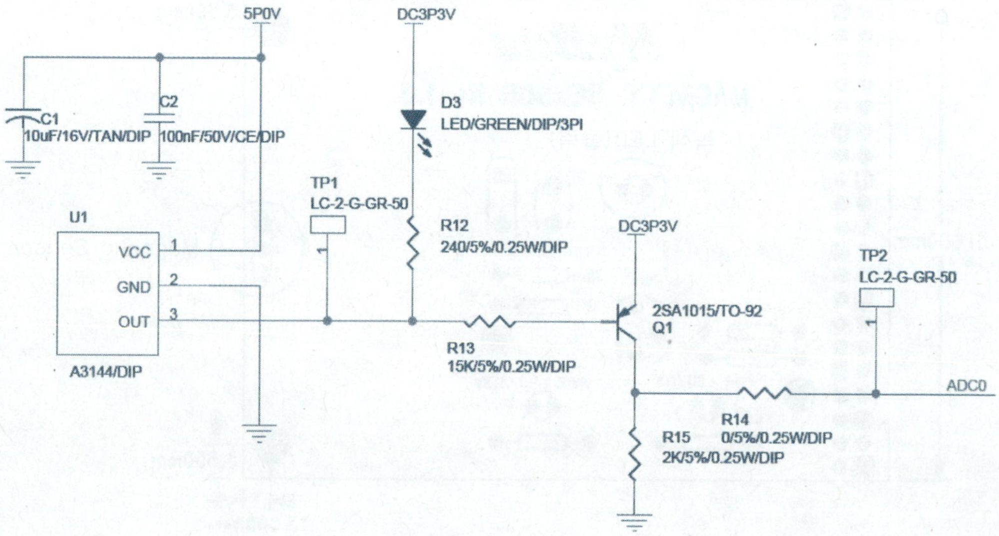

[그림 5-6] 주요 회로부

5) 회로동작설명

① U1 자기 센서(Magnetic Sensor)에 자석을 가까이 하면 TP1 단자의 전압이 Low 상태가 된다.

② TP1 단자의 전압이 Low 상태가 되면 D3 녹색 LED가 ON된다. 또한 Q1 트랜지스터에 의해 TP2 단자의 전압이 High 상태가 된다.

6) 부품 리스트

자기 센서보드에 사용된 부품 리스트는 [표 5-1]과 같다.

[표 5-1] 자기 센서 부품 리스트

순서	수량	부품번호	부품명
1	1	CN1	PIN HEADER 20PX2/2.54mm/Straight Type
2	1	C1	10μF/16V/TAN/DIP
3	1	C2	100nF/50V/CE/DIP

순서	수량	부품번호	부품명
4	2	D1, D2	LED/RED/DIP/3PI
5	1	D3	LED/GREEN/DIP/3PI
6	1	Q1	2SA1015/TO-92
7	1	R6	330/5%/0.25W/DIP
8	2	R7, R12	240/5%/0.25W/DIP
9	1	R13	15K/5%/0.25W/DIP
10	1	R14	0/5%/0.25W/DIP
11	1	R15	2K/5%/0.25W/DIP
12	2	TP1, TP2	LC-2-G-GR-50
13	1	U1	A3144/DIP

7) 프로그램 분석

홀 스위치인 A3144에 자석이 감지되면 ADC0핀으로 입력되는 값이 Low에서 High로 변하게 된다.

Line work\HsensorTraining\10_MagSensor**msp430main.c**

```
195: INT16 main(VOID)
{
        WDTimerInit();
        PortInit();
        ADCInit();
        DeviceInit();
        UartInit();
        blinkLED();
        EnableIntr();

        while(FOREVER)
        {
                if((P6IN&BIT0)==BIT0) {
                        FNDDisplay(g_timerCount);
                        blinkLED();
                        SetTimerB0();
                        printf("Mag %ld\r\n",g_timerCount);
                }
                else {
                        g_timerCount=0;
                        FNDDisplay(0);
                        ClearTimerB0();
                        printf("Mag %ld\r\n",g_timerCount);
                }
        }
        return TRUE;
}
```

CHAPTER 05

8) 연구내용 및 실험방법

(1) 보드 장착 및 케이블 연결(전원, USB)

[그림 5-7]과 같이 전원과 USB 케이블을 연결하고 센서보드를 메인보드에 장착한다.

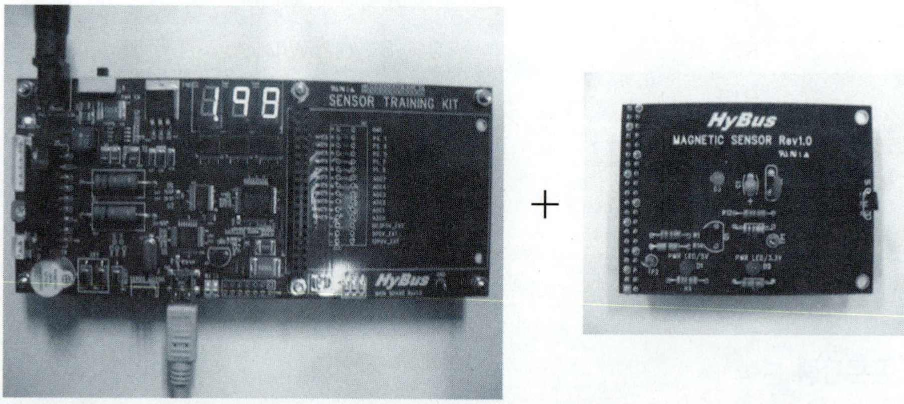

[그림 5-7] 센서보드 결합

(2) 장치관리자에서 COM 포트 확인

장치관리자에서 USB가 COM3로 잡혀있는지 확인하고 만약 포트 번호가 다를 경우 포트 설정에서 포트 번호를 3번으로 변경한다.

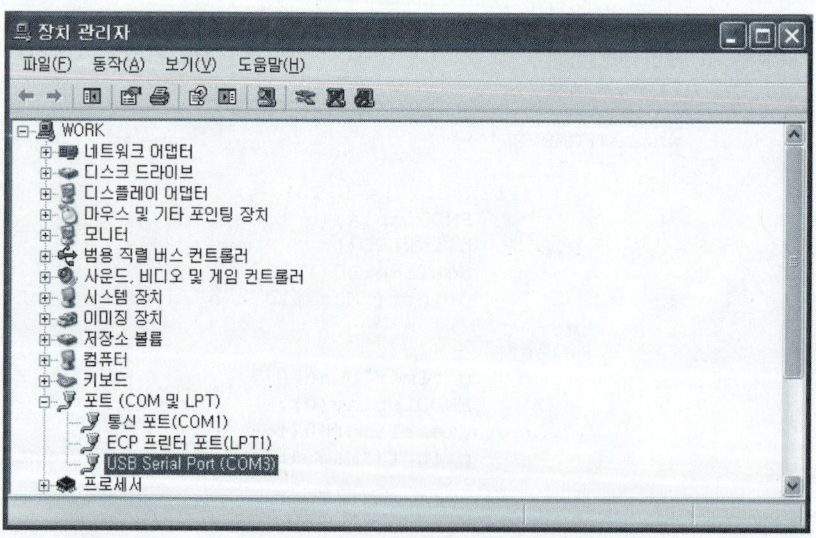

[그림 5-8] COM3 확인

(3) 프로그램 빌드 및 다운로드

① 윈도우에서 시작→실행에서 [그림 5-9]와 같이 cmd를 입력한 뒤 확인을 클릭한다.

[그림 5-9] CMD 실행

② CMD창에서 마그네틱 센서 프로그램("C:\mspgcc\work\HsensorTraining\10_MagSensor") 위치로 이동을 한 뒤 "make" 명령으로 프로그램을 빌드한다.

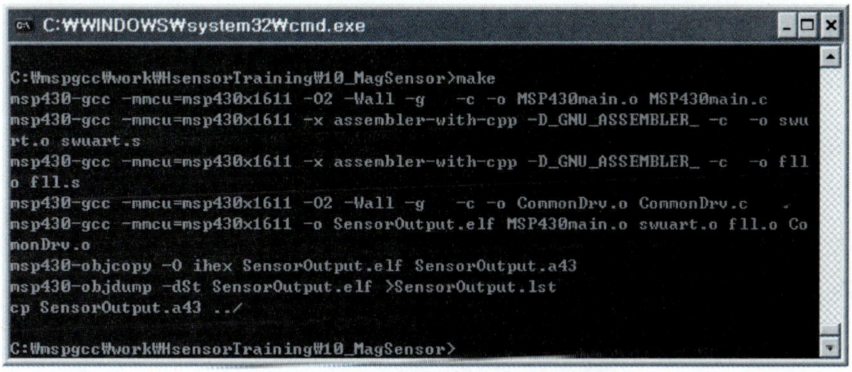

[그림 5-10] S/W 빌드

③ 정상적으로 빌드되었다면 상위 디렉토리인 C:\mspgcc\work\HsensorTraining" 폴더에 "SensorOutput.a43"이라는 파일이 생성된다.

[그림 5-11]과 같이 bsl_downloader.bat을 이용하여 a43파일을 보드에 다운로드한다.

CHAPTER 05

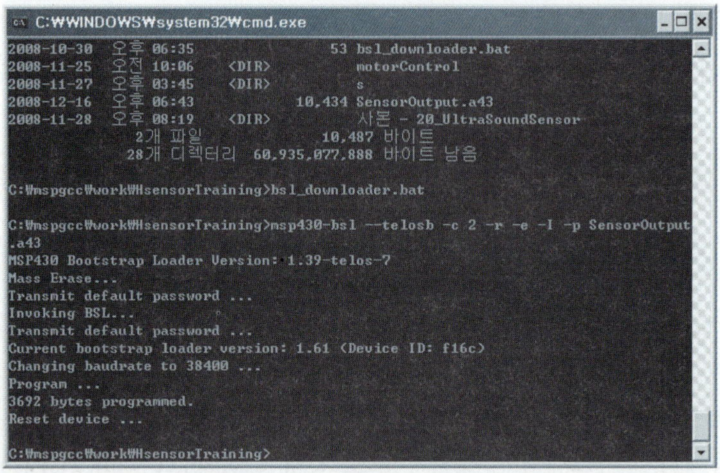

[그림 5-11] 이미지 다운로드

(4) 프로그램 실행

[그림 5-12] 프로그램 실행결과

(5) PC에서 시리얼 데이터 출력화면

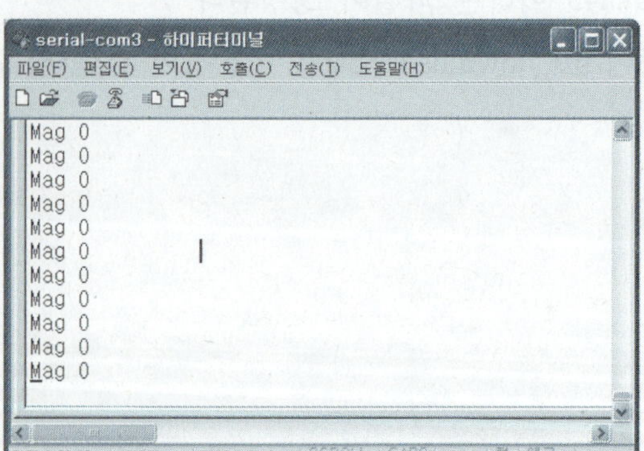

[그림 5-13] 시리얼 데이터 출력화면

9) 연구결과

① U1의 센서에 아무런 자성 접촉이 없는 경우 하이퍼터미널에서의 결과값의 변화 및 세그먼트값은 0으로 출력된다.

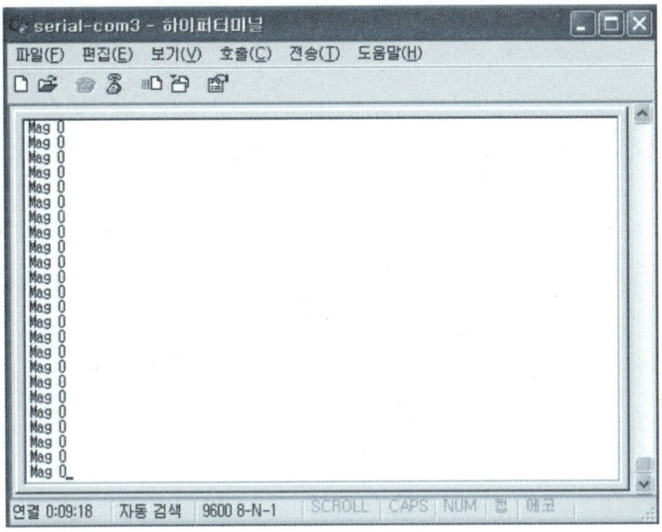

[그림 5-14] 시리얼 데이터 출력화면

② U1의 센서에 자서을 접촉시키고 유지한 상태의 겨우 하이퍼터미널에서의 결과값의 변화 및 세그먼트값은 뒤 세자리로 출력된다. 자석접촉상태를 유지시키면 지속적으로 값이 증가한다.

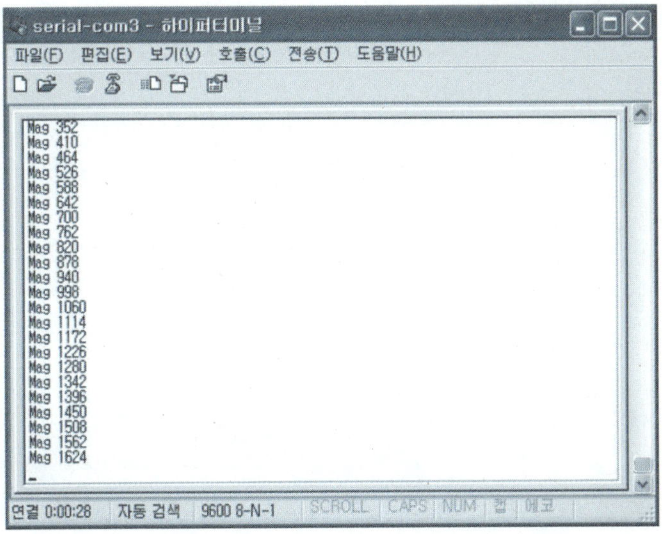

[그림 5-15] 자석접촉시 시리얼 데이터 출력화면

CHAPTER 05

06장 음향 센서 모듈의 응용

01 음향 센서의 개요

각종의 음향계측에는 음향 에너지를 전기 에너지로 변환하는 음향 센서가 필요하며, 그것은 대개 마이크로폰이라고 한다. 전기음향 변환기의 변환원리에는 여러 가지가 있는데 그 중에서 마이크로폰에 응용되고 있는 것은 대개 동전형, 정전형, 압전형, 접촉저항형(탄소형) 중 어느 한 가지이다. 일반적인 음향계측용 마이크로폰에 요구되고 있는 조건을 생각하면 다음과 같다.

- 주파수응답이 거의 평탄하며 사용 주파수범위가 넓다.
- 특성이 온도, 습도, 기압 등 외부환경의 변화 및 기계적인 충격에 대하여 안정되어 있으며 경사변화가 작다.
- 감도가 높고 소형화로 할 수 있다.
- 측정할 수 있는 음압의 범위(다이내믹 레인지)가 넓다.

이들의 조건을 비교적 쉽게 만족시킬 수 있는 점으로 보아 현재 음향계측용으로 사용되고 있는 마이크로폰은 대부분이 직류 바이어스 방식의 정전형이며, 일부에서 초저주파음 또는 초고음압을 계측하는 데 세라믹 소자를 사용한 압전형이 사용되고 있다. 최근에 안정되고 수명이 긴 일렉트릭 막이 출현하게 되었으며, 일렉트릭 방식의 정전형 마이크로폰도 음향계측에 사용되기 시작했다. 앞으로도 음향계측에서는 정전형 마이크로폰이 주류를 이루게 되나 새로운 재료(압전 고분자 필름) 또는 새로운 방식(빛의 응용)에 의한 마이크로폰의 실용화가 예상된다.

02 음향 센서의 용어

1) 감도와 감도 레벨

마이크로폰에 음압 p[Pa]가 작용하고 그의 출력단자 사이에 개회로 전압 E[V]가 발생할 때에 이의 비 $S=E/p$를 감도라고 한다. 다만 마이크로폰의 감도라고 할 때에는 1000Hz의 감도를 말한다. 기준음압 1 Pa에 대하여 1V의 출력이 생길 때를 0dB로 한 감도의 데시벨 표시 L을 감도 레벨이라고 하는데, 일반적으로 감도와 감도 레벨을 특별히 구별하지 않고 모두 감도라고 하는 일이 많다.

$$L = 20\log_{10}\frac{S}{S_0}[\text{dB}] \quad \left(\text{단, } S_0 = \frac{1\,\text{V}}{1\,\text{Pa}}\right) \tag{6-1}$$

우리나라에서는 기준음압으로 1μbar(=0.1Pa)도 사용하고 있는데 그 경우에 감도 레벨의 값은 1Pa를 기준음압으로 한 경우에 비하여 20dB이 작은 값으로 표시된다. 현재로는 이 두 종류의 기준음압이 함께 사용되고 있으므로 마이크로폰을 사용할 때에 그 감도 레벨이 어떤 기준음압에 의하여 표기되어 있는가에 대해 주의하지 않으면 안 된다. 가까운 장래에는 기준음압이 1Pa로 통일된 것으로 본다.

마이크로폰에 작용하는 음압 p의 값으로서 마이크로폰의 진동막면상에 실제로 사용하는 음압의 값을 사용한 경우의 감도를 음압감도라고 한다. 어떤 음장(공간)에 마이크로폰을 설치하는 경우를 생각해 보면, 음파의 파장이 마이크로폰의 치수에 비하여 충분히 길다고 간주되지 않는 주파수 범위에서는 마이크로폰에 의한 반사(회절효과), 진동막 앞면에 있는 공기층에 의한 공진(전와효과, 그릿 효과)에 따라 진동막면상에 가해지는 음압은 마이크로폰이 설치되어 있지 않은 경우인 음장의 수음점 음압과는 다른 값으로 된다.

그리하여 마이크로폰에 작용하는 음압 p의 값으로서 마이크로폰이 없는 경우의 값을 사용한 경우의 감도를 음장감도라 하며, 착안하는 음장의 종류에 따라 자유 음장감도와 확장 음장감도 등이 있다. 단순히 음장감도라고 할 때에는 자유 음장감도를 말한다.

2) 주파수응답

감도 레벨의 주파수변화에 대한 특성을 주파수응답(주파수 리스폰스)이라고 한다. 음압감도 레벨의 주파수응답을 평탄하게 한 것을 음압형 마이크로폰이라 하고 커플러를 사용한 음향계측에 사용된다. 자유음장에서 정면입사(일반적으로 진동막에 수직인 방향에서 음파가 입사하는 경우) 감도 레벨의 주파수응답을 평탄하게 한 것을 음장형 마이크로폰이라 하고, 소음계를 비롯하여 음장에서 음향계측에 사용되는 마이크로폰은 일반적으로 음장형이다. 주파수 리스폰스가 거의 평탄한 주파수범위를 사용 주파수범위라 한다.

3) 수음방식과 지향특성

마이크로폰의 수음방식에는 진동막의 한쪽 면에만 음압이 가해지는 압력수음방식과 진동막의 양쪽 면에 음압이 가해지고 그 음압 차이에 따라 동작하는 압력경로 수음방식이 있으며, 전자는 원리적으로 전지향성(단, 높은 주파수에서는 회절효과, 전와효과의 영향에 따라 지향성을 갖는다)이며 후자는 원리적으로 양지향성이다.

소음계에 사용하는 마이크로폰은 압력수음방식인 것이 정해져 있으며, 음향계측에 사용하는 마이크로폰에 의하여 마이크로폰 시스템을 구성하는 것이 보통이다(마이크로폰 어레이 인텐시티 마이크로폰).

4) 잡음과 잡음의 등가음압 레벨

마이크로폰의 잡음에는 전치증폭기를 포함하여 마이크로폰 내부에 기인하는 전기계, 진동계 잡음(자기잡음)과 바람이나 진동 등 외적인 환경 또는 조건에 따라 발생하는 잡음이 있다. 이들의 잡음은 식으로 구해지는 등가음압 레벨 P_N으로 표시된다.

$$P_N = 94 - L - 20\log_{10} E_N \text{[dB]} \tag{6-2}$$

단, L은 마이크로폰의 감도 레벨, E_N은 마이크로폰의 출력단자 사이에 발생하는 잡음전압이며, 일반적으로 소음계의 규격으로 정해진 특성의 주파수를 보정한다.

잡음의 등가음압 레벨은 등가잡음 레벨이라고도 하며, 잡음전압을 그것과 같은 출력전압이 발생될 수 있는 음압 레벨로 환산한 것이다. 측정할 수 있는 최소 음압 레벨은 잡음의 등가잡음 레벨로 결정된다.

03 정전형 마이크로폰

1) 직류 바이어스 방식

정전형 마이크로폰은 [그림 6-1]과 같이 음압에 따라 진동변위하는 가동전극(진동막)

과 대단히 좁은 가격으로 대항하는 고정전극(배극)으로 평행판 콘덴서를 구성하고 음압에 따라 진동막이 변위하면 이에 정전용량이 약간 변화한다. 이러한 정전용량 변화를 전기신호로 검출하는 방법으로 양쪽 전극 사이에 직류 바이어스 전압을 가하는 방법이 있는데 가장 일반적인 방법이다(직류 바이어스 방식).

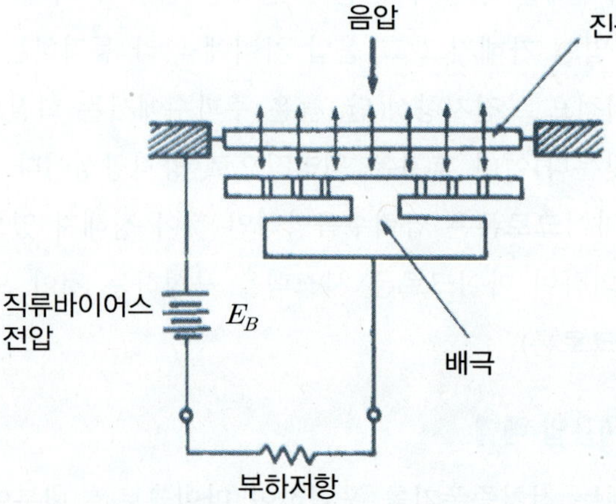

[그림 6-1] 정전형 마이크로폰의 기본원리

정전형 마이크로폰의 출력전압은 진동막의 진동변위에 비례하므로 진동계는 주파수에 관계없이 일정한 크기의 구동력에 대하여 일정한 진동변위가 생기도록 설계하지 않으면 안 된다(이것을 탄성제어한다고 말한다). 탄성제어의 진동계에서는 주파수응답을 평탄하게 해서 사용되는 주파수범위가 공진을 진동계의 저항성분으로 적당히 제동을 걸었을 때에 진동계의 스티프니스와 실효질량으로 결정되는 공진주파수 근처 이하의 주파수범위로 된다.

계측용 마이크로폰에 요구되는 여러 조건 중 안정성과 함께 가장 중요한 것에 감도가 높고 주파수범위가 넓다는 조건이 있다. 이 조건을 충족시키는 방법을 생각해 보기로 한다. 우선 정전형 마이크로폰의 공진주파수보다 낮은 주파수의 감도 S_L은 직류 바이어스 전압을 E_B, 진동계의 스티프니스를 s, 진동막의 실효면적을 S_e, 진동막과 배극 사이의 공극길이를 d라고 하면 이 사이에는 아래 식의 관계가 성립한다.

$$S_L \propto \frac{E_N \cdot S_e}{s \cdot d} \tag{6-3}$$

감도를 높이기 위해서는 다음과 같이 한다.

① 직류 바이어스 전압 E_N를 높게
② 진동막의 유효면적 S_e를 크게
③ 진동계의 스티프니스 s를 작게
④ 전극 사이의 공극길이 d를 작게

한편 사용 주파수범위를 넓힌다는 것은 진동계의 공진주파수를 올리는 것이며, 공진주파수 f_o는 진동계의 스티프니스와 실효질량을 각각 s, m이라고 하면 다음의 관계가 있다.

$$f_o = \frac{1}{2\pi}\sqrt{\frac{s}{m}} \tag{6-4}$$

진동계의 공진주파수 f_o을 높이기 위해서는 다음과 같이 한다.
⑤ 진동계의 스티프니스 s를 크게
⑥ 진동계의 실효질량 m을 작게

앞의 ③과 ⑤는 명백히 정반대의 요구이며, ⑤의 구체적인 수단은 진동막 면적을 작게 또한 장력을 크게, 배기실을 작게 하는 것으로 ②와 ⑤의 요구를 동시에 만족시키는 것은 곤란하다. 또한 ①과 ④의 요구에 대해서는 정전파괴를 일으키지 않도록 바이어스 전압 E_B의 상한, 전극간 공극길이 d는 하한이 결정된다.

공극길이 d는 어떤 범위보다 작아지면 급격히 진동계의 실효질량을 증가시키고, ⑥의 요구에 반발하게 되며 공극길이 d는 작게 하는 것을 동시에 만족시키는 것은 어려우며, 일반적으로 감도가 높은 마이크로폰은 사용 주파수범위가 좁고, 주파수범위가 넓은 마이크로폰은 감도가 낮다. 또한 직류 바이어스 전압은 200V, 전극 사이의 공극면으로 말하면 낮은 것이 바람직하며, 소음계로 사용되는 것에서는 30V 정도로 된 것도 사용되고 있다. 정전형 마이크로폰의 기본구조를 [그림 6-2]에 나타내고 있다.

진동막에는 얇고, 항장력이 크며, 특성이 경시변화나 열화되지 않는 재료가 바람직하고 티탄, 티탄합금, 니켈합금, 스테인리스강 등의 금속박막이 사용되며, 일부에서는 폴리온・습도에 의한 특성의 변화가 크기 쉽다. 어느 것이나 막의 두께는 2~5μm 정도이다.

배극이나 본체의 재료는 온도에 의한 특성변화를 작게 하기 위하여 대개 진동막과 동일한 재료를 사용한다.

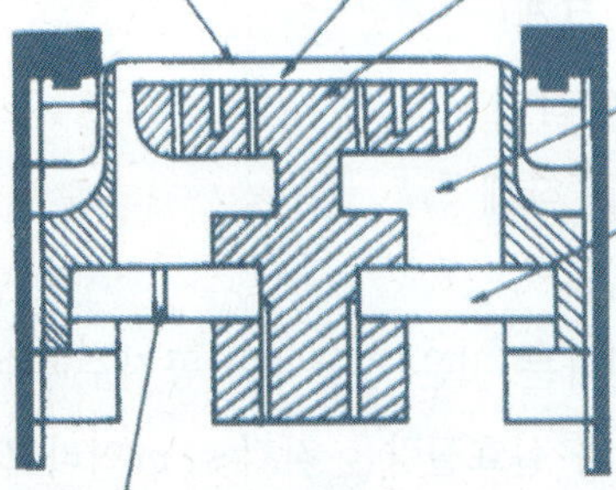

[그림 6-2] 정전형 마이크로폰의 기본구조

절연물은 높은 직류 바이어스가 가해지고 또한 전극 사이의 공극길이를 결정하는 한 개의 기준면을 만들고 있기 때문에 절연저항이 높고(1011Ω 이상) 단단해야 하며, 열팽창률이 배극이나 본체의 재료와 동일한 정도의 재료가 바람직하고 광학유리나 자기 등이 사용되고 있다. 고습도 환경하에서는 절연물의 표면저항이 저하되기 쉽고, 자기잡음 레벨이 상승하거나 때로는 직류 바이어스의 방전으로 측정할 수 없는 일이 있다. 이러한 현상의 대책으로서 절연물에 테플론 코팅 또는 실리콘 합침처리를 한 것도 있다.

진동막과 배극 사이의 공극은 그곳을 움직이는 공기의 점성저항이 진동계의 저항성분으로서 작동하고 진동계의 공진에 제동을 거는 중요한 역할을 하고 있다. 공진 근처의 음압감도 레벨을 낮은 주파수의 음압감도 레벨과 같은 정도가 되도록 제동을 걸면 그 마이크로폰은 음압형이 되며, 다시 제동을 걸고 앞서 말한 회절효과 등에 의하여 음장에서 마이크로폰의 진동막면상에 가해지는 음압의 상승분만큼 음압감도 레벨을 내리면 그 마이크로폰은 음장형이 된다. 이 제동의 양은 전극 사이의 공극길이로 조정되는데 공극길이가 가장 적합한 값은 어느 정도 정해져 있으며, 배극에 링 모양의 홈이나 관통 또는 관통하지 않은 가는 구멍을 만들어서 제동량을 조정한다.

마이크로폰을 압력수음방식으로 하는 데는 진동막의 배극측으로 음압이 가해지지 않도록 배기실을 밀폐해야 한다. 그러나 배기실을 완전히 밀폐하면 대기압의 변화나 급격한 온도변화 등에 따라 진동막의 양면 쪽에 걸리는 정압이 불평형하게 되며, 마이크로폰의 특성변화만이 아니고 진동막이 파손될 염려가 있다. 그렇기 때문에 배기실에는 음향저항이 높은 기압조정 구멍이 뚫려 있고, 정압변화에 대하여 1초 정도에서 정압의 평형상태를 유지하도록 되어 있다.

한편, 이 기압조정 구멍은 대단히 낮은 주파수의 소리에 대해서는 진동막의 양쪽 면에 거의 동일한 상태로 음압을 가하게 되며 감도는 내려가고 마이크로폰의 하한 사용주파수를 결정하게 된다. 가청주파수 이하의 초저주파음을 측정하는 마이크로폰의 기압조정 구멍은 대단히 음향저항이 높고 정압이 평형이 될 때까지 시간이 오래 걸리므로 피스톤폰에 마이크로폰을 탈착하려는 경우에는 커플러내의 압력이 급격히 변화하기 쉬우므로 취급하는 데는 세심한 주의가 필요하다.

정전형 마이크로폰의 정전용량은 큰 것이라도 약 60pF 정도이며 전기 임피던스는 대단히 높고 출력을 직접 코드로 연장하면 외부잡음의 유도를 받거나 출력전압이 저하된다. 따라서 FET나 IC를 사용한 임피던스 변환기(전치증폭기)를 마이크로폰에 가능한 한 근접시켜서 사용하는 것이 일반적이며, 마이크로폰과 임피던스 변환기를 한 개의 본체 안에 수용시킨 것도 있다. 임피던스 변환기의 입력 임피던스는 대개 1012~1013Ω 정도이다.

이 입력 임피던스는 대단히 높다고는 하나 한정되어 있고, 마이크로폰의 출력 임피던스가 용량성이기 때문에 이 두 가지 관계에서 전기적으로 마이크로폰의 사용 하한주파수가 결정된다. 정전용량이 비교적 큰 마이크로폰의 사용 하한 주파수는 기압조정 구멍이 음향적인 것으로 결정되는 요소가 강하고, 정전용량이 적은 마이크로폰에서는 전기적인 것으로 결정되는 요소가 강하다.

정전형 마이크로폰에 한정되지 않고 계측용 마이크로폰의 치수는 음향표준에 사용되는 마이크로폰에 맞추며 공칭 외경 1인치로 된 것이 많고 이것을 기준으로 하여 다시 1/2인치, 1/4인치로 된 것을 만든다. 일반적인 경향으로서 동일한 공칭 외경의 마이크로폰에는 공통으로 사용되는 임피던스 변환기, 음향교정기, 각종 커플러 등이 준비되어 있다.

최근까지는 감도가 높고 사용 주파수범위가 가청 주파수범위를 커버하고 있으므로 1인치를 많이 사용하였으나 음향계측의 정밀화, 다양화에 따라 사용 주파수범위가 넓고 고음압을 측정할 수 있으며, 음장을 흩어지게 하는 정도가 보다 소구경으로 된 것을 많이 사용하게 되었고, 현재 주류는 1/2인치 마이크로폰으로 되는 경향이다.

[표 6-1]은 정전형 마이크로폰의 예로 사용 주파수범위, 등가잡음 레벨은 표에 있는 전치증폭기를 사용한 수치이다.

[표 6-1] 정전형 마이크로폰 사양

형 식	UC-7	UC-30	UC-31	UC-29	UC-32P	UC-33P
주파수응답	음 장 형				음 압 형	
공칭 외경	1인치형	1/2인치형		1/4인치형	1인치형	1/2인치형
바이어스 전압(V)	200					
감도 레벨(dB/Pa)	−26	−27	−36	−47	−26	−36
사용 주파수범위(Hz)	5∼12,500	10∼20,000	10∼30,000	20∼70,000	5∼10,000	10∼20,000
최대입력음압 (dBSPL)	149	155	155	164	149	155
등가 자기잡음 레벨 (dBSPL(A))	12	17	26	42	12	17
정전용량(pF)	56	18	18	8	52	20
온도계수(dB/℃)	−0.005	−0.007	−0.007	−0.01	−0.005	−0.007
치수(mm)	ψ23.77×21.0	ψ13.2×14.5	ψ13.2×13.0	ψ7.0×10.0	ψ23.77×21.0	ψ13.2×13.0
전치증폭기	NH-06	NH-04	NH-04	NH-05	NH-06	NH-04

정전형 마이크로폰의 장점은 주파수응답이 대단히 좋고 감도가 높은 것이며 또한 무엇보다도 안정성이 좋고 음향표준으로 사용되고 있는 MR-103이나 WE640AA(Western Electric 제품) 또는 4132(Bruel & Kjaer 제품) 등은 모두 정전형이다. 단점으로는 직류 바이어스 전압이 필요하며, 고습도하에서 안정하게 측정되지 않는다. 또한 기계적인 충격에 대하여 약하며 보관이나 취급상에 특히 주의할 필요가 있다.

2) 일렉트릭 방법

일렉트릭이란 축전된 전하를 반영구적으로 그대로 보존하는 절연체를 의미한다. 일렉트릭을 정전형 마이크로폰의 한쪽 전극에 사용하면 직류 바이어스 전원이 사용하는 방식을 막일렉트릭 방식, 배극에 사용하는 방식을 배극 일렉트릭 방식이라 한다.

전자는 일반용 마이크로폰에 많이 사용되고 있으나 일렉트릭막은 적어도 수십 μm 이상의 막두께가 필요하므로 계측용 마이크로폰에는 적합하지 않으므로 계측용에는 배극 일렉트릭 방식이 사용된다. 일렉트릭 방식에서 문제가 되는 것은 전하보존의 안정성이다.

일렉트릭의 제조방법은 기업비밀에 속하는 것도 되며 성능과 함께 상세한 것은 명백하지 않으나, 음향표준형으로는 어떻든지간에 일반계측용으로는 충분한 안정성은 있다고 생각된다. 일반적으로 일렉트릭은 고습도 환경하에서는 전하의 감쇠가 빠르다고 하며, 고습도 환경하에서 극단적으로 장시간 피하는 것이 좋다.

3) 기타 방법

정전형 마이크로폰을 발진기의 공진회로에 삽입하고 이의 정전 밀량변화를 주파수 변조신호로 하여 인출하는 방법이 있다. 이 방법에는 사용주파수가 전기적으로 직류까지 신장되어 있으므로 초저주파음을 측정하는 데는 유효한 방법이다. 또한, 소음감시용의 와이어리스 마이크로폰으로 이용하는 것도 고려하고 있다.

04 압전형 마이크로폰

물질은 외력에 의하여 변형이 생기면 그 변형에 비례한 전하가 생겨서 전압을 발생하는 것이 있는데 이러한 현상을 압전효과라고 한다. 어떤 종류의 결정이나 자기 또는 고분자 필름 속에는 압전효과가 큰 것이 발견되고 있으며 여러 가지 용도로 응용하고 있다. 마이크로폰에는 지르콘지탄산연 등의 자기에 의한 소자를 사용하고 있다(세라믹 마이크로폰). 세라믹 마이크로폰의 기본구조를 [그림 6-3]에 나타내고 있다.

세라믹 소자는 바이모르프라고 하는 구조를 취하며, 굽힘 응력에 대하여 전하를 발생하도록 되어 있다. 세라믹 소자는 기계 임피던스가 높으므로 임피던스가 낮은 공기와 정합을 하기 위하여 성형된 진동판과 로드를 통해서 소자에 외력을 가하는 구조로 되어 있다.

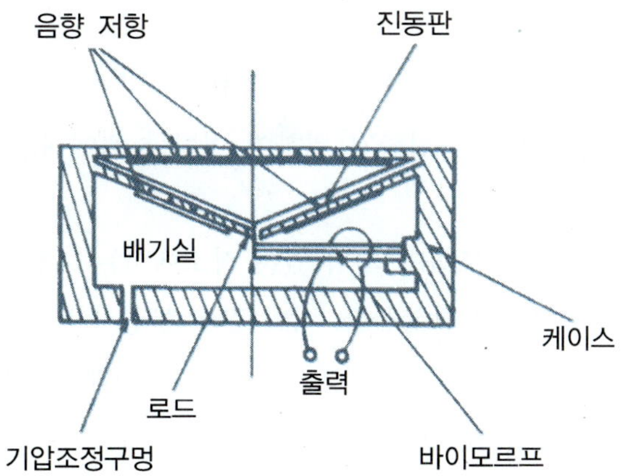

[그림 6-3] 세라믹 마이크로폰의 기본구조

세라믹 마이크로폰도 정전형과 같이 그 출력전압은 진동판의 진동변위에 비례하기 때문에 진동계는 탄성제어가 되도록 설계하고, 사용 주파수범위는 진동계의 공진주파수 근처보다 낮은 주파수범위이다. 또한, 전기 임피던스도 정전형과 같이 용량성이 높은 임피던스이며, 일반적으로 임피던스 변환기를 통하여 출력전압을 인출한다.

세라믹 마이크로폰은 소형이고 경량이며 값이 싸다는 장점이 있으나, 진동계의 공진에 제동을 거는 것이 비교적 곤란하다는 단점이 있다. 일반 계측용으로 한때는 세라믹 마이크로폰을 사용하였으나 현재는 별로 사용하지 않고 있다.

그러나 마이크로폰에 사용되는 세라믹 소자의 정전전용량은 수백 pF로 정전형에 비해 크기 때문에 전치증폭기의 입력 임피던스와 관계되어서 결정하는 하한 주파수를 내릴 수 있으므로 초저주파음을 측정하는 데 이용된다. 또한 소자의 기계 임피던스가 높으므로 소자를 그대로 수음소자로 하여 초고음압을 측정하는 일이 가끔 있으며, 가속도계에 사용하는 전하증폭기가 사용되는 것도 세라믹 마이크로폰의 한 가지 장점이라고 할 수 있다.

폴리불화비닐리덴 등의 압전 고분자 재료는 결정이나 자기에 비하여 전혀 성질이 다르며 가공성이 좋고 가용성이 있으며, 자유로이 변형되어서 필름 모양으로 하기 쉬운 특징이 있다.

실용하는 면에서는 일반적으로 사용하는 마이크로폰, 스피커, 헤드폰의 응용, ME 계측용, 진동계측용 트랜스듀서의 응용은 진행되고 있으나 음향계측용 센서에 실용화하는 데는 아직도 시간을 요할 것이다.

1) 사용상의 유의점

음향을 계측하는 경우에 항상 이상적인 조건하에서 이루어지는 일은 드문 일이며, 오히려 목적하는 소리를 정확히 측정하기 위하여 어떠한 점에 유의해야 되는가에 대해서 간단히 설명한다.

옥외 또는 옥내에서도 공기조화가 되어 있는 장소에서는 바람에 의하여 마이크로폰의 진동막이 진동하고 잡음전압이 발생한다. 이와 같은 환경하에서는 음향적인 성능을 손상시키지 않고 바람의 영향을 저감하는 윈드 스크린을 준비해야 한다. 풍동과 같이 정상공기류가 있는 장소에서 측정하는 데는 노우즈 코운이 사용된다.

마이크로폰을 설치하는 경우에 스탠드나 삼각대 등을 사용하는 일이 많은데 설치장소가 진동하고 있으면 당연히 마이크로폰도 진동하고 진동막의 관성에 의하여 진동잡음이 발생한다. 이것을 방지하기 위해서는 방진을 해야 하는데 진동방향과 진동막의 방향에 따라 진동잡음은 크게 변하므로 설치하는 방향도 중요하다.

정전형이나 압전형 마이크로폰은 실드만 확실히 하면 누설자계에 의한 유도잡음은 발생하지 않으나 증폭기와 코드는 유도를 받을 가능성이 있다. 또한, 코드를 수십m 이상 연장하는 경우에 코드의 정전용량이나 직류저항에 의하여 감도의 저하, 주파수응답의 변화 등 마이크로폰의 외관상 성능이 저하되는 일이 있다. 음장에 대한 계측에서는 마이크로폰 이외의 것을 음장에 설치하지 않으면 안 될 경우가 많다. 그러한 경우에는 측정대상의 음장을 혼란시키므로 그 영향에 대해서 충분히 고려해야 된다.

05 진동 센서

1) 진동 센서

- 제조회사 : Measurement specialties
- Part No : LDT0 센서

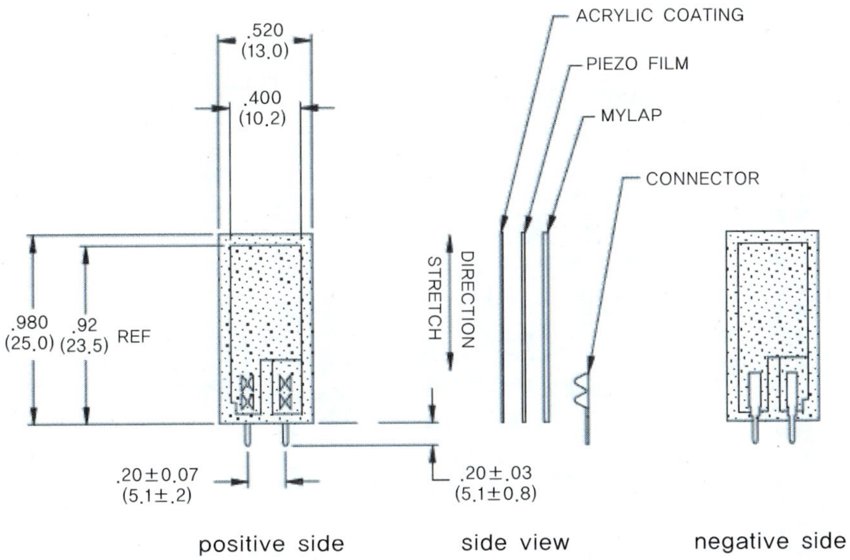

[그림 6-4] LDT0

2) 진동 센서보드

진동 센서보드는 진동 센서를 이용하여 진동을 측정할 수 있는 보드이다. [그림 6-5]는 진동 센서보드의 실물을 나타낸다.

[그림 6-5] 진동 센서보드 사진

3) 부품배치도

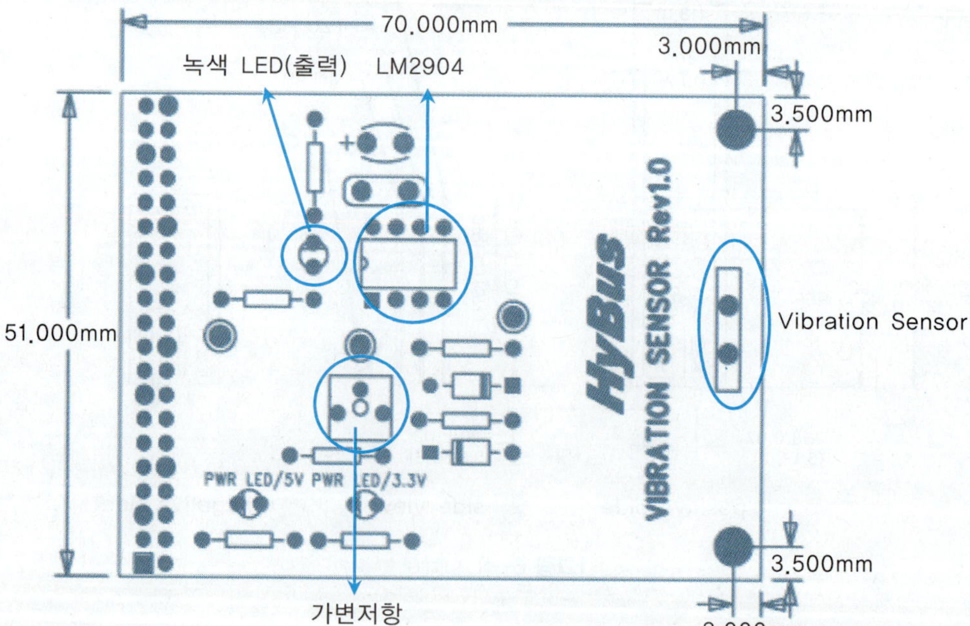

[그림 6-6] 보드 전면

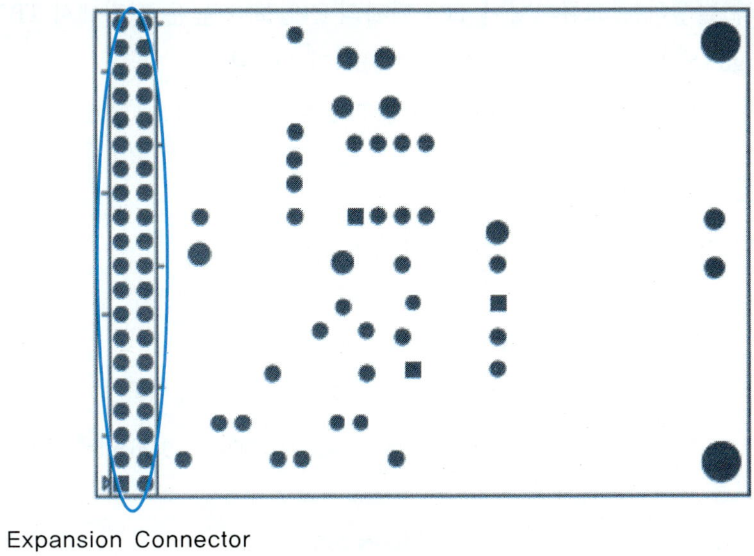

[그림 6-7] 보드 후면

4) 회로도

진동 센서보드(Vibration Sensor Board)의 주요 회로는 [그림 6-8]과 같다.

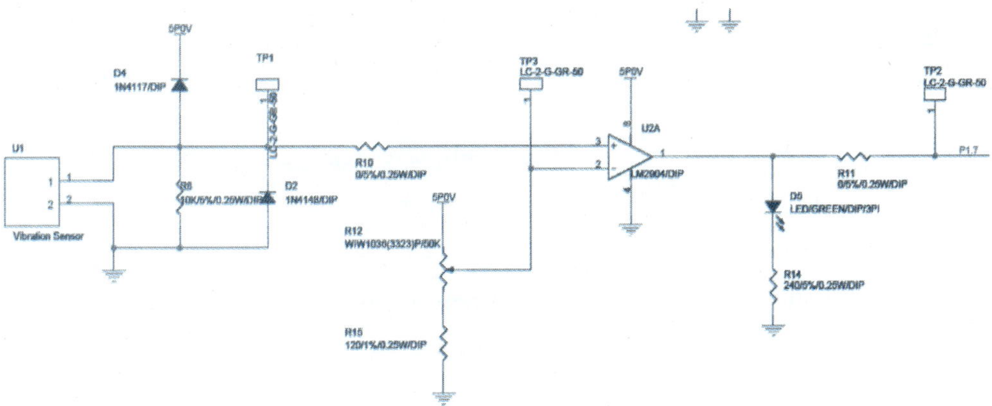

[그림 6-8] 주요 회로부

5) 회로동작설명

① R12 가변저항을 조정하여 TP3 단자의 전압(기준전압)을 조절한다.

② U1 진동 센서(Vibration Sensor)에 진동을 가하면 TP1 단자에 미세한 교류파형이 발생한다.

③ TP1 단자에 발생하는 교류파형이 TP3 단자의 전압보다 높은 시점에서 TP2 단자의 전압이 High 상태가 된다. 즉, D3 녹색 LED가 ON된다.

④ 진동 센서 출력이 교류 형태이기 때문에 TP2 단자의 전압은 펄스로 나타난다.

6) 부품 리스트

진동 센서 보드에 사용된 부품 리스트는 [표 6-2]와 같다.

[표 6-2] 진동 센서 부품 리스트

순서	수량	부품번호	부품명
1	1	CN1	PIN HEADER 20PX2/2.54mm/Straight Type
2	1	C1	10μF/16V/TAN/DIP
3	1	C2	100nF/50V/CE/DIP
4	2	D1, D3	LED/RED/DIP/3PI
5	1	D2	1N4148/DIP
6	1	D4	1N4117/DIP
7	1	D5	LED/GREEN/DIP/3PI
8	2	R6, R14	240/5%/0.25W/DIP
9	1	R8	10K/5%/0.25W/DIP
10	1	R9	330/5%/0.25W/DIP
11	2	R10, R11	0/5%/0.25W/DIP
12	1	R12	WIW1036(3323)P/50K
13	1	R15	120/1%/0.25W/DIP
14	3	TP1, TP2, TP3	LC-2-G-GR-50
15	1	U1	Vibration Sensor
16	1	U2	LM2904/DIP

7) 프로그램 분석

진동이 감지되면 PORT2.0핀으로 인터럽트가 발생되며 강도가 높을수록 인터럽트 카운터가 증가한다.

work\HsensorTraining\11_VibrationSensor**msp430main.c**

```
INT16 main(VOID)
{
        WDTimerInit();
        PortInit();
        ADCInit();

        DeviceInit();
        UartInit();
        blinkLED();
        EnableIntr();

        while(FOREVER)
        {
                if(g_IntrCount>0)
                {
                        if(g_timerCount==0)
                                SetTimerB0();
                }

                if((g_timerCount>100)&&(g_timerCount<300))
                {
//                      ClearTimerB0();
                        FNDDisplay(g_IntrCount);
//                      g_IntrCount=0;
//                      g_timerCount=0;
                        printf("Vib %ld\r\n",g_IntrCount);
                }
                else if(g_timerCount>1000)
                {
                        ClearTimerB0();
                        g_IntrCount=0;
                        g_timerCount=0;
                        FNDDisplay(g_IntrCount);
                        printf("Vib %ld\r\n",g_IntrCount);
                }
                msdelay(10);
        }
        return TRUE;
}
```

8) 연구내용 및 실험방법

(1) 보드 장착 및 케이블 연결(전원, USB)

[그림 6-9]와 같이 전원과 USB 케이블을 연결하고 진동 센서보드를 메인보드에 장착한다.

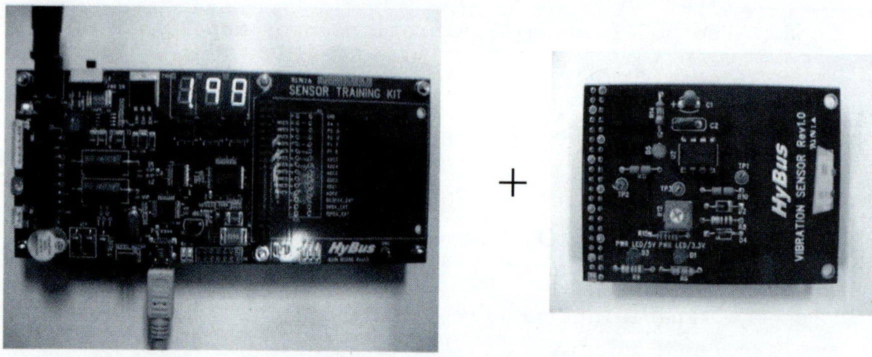

[그림 6-9] 센서보드 결합

(2) 장치관리자에서 COM 포트 확인

장치관리자에서 USB가 COM3로 잡혀있는지 확인하고 만약 포트 번호가 다를 경우 포트 설정에서 포트 번호를 3번으로 변경한다.

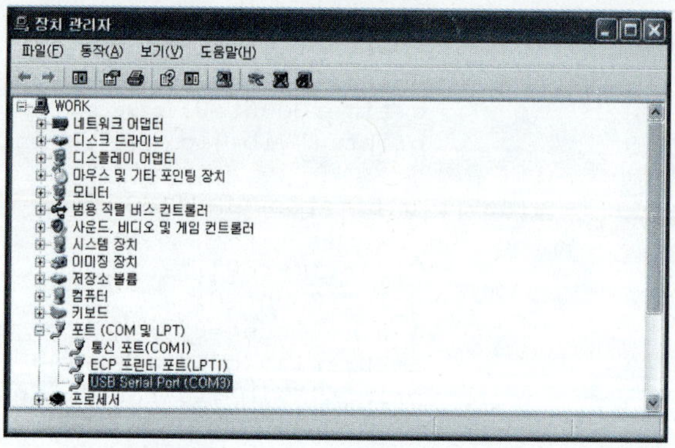

[그림 6-10] COM3 확인

(3) 프로그램 빌드 및 다운로드

① 윈도우에서 시작→실행에서 [그림 6-11]과 같이 cmd를 입력한 뒤 확인을 클릭한다.

[그림 6-11] CMD 실행

② CMD창에서 진동 센서 프로그램("C:\mspgcc\work\HsensorTraining\11_VibrationSensor") 위치로 이동을 한 뒤 "make" 명령으로 프로그램을 빌드한다.

```
C:\WINDOWS\system32\cmd.exe
C:\mspgcc\work\HsensorTraining\11_VibrationSensor>make
msp430-gcc -mmcu=msp430x1611 -O2 -Wall -g   -c -o MSP430main.o MSP430main.c
msp430-gcc -mmcu=msp430x1611 -x assembler-with-cpp -D_GNU_ASSEMBLER_ -c  -o swua
rt.o swuart.s
msp430-gcc -mmcu=msp430x1611 -x assembler-with-cpp -D_GNU_ASSEMBLER_ -c  -o fll.
o fll.s
msp430-gcc -mmcu=msp430x1611 -O2 -Wall -g   -c -o CommonDrv.o CommonDrv.c
msp430-gcc -mmcu=msp430x1611 -o SensorOutput.elf MSP430main.o swuart.o fll.o Com
monDrv.o
msp430-objcopy -O ihex SensorOutput.elf SensorOutput.a43
msp430-objdump -dSt SensorOutput.elf >SensorOutput.lst
cp SensorOutput.a43 ../

C:\mspgcc\work\HsensorTraining\11_VibrationSensor>_
```

[그림 6-12] S/W 빌드

③ 정상적으로 빌드되었다면 상위 디렉토리인 C:\mspgcc\work\HsensorTraining" 폴더에 "SensorOutput.a43"이라는 파일이 생성된다.

[그림 6-13]과 같이 bsl_downloader.bat을 이용하여 a43파일을 보드에 다운로드한다.

```
C:\WINDOWS\system32\cmd.exe
2008-10-30  오후 06:35                 53 bsl_downloader.bat
2008-11-25  오전 10:06    <DIR>          motorControl
2008-11-27  오후 03:45    <DIR>          s
2008-12-16  오후 06:43             10,434 SensorOutput.a43
2008-11-28  오후 08:19    <DIR>          사본 - 20_UltraSoundSensor
               2개 파일              10,487 바이트
              28개 디렉터리  60,935,077,888 바이트 남음

C:\mspgcc\work\HsensorTraining>bsl_downloader.bat

C:\mspgcc\work\HsensorTraining>msp430-bsl --telosb -c 2 -r -e -I -p SensorOutput
.a43
MSP430 Bootstrap Loader Version: 1.39-telos-7
Mass Erase...
Transmit default password ...
Invoking BSL...
Transmit default password ...
Current bootstrap loader version: 1.61 (Device ID: f16c)
Changing baudrate to 38400 ...
Program ...
3692 bytes programmed.
Reset device ...

C:\mspgcc\work\HsensorTraining>
```

[그림 6-13] 이미지 다운로드

CHAPTER 06

(4) 프로그램 실행

[그림 6-14] 진동 센서 프로그램 실행결과

(5) PC에서 시리얼 데이터 출력화면

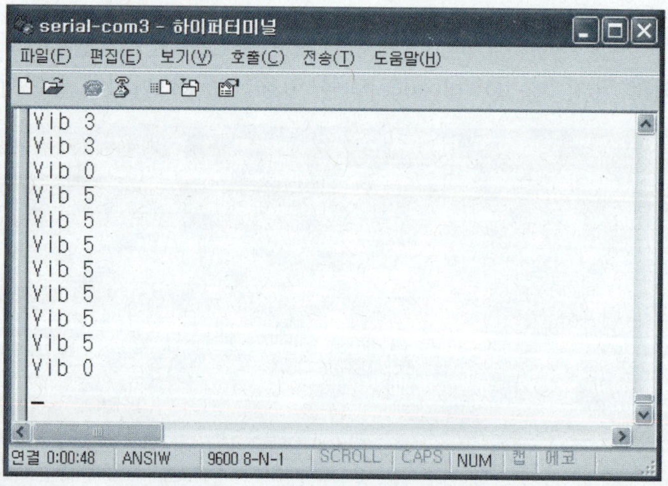

[그림 6-15] 시리얼 데이터 출력화면

9) 연구결과

U1의 센서를 손가락으로 튕겼을 경우 하이퍼터미널에서의 결과값의 변화 및 세그먼트 값도 동일한 값을 나타낸다.

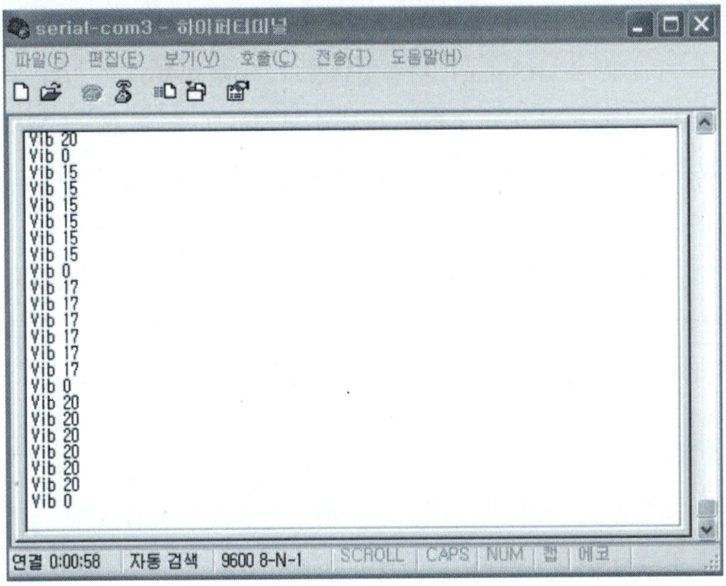

[그림 6-16] 시리얼 데이터 출력화면

06 초음파 센서

1) 초음파란

초음파(Ultrasonic)란 성인들이 들을 수 있는 범위 20kHz 이상의 높은 주파수의 소리를 일컫는다. 가청영역 이상의 모든 소리를 일컬으므로 그 주파수 대역이 매우 넓고 중심 주파수의 크기에 따라 각각 다른 응용이 가능하다. 초음파의 예로는 박쥐나 돌고래 등이 통신이나 거리감지를 위해 발생시키는 것이나 산부인과에서 태아의 건강상태를 검사하기 위해 사용하는 의료진단기 등을 들 수 있다. 이러한 초음파는 알게 모르게 우리 주위에 널리 사용이 되고 있는데, 최근의 급격한 기계, 전자공학의 발달로 인해 그 응용범위 또한 날로 넓어지고 있다.

초음파의 발생기구는 크게 트랜스듀서(Electromechanical teansducer)와 고주파 전원(High frequency power supply)으로 구성이 된다. 트랜스듀서는 여러 가지 형태의 것이 있으나 주로 전왜, 자왜 재료를 사용한 것과 PZT 같은 압전재료를 사용한 것이 많다. 이들 재료는 공급되는 전자기장의 크기에 의해 발생되는 초음파의 형태 및 크기를 쉽게 조절할 수 있다는 장점이 있다.

초음파는 빛이나 전파와 같이 파동 에너지이지만 전파속도가 늦고, 반사하기 쉬운 특징 때문에 각종 거리계, 소나(Sonar), 단층진단장치 등에 이용되고 있다. 이는 초음파를 정보로서 이용하는 것으로 여기는 초음파 센서에 관계하고 있다. 또 이 경우 단지 외계의 초음파를 수신하는 방식뿐만 아니라 장치 자체로부터 초음파를 발진하여 그 방향을 검출하는 능동방식도 있다.

또 큰 음향 에너지를 전송할 수 있으므로 각종 가공기, 융착기, 세정기 등에 이용되고 있다. 이는 초음파의 동력적 응용인데 이것에는 진동 에너지를 동력적으로 응용하는 것과 열로 변환시켜 이용하는 것이 있다.

2) 초음파 센서의 기본구조

[그림 6-17]은 초음파 센서의 기본구조로 각각의 기능은 다음과 같다. 그림에서 압전물질은 두께 방향 진동자로 동작되며, 1~3개의 정합층을 거쳐 그림에서 Zl로 표시된 물체 내부를 향해 초음파가 방사된다.

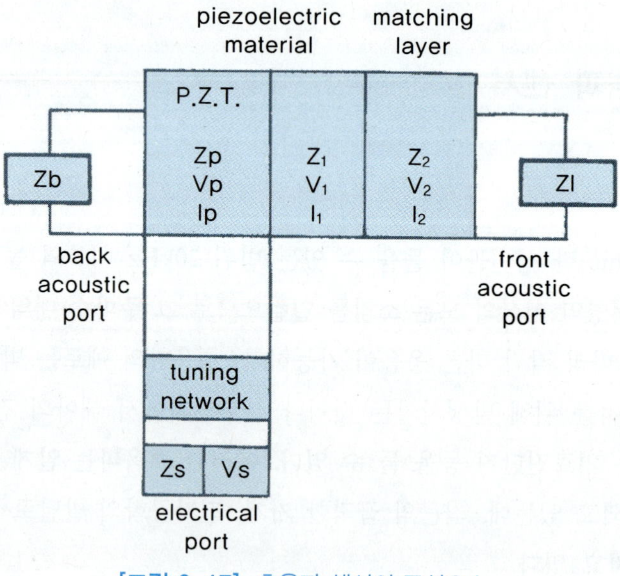

[그림 6-17] 초음파 센서의 구성요소

(1) 압전진동자

센서에서 가장 중요한 요소는 초음파를 발생하고 수신하는 능동소자이며, 보통 압전물질을 능동소자로 사용한다. 센서의 감도와 해상도는 압전진동자의 전기적, 기계적 특성과 밀접한 관계가 있다. 현재 보통 사용되고 있는 압전물질은 전기-기계 결합계수가 큰 PZT 계열의 압전 세라믹이다. 그러나 압전 세라믹은 음향 임피던스가 매우 커서 임피던스 부정합(Mistmatching)으로 인한 어려움이 있다. 이러한 음향 임피던스 부정합은 압전 세라믹과 물체 사이의 정합층을 사용하여 해소하고 있다.

근래에 음향 임피던스가 압전 세라믹보다 훨씬 낮아서 물체와의 임피던스 정합면에서 훨씬 유리한 PVDF 등의 압전 폴리머가 사용되기도 한다. 압전 폴리머는 음향 임피던스뿐만 아니라 원하는 형태로의 가공이 쉽고 기계적 충격에 강하며 내부손실이 커서 광대역의 특성을 갖고 있다는 장점이 있다.

그러나 PVDF는 송신감도가 좋지 않아서 아직까지는 펄스-에코용으로 그다지 좋은 특성을 얻지 못하고 있으며, 주로 수신용으로 사용되고 있다. 이러한 단점을 극복하기 위해 P(VDF-TrFE)와 같은 Co-polymer 압전물질도 등장하고 세라믹과 폴리머의 단점이 보완된 복합재료도 활발히 연구되고 있다.

복합재료는 제조공정이 까다로운 단점이 있으나, 전기-기계 결합계수가 크고 음향 임피던스가 작아 초음파 진단장치용에 적합하여 앞으로 많이 응용될 가능성이 있다. 센서를 설계하는 데 있어 압전물질의 상수를 아는 것이 매우 중요하다. 압전물질을 측정하여 설계에 사용하는 것이 바람직하다. 압전물질의 측정은 IEEE 규격 등을 사용하여 각종 물질상수를 측정할 수 있으며, Vector Impedance Analyzer를 이용하여 주파수에 따른 전기적 임피던스의 궤적을 측정하여 여러 가지 유용한 상수를 계산할 수 있다.

(2) 음향 정합층

압전진동자의 음향 임피던스는 약 30~40Maryl이고 물의 음향 임피던스는 약 1.5Maryl이므로 대부분의 초음파는 그 경계면에서 투과하지 않고 반사하게 된다. 따라서 진동자와 물 사이에 정합층(Matching layer)을 두어서 초음파가 잘 전달되도록 해야 한다.

최근에는 정합층을 2개 이상 사용하는 다층정합방법이 많이 연구되고 있다. De Silets 등은 두 개의 정합층을 갖는 경우 최대로 평탄한 주파수특성을 얻기 위한 정합층 임피던스를 식 (6-5)와 같이 제시하고 있으며, Goll 등은 일차원 전송선 모델을 이용하여 식 (6-6)을 제안하고 있다.

$$Z_1 = \sqrt[7]{Z_c^1 Zl^6}\ ,\ Z_2 = \sqrt[7]{Z_c Zl^6} \tag{6-5}$$

$$Z_1 = \sqrt[4]{Z_c^3 Zl}\ ,\ Z_2 = \sqrt[4]{Z_c Zl^3} \tag{6-6}$$

정합층의 재료는 감쇠가 적으면서 원하는 음향 임피던스를 얻을 수 있어야 한다. 보통은 에폭시에 적당한 분말을 혼합하여 제작한다.

(3) 후면층

압전진동자 전면에는 정합층을 부착하여 음향 임피던스를 물체에 정합시키는 반면에, 진동자 후면에는 후면층(Backing)을 부착하여 후방으로 방사된 초음파를 흡수함으로써 초음파 펄스의 길이를 줄이는 역할을 한다.

후면층의 음향 임피던스는 진동자의 음향 임피던스와 같아질수록 그 경계면에서 반사가 적어 펄스의 지속시간이 적어지므로 축방향 해상도가 좋아지게 되며 이상적인 경우 짧은 양극성(Bipolar)의 초음파 펄스를 얻을 수 있다.

그러나 진동자의 후면층에 의한 흡음손실이 커짐에 따라 센서의 감도가 저하되므로 감도와 펄스 길이 사이의 절충이 불가피하다. 압전진동자의 후면층으로는 보통 에폭시에 텅스텐 분말을 혼합하여 경화시킨 재료가 많이 사용된다.

(4) Tuning

압전진동자는 전기적 유전체로서 정전용량을 갖고 있다. 이 정전용량은 센서가 초음파를 발생시키는 송신기로 사용될 때 초음파의 상승시간(Rise time)을 증가시키며, 또 신호원을 Shunt시켜 필요한 전류량을 증가시킨다. 또한 수신기로 동작할 때는 센서의 부하로 작용하여 전기적 출력을 감소시키므로 이를 상쇄시키기 위한 전기적 Tuning이 필요하다. Indictance에 의한 Seriess Tuning은 중심 주파수대역에서 정전용량을 간단히 줄일 수 있어 많이 사용된다.

(5) 음향 렌즈

초음파를 집속시키기 위해서는 여러 센서소자를 시간차를 두어 동작시키는 Electronic Focusing 또는 음향 렌즈가 이용된다. Electronic Focusing은 쉽게 초점을 바꿀 수 있는 반면에 음향 렌즈는 고정된 초점을 갖게 된다.

의료용 초음파 영상진단기에서는 배열 센서(linear transducer) 및 이와 유사한 센서의 경우 상을 얻고자 하는 단면(x-y평면)에서의 집속을 위해서는 여러 개의 소자를 Electronic Focusing 방법을 사용하고, 이에 수직한 평면의 y-x평면에서의 집속을 위해서는 고정된 음향 렌즈를 사용하는 것이 보통이다.

음향 렌즈의 곡률은 원 또는 포물선이며 렌즈의 음속이 매질보다 클 때는 오목형이 되고, 작을 때는 볼록형이 된다. 그리고 렌즈의 재료로는 음향손실이 적은 에폭시가 사용되며, 볼록형일 때는 고무 종류를 사용한다.

3) 초음파 센서의 원리

초음파 센서는 송신부에 의한 음파가 물체에서 반사되어 수신부로 되돌아오는 원리를 이용한다. 초음파 변환부의 압력소자로 로셀염(Rochelle salt), 티탄산바륨($BaTiO_3$) 등의 결정체의 압전효과(Piezoelectric effect)를 이용한다. 압전소자는 응력에 의해 전기적 분극을 일으키는 압전효과와 전압에 의해 기계적 변형을 일으키는 역압전효과를 갖는다.

송신부에 의한 초음파의 주파수는 30~300kHz가 보통이다.

4) 초음파 센서의 종류

초음파 센서 장치의 기본원리는 펄스-에코법에서 출발한다.

즉, 어느 방향으로 발사한 초음파가 그 방향에 높인 작은 표적(Target)들에 의해 반사되어 돌아온 초음파 신호로 그 표적들의 위치를 기록할 수 있으며, 방향을 여러 곳으로 바꾸어 이런 과정을 되풀이하면 평면적인 상을 얻을 수 있어 물체의 단면구조에 해당하는 영상을 얻게 되는 것이다. 이런 영상방법을 B-mode(Brightness-mode)라 부르며, 초음파 영상진단기에서 보통 사용되는 방법이다. 실시간 초음파 영상진단장치에서 B mode 영상을 얻기 위해 사용하는 주사방법은 [그림 6-18]에서 보인 바와 같다.

CHAPTER 06

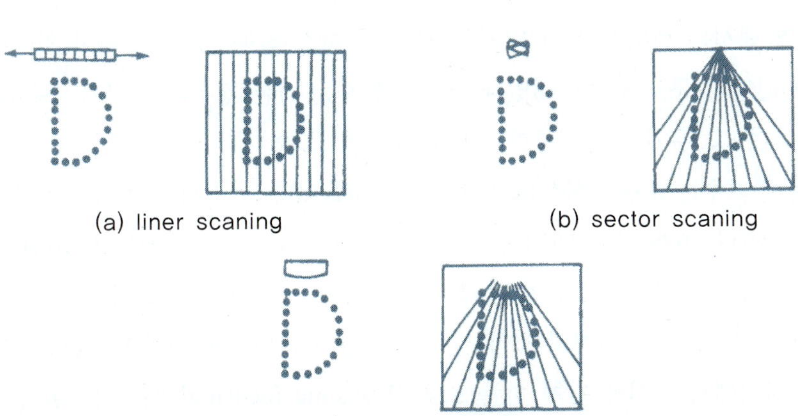

(a) liner scaning

(b) sector scaning

(c) convex scaning

[그림 6-18] 여러 가지 주사방법의 특징

(1) Sector 주사용 센서

Sector 주사는 인체표면의 한 점에서 부채꼴처럼 여러 방향으로 주사하는 것으로, 주사각도를 자유롭게 바꿀 수 있고 심부에서의 시야가 넓은 특징을 가지고 있다. 또한 주사속도를 30 frame/초까지 올릴 수 있어서 같이 움직임이 빠른 대상물에 대해서도 실시간의 영상을 얻을 수 있다.

기계적 Sector 주사용 센서의 구조는 [그림 6-19]에서 보이는 바와 같이 센서 부분과 이를 구동하는 모터로 구성되며, 압전 세라믹 앞에는 물이나 기름 등의 액체를 채워 초음파 전달이 용이하도록 한다. 센서 부분은 압전진동자의 전면에 정합층을 부착하고 후방에는 후면층을 부착하여 광대역 센서의 기본적인 구조를 갖도록 한다.

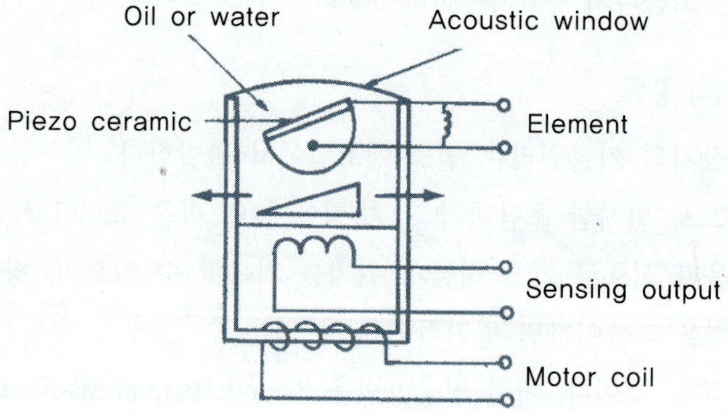

[그림 6-19] Sector 주사용 센서의 구조

(2) 선형 배열 센서

선형 배열 센서는 센서가 여러 개의 가늘고 긴 미소 진동자군으로 되어 있으며, [그림 6-20]에 그 간단한 구조를 나타내었다. 압전진동자는 다른 경우와 마찬가지로 PZT-5 계열을 사용하며 그 두께는 중심주파수에서 파장의 1/2이다.

사용되는 주파수는 보통 3.5MHz, 5MHz, 7.5MHz이다. 여기서 보인 센서는 64개의 소자로 가늘게 잘라 16개 또는 15개씩 동시에 구동시킨다. 즉, 처음에는 1~16번의 소자를 구동시키고 다음에는 2~16번, 2~17번, 3~18번순으로 구동시켜 한 프레임의 화면을 얻는다. 물론 이때 16개 또는 15개의 소자는 전자적 집속을 행하게 되며 한 방향에 대해서도 여러 개의 거리에서 초점을 갖게 하는 소위 'Dynamic focusing'법을 사용한다. 각 소자는 4~8개의 더 가느다란 부소자로 나누어져 전극에 연결되는데 이렇게 함으로써 두께 방향 이외의 다른 형태의 진동을 억제시킬 수 있다.

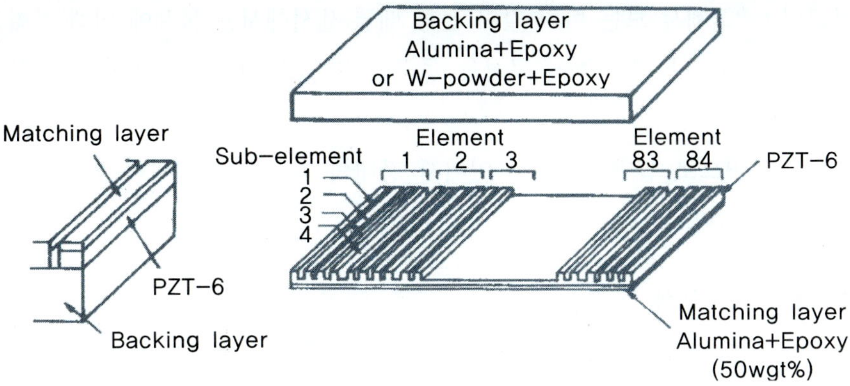

[그림 6-20] 선형 배열 센서의 구조

(3) 컨벡스 프로브

컨벡스 프로브(Convex probe, Curved linear array)는 선형배열 센서와 비슷하나 압전 진동자의 표면을 곡면으로 볼록한 형태가 되도록 배열시킨 것으로 여러 가지 유리한 점이 있다.

첫째, 물체와 접촉하는 면이 볼록하기 때문에 물체와의 밀착도가 좋게 된다.

둘째, [그림 6-21]에서 보는 바와 같이 선형 배열 센서에 비해 근거리에서 해상도가 좋고 원거리에서는 보다 넓은 시야를 갖는 장점이 있다.

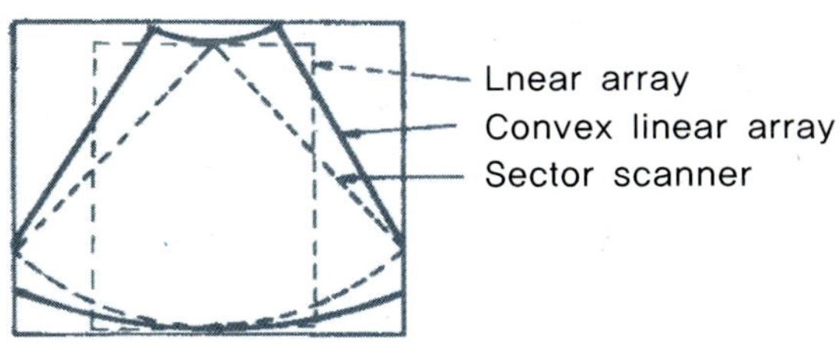

[그림 6-21] 각종 프로브의 시야 비교

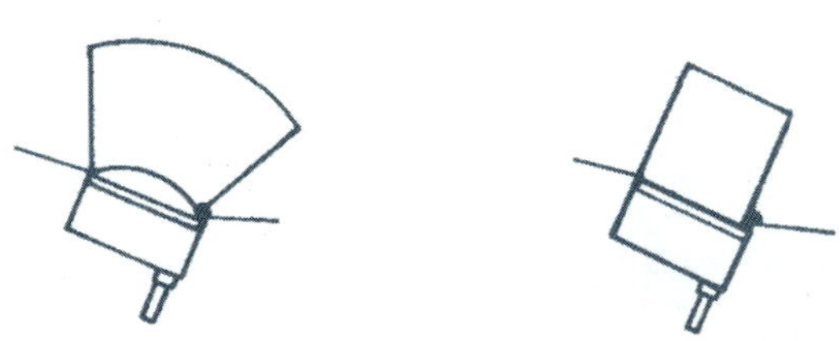

(a) 선형 배열 프로브 (b) 컨벡스 프로브

[그림 6-22] 선형 배열 프로브와 컨벡스 프로브의 비교

셋째, [그림 6-22]에서 보는 바와 같이 선형 배열 센서에서는 물체에 의해 가려진 뒷부분을 관찰할 수 없으나, 컨벡스 프로브는 둥근 곡면으로 인해 가려진 뒷부분의 영역도 관찰할 수 있다.

넷째, 둥근 곡면으로 압박을 할 수 있어서 장내의 가스를 밀어내어 초음파의 차폐나 감쇠를 막을 수 있다.

(4) 동심환 배열 센서

초음파 진단기에 사용되는 변화기에서 센서의 길이 방향으로는 보통 전자적 접속을 하고 폭 방향으로는 음향 렌즈나 오목형 형태를 만들어 집속하게 된다. 2차원 배열 센서는 제작도 어려울뿐더러 요소의 수가 많아지므로 시스템이 매우 복잡하게 되며 실시간 영상을 얻는 데 어려움이 많다.

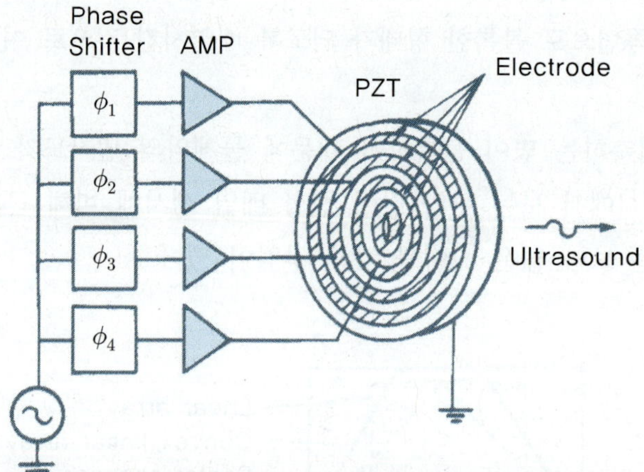

[그림 6-23] 동심환 배열 센서 시스템

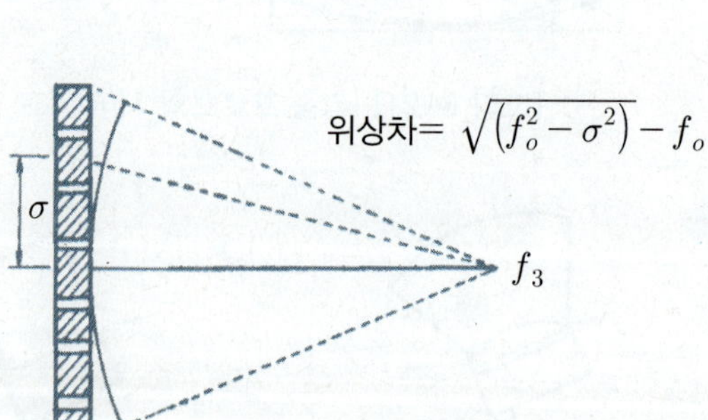

[그림 6-24] 동심환 배열 센서의 위상차

동심환 배열 센서는 원판형의 압전소자를 고리 모양으로 나눈 적은 수의 요소를 사용하여 2차원적으로 집속을 하여 [그림 6-23]과 같은 축방향으로 원하는 곳에 쉽게 초점을 만들 수 있다. 이것을 다시 Sector 주사형으로 동작시키면 동적인 초점조절(Dynamic focusing)기능을 갖는 Sector 주사형 시스템이 된다. 각 요소의 시간차 또는 위상차는 보통의 전자적 경우와 같으며 [그림 6-24]에 그 원리를 보이고 있다.

5) 초음파 센서의 응용

초음파는 전파하는 매질에 따라서 그 성질이 바뀐다. 즉, 고체 속에서는 한 개의 종파와 두 개의 횡파가 존재하지만, 유체 속에서는 단지 한 개의 종파만이 존재한다. 또, 각 매질에 따라 전파속도와 감쇠정도가 달라지고, 같은 매질이라도 이방성 재료일 경우 각 전파방향에 따라 그 특성이 모두 달리 나타나며, 서로 다른 매질들의 경계면에서는 반사와 투과현상이 나타나고, 둘 이상의 초음파 성분이 만나면 서로 동적 결합(Dynamic coupling)을 한다. 나아가 발생점으로부터의 거리에 따라, 즉 Fresnel zone 내부이냐, 외부이냐에 따라 파형의 형태 또한 달라진다.

이러한 성질들은 앞에서 언급한 것처럼 측정용으로 쉽게 이용될 수 있는데, 예를 들어서 횡파가 전파를 하다가 더 이상 전파를 못하는 부분이 나타나서 전반사가 되면 유체층이 있다는 것을 알 수가 있을 것이고, 매질에 따라 초음파의 특성이 변한다면 역으로 초음파의 특성을 측정하여 전파매질의 물성을 알아내는 비파괴시험을 할 수 있을 것이다.

동적 결합 특성을 이용한다면 유속이나 이동중인 물체의 속노측성에 이용될 수 있다. 이렇게 초음파의 전파매질에서의 특성변화를 면밀히 관찰하면 측정, 시험, 제어용으로 적절히 이용할 수 있는데, 이러한 응용은 큰 파워를 필요치 않고 따라서 저출력 초음파의 응용분야로 분류된다. 사용되는 초음파의 특성으로는 주로 전파속도와 감쇠계수가 이용된다.

위상변화와 중심 주파수변화 등도 이용되나 이들은 속도와 감쇠계수의 변화에서 추론할 수 있는 것들이다. 대표적인 응용 예와 그 작동원리들을 정리하면 [표 6-3]과 같다.

초음파를 측정, 시험용으로 이용하는 데 있어 가장 큰 장점은 비교적 사용원리가 간단하다는 점과 동일한 센서로 필요에 따라 여러 가지 변수의 측정이 가능하다는 점이다. [표 6-3]에 열거된 것들은 이미 실용화가 잘 이루어진 대표적인 응용사례들이며, 이 외에도 대상 측정물의 특성에 따라 얼마든지 새로운 방법의 적용이 가능하다.

[표 6-3] 초음파 센서의 응용분야

측정 대상	측정 원리
Flowmetry	유속과의 동적 결합에 의한 속도변화
Thermometry	온도에 따른 매질 물성변화에 의한 속도변화
Density, Porosity	매질 밀도변화에 의한 속도변화
Pressure	압력에 따른 매질 물성변화에 의한 속도변화
Dynamicforce, Vibration, Acceleration	외부진동에 의해 진동자에 발생되는 전하
Displacement	기준점에서 변위점까지의 비행시간 변화
Viscosityinfluids	점성변화에 의한 속도, 감쇠도 변화
Level	기준점에서 수면까지의 비행시간 변화
Location	기준점에서 목표점까지의 비행시간 변화
Humidity, Gas	가스 농도변화에 따른 속도, 감쇠도 변화
Phase, Microstructure	매질 물성변화에 의한 속도, 감쇠도 변화
Thickness	두께변화에 따른 비행시간 변화
Composition	매질 조성변화에 따른 속도 변화
Anisotropy, Texture	매질 이방성, 조직에 따른 속도, 감쇠도 변화
Nondestructivetesting	매질 내부구조에 따른 진폭, 속도 변화
Stressandstrain	매질 물성변화에 의한 속도, 감쇠도 변화
Acousticemission	매질 내부상태에 따른 신호의 크기, 빈도
Inaging, Holography	대상체 형상에 따른 진폭, 위상 변화
Elasticproperties	매질 물성에 따른 속도, 감쇠도 변화
Burglardetection	대상체의 존재유무에 따른 비행시간 변화
Rotitionangle, Angularvelocity	회전운동 성분과의 동적 결합
Medicalinspection	대상체 위치, 물성에 따른 비행시간, 진폭변화

6) 향후 전망 및 고찰

초음파에 관한 기초적 연구 및 응용은 이미 오래 전부터 이루어져 왔고, 본문에서 알아보았듯이 매우 넓은 범위에서 실용화가 되었다. 그러나 이상에서 열거한 응용분야는 앞으로의 응용 가능 범위에 비하면 여전히 일부분에 불과하다.

최근 산업구조가 고도화함에 따라 기기, 소자 가공에서 보다 높은 정밀도가 요구되고 자동화가 불가피해지고 있다. 고출력 초음파의 응용 필요성이 그만큼 높아지고 있다. 저출력 초음파의 경우 자동화 및 정밀제어를 위한 측정, 분석에의 필요성은 물론 정보, 통신사회를 지향하는 요즈음 초음파를 이용한 Resonator, Oscillator, Filter, Correlator 등의 통신소자와 정밀 센서, 액추에이터의 개발응용의 필요성은 더 언급할 필요가 없을 정도이다.

최근 음향공학의 발달과 함께 초음파의 발진에 필요한 진동자의 재료로도 우수한 신소재들이 속속 개발되고 있고, 관련 전자공학, 기계공학 등의 기술도 하루가 다르게 발달하고 있어서 향후 연구과제나 실용분야는 무척 많은 편이다. 이러한 요구들에 부응하기 위해 해결해야 할 과제들로서는 기존 초음파 기기들의 고성능화와 기기의 수명연장, 즉 진동자의 시효현상 제거, 초음파 Transducer 제작의 자동화 그리고 아직도 잘 이루어지지 않은 기기의 표준화 등을 들 수 있다.

7) 초음파 센서의 특징

초음파 센서(Ultrasonic Sensor)는 다른 센서와 달라서 그 자체가 발진기로도 될 수 있는 편리한 가역소자이지만 이것을 잘 다루기 위해서는 몇 가지 알아두어야 할 사항이 있다.

- 일반적으로 20kHz 이상의 음향적 진동을 초음파라고 부른다.
- 초음파 센서는 그 자체가 초음파 발생기로도 될 수 있다(초음파 센서는 가역소자이다).
- 초음파 센서는 압전기 직접효과를 이용한 것이다.
- 초음파의 전파속도는 매질(媒質) 중의 온도에 따라서 다르다.
- 초음파 센서(트랜듀서)는 온도가 올라가면 중심 주파수가 내려간다.
- 스피커(발생기)는 공칭 주파수에서 사용하면 에너지 효율이 높다.
- 초음파 반사효율이 높다(2중, 3중 반사의 에너지가 크다).
- 초음파는 높은 영역일수록 그 지향성이 강하다.
- 초음파 센서는 넓은 공간을 커버한다(확산성이 강하다).
- 초음파 센서는 투명물체를 검출할 수 있다.
- 초음파는 두께계, 거리계에 적합하다(초음파 두께계에는 고주파가 사용되고 있다).
-

소형 초음파 센서	
초음파 센서에는 여러 종류가 있는데 외관형태상 소형, 범용형 등이 있다. 적응매체에 관련해서는 공중용, 수중용(액체용), 접촉용(두께계, 초음파 진단용) 등이 있다. 또한 정합기 부착, 광대역용, 초고주파용 등도 있다.	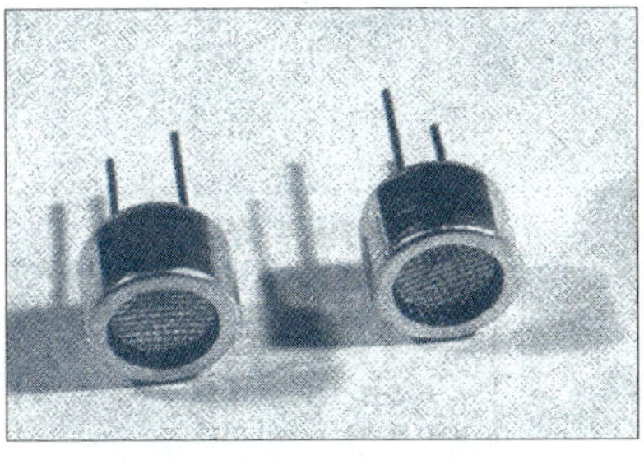 [그림 6-25] 소형 초음파 센서

- **광대역 초음파 센서**

초음파 센서에는 여러 종류가 있는데 여기서 예로 든 센서는 공중 전용이다. 공중용 초음파 센서에는 그 용도에 대응해 범용형, 소형 광대역형, 방적형(防適形) 등이 있다.

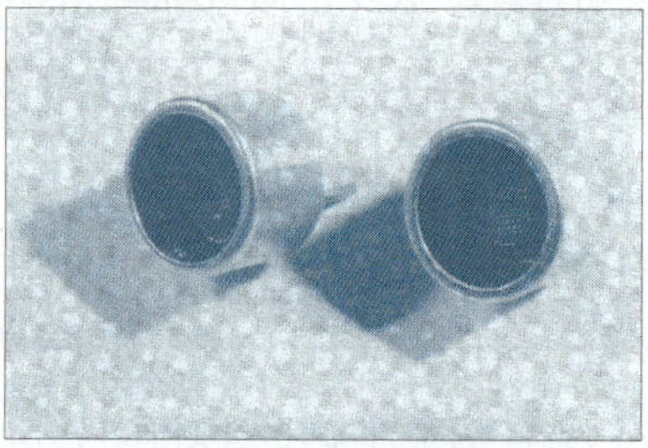

[그림 6-26] 광대역 초음파 센서

8) 초음파 센서의 실습

특징으로 작동 전압은 1V~20V, 작동 온도는 −30℃~85℃이다.

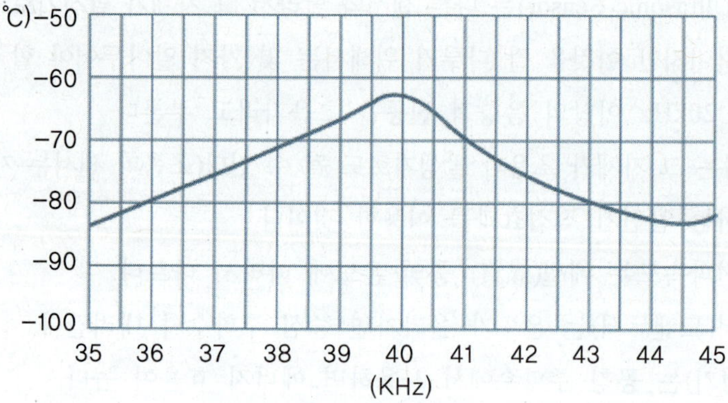

[그림 6-27] 255-400SR12-ROX

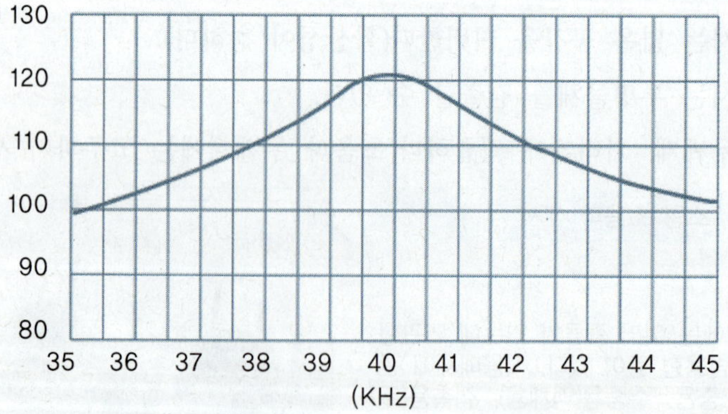

[그림 6-28] 255-400ST12-ROX

9) 초음파 센서보드

초음파 센서보드는 초음파를 이용하여 떨어진 물체와의 거리를 측정할 수 있는 보드이다. [그림 6-29]는 초음파 센서보드의 실물을 나타낸다.

[그림 6-29] 초음파 센서보드 사진

10) 부품배치도

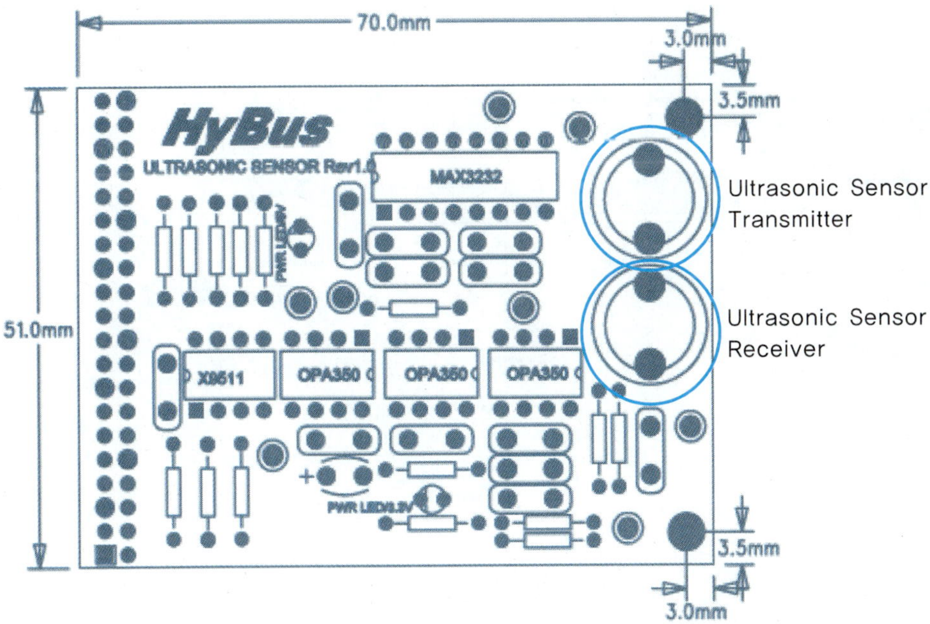

[그림 6-30] 보드 전면

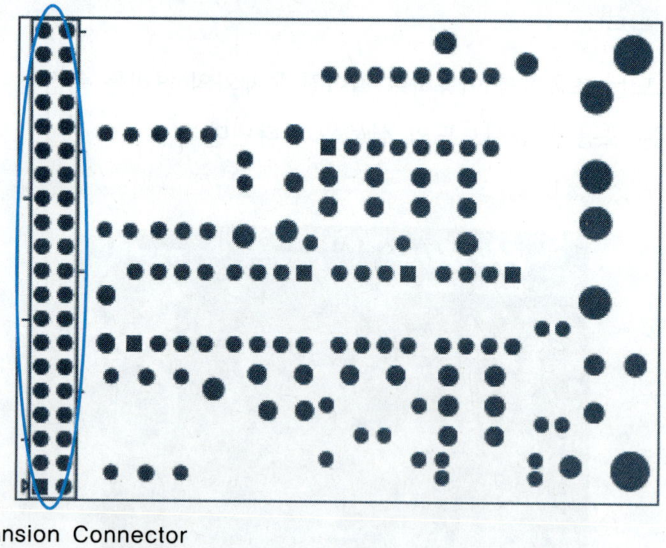

[그림 6-31] 보드 후면

11) 회로도

초음파 센서보드(Ultrasonic Board)의 주요 회로는 [그림 6-32]와 같다.

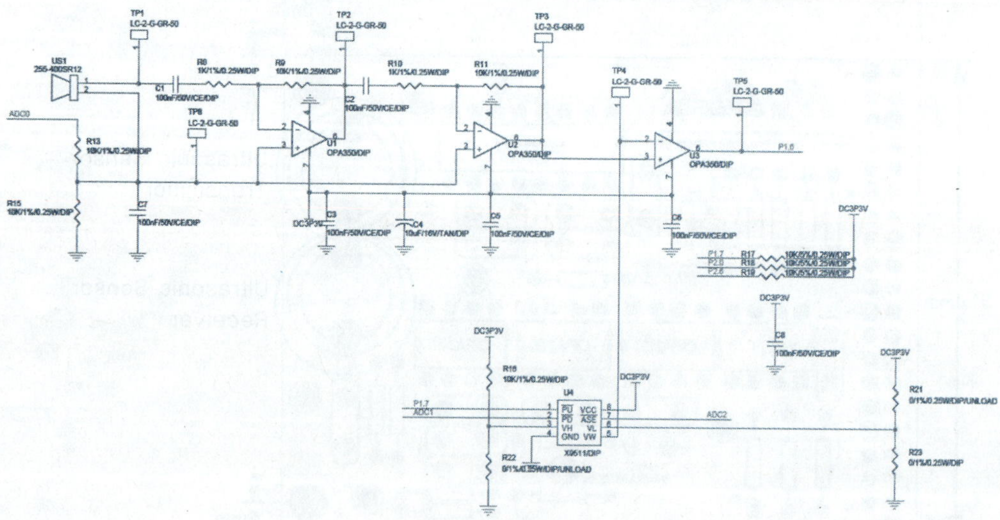

(a) 수신부

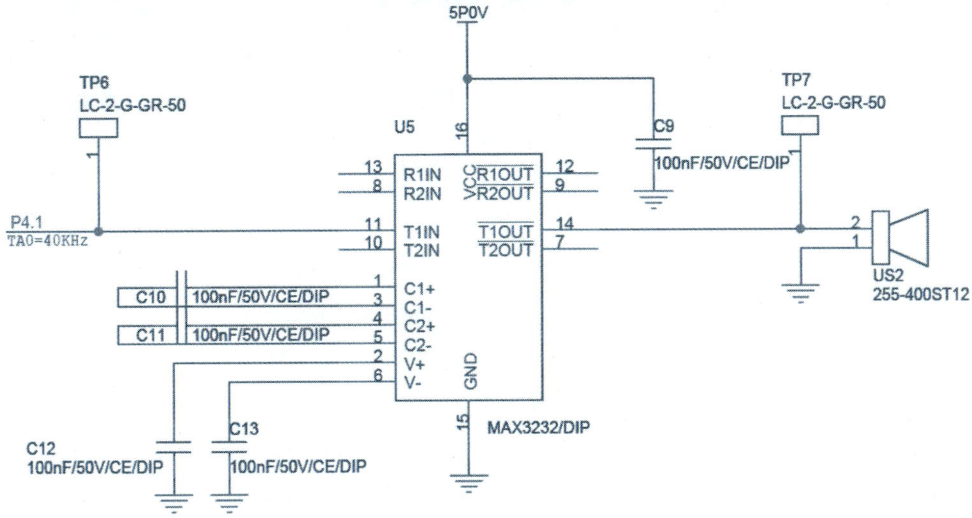

(b) 송신부

[그림 6-32] 주요 회로부

12) 회로동작설명

① 프로세서의 P4.1포트를 이용하여 40kHz의 주파수를 생성한다.

② 생성된 주파수를 U5 MAX3232를 이용하여 신호 레벨을 증폭시킨 후 Ultra 센서로 송신한다.

③ 송신된 신호는 멀리 떨어져있는 물체에 반사되어 Ultra 센서로 수신된다.

④ 수신된 신호는 여러 개의 OP-AMP 거쳐서 신호 레벨이 증폭된다.

⑤ 증폭된 TP3 단자의 신호는 U4 X9511 소자에서 설정된 TP4 단자전압보다 높으면 TP5 단자 전압이 High 상태가 된다.

⑥ 초음파 센서(Ultrasonic Sensor)에서 수신된 신호가 교류 형태이기 때문에 TP5 단자의 전압은 펄스로 나타난다.

13) 부품 리스트

초음파 센서에 사용된 부품 리스트는 [표 6-4]와 같다.

[표 6-4] 부품 리스트

순서	수량	부품번호	부품명
1	1	CN1	PIN HEADER 20PX2/2.54mm/Straight Type
2	12	C1, C2, C3 ,C5, C6, C7, C8, C9, C10, C11, C12, C13	100nF/50V/CE/DIP
3	1	C4	10μF/16V/TAN/DIP
4	2	D2, D3	LED/RED/DIP/3PI
5	1	R7	240/5%/0.25W/DIP
6	2	R8, R10	1K/1%/0.25W/DIP
7	5	R9, R11, R13, R15, R16	10K/1%/0.25W/DIP
8	3	R17, R18, R19	10K/5%/0.25W/DIP
9	1	R20	330/5%/0.25W/DIP
10	2	R21, R22	0/1%/0.25W/DIP/UNLOAD
11	1	R23	0/1%/0.25W/DIP
12	8	TP1, TP2, TP3, TP4, TP5, TP6, TP7, TP8	LC-2-G-GR-50
13	1	US1	255-400SR12
14	1	US2	255-400ST12
15	3	U1, U2, U3	OPA350/DIP

13) 프로그램 분석

40kHz의 초음파를 보낸 뒤 초음파가 되돌아오는 시간을 계산해 거리를 알 수 있다.

work\HsensorTraining\20_UltraSoundSensor**msp430main.c**

```
INT16 main(VOID)
{
        UINT16 nCnt=0;
        UINT16 distance=0;
        INT8 TxCnt=0;

        WDTimerInit();
        PortInit();
        ADCPortInit();
        DeviceInit();
        UartInit();
        blinkLED();
        EnableIntr();
```

```
        g_SensitivityLevel=27;
        UltraSonicSensitivity(g_SensitivityLevel);

        FNDDisplay(g_SensitivityLevel);
        msdelay(300);
        FNDDisplay(0);

        while(FOREVER)
        {
                switch(UltraState)
                {
                        case ULTRA_TX_MODE:
                                {
                                        DisableIntr();
                                        RED_LED_ON;


//if(AutoCompensationFlag==FALSE) {
                                        //
CompensateDistance(distance);
                                        //}
                                        msdelay(50);

                                        UltraRxIntrFlag=0;
                                        UltraState=ULTRA_RX_MODE;

                                        // Tx Ultra
                                        TxCnt=12;               //24→
12
                                        while(TxCnt>0) {
                                                TxCnt--;
                                                ULTRA_TX_HI;    // Tx

for(nCnt=0;nCnt<15;nCnt++) nop();
                                                ULTRA_TX_LO;

for(nCnt=0;nCnt<9;nCnt++) nop();
                                        }
                                        msdelay(1);
                                        delay(150);     //      1ms

                                        RED_LED_OFF;
                                        g_TimerCount=0;
                                        distance=0;

                                        ClearBit(P1IFG,BIT6);
                                        SetBit(P1IE,BIT6);
        // SET INTR
                                        EnableIntr();
                                        SetTimerB0();
                                }
                                break;
                        case ULTRA_RX_MODE:
                                {
```

```
                                                if(g_TimerCount>TIME_OUT)
                                                {
                                                        distance=999;
                                                        UltraRxIntrFlag=0;

UltraState=ULTRA_TX_MODE;

FNDDisplay(distance);
                                                        printf("Distance
%d\r\n",distance);
                                                }
                                                if(UltraRxIntrFlag)
                                                {
                                                        UltraRxIntrFlag=0;

UltraState=ULTRA_TX_MODE;

FNDDisplay(distance);
                                                        printf("Distance
%d\r\n",distance);
                                                }
                                        }
                                        break;
                                default:
                                        break;
                        }
                        switch(ButtonRead())
                        {
                                case 0x3:
                                        break;
                                case 0x2:
                                        BLUE_LED_ON;
                                        AutoCompensationFlag=TRUE;
                                        Button1Event();         /          /
Sensitivity Up
                                        break;
                                case 0x1:
                                        RED_LED_ON;
                                        AutoCompensationFlag=TRUE;
                                        Button2Event();         /          /
Sensitivity Down
                                        break;
                                case 0x0:
                                        LED_OFF;

                                default:
                                        break;
                        }
        }
        return TRUE;
}
```

14) 연구내용 및 실험방법

(1) 보드 장착 및 케이블 연결(전원, USB)

[그림 6-33]과 같이 전원과 USB 케이블을 연결하고 초음파 센서보드를 메인보드에 장착한다.

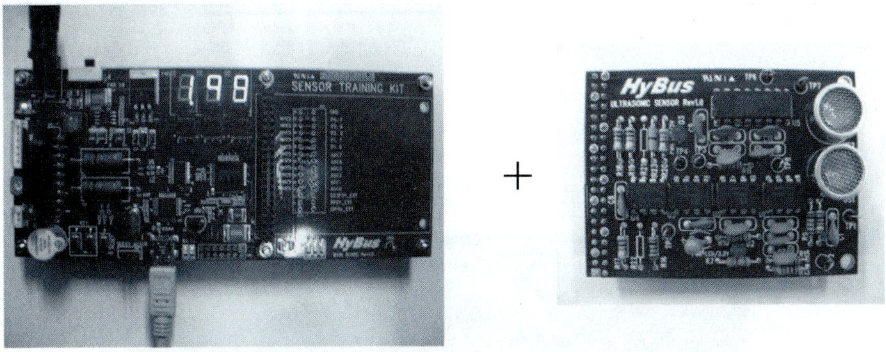

[그림 6-33] 센서보드 결합

(2) 장치관리자에서 COM 포트 확인

장치관리자에서 USB가 COM3로 잡혀있는지 확인하고 만약 포트 번호가 다를 경우 포트 설정에서 포트 번호를 3번으로 변경한다.

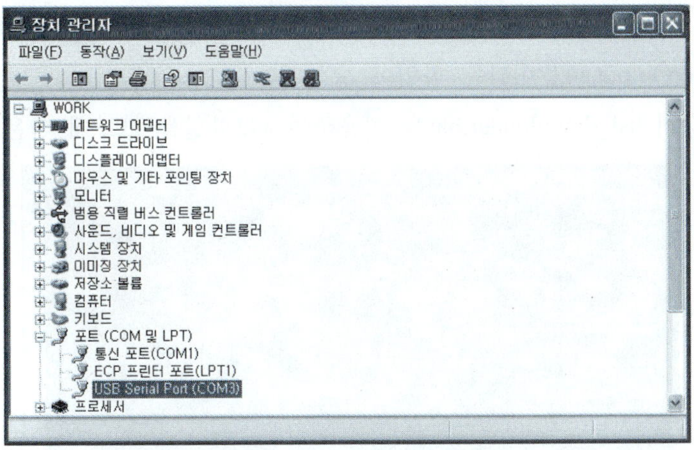

[그림 6-34] COM3 확인

(3) 프로그램 빌드 및 다운로드

① 윈도우에서 시작→실행에서 [그림 6-35]와 같이 cmd를 입력한 뒤 확인을 클릭한다.

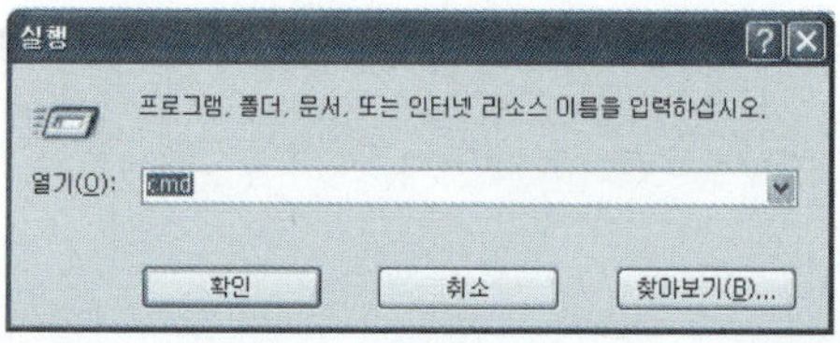

[그림 6-35] CMD 실행

② CMD창에서 초음파 센서 프로그램("C:\mspgcc\work\HsensorTraining\20_UltraSoundSensor") 위치로 이동 후 "make" 명령으로 프로그램을 빌드한다.

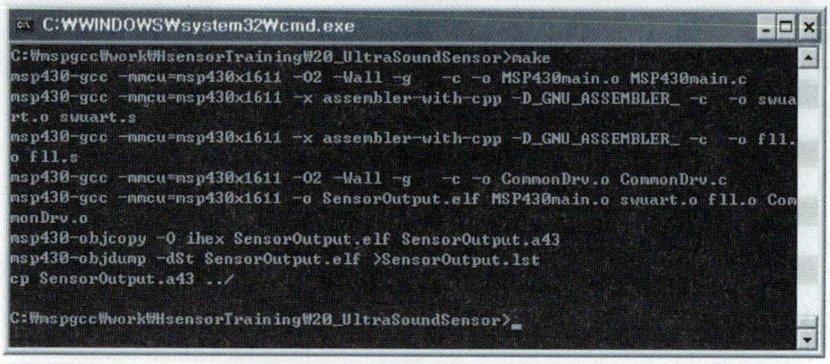

[그림 6-36] S/W 빌드

③ 정상적으로 빌드되었다면 상위 디렉토리인 C:\mspgcc\work\HsensorTraining" 폴더에 "SensorOutput.a43"이라는 파일이 생성된다.

다음과 같이 bsl_downloader.bat을 이용하여 a43파일을 보드에 다운로드한다.

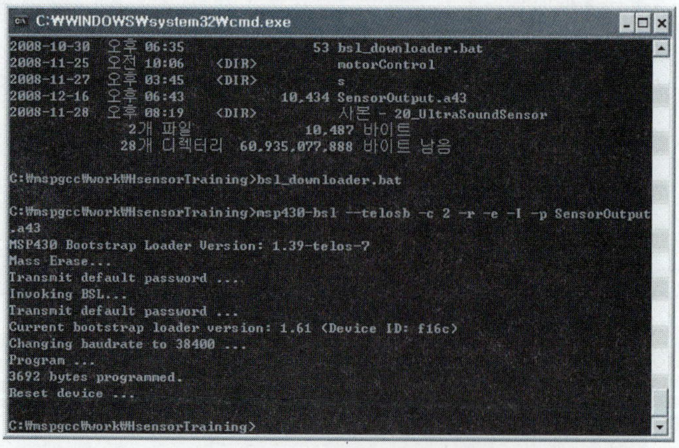

[그림 6-37] 이미지 다운로드

(4) 프로그램 실행

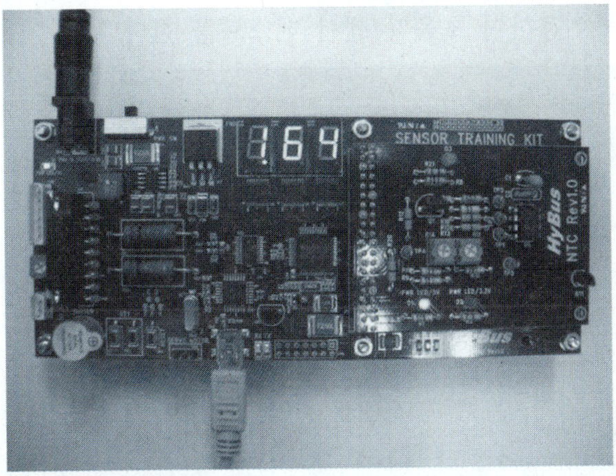

[그림 6-38] 프로그램 실행결과

(5) PC에서 시리얼 데이터 출력화면

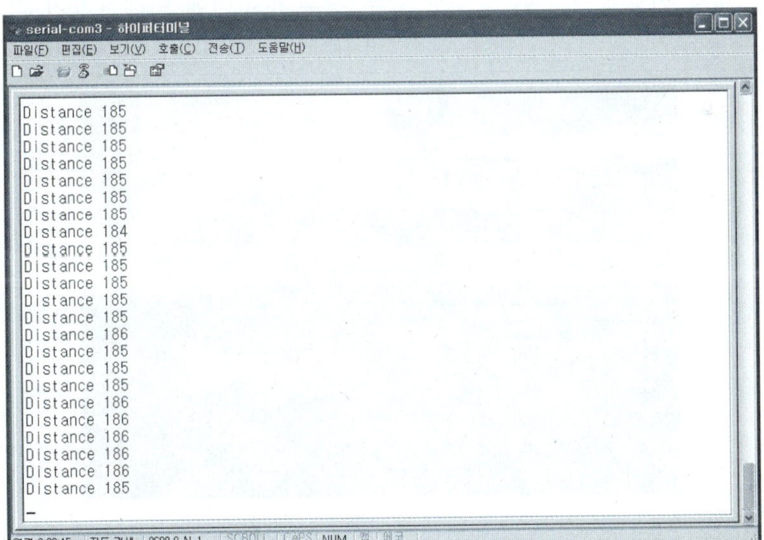

[그림 6-39] 시리얼 데이터 출력화면

15) 연구결과

① 케이스 덮개를 이용하여 초음파 센서 테스트를 한다.

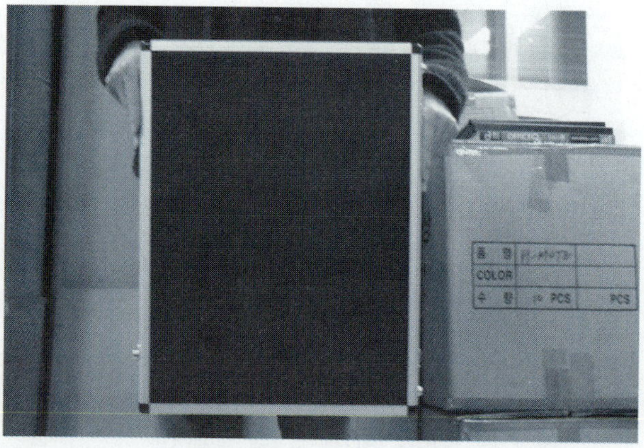

[그림 6-40] 테스트 물체 사진

② 초음파 센서 전방에 아무런 물체도 없는 경우 타이머에 의해서 999 결과값이 출력된다.

[그림 6-41] 타임오버 사진

③ 물체를 인식할 수 있는 최소한의 거리(약 30cm)에 물체가 인식된 경우 001 결과값이 출력된다.

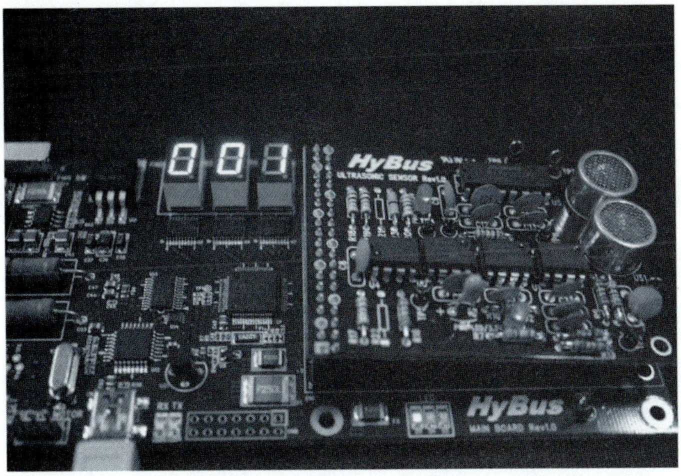

[그림 6-42] 테스트 물체 최소거리 사진

④ 물체를 인식할 수 없을 때까지 결과값이 출력된다. 최대거리는 물체선정과 주변환경에 따라 달라질 수 있다.

[그림 6-43] 테스트 물체 최대거리 사진

CHAPTER 06

07장 역학 센서 모듈의 응용

01 압력 센서

1) 압력 센서

① 압력과 유체에 작용하는 단위면적당의 힘을 압력(Pressure)이라 하며 이를 감지한다.

- 게이지압 : 대기압기준, 일반적인 의미의 압력
- 차압 : 두 가지 유체사이 압력차
- 절대압 : 진공을 기준으로 한 압력

② 반도체식 압력 센서

고감도, 저가격, 사용온도가 100℃ 이하이다.

2) 압력 센서의 종류

(1) 기계식

개방된 고정단에 압력이 도입되면 다른 밀폐된 관의 선단이 이동하여 이를 감지하며 풀돔형, 다이아프램형, 벨자형이 있다.

(2) 전기식

기계적인 변위를 전기신호로 변환, 기본적으로는 기계식과 동일하고 정전용량형, 가평형식이 있다.

(3) 반도체식

압력을 왜응력으로 변환하는 다이어프램(Diaphragm)과 다이어프램의 동력을 전기적 신호로 변환하고 다이어프램은 반도체 사진식각공정으로 제작한다. 단결정 실리콘의 완전 탄성체인 기계적 특성을 이용한다.

(4) 압저항식

저항체를 불순물 주입에 의한 확산공정으로 제작한다.

(5) 정전용량형

전극간 정전용량변화를 측정한다.

3) 기계식 압력 센서

(1) 부르동관(Bourdon관, Full Dome관)

단면이 원상 또는 평면상의 금속관이고, C형, 스파이럴(Sprial)형, 헤리컬(Herical)형 등 곡선으로 가공된다. 개방된 고정단으로부터 측정압력을 도입하면 다른 밀폐된 관의 선단이 이동한다. 이 관선 이동량은 관내 압력의 크기에 비례하므로 확대된 압력을 지시한다.

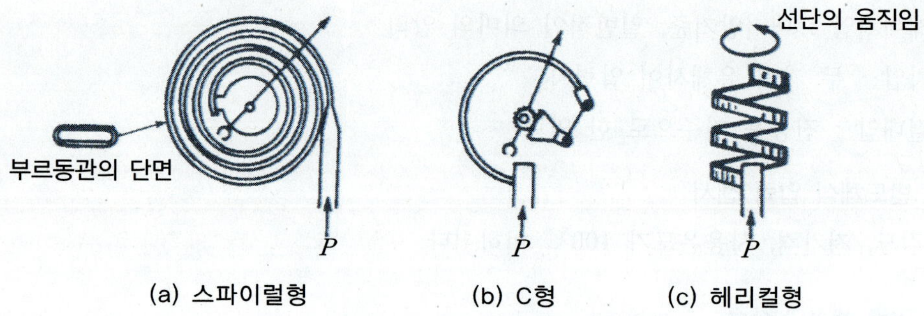

[그림 7-1] 부르동관의 형상

(2) 다이어프램

주변부를 고정시킨 얇은 원판이고, 원판 측면의 압력차에 비례하여 원판이 변형되며, 그 변위로부터 압력을 측정한다. 파상은 파의 형상과 파수를 선택하여 변위량을 변화시킬 수 있다.

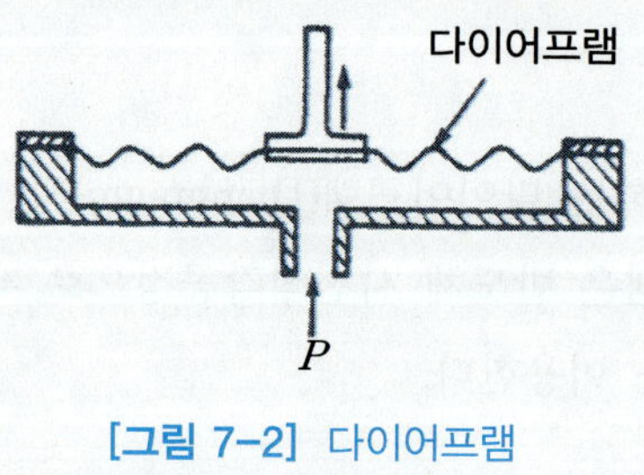

[그림 7-2] 다이어프램

(3) 벨로즈(bellows)

주름상자상의 박육금속원통의 Bell jar로 원통의 내부와 외부의 압력차에 의해 주름상자가 신축하여 그 변위량이 압력차에 비례하도록 한다.

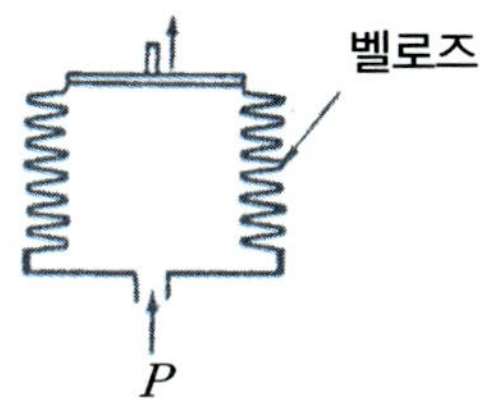

[그림 7-3] Bell jar

[표 7-1] 압력-변위 변환 비교

<table>
<tr><th></th><th>부르동관</th><th>다이어프램</th><th>벨로즈</th></tr>
<tr><td>입력 범위</td><td>0.5~2000kg/cm^2</td><td>5mmH$_2$O~20kg/cm^2</td><td>10mmHg~10kg/cm^2</td></tr>
<tr><td>정밀도</td><td>±1~±2%FS</td><td>±1~±2%FS</td><td>±1~±2%FS</td></tr>
<tr><td rowspan="2">원리 및 구조</td><td>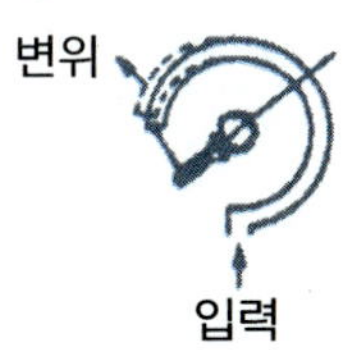
</td><td>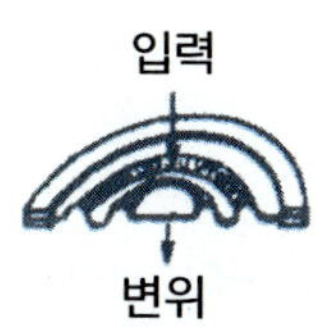
</td><td>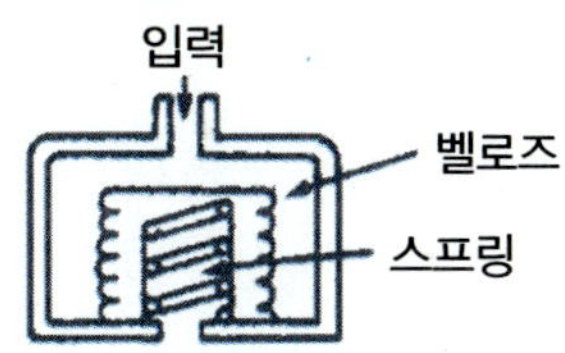
</td></tr>
<tr><td>타원상의 단면이고, 선단의 자유관이 닫혀 있는 반원형 관에 압력을 가하면, 관의 단면은 원에 가까워지고, 자유단은 그림 방향으로 변위한다.</td><td>금속 또는 비금속성이 원형 박판에 압력을 가하면 박판이 변위한다. 변위를 크게 하기 위해 박판을 동심파상판(同心波狀板) 등으로 한다.</td><td>많은 주름이 있고, 주름 모양의 것을 미리 스프링으로 늘여 놓고 이것에 외측에서 압력을 가해 수축시킨다.</td></tr>
</table>

4) 전기식 압력 센서

(1) 정전용량식 압력 센서

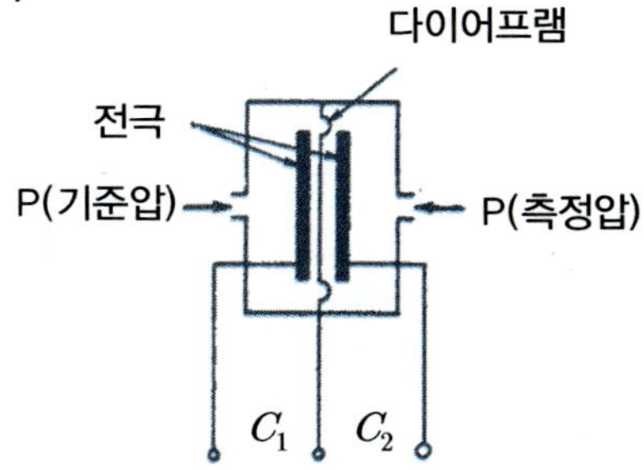

[그림 7-4] 정전용량식 압력 센서

CHAPTER 07

2개 전극간의 정전용량 변화로부터 그 사이의 변위를 측정하는 방법으로, Bell jar 또는 다이어프램의 압력에 의한 가동전극을 변위시켜 용량변환하여 압력을 전기적으로 검출한다.

(2) 역평형식 압력 센서

측정압력에 비례하여 발생하는 힘과 외부에서 전자적으로 만들어지는 힘과 평형하게 하여 측정압력을 전류와 전압 등으로 읽는 센서이다.

[그림 7-5]에서 검출소자가 측정압력에 따라 변위되지 않도록 전자적인 외력을 소자에 작용시켜, 힘의 평형을 유지하기에 필요한 전류와 전압이 측정압력에 비례하도록 한다.

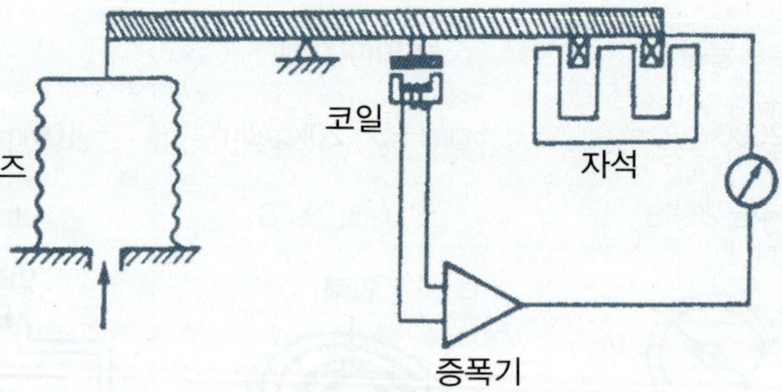

[그림 7-5] 역평형식 압력 센서

5) 반도체식 압력 센서

다이어프램에 정수압을 인가하는 경우 발생하는 응력을 전기신호로 변환하는 방법으로 진동자의 고속진동수의 변화를 검출하는 것과 표면탄성파를 이용한 것이 있다.

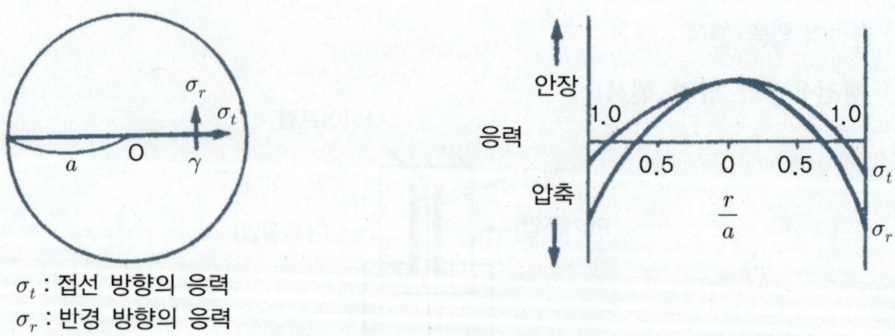

[그림 7-6] 다이어프램의 응력분포

(1) 압저항식

압저항소자를 형성할 때 반도체의 불순물 확산공정을 이용하여 Si의 다이어프램과 압저항소자가 완전히 일체되도록 한다.

① 압저항효과는 P형과 N형에 따라 압저항소자의 전도형이나 소자가 형성되는 결정면에 의하여 다르고 결정방위 의존성이 있다.

② 압저항계수의 결정방위 의존성 때문에 배치가 다르다. 압저항소자의 저항변화율은

$$\frac{\Delta R}{R} = \pi_a \sigma r + \pi_b \sigma t \tag{7-1}$$

R : 응력이 없을 때 압저항소자의 저항값
ΔR : 응력이 있을 때 저항값 변화량, π_a, π_b : 종횡 방향 압저항계수

이다. $|\sigma r - \sigma t|$가 최대가 되는 다이어프램의 외주부에 압저항소자를 배치한다. 브리지를 인가한 전압이 V_g라면 출력전압은 다음 식과 같다.

$$V_0 = \frac{\Delta R}{R} \times V_g \tag{7-2}$$

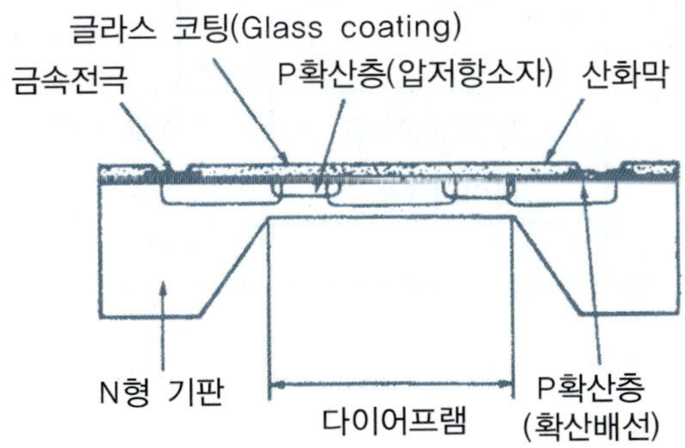

[그림 7-7] 압저항식 압력 센서의 구조

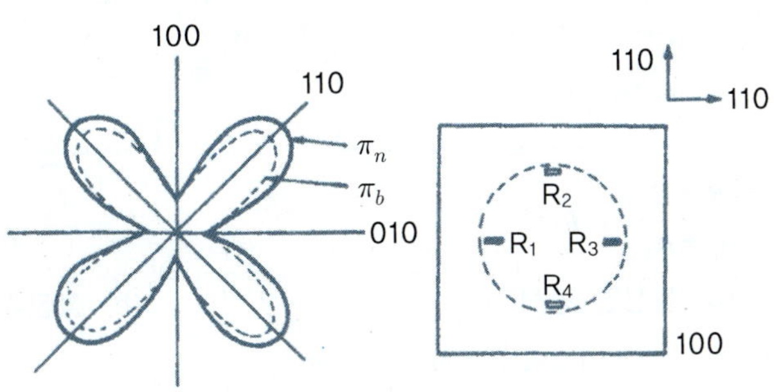

(a) P형 (100)면의 압저항계수

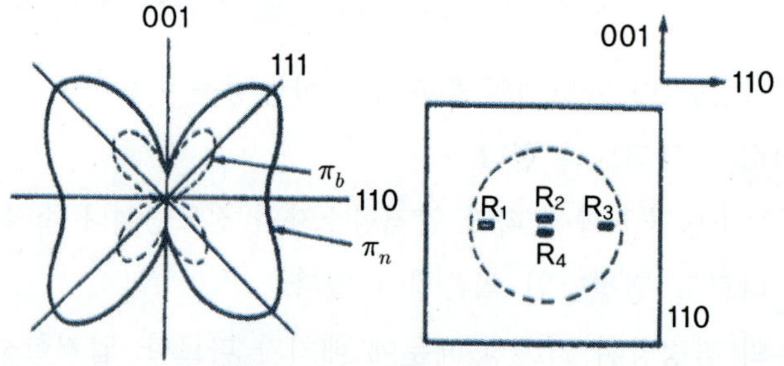

(b) P형 (110)면의 압저항계수

[그림 7-8] P형 압저항계수

(2) 정전용량식

2개의 전극판 간격을 외부의 응력으로 변화시키면 2전극간의 정전용량이 변화한다. 이 변화를 전기신호로 변환시켜 응력을 검출한다.

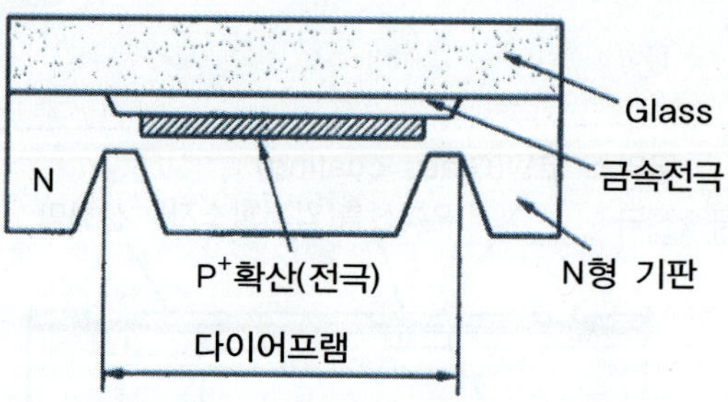

[그림 7-9] 정전용량식 압력 센서의 구조

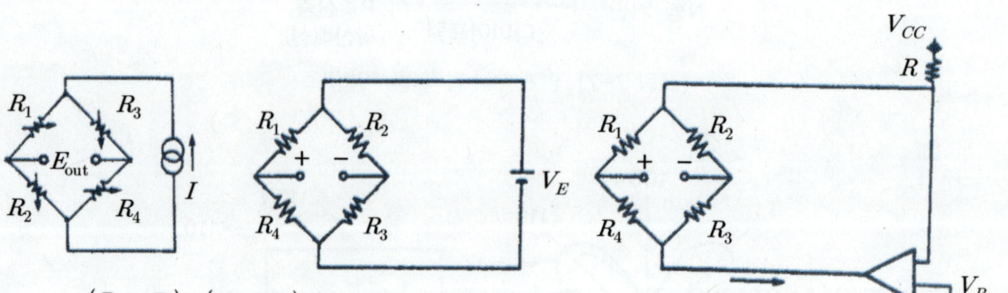

$$E_{out} = \frac{(R_2 \times R_3) - (R_1 \times R_4)}{R_1 + R_2 + R_3 + R_4} \times I$$

$$I_E = \frac{V_{CC} - V_R}{R}$$

(a) 정전압 방식　　(b) 정전류 방식

[그림 7-10] 브리지의 구동방법

(3) 반도체 압력 센서의 특성

압력 센서는 상당히 예민(Delicate)하기 때문에 그 취급이 대단히 어렵고 고도의 전문 지식이 요구된다. 특히, 증폭기의 설계는 극히 미묘해서 여러 가지 문제를 일으키기 쉽다. 그래서 여기에서는 그 요점들을 보다 알기 쉽게 종합하여 실제로 압력 센서를 사용할 경우 도움이 되도록 하였다.

① 반도체 압력 센서는 반도체의 피에조(Piezo) 저항효과를 응용한 것이다.
② 반도체 압력 센서는 온도의존성이 크다.
③ 반도체 스트레인게이지는 브리지 접속에서 사용된다.
④ 압력 센서 모듈에는 스위칭 출력 타입과 아날로그 출력 타입이 있다.
⑤ 반도체 압력 센서는 계장용 앰프를 사용한다.
⑥ 반도체 압력 센서의 바이어스 회로에는 정전류 구동법이 좋다.
⑦ 압력 센서는 설치작업중 부주의한 응력(應力)을 주어서는 안된다.
⑧ 압력 센서용 앰프의 이득조정은 계장요 앰프의 공통 입력저항으로 실시한다.
⑨ 압력 센서 회로의 이득조정은 바이어스 회로의 전류값으로 한다.
⑩ 계장용 앰프의 제로점 조정은 임피던스가 낮은 전류 버퍼를 이용해서 실시한다.
⑪ 맥동(脈動)이 많은 압력원의 센싱에는 도압구(導壓口)에 보조 탱크를 설치하면 좋다.

6) MPX5010 압력 센서 사양

- 제조회사 : Freescale Semiconductor
- 5.0% Maximum Error over 0° to 85°C
- 마이크로프로세서 또는 마이크로컨트롤러에 이상적으로 적합
- 40°에서 +125°C 온도보상

[표 7-2] 동작 특성

특 성	Symbol	Min	Type	Max	Unit
Pressure Range	P_{OP}	0	–	10	kPa
Supply Voltage	V_S	4.75	5.0	5.25	Vdc
Supply Current	I_o	–	5.0	10	mAdc
Minimum Pressure Offset (0 to 85℃) @ V_S=5.0Volts	V_{off}	0	0.2	0.425	Vdc
Full Scale Output (0 to 85℃) @ V_S=5.0Volts	V_{FSO}	4.475	4.7	4.925	Vdc

특 성		Symbol	Min	Type	Max	Unit
Full Scale Span @ V_S=5.0Volts	(0 to 85℃)	V_{FSS}	4.275	4.5	4.725	Vdc
Accuracy	(0 to 85℃)	–	–	–	±5.0	$\%V_{FSS}$
Sensitivity		V/P	–	450	–	mV/kPa
Response Time		t_R	–	1.0	–	ms
Output Source Current at Full Scale Output		I_{O+}	–	0.1	–	mAdc
Warm–Up Time		–	–	20	–	ms
Offset Stability		–	–	±0.5	–	$\%V_{FSS}$

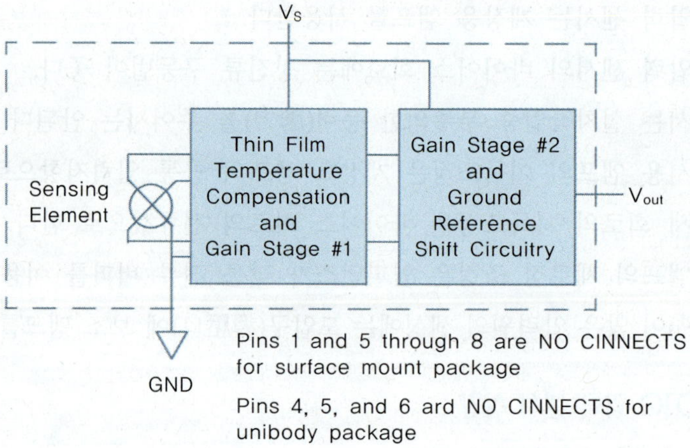

[그림 7–11] Fully Integrated Pressure Sensor Schematic

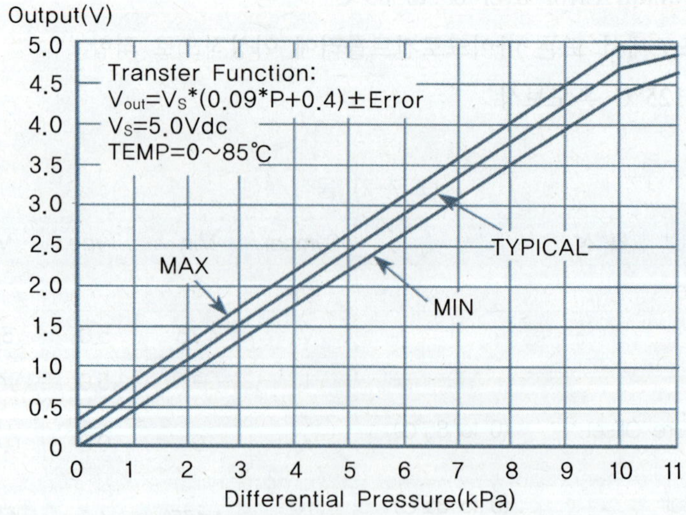

[그림 7–12] Output versus Pressure Differential

7) 압력 센서보드

[그림 7-13]의 압력 센서보드는 MPX5010을 이용하여 압력을 측정한다.

[그림 7-13] 압력 센서 보드

8) 부품배치도

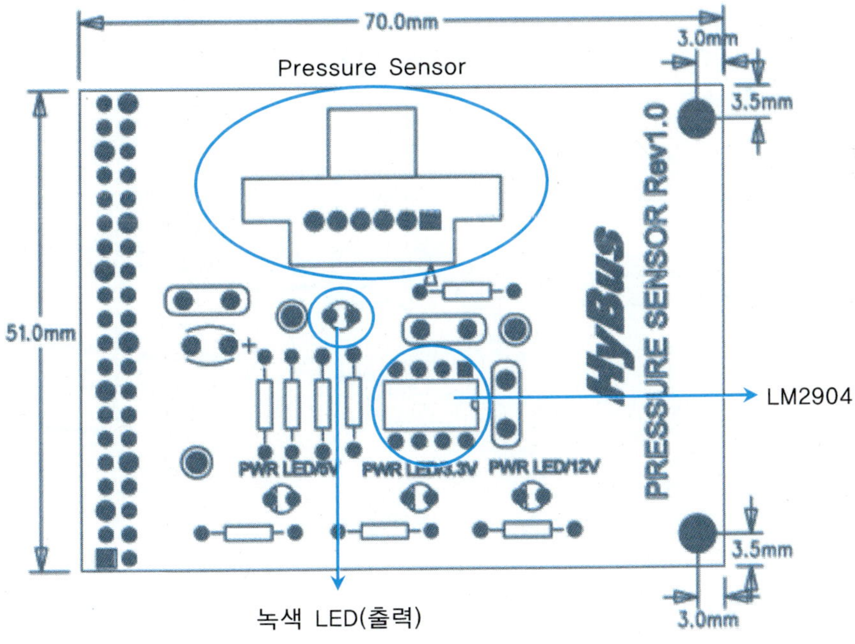

[그림 7-14] 보드 전면

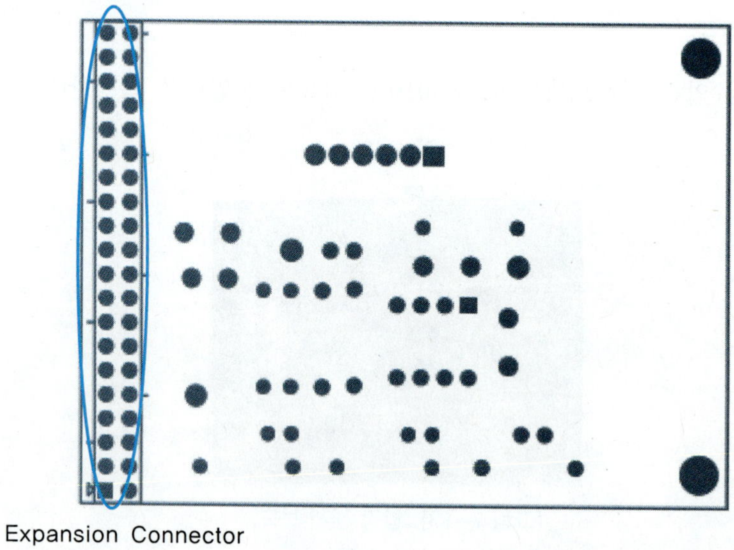

[그림 7-15] 보드 후면

9) 회로도

압력 센서보드의 주요 회로는 [그림 7-16]과 같다.

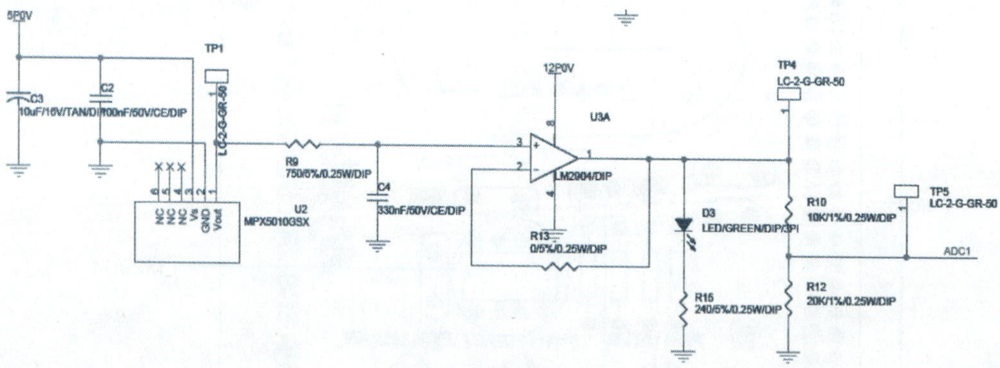

[그림 7-16] 주요 회로부

10) 회로동작설명

① U2 Pressure Sensor에 압력을 가하면 TP1 단자의 전압이 올라간다.

② TP1 단자전압이 올라가면 U3 OP-AMP를 거쳐 TP4 단자 전압도 올라간다.

③ TP4 단자에 나타나는 전압에 따라 D3 녹색 LED의 밝기가 달라진다.

④ TP5 단자의 전압은 R10, R12 저항에 의해 전압분배되어 프로세서의 Digital 입력단자로 직접 인가된다.

11) 부품 리스트

압력 센서보드에 사용된 부품 리스트는 [표 7-3]과 같다.

[표 7-3] 압력 센서보드 부품 리스트

순서	수량	부품번호	부품명
1	1	CN1	PIN HEADER 20PX2/2.54mm/Straight Type
2	2	C1, C2	100nF/50V/CE/DIP
3	1	C3	10μF/16V/TAN/DIP
4	1	C4	330nF/50V/CE/DIP
5	3	D1, D2, D4	LED/RED/DIP/3PI
6	1	D3	LED/GREEN/DIP/3PI
7	1	R6	330/5%/0.25W/DIP
8	2	R7, R15	240/5%/0.25W/DIP
9	1	R9	750/5%/0.25W/DIP
10	1	R10	10K/1%/0.25W/DIP
11	1	R12	20K/1%/0.25W/DIP
12	1	R13	0/5%/0.25W/DIP
13	1	R16	1K/5%/0.25W/DIP
14	3	TP1, TP4, TP5	LC-2-G-GR-50
15	1	U2	MPX5010GSX
16	1	U3	LM2904/DIP

12) 프로그램 설명

회로구성상 압력변화에 따라 ADC1로 입력되는 전압이 변한다. MSP430의 내부 ADC를 이용하여 입력되는 전압값을 측정하여 FND에 표시한다.

work\HsensorTraining\13_PressureSensor**msp430main.c**

```
INT16 main(VOID)
{
        UINT16 ADCval;
        WDTimerInit();
        PortInit();
        ADCInit();
```

```
        DeviceInit();
        UartInit();
        blinkLED();
        EnableIntr();

        while(FOREVER)
        {
                ADCval=ADCRead();  // ADC으로 입력되는 전압값을 읽어온다.
                FNDVout(ADCval);   // ADC의 값을 Voltage값으로 변환하여
FND에 표시.
                printf("Pressure %d\r\n",ADCval);
                msdelay(10);
        }
        return TRUE;
}
```

13) 연구내용 및 실험방법

(1) 보드 장착 및 케이블 연결(전원, USB)

[그림 7-17]과 같이 전원과 USB 케이블을 연결하고 압력 센서보드를 메인보드에 장착한다.

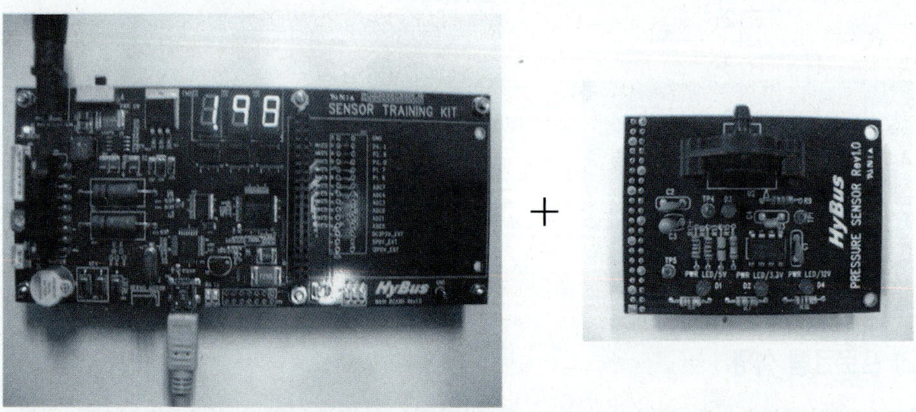

[그림 7-17] 센서보드 결합

(2) 장치관리자에서 COM 포트 확인

장치관리자에서 USB가 COM3로 잡혀있는지 확인하고 만약 포트 번호가 다를 경우 포트 설정에서 포트 번호를 3번으로 변경한다.

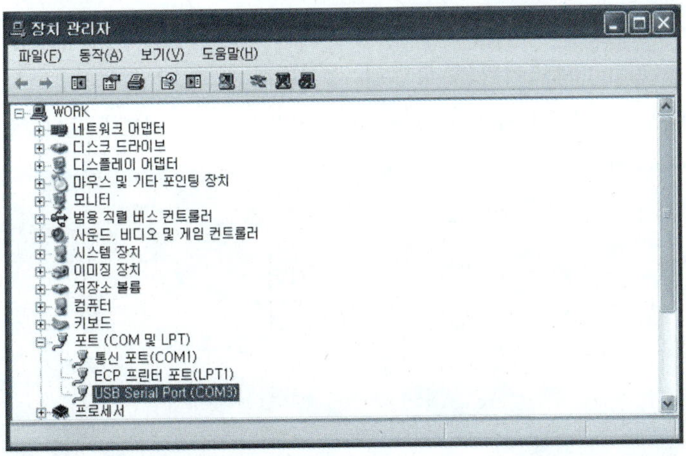

[그림 7-18] COM3 확인

(3) 프로그램 빌드 및 다운로드

① 윈도우에서 시작→실행에서 [그림 7-19]와 같이 cmd를 입력한 뒤 확인을 클릭한다.

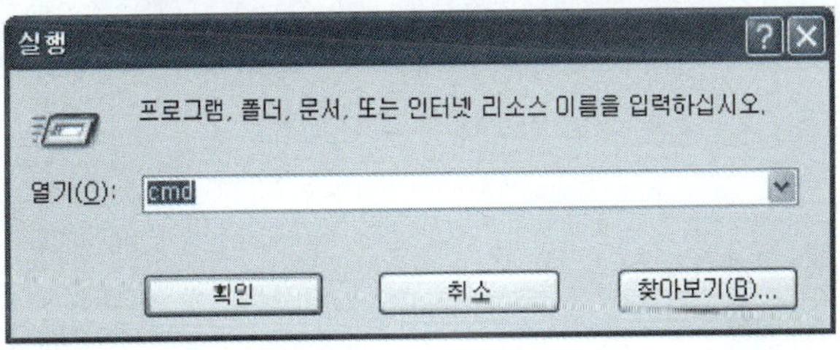

[그림 7-19] CMD 실행

② CMD창에서 압력 센서 프로그램("C:\mspgcc\work\HsensorTraining\13_PressureSensor") 위치로 이동을 한 뒤 "make" 명령으로 프로그램을 빌드한다.

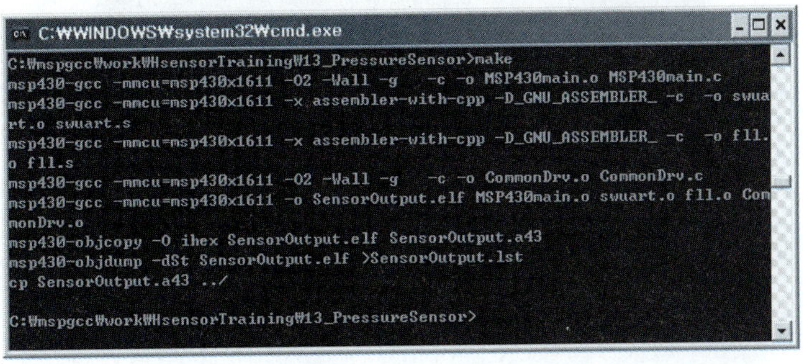

[그림 7-20] S/W 빌드

CHAPTER 07

③ 정상적으로 빌드되었다면 상위 디렉토리인 C:\mspgcc\work\HsensorTraining" 폴더에 "SensorOutput.a43"이라는 파일이 생성된다.

[그림 7-21]과 같이 bsl_downloader.bat을 이용하여 a43파일을 보드에 다운로드한다.

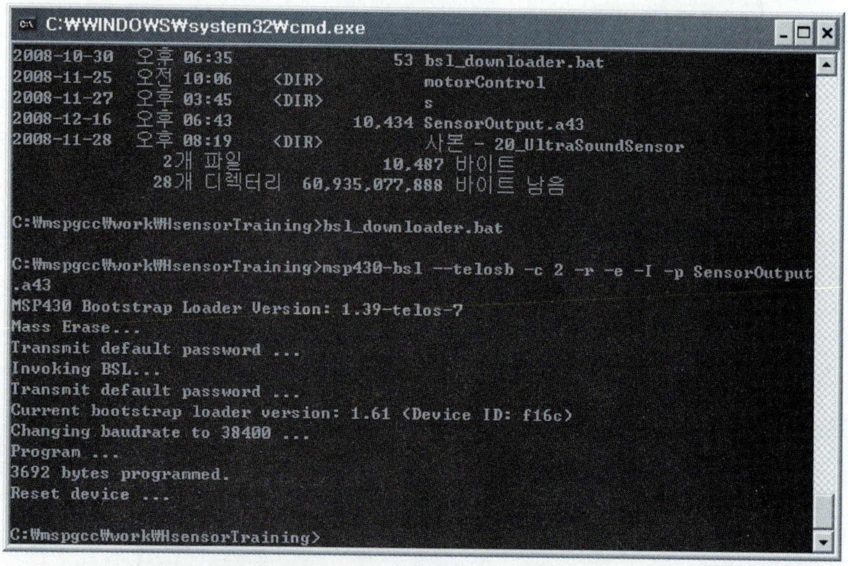

[그림 7-21] 이미지 다운로드

(4) **프로그램 실행**

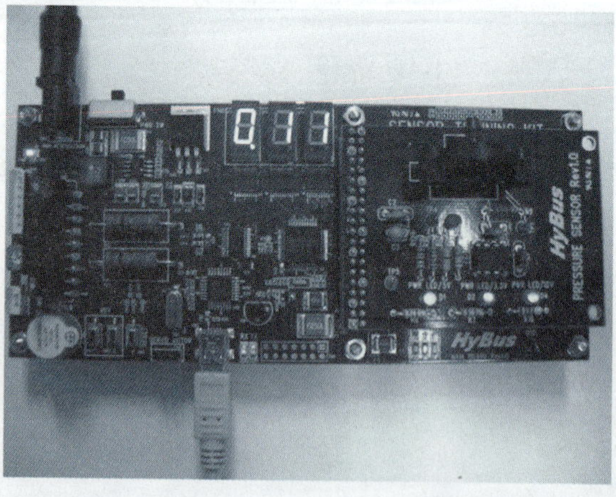

[그림 7-22] 압력 센서 프로그램 실행결과

(5) PC에서 시리얼 데이터 출력화면

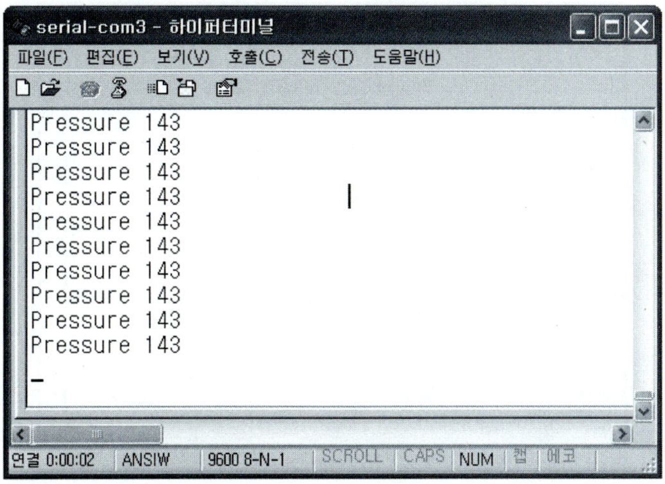

[그림 7-23] 시리얼 데이터 출력화면

14) 연구결과

① 압력 센서에 아무런 힘도 가하지 않았을 때 하이퍼터미널에서의 결과값의 변화이다.

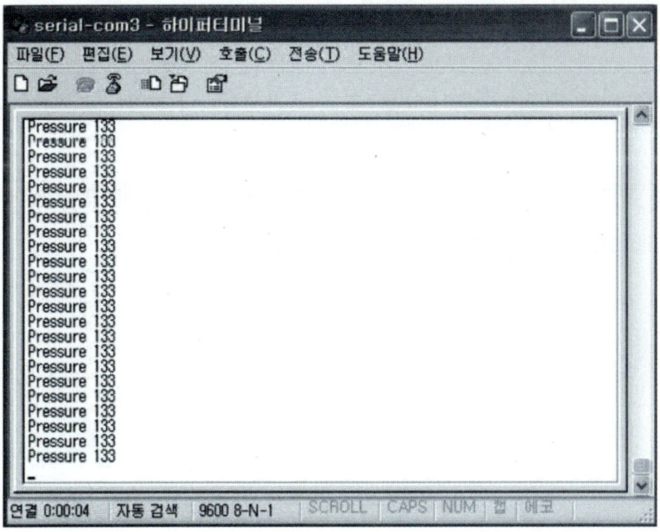

[그림 7-24] 압력이 없을 때 시리얼 데이터 출력화면

② 센서를 눌러 압력을 가했을 때의 하이퍼터미널에서의 결과값의 변화이다.

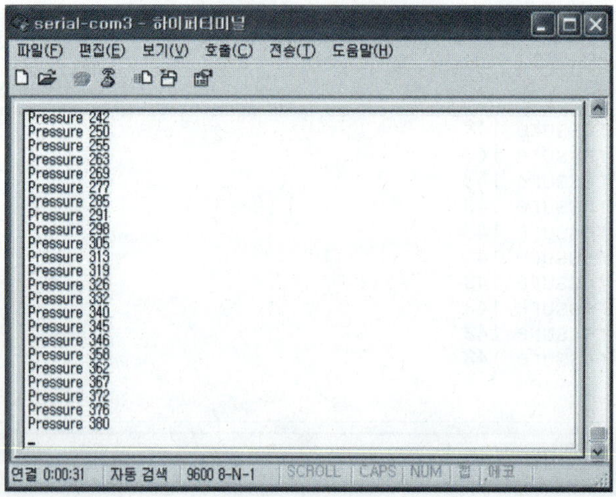

[그림 7-25] 압력을 가했을 때 시리얼 데이터 출력화면

02 가속도 센서

가속도 센서(Accelerometer Sensor)는 검출방식으로 관성식, 자이로식, 실리콘 반도체식이 있다.

정지계를 기준으로 관성가속도를 측정하는 형식으로, 질량에 작용하는 가속도에 의한 반력(관성력)을 이용한다.

1) 진자형

마찰이 적은 피벗 베어링으로 진자를 지지하고 가속 a가 가해지면 진자는 반대방향으로 변위된다. 이 변위로 가속도를 측정한다.

2) 진동형

질량 m을 양측에서 현으로 지지하고 현의 진동수 f_1, f_2의 차를 검출한다. 가속도 a가 가해지면 현의 장력차가 생겨 두 주파수의 차이로 가속도를 구한다.

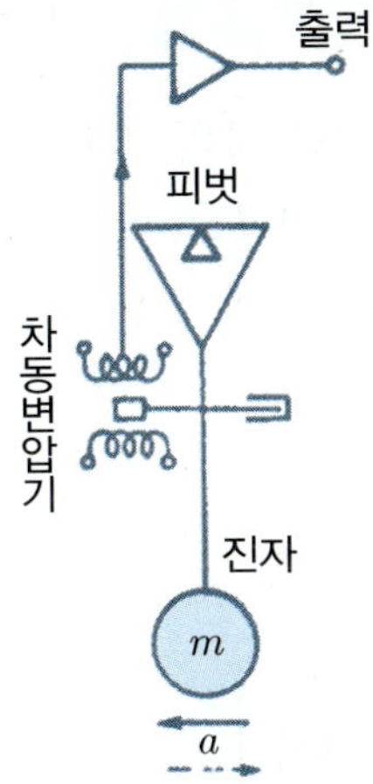

[그림 7-26] 진자형 가속도 센서

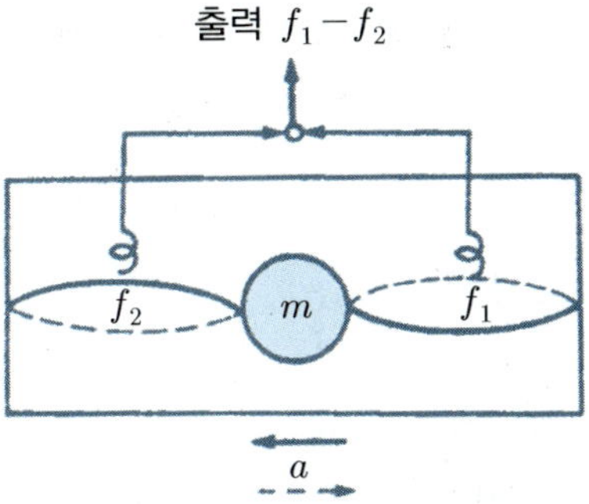

[그림 7-27] 진동형 가속도 센서

3) 자이로식 가속도 센서

관성계에 작용하는 가속도를 감지하는 것으로 중요한 요소는 코리올리의 힘이다.

[그림 7-28]에서 정지한 평판의 한 점 0을 중심으로 하여 ω의 각속도로 질량 m이 회전하고 있을 때 평판 자체가 0을 중심으로 천천히 Ω의 가속도로 돌고 있다면 m이라는 질량에는 원심력 F가 생긴다.

$$F = mr(\omega + \Omega)^2 = mr\omega^2 + 2m\nu\Omega + mr\Omega^2 \quad (7\text{-}3)$$

ν : $r\omega$로 평판을 기준으로 한 m의 회전속도이다.

즉, $mr\omega^2$은 평판을 기준으로 한 좌표에서 측정한 원심력이고, $2m\nu\Omega$는 m의 회전 w와 평판의 회전 Ω의 벡터 곱의 힘으로 ν와 Ω에 직각방향인 힘을 코리올리의 힘이라 한다. 즉, m에는 F가 작용한다. Ω이 작으면 힘도 작고 Ω이 크면 힘도 크므로 Ω을 검출한다.

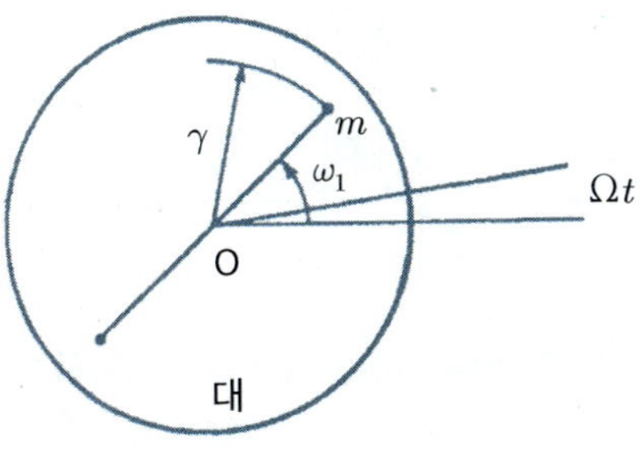

[그림 7-28] 코리올리의 힘

(1) 진동형

음의 진동에 의하여 Ω의 각속도가 가해지면 코리올리의 힘은 음의 진동수와 같은 진동수의 진동 토크를 발생하고 이 토크에 의한 진동을 검출하여 Ω을 측정한다.

$\Omega = 10$인 경우 ω의 각진동수를 가진 불필요한 진동이 생길 수 있다.

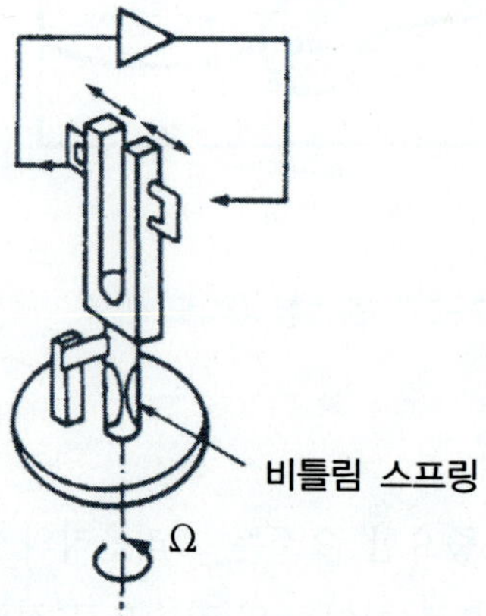

[그림 7-29] 진동형 자이로

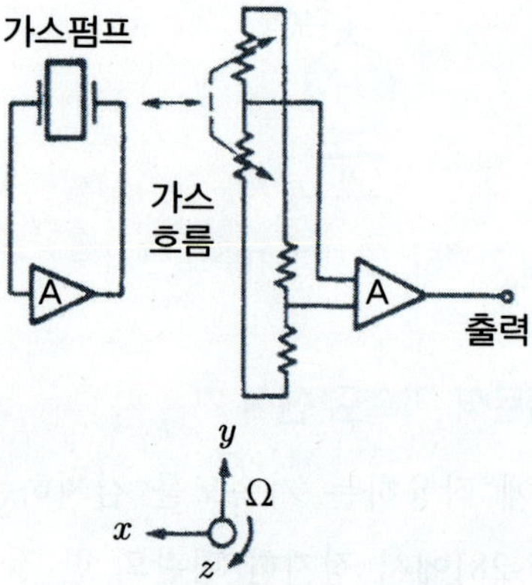

[그림 7-30] 유체형 자이로

(2) 유체형

운동체로 가스를 쓴 것으로 가스 펌프로 일정방향의 가스류를 발생시켜 브리지의 저항체를 냉각시킨다. z축에 각속도가 가해지면 가스 분자가 코리올리의 힘을 받아 가스류가 y로 흘러 두 저항값은 불평형이 생겨 불평형 전압이 Ω에 비례한다.

(3) 레이저 자이로형

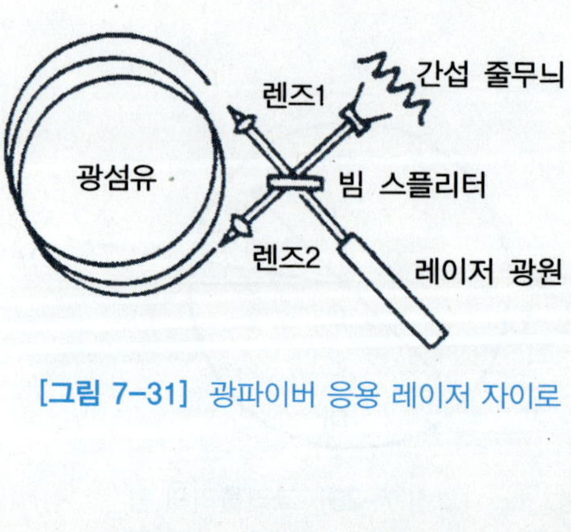

[그림 7-31] 광파이버 응용 레이저 자이로

파이버 응용으로 광로로서 광루프를 사용한다. 빔스플리터로 2개의 분할진 광을 역방향에서 파이버에 입사시킨다. 이들 빛은 파이버를 통한 후 다시 합파된 수광소자면 위에 간섭 줄무늬를 만든다. 이때 광학계가 광파이버 루프의 중심축 주위를 회전하면 두 빛 사이에 위상차가 생겨 줄무늬가 정지상태에서 이동하므로, 이 이동량으로 회전속도 또는 회전각을 얻을 수 있다.

(4) 회전형

회전체를 x축 주위의 짐벌즈에 대해 일정한 각속도 ω로 회전시킨다. 이 상태에서 짐벌즈 지지대가 관성계에 대해 z축 주위에 Ω의 가속도가 커지면 y축 주위에 토크 T가 생긴다.

$$T = -A\omega\,\Omega = -H\Omega \qquad (7\text{-}4)$$

A : 회전체의 x축 주위 관성능률 $H = A\omega$

회전체의 각부 질량 m에 작용하는 힘은 $-x$ 방향이 되고, 또 하반부에 작용하는 힘은 x 방향이다.

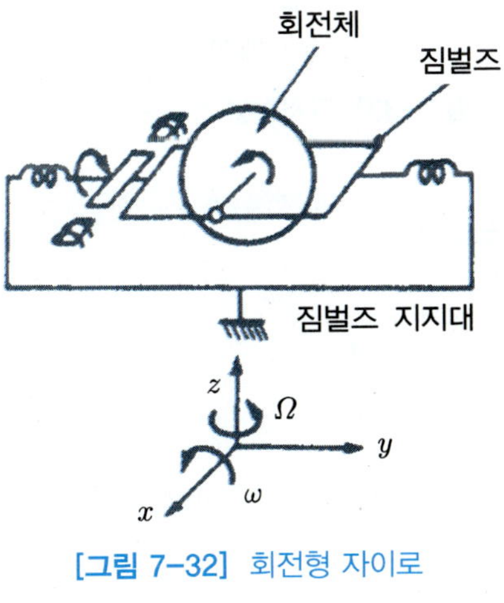

[그림 7-32] 회전형 자이로

4) 반도체식 가속도 센서

(1) 압저항형 Si 센서

압저항 요소 R_a는 확산층으로 캔털리버(Cantilever)에 형성한다. Si 웨이퍼(Wafer)는 이방성으로 되어 센서를 적게 하기 위해 유리판을 양면에 부착한다. 압저항은 큰 온도계수를 가지므로 확산저항 R_b 온도보상을 하도록 한다. 진동질량의 중심 C에 의하여 압저

CHAPTER 07

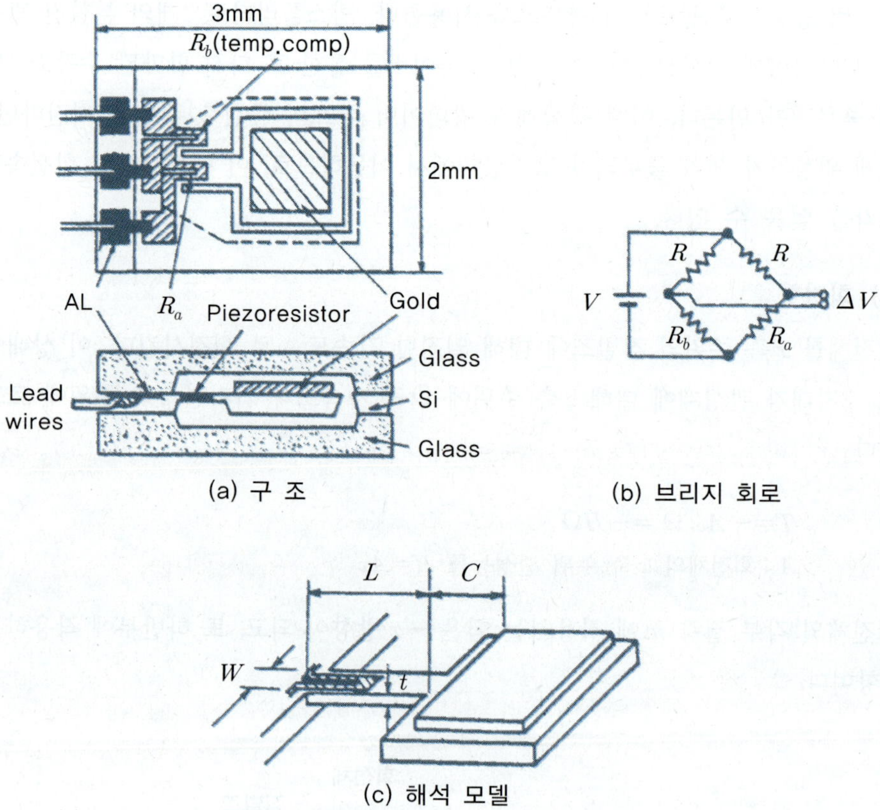

[그림 7-33] 압저항형 실리콘 가속도 센서

항 브리지 회로의 감도 S는

$$S = \frac{\Delta V}{V} = \frac{3}{4}\pi m \frac{C+L}{Wt^2}\alpha \tag{7-5}$$

π : 유효압 저항계수, α : 가속도, L : 빔 길이, W: 빔 폭, t : 빔 두께, m : 진동질량

[그림 7-34]에서 선과 중력 중심을 맞추기 위해 Si 질량 위에 다량의 얇은 금을 올려놓는다. 질량의 움직임을 제한하기 위해 센서의 과도범위 방지법을 쓴다.

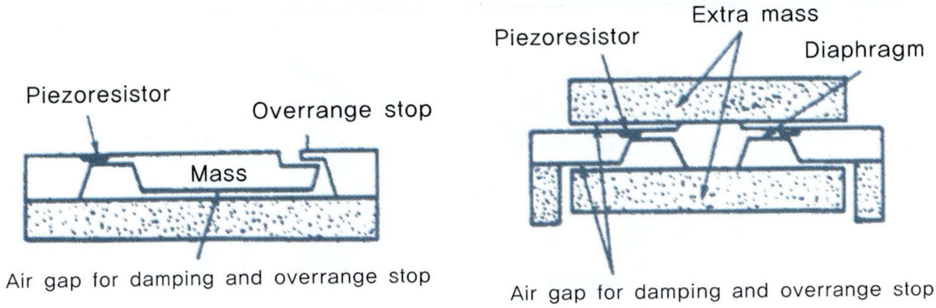

[그림 7-34] 압저항 실리콘 가속도 센서

(2) 용량형 Si 센서

질량의 변위가 움직이는 전극과 고정되어 있는 전극 사이의 용량변화로 측정한다. 차동 용량형 가속도 센서는 Si는 유리판 사이에 샌드위치 구조로 Si 질량은 얇은 빔들에 고정되어 질량의 위, 아래 표면에 대칭적으로 위치하여 전극 사이에 C_1, C_2가 형성된다. 1.6μm 두께의 SiON과 0.8μm 두께의 플라즈마를 올린 P-SiON의 2중층으로 빔을 만든다.

가속도 α에 의한 실리콘 질량의 x측 변위는 아래와 같다. 즉, 가속도 α는 용량 C_1, C_2 차에 비례한다.

$$\alpha = \left(\frac{kd}{m}\right)\frac{C_2 - C_1}{C_1 + C_2} \tag{7-6}$$

d : 용량간격, k : 탄성상수

빔이 내부인장응력 σ를 가질 때 축으로의 힘은 σWt로, 질량이 $\Delta d \ll L$만큼 움직이는 것으로 가정할 때 내부축으로의 힘의 수직성분은

$$F_1 = \left(\frac{\sigma Wt}{L}\right)\Delta d \tag{7-7}$$

탄성변형에 의해 하나의 빔이 유도되는 힘은

$$F_2 = \left(\frac{EWt^3}{L^3}\right)\Delta d \tag{7-8}$$

E : 영률

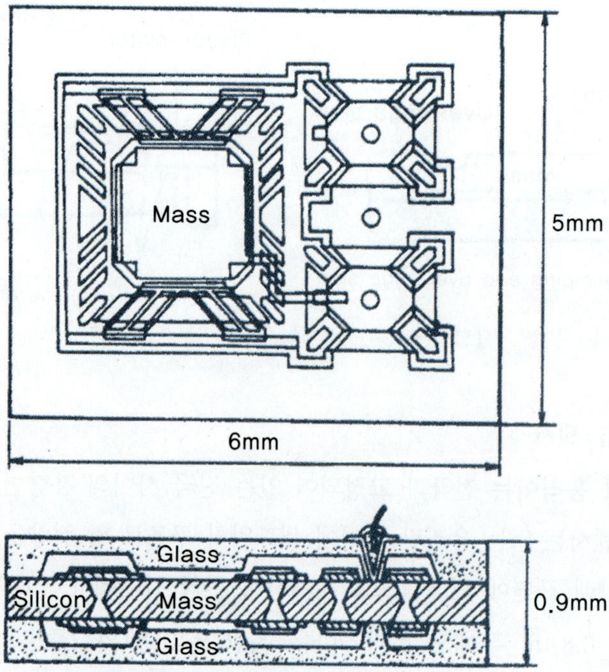

[그림 7-35] 차동용량형 가속도 센서

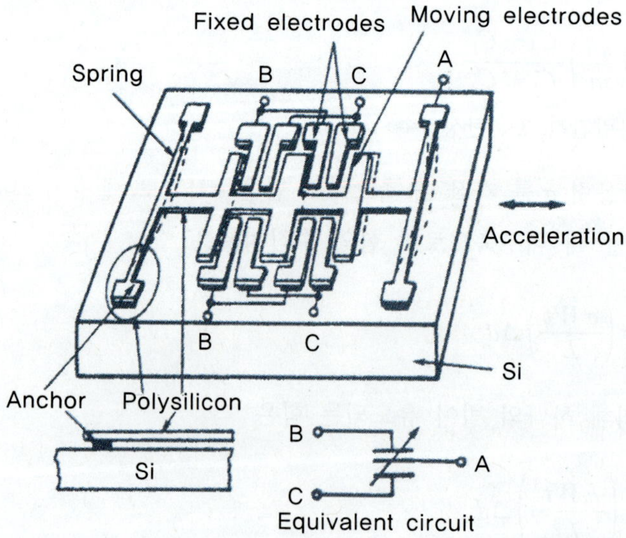

[그림 7-36] 표면 마이크로머시닝을 이용한 용량형 가속도 센서

n개의 빔이 사용될 때 수직방향의 힘 $n(F_1+F_2)$는 관성힘 ma에 대립되어 등가탄성 상수 K는

$$K = n\sigma \frac{Wt}{L} + nE\frac{Wt^3}{L^3} \tag{7-9}$$

이다. 주파수 출력정전용량 검출회로는 스미트 트리거 발진기로 C_χ는 I_o에 의해 주기적으로 충방전하므로 $f_{\text{out}} = \dfrac{I_o}{C_\chi V_h}$ 이다.

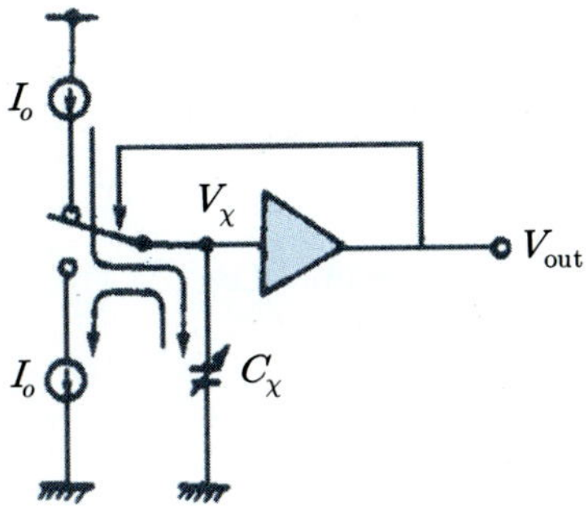

[그림 7-37] 출력주파수 용량형 감지회로

질량변위 χ는 가속도에 비례하므로 초기간격이라면 d_o, 센서 용량은 $d_o - \chi$에 반비례한다.

$$f_{\text{out}} = f_0\left(\frac{C_o}{C_\chi}\right) = f_0\left(\frac{d_o - ma}{kd_o}\right) = f_0\left(1 - \frac{ma}{kd_o}\right) \tag{7-10}$$

5) 가속도 센서의 사양

- 제품명 : ADXL103
- 제조회사 : Analog devices
- 높은 민감도
- 넓은 온도범위 : −40°~125℃
- 제품설명

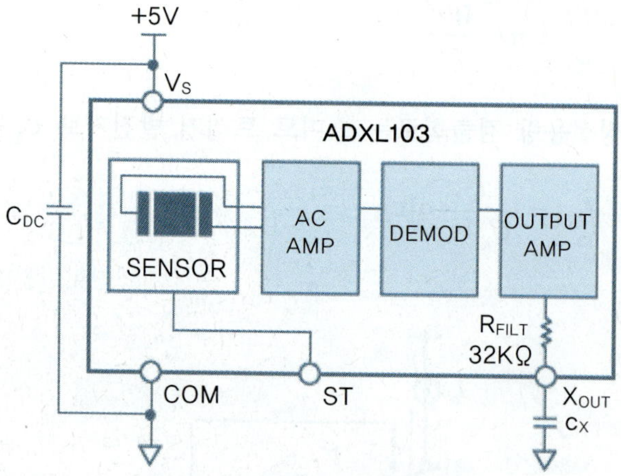

[그림 7-38] ADXL103 블록도

6) 가속도 센서보드

가속도 센서보드(Accelerometer Sensor Board)는 가속도 센서를 이용하여 가속도를 측정할 수 있는 보드이다. [그림 7-39]는 가속도 센서보드의 실물을 나타낸다.

[그림 7-39] 가속도 센서보드 사진

7) 부품배치도

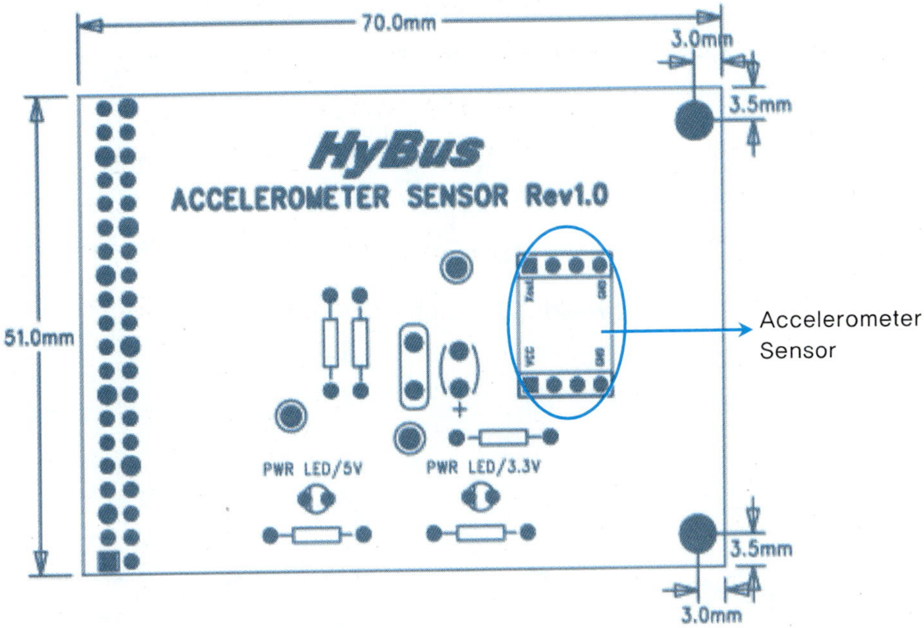

[그림 7-40] 보드 전면

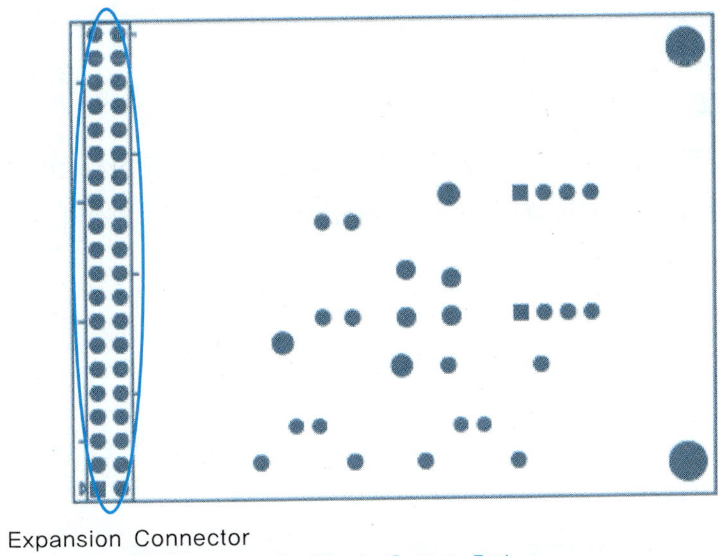

[그림 7-41] 보드 후면

8) 회로도

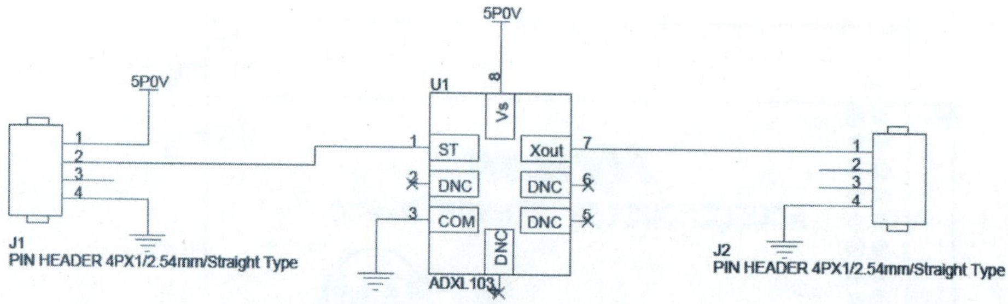

[그림 7-42] ADXL103 Board 주요 회로부

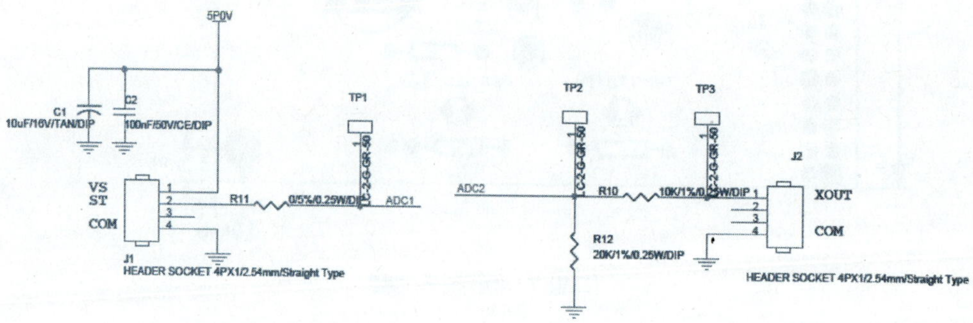

[그림 7-43] Accelerometer Sensor Board 주요 회로부

9) 회로동작설명

① U1 가속도 센서에 기울기 변화를 주면 변화량에 따른 TP3 단자의 전압이 변화한다.

② TP2 단자의 전압은 $R10$, $R12$저항에 의해 전압분배되어 프로세서의 ADC 입력단자로 직접 인가된다.

10) 부품 리스트

가속도 센서에 사용된 부품 리스트는 [표 7-4]와 같다.

[표 7-4] 가속도 센서 부품 리스트

순서	수량	부품번호	부품명
1	1	CN1	PIN HEADER 20PX2/2.54mm/Straight Type
2	1	C1	10μF/16V/TAN/DIP
3	1	C2	100nF/50V/CE/DIP

순서	수량	부품번호	부품명
4	2	D1, D2	LED/RED/DIP/3PI
5	2	J1, J2	HEADER SOCKET 4PX1/2.54mm/Straight Type
6	1	R6	330/5%/0.25W/DIP
7	1	R7	240/5%/0.25W/DIP
8	1	R10	10K/1%/0.25W/DIP
9	1	R11	0/5%/0.25W/DIP
10	1	R12	20K/1%/0.25W/DIP
11	3	TP1, TP2, TP3	LC-2-G-GR-50

11) 프로그램 분석

ADXL103의 전압출력핀(X_{out})이 MCU의 ADC0번 핀으로 입력된다. ADXL103의 기울기에 따라 X_{out}의 출력전압이 변하므로 MCU의 내부 ADC를 이용하여 기울기를 읽는다.

work\HsensorTraining\14_AccelerateSensor**msp430main.c**

```
INT16 main(VOID)
{
        UINT16 ADCval;
        WDTimerInit();
        PortInit();
        ADCInit();
        DeviceInit();
        UartInit();
        blinkLED();
        EnableIntr();

        while(FOREVER)
        {
                ADCval=ADCRead();
                ADCval=ADCval/4.67133-134;    // 0~180 변환

                if(ADCval<1)
                        ADCval=0;
                else if(ADCval>180)
                        ADCval=180;

                FNDDisplay(ADCval);

        }
        return TRUE;
}
```

CHAPTER 07

12) 연구내용 및 실험방법

(1) 보드 장착 및 케이블 연결(전원, USB)

[그림 7-44]와 같이 전원과 USB 케이블을 연결하고 NTC 보드를 메인보드에 장착한다.

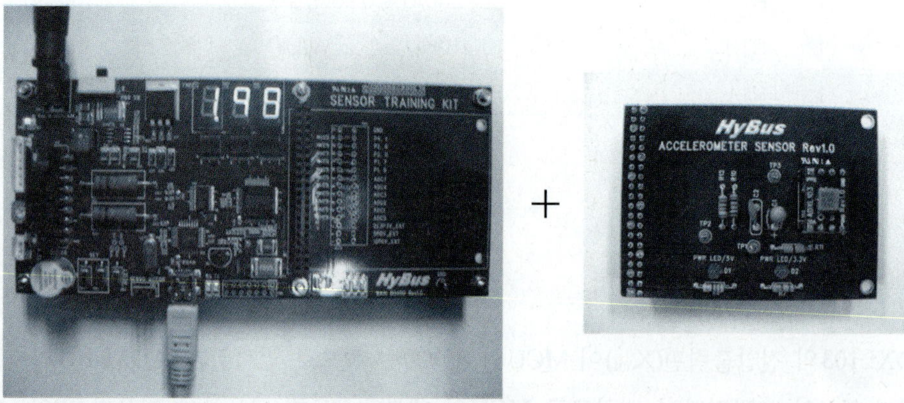

[그림 7-44] 센서보드 결합

(2) 장치관리자에서 COM 포트 확인

장치관리자에서 USB가 COM3로 잡혀있는지 확인하고 만약 포트 번호가 다를 경우 포트 설정에서 포트 번호를 3번으로 변경한다.

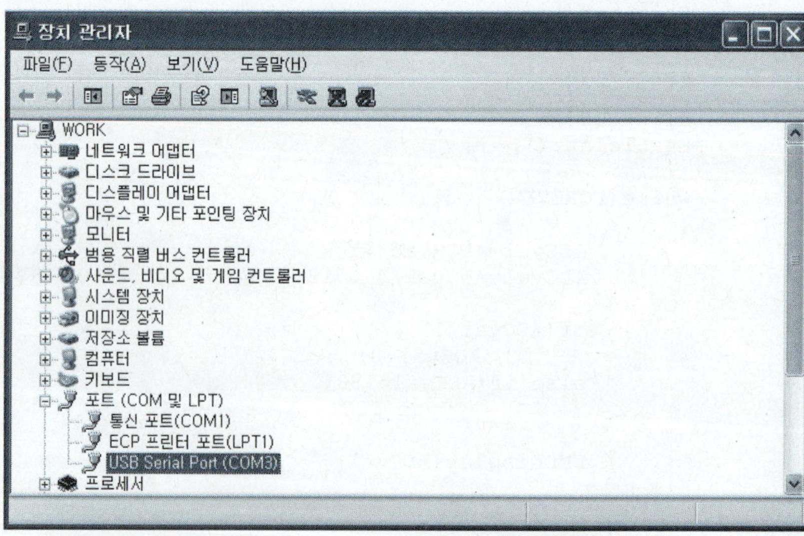

[그림 7-45] COM3 확인

(3) NTC 프로그램 빌드 및 다운로드

① CMD창에서 가속도 센서 프로그램("C:\mspgcc\work\HsensorTraining\14_AccelerateSensor") 위치로 이동을 한 뒤 "make" 명령으로 프로그램을 빌드한다.

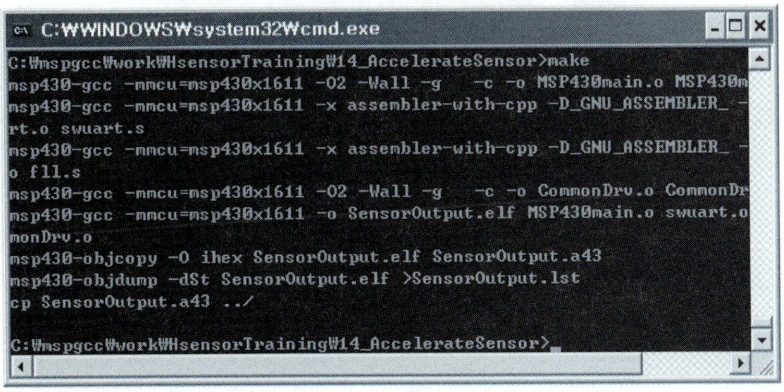

```
C:\WINDOWS\system32\cmd.exe
C:\mspgcc\work\HsensorTraining\14_AccelerateSensor>make
msp430-gcc -mmcu=msp430x1611 -O2 -Wall -g   -c -o MSP430main.o MSP430m
msp430-gcc -mmcu=msp430x1611 -x assembler-with-cpp -D_GNU_ASSEMBLER_ -
rt.o swuart.s
msp430-gcc -mmcu=msp430x1611 -x assembler-with-cpp -D_GNU_ASSEMBLER_ -
o fll.s
msp430-gcc -mmcu=msp430x1611 -O2 -Wall -g   -c -o CommonDrv.o CommonDr
msp430-gcc -mmcu=msp430x1611 -o SensorOutput.elf MSP430main.o swuart.o
monDrv.o
msp430-objcopy -O ihex SensorOutput.elf SensorOutput.a43
msp430-objdump -dSt SensorOutput.elf >SensorOutput.lst
cp SensorOutput.a43 ../

C:\mspgcc\work\HsensorTraining\14_AccelerateSensor>_
```

[그림 7-46] S/W 빌드

② 정상적으로 빌드되었다면 상위 디렉토리인 C:\mspgcc\work\HsensorTraining" 폴더에 "SensorOutput.a43"이라는 파일이 생성된다.

[그림 7-47]과 같이 bsl_downloader.bat을 이용하여 a43파일을 보드에 다운로드한다.

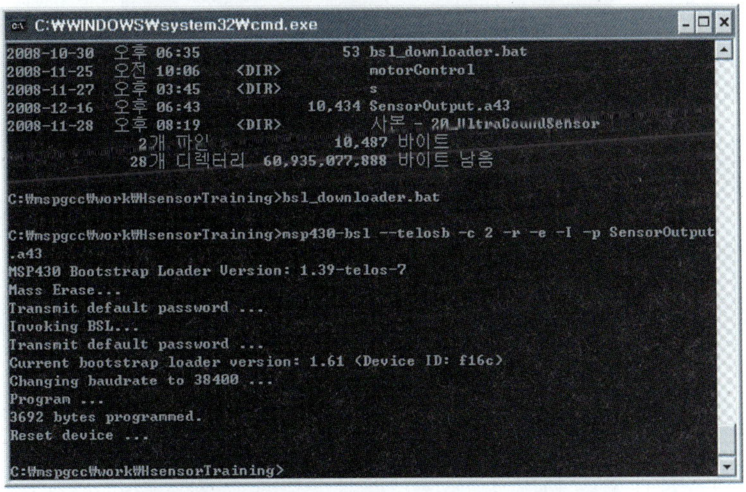

```
C:\WINDOWS\system32\cmd.exe
2008-10-30  오후 06:35              53 bsl_downloader.bat
2008-11-25  오전 10:06    <DIR>          motorControl
2008-11-27  오후 03:45    <DIR>          s
2008-12-16  오후 06:43          10,434 SensorOutput.a43
2008-11-28  오후 08:19    <DIR>          사본 - 20_UltraSoundSensor
               2개 파일              10,487 바이트
              28개 디렉터리  60,935,077,888 바이트 남음

C:\mspgcc\work\HsensorTraining>bsl_downloader.bat

C:\mspgcc\work\HsensorTraining>msp430-bsl --telosb -c 2 -r -e -I -p SensorOutput
.a43
MSP430 Bootstrap Loader Version: 1.39-telos-7
Mass Erase...
Transmit default password ...
Invoking BSL...
Transmit default password ...
Current bootstrap loader version: 1.61 (Device ID: f16c)
Changing baudrate to 38400 ...
Program ...
3692 bytes programmed.
Reset device ...

C:\mspgcc\work\HsensorTraining>
```

[그림 7-47] 이미지 다운로드

CHAPTER 07

(4) 프로그램 실행

[그림 7-48] 프로그램 실행결과 - 수평(90˚)

[그림 7-49] 프로그램 실행결과 - 좌측 30˚(120˚)

[그림 7-50] 프로그램 실행결과 - 우측 30˚(60˚)

(5) PC에서 시리얼 데이터 출력화면

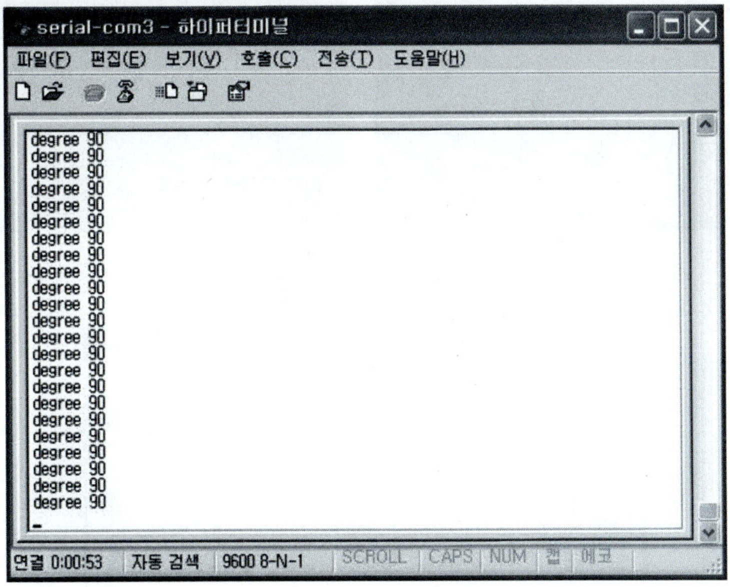

[그림 7-51] 터미널 실행결과

13) 연구결과

가속도 센서를 이용하여 기울기를 측정한 결과 화면과 사진이다.

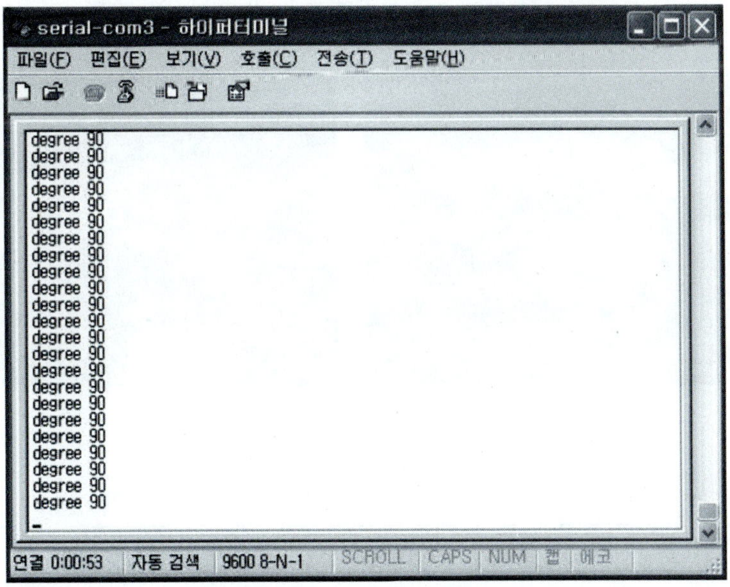

[그림 7-52] 가속도 센서 실행결과

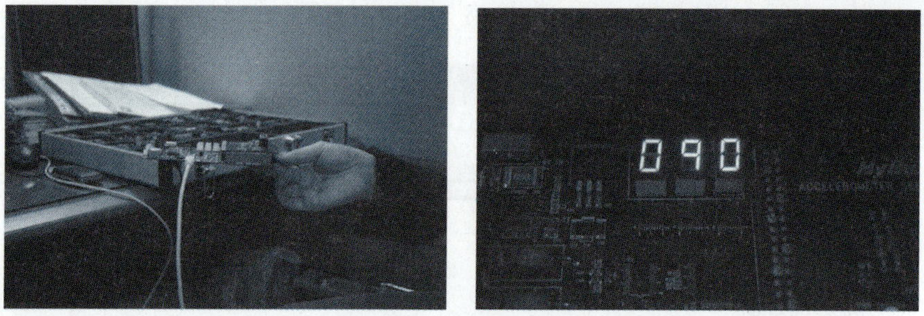

[그림 7-53] 가속도 센서 사진

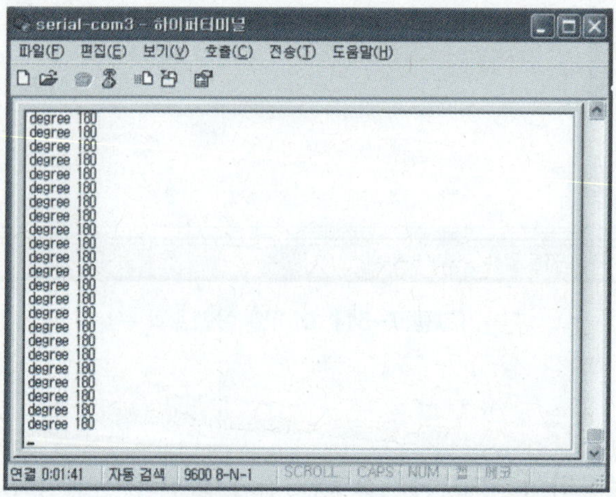

[그림 7-54] 가속도 센서 실행결과

[그림 7-55] 가속도 센서 사진

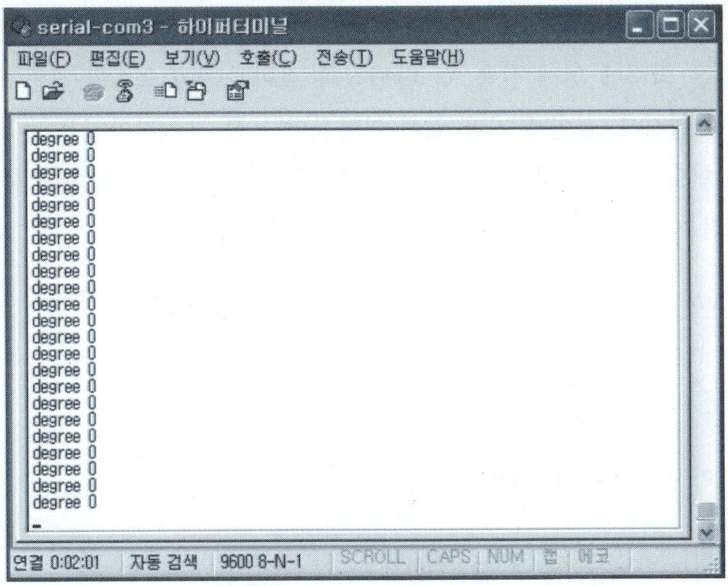

[그림 7-56] 가속도 센서 실행결과

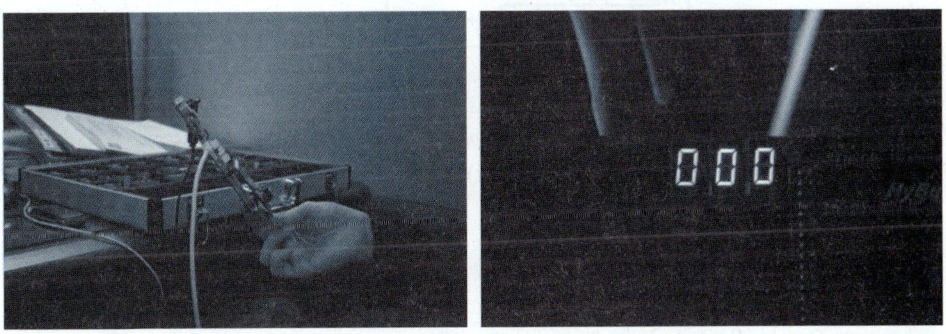

[그림 7-57] 가속도 센서 사진

03 스트레인게이지 센서

물체에 외력이 작용하여 물체의 변형이 일어나는 효과를 이용해서 재료의 응력, 변형을 측정하는 센서이다. 스트레인게이지(Straingage Sensor)는 기본적으로는 저항을 가진 도체이다. 이것을 구조물 또는 전용 변형발생체에 고정함으로써 피고정물이 받고 있는 힘이나 압력 등의 피측정량을 게이지의 전기저항의 변화로 바꾸어줌으로써 그 힘의 정도를 알아 낼 수 있다.

1) 금속 스트레인게이지 센서

금속저항선은 외력에 의해 신축, 즉 단면적과 길이가 변함으로써 전기저항이 변하는 효과를 이용한 센서로, 절연체 기판 위에 저항률이 높은 금속저항선을 접착제로 고정시키고 단말에 인출선을 연결한 구조이며, 피측정물의 한쪽 또는 양쪽에 붙여서 물체의 스트레인을 전기저항으로 변환 검출한다(ν : 푸아송비).

$$\frac{\Delta R}{R_0} = K\epsilon \qquad (7\text{-}11)$$

$$\frac{\Delta A}{A} = -2\nu\frac{\Delta l}{l}$$

$$\text{게이지율 } K = (1+2\nu) + \frac{\Delta\rho/p}{\epsilon}$$

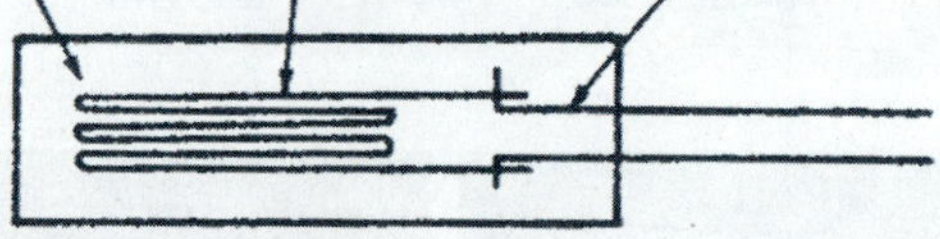

[그림 7-58] 금속저항선 스트레인게이지

게이지의 감도는 게이지 계수(Gauge factor) G, 저항변화율 $\frac{\Delta R}{R}$, 스트레인 $\frac{\Delta l}{l}$ 이라면

$$G = (\Delta R/R)/(\Delta l/l) \qquad (7\text{-}12)$$

$$\frac{\Delta R}{R} = \frac{\Delta l}{l} = \frac{\Delta a}{a} + \frac{\Delta\rho}{\rho}$$

$$\epsilon = \frac{\Delta l}{l}$$

a : 단면적, p : 비저항, ϵ : 탄성계수

2) 반도체 스트레인게이지 센서

Si를 이용한 단결정 벌크 게이지, 박막 스트레인게이지, PN 접합 게이지 등이 있다. P형 또는 N형 Si를 이용하여 압저항에 의한 전도방식에 따라 달라진다.

$$G = 1 + 2\nu + \pi Y \qquad (7\text{-}13)$$

ν : 푸아송비, π : 압저항계수, Y: 탄성계수

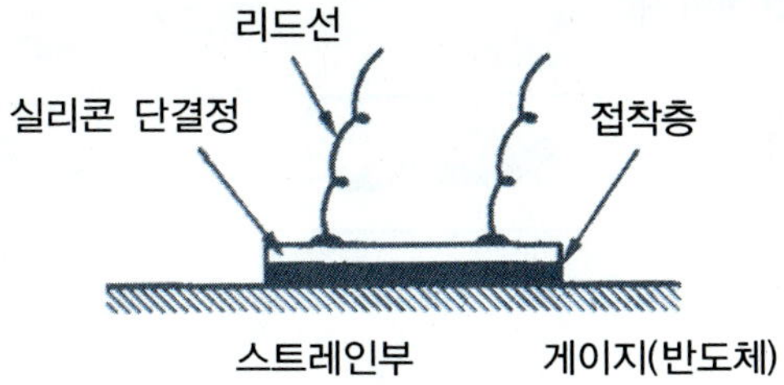

[그림 7-59] 반도체 스트레인게이지

Si의 경우 응력이 부과되면 결정적자의 간격이 변하여 캐리어의 이동도를 변화시켜 비저항이 크게 변한다. 게이지율이 10~100 정도로 값의 스트레인을 검출할 수 있다.

(1) 스트레인게이지 측정회로

$$e_0 = \frac{R_1R_3 - R_2R_4}{(R_1+R_3)(R_4+R_2)}e_i$$

$R_1 = R_2 = R_3 = R_4$ 이면 e_0 는 R_1 이 게이지 변형을 받아 $R_1 + \Delta R$ 이라면

$$e_0 = \frac{\Delta R}{4R + 2\Delta R}e_i$$

$R_1 = R_2 = R_3 = R_4$ 이면

$$e_0 = \frac{\Delta R}{4R}e_i$$

이때 $\Delta R = RK\epsilon$ 에서

$$e_0 = \frac{K\epsilon}{4}e_i$$

즉, 변형 $\epsilon = 1000 \times 10^{-4}$, $K = 2.0$, $e_i = 1\text{V}$ 라면 $e_0 = 0.5\text{V}$ 가 된다.

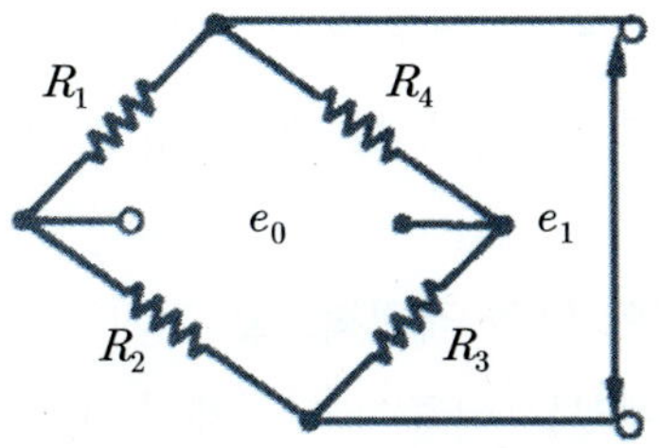

[그림 7-60] 브리지 회로

(2) 각종 박형 스트레인게이지

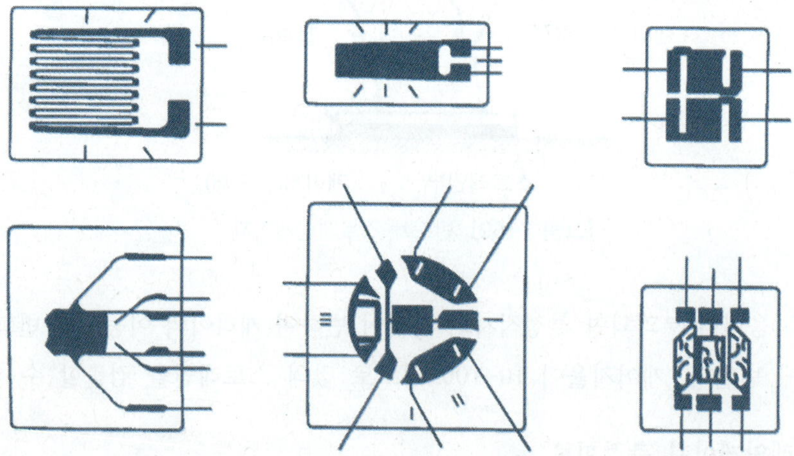

[그림 7-61] 각종 스트레인게이지

3) 스트레인게이지식 로드 셀

(1) 개 요

오늘날 전기식 하중변환기(이하 '로드셀')는 다양한 분야에서 널리 사용되고 있다. 40여 년 전 이러한 방식의 변환기의 개발이 시작되었으며 그 당시에는 10톤 이상의 하중측정에 국한하여 기계식 장치의 부분적인 개선된 형태로 사용되기 시작하였다.

이러한 초창기 로드셀의 정밀도 및 신뢰성을 개선하기 위해서는 여러 가지의 문제점들이 해결돼야 했다. 변환기의 소재의 선택을 매우 중요하게 생각하였을 것이며 특히 안정성이 우수하며 히스테리시스와 같은 문제점이 없는 소재의 선정을 위하여 수많은 노력을 하였을 것이다.

수십 년간의 연구와 문제해결을 통하여 현재는 최대하중의 0.02% 이하의 부정확성을 갖는 고정밀 변환기의 사용이 보편화될 정도로 발전되었다.

전기식 하중변환기의 설계를 위해서 작용하중이 전기신호로 변환되어 '절차와 무엇이 출력값에 영향을 줄 수 있는가' 등의 연구가 병행되어 이루어져 왔다. 또한, 사용자가 사용상의 에러를 최소화하기 위해서는 로드셀 출력특성에 영향을 주는 요인들에 대한 이해 또한 중요하다.

하중이나 힘과 같은 물리적인 양을 직접적으로 전기적인 신호로 변환시키는 물리적인 현상은 없다. 따라서, 로드셀에서는 하중이 탄성체의 변형으로 변환되고 이러한 변형을 전기적인 신호로 변환시키는 간접적인 방법을 응용하게 되었다. 여기에 사용된 하중 센서의 방식에는 피에조 현상을 응용한 자가발진형 또는 동적 변환기와 스트레인게이지식과 같은 비자가발진형이 있는데 가장 널리 사용되는 방식이 바로 스트레인게이지식 로드셀이다.

(2) 스트레인게이지 이론의 기원

스트레인게이지 기술의 배경이 되는 이론은 17세기로 거슬러 올라간다. 1666년 런던 대화재 이후 재건을 위한 노력이 한창이던 시절에는 건축물과 재료강도와의 관계에 관련된 연구가 활발하게 전개되고 있을 때 Robert Hooke는 이 분야에서 타의 추종을 불허할 정도로 탁월한 연구실적을 갖고 있는 석학이었다. 그는 탄성 'Elasticity'과 관련된 연구에서 탄성한계내에서는 물체의 변형은 가해지는 하중과 비례한다는 결론을 내렸다.

변형률 'Strain'은 원래의 길이 L에서 변화된 길이 dL의 비율이다.

$$\text{Stain}=\frac{dL}{L} \tag{7-14}$$

변형률의 단위는 microstrain(10^{-6} mm/mm)이다.

그후 Thomas Young에 의해서 Hooke의 이론이 다음과 같은 관계식으로 정량화되었다.

$$\frac{\text{Stress}}{\text{Strain}}-E_m \tag{7-15}$$

여기서, E_m은 'Youngs Mocdulus'이다.

이와는 별도로 19세기 Lord Kelvin이 변형률과 저항체의 저항변화와의 관계를 규명하는 연구를 수행하였다. 그는 어떤 물질의 저항은 저항체의 길이에 비례하고 단면적에 반비례한다는 결론을 얻었다.

$$\frac{dR}{R} : \frac{dL}{L} \tag{7-16}$$

이러한 원리를 이용하여 1937년 캘리포니아 공과대학의 Simmons 교수와 매사추세츠 공과대학의 Ruge 교수가 최초의 스트레인게이지를 개발하였다.

Carrier 또는 Backing을 이용하여 저항선 조각을 탄성체에 접착한 후 하중이 탄성체에 작용하였을 때 저항변화가 나타남을 보았으며 이러한 저항변화는 작용하는 하중에 비례하는 다른 전기적인 신호로 변환될 수 있게 되었다.

초창기의 스트레인게이지는 저항선을 고정하기 위한 기초로 사용되는 소재로 셀룰로

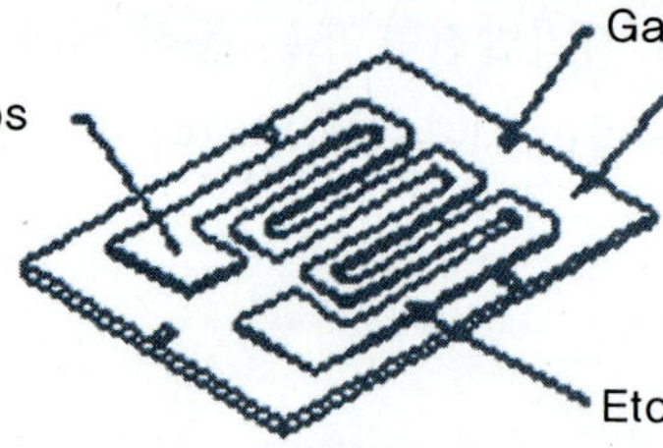

[그림 7-62] 스트레인게이지 구조도

스가 합침된 일반종이를 사용하였다. 이때의 저항선은 20 Micro-meter 지름의 전선줄을 사용하였으나, 오늘날에는 [그림 7-62]와 같이 5 Micro- meter의 금속박막을 식각처리하여 사용하고 있다.

(4) 스트레인게이지의 보호

아무런 보호가 없는 스트레인게이지는 기계적인 충격이나 습기 또는 화학적인 외부환경에 매우 민감하다. 비록 치밀한 조직을 가진 도포재로 잘 보호한다고 하더라도 외부충격으로부터 스트레인게이지 및 각종 보상소자들을 보호하는 데는 완전밀폐만큼 완벽한 것은 없다.

따라서 사용환경에 알맞은 제품의 선정을 위해서 주위환경의 조사가 선행되어야 한다. 주위환경이 안정적이고 별다른 영향물질이 없다고 생각될 경우 일반 도포재나 충진재로 마무리된 제품의 사용도 무방하다.

그러나 사용환경이 습기나 물리적인 외란에 노출될 우려가 있는 곳에는 완전 밀폐구조를 사용하여야 하며 특히 화학물질에 의해서 부식의 속도가 빠르다고 판단되는 장소에는 완전밀폐 구조의 스테인리스 제품을 사용하여 제품의 신뢰성을 향상시킨 제품을 사용하여야 한다. 특히 스테인리스 재료를 사용한 로드셀의 경우 히스테리시스 특성과 크리프 특성이 일반형 제품에 비하여 떨어지기 때문에 이러한 특성을 극복시킬 수 있는 기술력을 가진 회사의 제품을 사용하여야 한다.

(5) 로드셀 제작에서의 요구사항

비록 위에서 설명한 간단한 이론을 바탕으로 한 로드셀의 제작은 매우 간단하게 보여질 수 있지만 좋은 로드셀을 제작하는 것은 다양한 첨단의 기술이 필요하다.

산업현장에서 로드셀을 사용할 경우 다양한 환경에서 안정성과 정확한 작동을 요구한다. 더욱이 로드셀을 상거래를 위한 제품에 사용할 경우는 계량 및 계측에 관련된 법규의 엄격한 규제를 받고 있다. 이러한 이유로 우수한 재료의 선정과 제작공정이 고품질의 로드셀 제작에 필수적인 요소임에는 재론의 여지가 없다.

몇 가지 중요한 인자들을 정리하면 다음과 같다.

- 고품질의 로드셀 탄성체
- 고품질의 스트레인게이지 적용 및 모델마다 최적의 스트레인게이지 선정 및 제작기술
- 고품질의 스트레인게이지 접착공정
- 고도로 훈련된 작업자들과 정리된 작업공정
- 최적의 상태에서 제품의 특성을 평가

(6) 로드셀의 형태

스트레인게이지 로드셀의 탄성체는 작용하는 하중에 비례하는 변형을 발생할 수 있는 구조로 설계되어야 한다.

탄성체에서 발생하는 변형은 측정하고자 하는 하중 및 힘뿐만 아니라 불필요한 힘에도 영향을 받게 된다. 따라서, 로드셀 탄성체의 설계에서는 측정하고자 하는 하중이나 힘에도 민감하게 작용하면서 불필요한 하중에는 가능한 한 둔감하도록 설계되어야 한다. 이러한 목적으로 로드셀의 개발과 함께 다양한 형태의 탄성체가 설계되어 왔으며 초기에는 수직응력을 이용하였으나 최근에는 전단응력을 이용한 제품이 다양하게 개발되어 왔다.

① 기둥형(Column type)

탄성체로 최초로 활용된 형태이다. 최근에는 한 개의 기둥만을 사용하는 대신 4개의 기둥을 사용하여 안정성을 향상시키고 높이를 낮춘 형태로 사용되는 경우도 있다. 단점으로는 기계적인 비직선성이 0.15% 이하로 다소 떨어지나 최근에는 반도체 게이지를 이용, 보정하여 사용하기도 한다. 일반적으로 기둥의 치수상의 제약 때문에 5톤 이상의 제품에 사용된다.

② 굽힘형(Bending type)

이 원리를 이용한 대부분의 제품은 이중 평행판 구조로 이루어져 있다. 주로 카스의 BCL, BCA, BCM, HBS, HBB 등 저용량에 사용되며 역학적으로 가장 안정된 형태의 구조이다. 스트레인게이지는 최대응력이 발생하는 지점에 부착되어 최대출력이 발생할 수 있도록 배선되어 있다. 이러한 형식의 경우는 일반적으로 500kg까지의 저용량에 사용되고 있으며 직선성이 매우 우수하다. 이러한 구조의 단점은 발생하는 변형이 하중작용 위치에 민감하므로 이를 고려한 제품의 제작 및 적용에 주의를 기울여야 한다.

③ 전단형(Shear type)

카스의 BSA, BSS, DSB 중에서 고용량의 중·고정밀급 제품에 사용되는 탄성체의 구조로서 스트레인게이지가 막대의 단면이 최대출력이 발생할 수 있도록 가공된 얇은 면에 부착된다. 스트레인게이지는 막대의 양쪽 면에 +45℃와 −45℃가 되도록 각도를 갖고 부착된다. 이는 전단변형에서 발생하는 각도의 변화를 길이의 변화로 감지할 수 있도록 하기 위해서이다.

이러한 형태의 로드셀의 장점은 굽힘형의 단점인 하중점의 위치에 따른 출력값의 변화가 심하다는 것에 비하여 하중점의 위치변화에 둔감하다는 것이며 측하중에 대한 저항이 크다는 점이다.

4) FLA-5-11-1L

GENERAL USE

This gauge has a pre-attached vinyl lead wire to F series strain gauge. Works for lead wire connection such as strain gauge terminal installation and lead wire soldering are not required. It saves much time and labor.

●Single-element (G.F. 2.1 approx.)

0.11mm² integral vinyl leadwire
Total leadwire resistance per meter : 0.32Ω

2-wire system

(Not actual size shown)

L : length W : width (Unit : mm)

Gauge pattern	Type		Gauge size L	Gauge size W	Backing L	Backing W	Resistance in Ω
2-wire system Single-element	FLA-1-11 -17 -23	-1L	1	1.3	5.0	2.5	120
	FLA-2-11 -17 -23		2	1.5	6.5	3.0	120
	FLA-3-11 -17 -23	-3L	3	1.7	8.8	3.5	120
	FLA-5-11 -17 -23	-5L	5	1.5	10.0	3.0	120
	FLA-6-11 -17 -23		6	2.2	12.5	4.3	120

[그림 7-63] GENERAL USE

5) 스트레인게이지 보드

[그림 7-64]의 스트레인게이지 보드(Straingage Board)는 FLA-5-11-1L을 이용하여 물체의 변형율을 측정한다.

[그림 7-64] 스트레인게이지 보드

6) 부품배치도

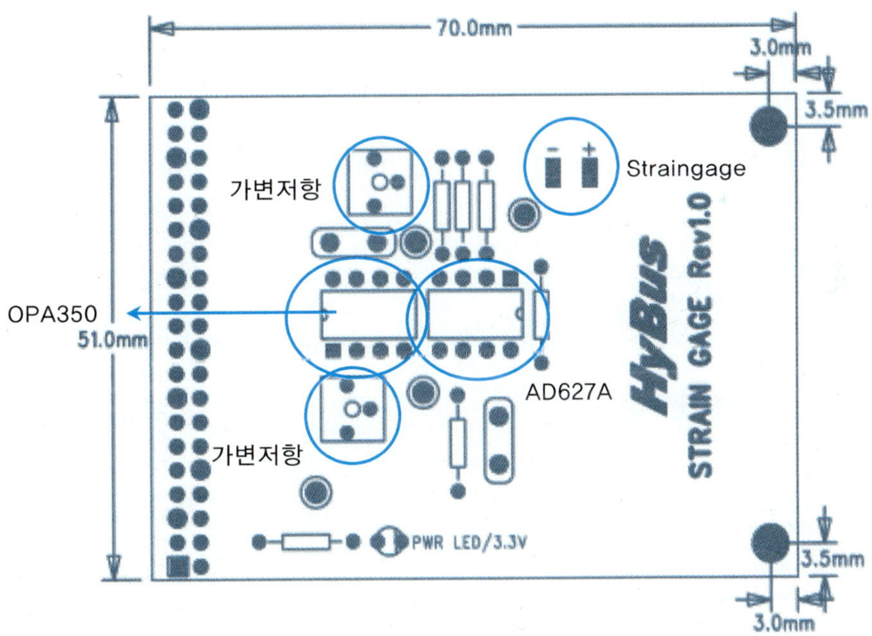

[그림 7-65] 보드 전면

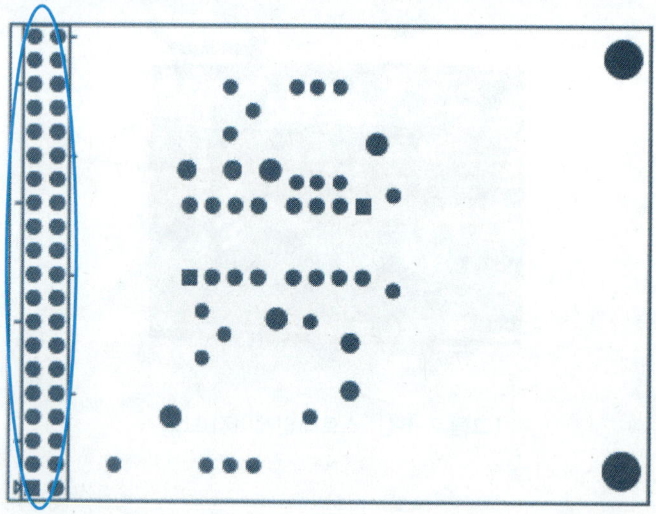

[그림 7-66] 보드 후면

7) 회로도

스트레인게이지 보드의 주요 회로는 [그림 7-67]과 같다.

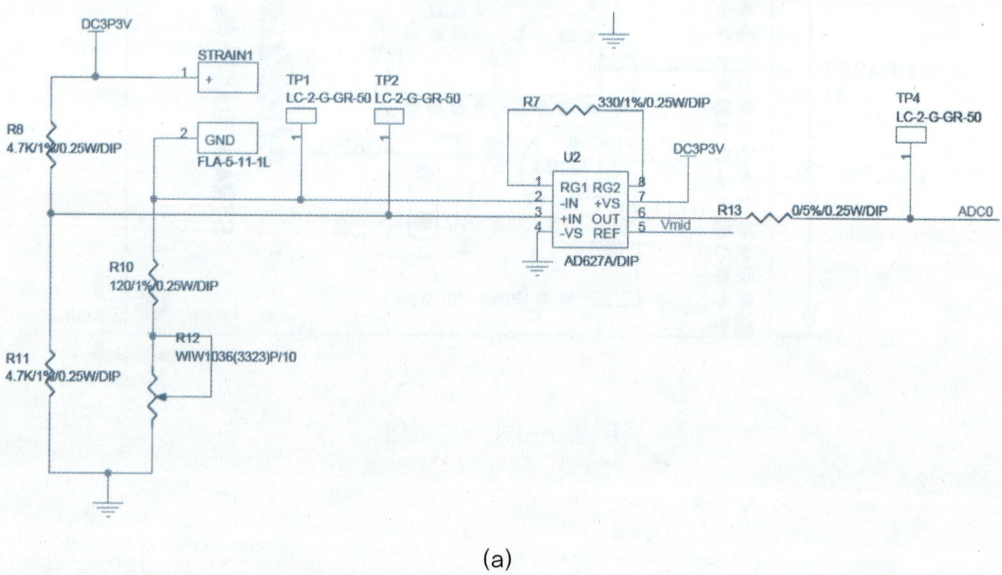

(a)

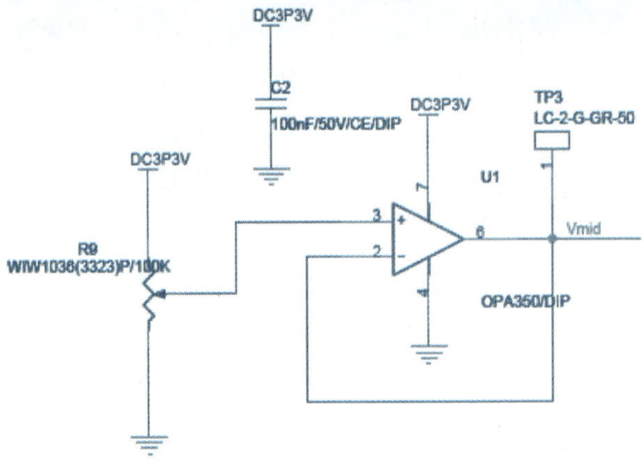

(b)

[그림 7-67] 주요 회로부

8) 회로동작설명

① R9 가변저항을 조정하여 TP3 단자의 전압(기준전압)을 조절한다.

② R12 가변저항을 조정하여 TP1 단자와 TP2 단자의 전압차가 0V가 되도록 조절한다.

③ STRAIN1 스트레인게이지 소자에 변형을 가하면 TP4 단자의 전압이 올라간다. 변형을 가하는 방향을 반대로 하면 TP4 단자의 전압이 내려간다.

④ 스트레인게이지 소자에 변형을 가하지 않는 평상시의 경우는 TP4 단자의 전압이 TP3 단자의 전압과 동일하다.

9) 부품 리스트

스트레인게이지 보드에 사용된 부품 리스트는 [표 7-5]와 같다.

[표 7-5] 스트레인게이지 보드 부품 리스트

순서	수량	부품번호	부품명
1	1	CN1	PIN HEADER 20PX2/2.54mm/Straight Type
2	2	C1, C2	100nF/50V/CE/DIP
3	1	D1	LED/RED/DIP/3PI
4	1	R6	240/5%/0.25W/DIP
5	1	R7	330/1%/0.25W/DIP
6	2	R8, R11	4.7K/1%/0.25W/DIP
7	1	R9	WIW1036(3323)P/100K

순서	수량	부품번호	부품명
8	1	R10	120/1%/0.25W/DIP
9	1	R12	WIW1036(3323)P/10
10	1	R13	0/5%/0.25W/DIP
11	1	STRAIN1	FLA-5-11-1L
12	4	TP1, TP2, TP3, TP4	LC-2-G-GR-50
13	1	U1	OPA350/DIP
14	1	U2	AD627A/DIP

10) 프로그램 설명

회로 구성상 물체의 변형률에 따라 ADC0으로 입력되는 전압이 변한다. MSP430의 내부 ADC를 이용하여 입력되는 전압값을 측정하여 FND에 표시한다.

work\HsensorTraining\12_StraingageSensor**msp430main.c**

```
INT16 main(VOID)
{
        UINT16 SensorData=0;
        WDTimerInit();
        PortInit();
        ADCInit();

        DeviceInit();
        UartInit();
        blinkLED();
        EnableIntr();

        while(FOREVER)
        {
                printf("g_Intr[%ld]!!!\r\n",g_IntrCount);
                printf("g_timer[%ld]!!!\r\n",g_timerCount);
                if(g_IntrCount>0)
                {
                        if(g_timerCount==0)
                                SetTimerB0();
                }

                if((g_timerCount>100)&&(g_timerCount<300))
                {
                //      ClearTimerB0();
                        FNDDisplay(g_IntrCount);
                //      g_IntrCount=0;
                //      g_timerCount=0;
                }
                else if(g_timerCount>1000)
                {
```

```
                        ClearTimerB0();
                        g_IntrCount=0;
                        g_timerCount=0;
                        FNDDisplay(g_IntrCount);
                }
#if 0
                SensorData=ADCRead();
        //      FNDVout(SensorData);
                FNDDisplay(SensorData);

                printf("SensorData=%d\r\n",SensorData);
                if(SensorData<100)
                {
                        BuzzerCtrl(OFF);
                }
                else
                {
                        BuzzerCtrl(ON);
                        msdelay(10);
                }
#endif
#if 0
                switch(ButtonRead())
                {
                        case 0x3:
                                break;
                        case 0x2:
                                BLUE_LED_ON;
                                break;
                        case 0x1:
                                RED_LED_ON;
                                break;
                        case 0x0:
                                LED_OFF;
                        default:
                                break;
                }
#endif
        }
        return TRUE;
}
```

11) 연구내용 및 실험방법

(1) 보드 장착 및 케이블 연결(전원, USB)

다음과 같이 전원과 USB 케이블을 연결하고 스트레인게이지 보드를 메인보드에 장착한다.

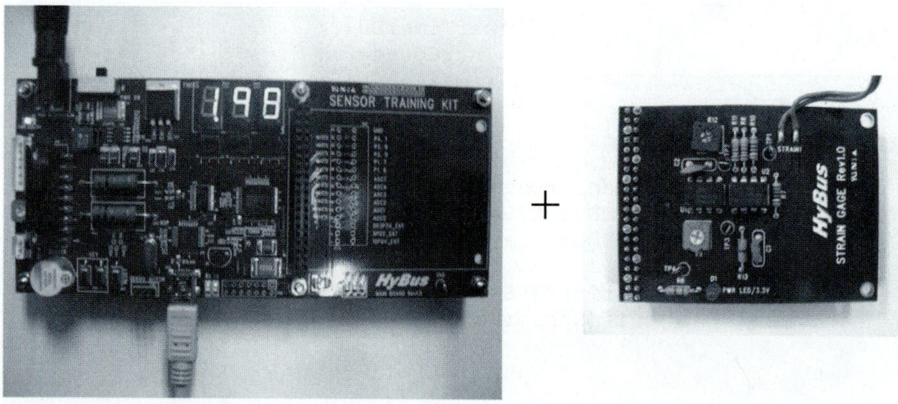

[그림 7-68] 센서보드 결합

(2) 장치관리자에서 COM 포트 확인

장치관리자에서 USB가 COM3로 잡혀있는지 확인하고 만약 포트 번호가 다를 경우 포트 설정에서 포트 번호를 3번으로 변경한다.

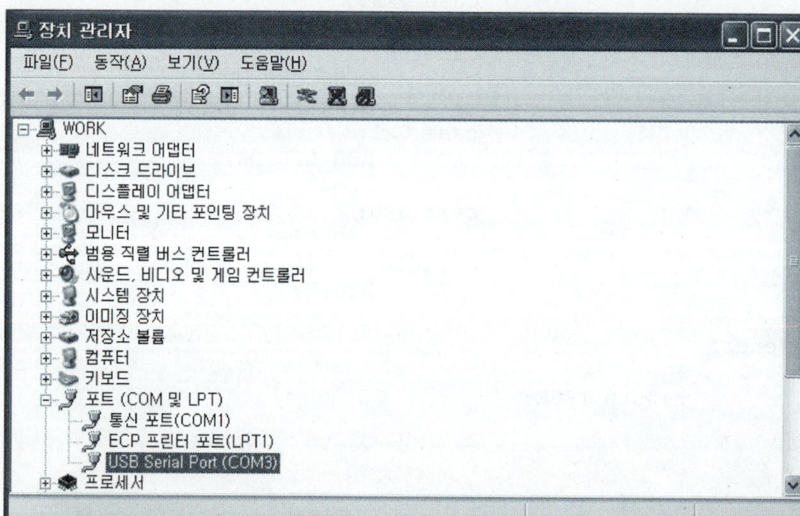

[그림 7-69] COM3 확인

(3) 프로그램 빌드 및 다운로드

① CMD창에서 스트레인게이지 센서 프로그램("C:\mspgcc\work\HsensorTraining\12_StraingageSensor") 위치로 이동을 한 뒤 "make" 명령으로 프로그램을 빌드한다.

```
C:\WINDOWS\system32\cmd.exe
C:\mspgcc\work\HsensorTraining\12_StraingageSensor>make
msp430-gcc -mmcu=msp430x1611 -O2 -Wall -g   -c -o MSP430main.o MSP430main.c
msp430-gcc -mmcu=msp430x1611 -x assembler-with-cpp -D_GNU_ASSEMBLER_ -c  -o swua
rt.o swuart.s
msp430-gcc -mmcu=msp430x1611 -x assembler-with-cpp -D_GNU_ASSEMBLER_ -c  -o fll.
o fll.s
msp430-gcc -mmcu=msp430x1611 -O2 -Wall -g   -c -o CommonDrv.o CommonDrv.c
msp430-gcc -mmcu=msp430x1611 -o SensorOutput.elf MSP430main.o swuart.o fll.o Com
monDrv.o
msp430-objcopy -O ihex SensorOutput.elf SensorOutput.a43
msp430-objdump -dSt SensorOutput.elf >SensorOutput.lst
cp SensorOutput.a43 ../

C:\mspgcc\work\HsensorTraining\12_StraingageSensor>_
```

[그림 7-70] S/W 빌드

② 정상적으로 빌드되었다면 상위 디렉토리인 C:\mspgcc\work\HsensorTraining" 폴더에 "SensorOutput.a43"이라는 파일이 생성된다.

[그림 7-71]과 같이 bsl_downloader.bat을 이용하여 a43파일을 보드에 다운로드한다.

```
C:\WINDOWS\system32\cmd.exe
2008-10-30  오후 06:35                53 bsl_downloader.bat
2008-11-25  오전 10:06    <DIR>          motorControl
2008-11-27  오후 03:45    <DIR>          s
2008-12-16  오후 06:43            10,434 SensorOutput.a43
2008-11-28  오후 08:19    <DIR>          사본 - 20_UltraSoundSensor
               2개 파일              10,487 바이트
              28개 디렉터리  60,935,077,888 바이트 남음

C:\mspgcc\work\HsensorTraining>bsl_downloader.bat

C:\mspgcc\work\HsensorTraining>msp430-bsl --telosb -c 2 -r -e -I -p SensorOutput
.a43
MSP430 Bootstrap Loader Version: 1.39-telos-7
Mass Erase...
Transmit default password ...
Invoking BSL...
Transmit default password ...
Current bootstrap loader version: 1.61 (Device ID: f16c)
Changing baudrate to 38400 ...
Program ...
3692 bytes programmed.
Reset device ...

C:\mspgcc\work\HsensorTraining>
```

[그림 7-71] 이미지 다운로드

CHAPTER 07

(4) 프로그램 실행

[그림 7-72] 프로그램 실행결과

(5) PC에서 시리얼 데이터 출력화면

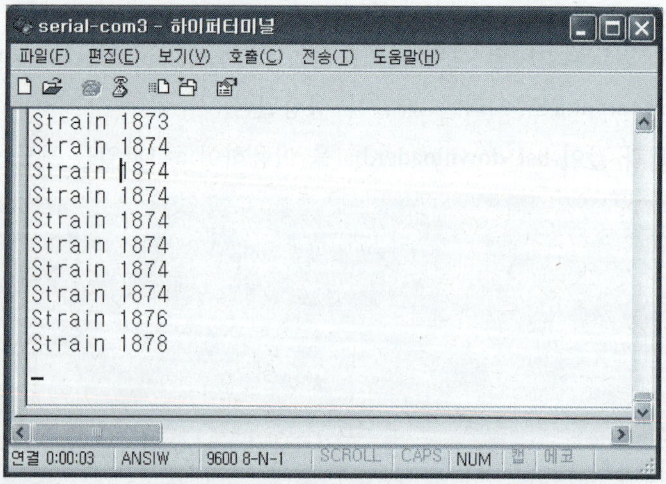

[그림 7-73] 시리얼 데이터 출력화면

12) 연구결과

① 압력 센서에 아무런 힘도 가하지 않았을 때 하이퍼터미널에서의 결과값의 변화이다.

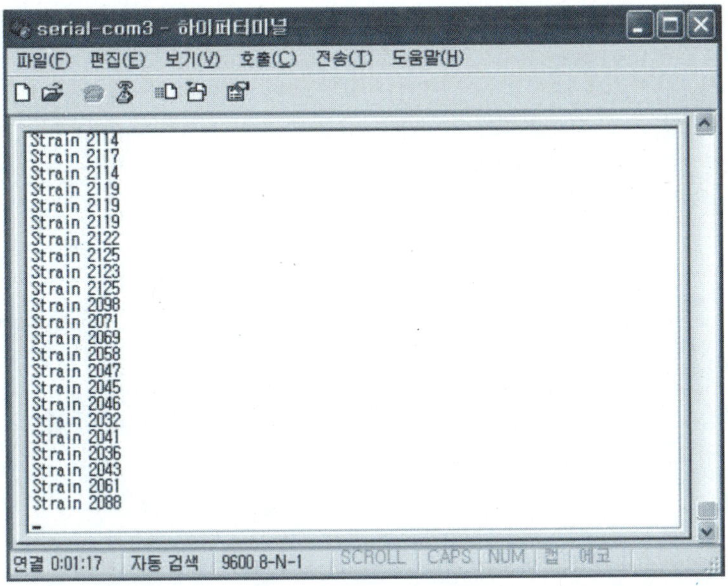

[그림 7-74] 압력이 없을 때 시리얼 데이터 출력화면

② 센서를 눌러 압력을 가했을 때의 하이퍼터미널에서의 결과값의 변화이다.

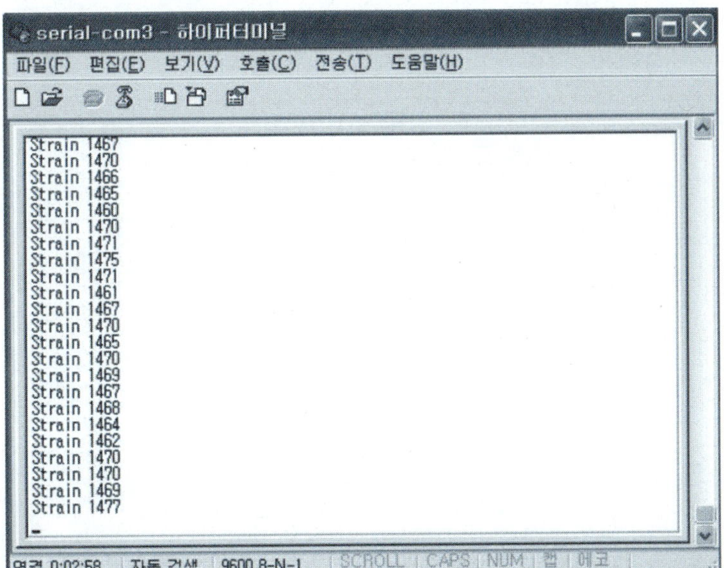

[그림 7-75] 압력을 가했을 때 시리얼 데이터 출력화면

CHAPTER 07

08장 화학 및 환경 센서 모듈의 응용

01 가스 센서

산업의 발달과 함께 유독 가스(CO, H_2S, SO_2, NOx, HCl 등)에 의한 대기오염이 부각되었고, 또한 가스 폭발이나 가스 중독의 위험성이 증대되었다. 이러한 상황에서 1923년 Johnson에 의해 촉매연소식 센서(Catalytic combustion-type sensor)가 처음 보고되었고, 이후 다양한 방식의 가스 센서가 개발되었다.

가스 성분을 분석하는 대표적인 방법으로 습식 분석법, 질량분석법, 가스크로마토그라피(Gas chromatohraphy), 흡광법, NDIR법, 열전도도법, 전기화학법 등을 들 수 있다.

습식분석법은 표준이 되는 방법이지만 시료채취 및 처리과정이 복잡하여 많은 시간이 소요되며, 숙련도에 따른 결과의 차이가 나타날 수 있고 연속적인 측정이 불가능하다. 가스크로마토그라피는 선택성과 감도는 우수하지만 칼럼(Column)에 의한 분리과정을 거쳐야 하므로 연속측정이 불가능하다. 광화학법은 가스 종류에 따라 색깔이 변화하는 시약을 이용한 것으로 간단하고 경제적인 방법으로 많이 사용되고 있지만 연속계측 및 전기신호의 인출이 불가능하다.

여기에서는 현재 산업 전반에 걸쳐 필요 인정되는 각종 가스 성분에 대하여, 전기적 신호를 얻을 수 있는 센서로 반도체식, 열전도도식, 전기화학식, 적외선 흡광식 및 질량분석법 등의 원리 및 특성을 간략하게 소개한다.

1) 반도체식 가스 센서

반도체식 가스 센서(Gas Sensor)는 해당 가스의 농도에 따른 전기전도도의 변화를 이용하는 것과 종류특성의 변화를 이용하는 것이다. 일반적으로 반도체 구성입자의 경계가 깨끗한 공기에 노출되었을 때에는 산소흡착에 의한 전위장벽 형성으로 전기전도도가 낮아지지만, 환원성 가스와 접촉하면 흡착된 산소가 이 가스와 결합함으로써 전위장벽이

저하되고 전기전도도가 높아지는 원리를 이용한다.

가스 흡착에 의한 전기전도도의 변화를 설명하는 이론 중에서 보편적으로 인정되고 있는 것은 다음과 같다.

[그림 8-1]에 나타난 것과 같이 반도체 구성입자의 경계가 깨끗한 공기 중에 노출되었을 때에는 공기 중의 산소가 반도체 표면에 흡착되어 전위장벽을 형성하여 전기전도도가 낮아진다. 여기에 환원성(가연성) 가스가 접촉되면 반도체 표면에 흡착되어 있던 산소가 이 가스와 결합하여 전위장벽이 저하되기 때문에 전기전도도가 높아지게 되며, 이 상태의 전기전도도를 측정하면 해당 가스의 농도를 알 수 있게 된다.

이 방식의 센서는 구조가 간단하고 자동화에 의한 대량생산으로 가격이 저렴하며, 응답속도가 비교적 빠르다는 장점이 있어 가정용 가스 정보기나 고농도 가스의 누설탐지용에 널리 사용된다.

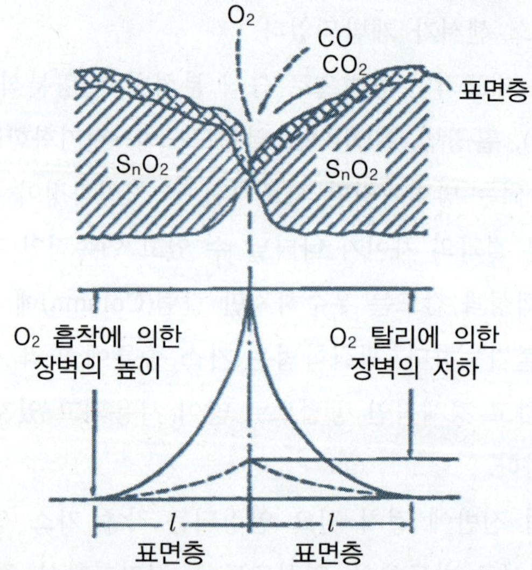

[그림 8-1] 가스에 의한 전위장벽 변화

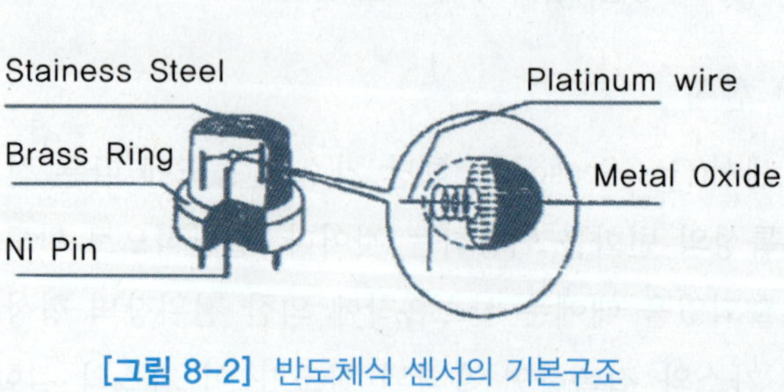

[그림 8-2] 반도체식 센서의 기본구조

그러나 모든 환원성 기체에 대하여 반응이 일어나게 되므로, 히터 전압을 변화시켜 특정 가스만 반응하도록 온도를 설정하거나 선택성을 보유한 첨가제를 사용한다.

특히, 고체상과 기체상 사이의 흡탈착현상을 이용한다는 측정원리상의 제약으로 인하여, 온도 및 습도 등 주변환경에 의한 영향을 많이 받게 되며 다른 성분의 가스에 의한 측정장해가 심하고, 표면오염으로 인한 영점의 전이가 크게 나타나기 때문에 낮은 농도의 측정에는 적용이 어렵다. 또한, 제조공정상 개별소자간의 편차가 심하여 각 센서에 대한 별도의 교정이 필요하며 재현성이 다소 떨어진다는 단점이 있다.

2) 열전도방식 센서

열전도방식은 측정하고자 하는 가스의 가연성이나 비열의 차이, 즉 열전도에 따라 검출소자의 온도변화를 유발시킴으로써 전기적 저항이 변화하는 성질을 이용한 것으로 열선식이라고도 한다. 이 센서는 기준 가스를 흘려주는 경로의 기준열선과 피측정 가스를 흘려 검출소자의 온도변화에 따른 전기저항 변화를 유발시키는 측정 열선으로 구성된다. 한편, 사용의 편이를 위하여 기준열선을 밀봉시키거나 생략한 형태의 제품도 개발되어 있다.

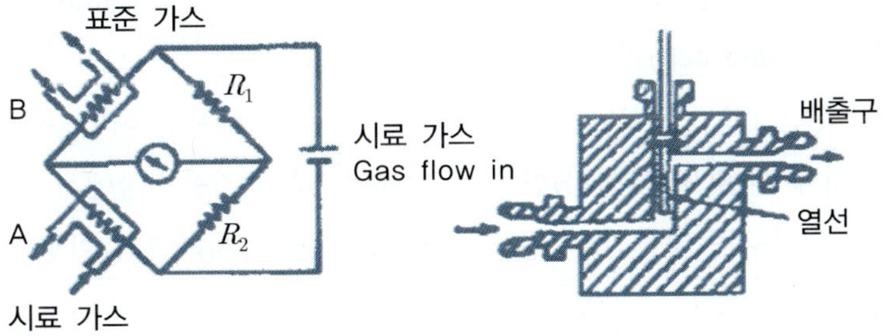

[그림 8-3] 측정원리 및 회로, 기본구조

[그림 8-3]은 열전도도 센서의 원리를 나타낸 것이다. 셀 A, B에 질소나 헬륨 또는 농도를 알고 있는 표준 가스를 흘리면 소자는 발열과 방열이 평형을 이루는 온도에서 안정된다. 이때, 시료 가스를 흘리면 가스 조성에 따라 열전도도가 변화하기 때문에 검출소자의 온도변화가 발생하고 이로 인하여 전기적인 저항이 변화한다. 이러한 저항변화에 의하여 구성된 브리지의 평형이 깨어지게 되고 검류계 지침이 움직여 가스 농도에 비례하는 값을 지시하게 된다.

열전도방식의 센서는 구조가 간단하고 가격이 저렴하지만 다른 가스에 의한 측정상의 교란을 받는 경우가 많고, 측정지점의 온도나 습도의 영향이 많기 때문에 선택성이 떨어진다. 따라서 이 방식의 센서는 수소, 헬륨, 이산화탄소, 가연성 가스와 같이 비열의 차이가 현저한 가스의 농도측정이나 그 조성의 변화 등을 검출하는 용도에 주로 사용되고 있다.

한편, 측정열선을 배금과 같은 귀금속 촉매재질로 제작하여 가연성 가스에 대한 선택성을 향상시킨 특수 형태의 센서를 촉매산화형(Catalytic oxidation) 센서라 한다. 이것은 가연성 가스의 농도를 정밀하게 측정하는 대표적인 방식으로 널리 사용되고 있다.

접촉연소식 가스 센서는 측정열선에 다공질 세라믹을 씌우고 그 표면에 촉매물질을 도포시킨 방식의 센서를 주로 이용하는데, 이 방식의 센서는 접촉연소식, 촉매연소식, 촉매산화식 등의 다양한 이름으로 불려지고 있다. 이 센서는 비교적 감도가 높고 가스 농도에 비례하여 직선적인 출력특성을 나타내는 반면, 습도의 영향이 심하고 고농도의 가스에는 적용이 어렵다는 단점이 있으며, 접촉연소식 센서는 최저 폭발한계(Low Explosive Limit : LEL) 농도를 정밀하게 측정하는 대표적인 가연성 가스 센서로 널리 사용되고 있다.

3) 전기화학식 센서

전기화학식 센서는 측정대상 가스의 산화 및 환원 반응시에 발생하는 전자의 양을 감지하여 해당 가스의 농도를 측정하는 것으로, 정전위 전해식 셀(Potentiostatic cell)과 갈바니 전지식 셀(Galvanic cell)이 실용화되어 있다.

정전위 전해식 셀은 [그림 8-4]와 같이 측정물질의 산화(또는 환원)반응이 일어나는 감응전극, 이와 동시에 환원(또는 산화)반응이 일어남으로써 감응전극에서 흐르는 전류만큼의 대응전류를 흘려주는 대응전극, 반응전극의 전위를 감시하면서 일정하게 유지시키

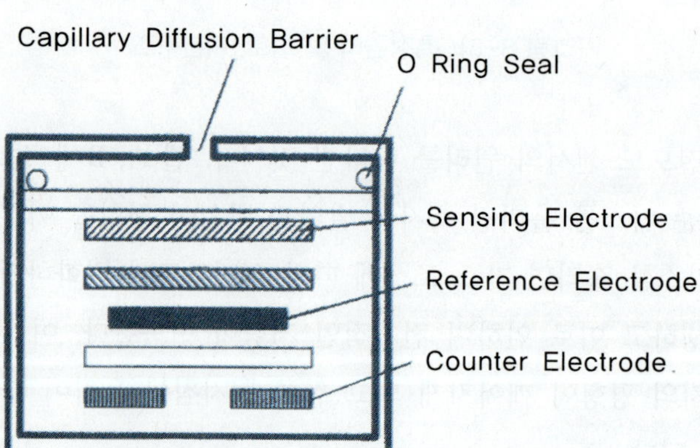

[그림 8-4] 정전위 전해식 센서의 구조

기 위한 기준전극으로 구성된다.

예를 들어, 일산화탄소 센서의 경우 공기 중에 포함된 CO 성분이 센서의 내부 감응전극에 도달되면, $CO+H_2O \rightarrow CO_2+2H^++2e$의 반응에 의하여 감응전극 표면에서 CO를 CO_2로 산화시키고 그 결과로 전자가 발생한다. 이때, 대응전극에서는 감응전극의 반응과 평형을 유지하기 위하여 $O_2/2+2H^++2e \rightarrow H_2O$ 반응으로 공기 중에 포함된 산소를 물로 환원시킨다. 결국 이 센서는 시료공기의 일산화탄소 농도에 비례하는 전류를 흘리게 되고, 이 전류를 측정하면 일산화탄소의 농도를 알 수 있다.

다른 종류의 가스를 측정하기 위한 센서들에서도 이와 유사한 산화 또는 환원반응을 수행한다. 이러한 산화·환원반응은 측정대상 가스에 따라 고유한 형태로 나타나는데, 주요 유독성 가스 센서의 감응전극에서 일어나는 반응식을 정리하면 다음과 같다.

- 황화수소(H_2S) : $H_2S+4H_2 \rightarrow H_2SO_4+8H^++8e^-$
- 아황산가스(SO_4) : $SO_2+2H_2O \rightarrow H_2SO_4+2H^++2e^-$
- 산화질소(NO) : $NO+2H_2O \rightarrow HNO_3+3H^++3e^-$
- 이산화질소(NO_2) : $NO+2H^++2e^- \rightarrow NO+H_2O$
- 수소(H_2) : $H_2 \rightarrow 2H^++2e^-$
- 염소(Cl_2) : $Cl_2+2H^++2e^- \rightarrow 2HCl$
- 시안화수소(HCN) : $2HCN+Au \rightarrow HAu(CN)_2+H^++e^-$
- 염산(HCl) : $HCl \rightarrow 1/2Cl_2+H^++e^-$
- 오존(O_3) : $O_3+2H_2+2e^- \rightarrow O_2+H_2O$
- 암모니아(NH_3) : $12NH_3+I_2+6H_20 \rightarrow 2IO^-+12NH_4+10e^-$

이 방식의 센서는 전해액에서 산화·환원반응을 일으키는 다른 가스들의 영향을 배제하는 것이 어려웠기 때문에 측정 가스의 조성에 따라 사용이 제한되어 왔으나, 근래에는 간섭을 일으키는 가스들을 효과적으로 제거할 수 있는 기술이 개발되어 낮은 농도의 유독 가스를 정확하게 측정할 수 있게 되었다. 정전위 전해식 센서는 개별편차가 매우 적고, 재현성이 우수하며 주위환경에 대하여 매우 안정적으로 동작될 뿐 아니라, 신호가 직선적이고 구조 및 취급이 간단하여 산업현장에서 유독성 가스의 농도를 감시하는 용도로 널리 사용된다.

[그림 8-5]는 갈바니 전지식 산소 센서의 구조를 나타낸 것으로 납(Pb)으로 제조된 양극을 전해액에서 반응시키는 전지 형태의 구조를 이용하여 산소농도를 측정하는 것이다.

이 센서의 양극에서는 2Pb + 4OH → 2PbO + 2HO + 4e와 같이 납의 산화반응이 수행되며, 반면에 음극에서는 O_2 + 2HO+4e → 4OH의 환원반응이 일어난다. 이때 양극과 음극 사이에 흐르는 전류는 도달된 공기 중의 산소농도에 비례하며 이 전류를 측정하면 산소농도를 알 수 있게 된다.

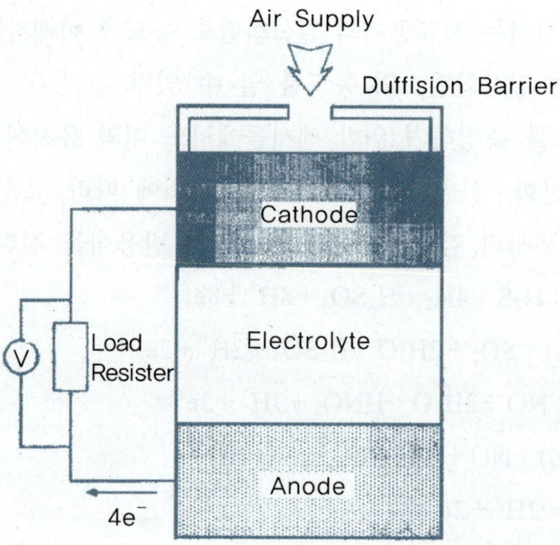

[그림 8-5] 갈바니 전자식 산소 센서의 구조

전기화학식 센서는 개별편차가 작고 재현성과 선택성이 우수하며 주위환경에 대한 영향이 적을 뿐만 아니라, 출력특성이 직선적이고 구조 및 취급도 간단하여 산소나 유독성 가스의 농도를 감시하는 용도에 폭넓게 사용된다.

4) 센서의 수명 및 교체

대부분의 센서는 공기에 접촉하는 것만으로도 열화가 진행되는데, 이러한 현상은 측정기를 사용하지 않더라도 발생하며 일정한 기간 경과하면 사용이 불가능해진다.

안전용 가스 분석기에서 폭넓게 채택되고 있는 전기화학식 센서의 경우 그 수명은 접촉한 공기에 포함된 해당 가스의 농도와 접촉한 시간의 누적치로 나타나지만, 일반적인 환경에서는 1~2년 정도의 수명을 갖는다.

한편, 정도의 차이는 있지만 모든 가스 센서는 주위온도 및 습도의 변화에 민감하게 반응하고 그 수명도 주위환경에 따라 가감될 수 있으므로 정상적인 환경조건을 유지하려는 노력이 필요하다.

센서 열화에 의한 성능의 변화형태는 출력의 저하, 암전류의 증대, 응답속도의 저하, 검량선의 변형, 불안정화 등이 있는데 실제로는 이러한 현상들이 동시에 복잡하게 발생한다.

① 출력의 저하

센서의 출력이 떨어지는 것으로 실제 농도보다 낮게 지시한다.

② 암전류 증가

센서 내부의 암전류가 증가하면 실제 농도보다 높게 지시한다.

③ 응답속도 저하

0~90% 응답에 1분 이상이 소요된다.

④ 검량선 변화

실제의 농도와 다른 기울기의 출력을 나타낸다.

⑤ 불안정화

센서의 출력이 불안정하여 농도가 불안정하게 표시된다.

5) GSLS61 가스 센서의 사양

① 제조회사 : Ogam Technology

② LPG/NG Sensor의 특징

GSLS61 센서는 가스 누설경보기용으로, 기존 산화물 반도체 센서의 단점인 선택성을 대폭 향상시킨 제품으로써, 특히 주방 요리시 발생하는 각종 가스에 탁월한 선택성을 가지고 있으며 안정된 감지구조를 확보하여 반영구적 사용이 가능하다.

③ Sensor Type

산화물 반도체(Metal Oxide Semi-conductor) Type

④ 감지대상 가스

부탄(Butane, C_4H_{10}), 메탄(Methane, CH_4), 수소(Hydrogen, H_2)

⑤ 응용

가스 누설경보기, 가스 기기, 가스 누설차단기 외

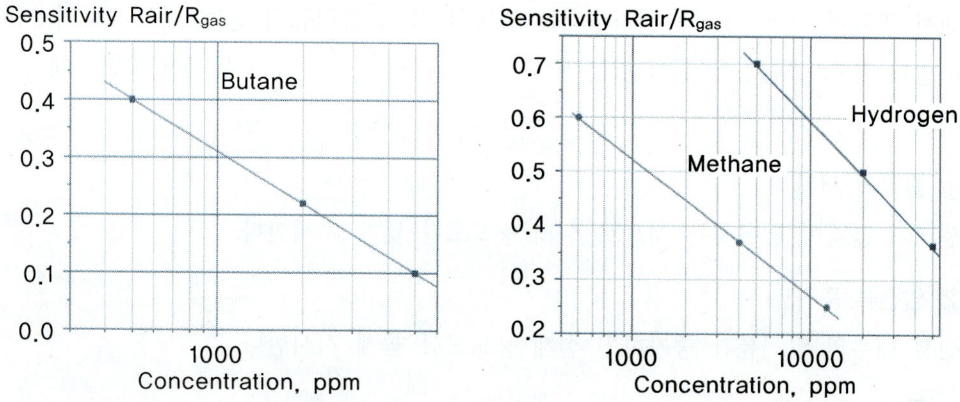

[그림 8-6] Sensitivity characteristic slope

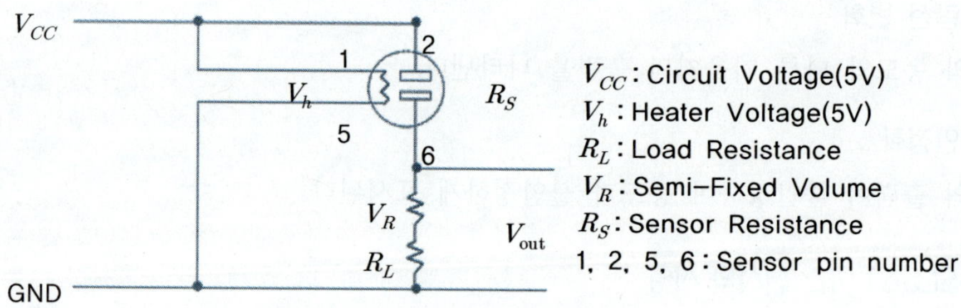

[그림 8-7] Basic Measuring Circuit

[표 8-1] Interference gases 특성

종류	구분	특성	비고
Smoke	Concentration	1,000ppm	디스, korea
	Sensitivity(α)	More than 0.9	
Alcohol	Concentration	1,000ppm	Cooking gas
	Sensitivity	More than 0.8	
Butyl Acid	Concentration	1,000ppm	뷔페취, 발/땀냄새
	Sensitivity(α)	More than 0.8	

[표 8-2] Explosive gases 특성

종류	분자식	Explosive Range(Vol.%)	허용농도(ppm)
Methane	CH_4	5.0~15.0	–
Butane	$CH_3(CH_2)_2CH_3$	1.8~8.4	–
Hydrogen	H_2	4.0~75.0	
Alcohol	C_2H_2OH	1.2~7.6	Lsee than 150

6) 가스 센서보드

[그림 8-8]의 가스 센서보드(Gas Sensor Board)는 GSLS61을 이용하여 Gas를 감지한다.

[그림 8-8] 가스 센서보드

7) 부품배치도

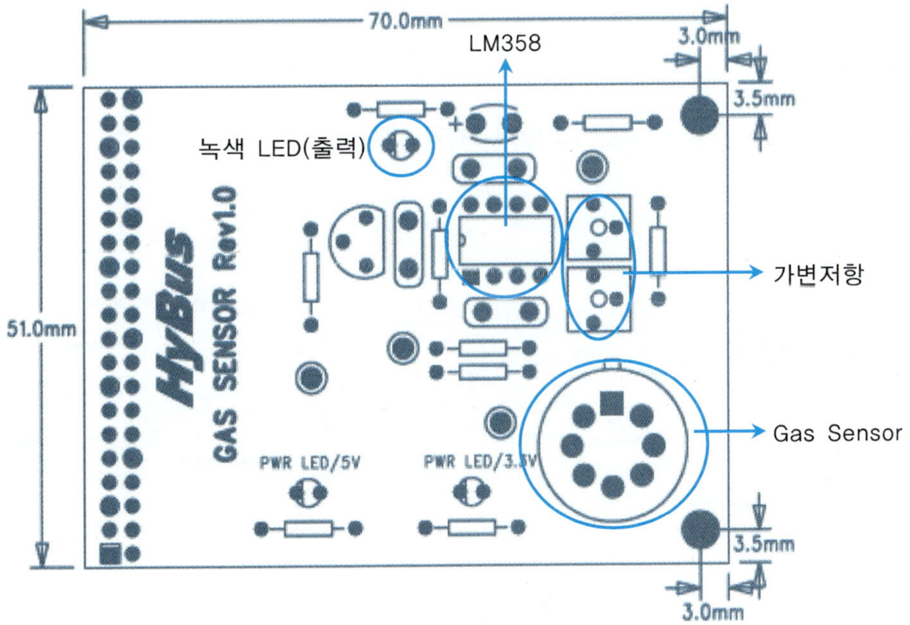

[그림 8-9] 보드 전면

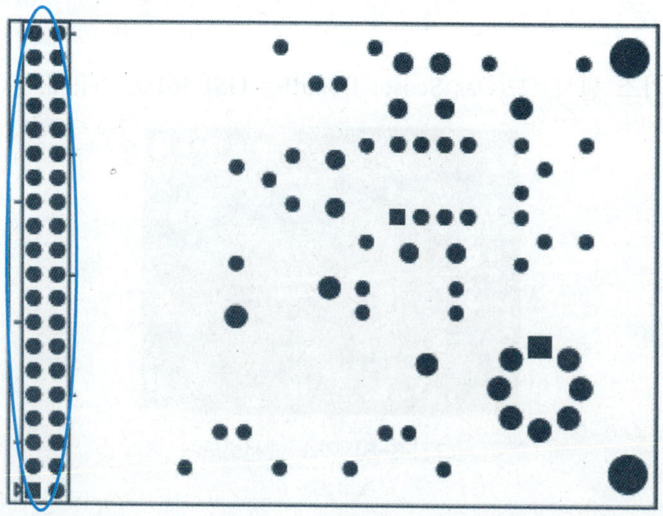

Expansion Connector

[그림 8-10] 보드 후면

8) 회로도

Gas 센서보드의 주요 회로는 [그림 8-11]과 같다.

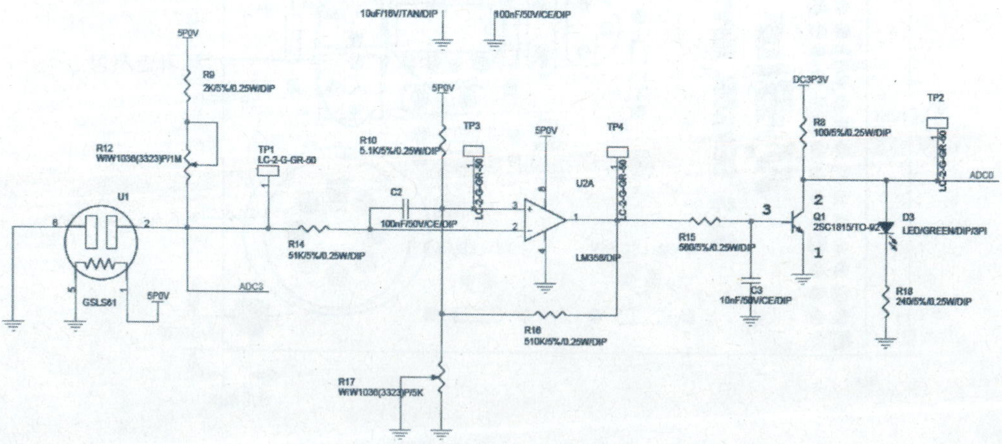

[그림 8-11] 주요 회로부

9) 회로동작설명

① 전원을 인가한 뒤 히터 가열시간으로 5분 이상 대기한다.

② R17 가변저항을 조정하여 TP3 단자의 전압(기준전압)을 조절한다.

③ R12 가변저항을 조정하여 TP1 단자의 전압(Gas 센서 전압)을 조절한다.

④ U1 Gas 센서에 가스가 감지되면 TP1 단자의 전압이 내려간다.

⑤ TP1 단자의 전압이 TP3 단자의 전압보다 낮으면 TP4 단자의 전압이 High 상태가 된다.

⑥ TP4 단자의 전압이 High 상태가 되면 Q1 트랜지스터에 의해 TP2 단자의 전압이 Low 상태가 된다. 즉, D3 녹색 LED가 OFF된다.

⑦ TP1 단자의 전압은 Gas 센서에 걸리는 전압으로써 프로세서의 ADC 입력단자로 직접 인가된다.

10) 부품 리스트

Gas 센서보드에 사용된 부품 리스트는 [표 8-3]과 같다.

[표 8-3] Gas 센서보드 부품 리스트

순서	수량	부품번호	부품명
1	1	CN1	PIN HEADER 20PX2/2.54mm/Straight Type
2	2	C1, C2	100nF/50V/CE/DIP
3	1	C3	10nF/50V/CE/DIP
4	1	C4	10μF/16V/TAN/DIP
5	2	D1, D2	LED/RED/DIP/3PI
6	1	D3	LED/GREEN/DIP/3PI
7	1	Q1	2SC1815/TO-92
8	1	R6	330/5%/0.25W/DIP
9	2	R7, R18	240/5%/0.25W/DIP
10	1	R8	100/5%/0.25W/DIP
11	1	R9	2K/5%/0.25W/DIP
12	1	R10	5.1K/5%/0.25W/DIP
13	1	R12	WIW1036(3323)P/1M
14	1	R14	51K/5%/0.25W/DIP
15	1	R15	560/5%/0.25W/DIP
16	1	R16	510K/5%/0.25W/DIP
17	1	R17	WIW1036(3323)P/5K
18	4	TP1, TP2, TP3, TP4	LC-2-G-GR-50
19	1	U1	GSLS61
20	1	U2	LM358/DIP

11) 프로그램 설명

회로구성상 가스 감지량에 따라 ADC3로 입력되는 전압이 변한다. MSP430의 내부 ADC를 이용하여 입력되는 전압값을 측정하여 FND에 표시한다.

Line	work\HsensorTraining\15_GASSensor**msp430main.c**

```
191:    INT16 main(VOID)
        {
                UINT16 ADCval;
                WDTimerInit();
                PortInit();
                ADCInit();
                DeviceInit();
                UartInit();
                blinkLED();
                EnableIntr();

                while(FOREVER)
                {
                        ADCval=ADC3Read();      // ADC3으로 입력되는 전압값을 읽
        어온다.
                        FNDVout(ADCvalue);      // ADC3의 값을 Voltage값으로 변
        환하여 FND에 표시.
                }
                return TRUE;
        }
```

12) 연구내용 및 실험방법

(1) 보드 장착 및 케이블 연결(전원, USB)

[그림 8-12]와 같이 전원과 USB 케이블을 연결하고 가스보드를 메인보드에 장착한다.

[그림 8-12] 센서보드 결합

(2) 장치관리자에서 COM 포트 확인

장치관리자에서 USB가 COM3로 잡혀있는지 확인하고 만약 포트 번호가 다를 경우 포트 설정에서 포트 번호를 3번으로 변경한다.

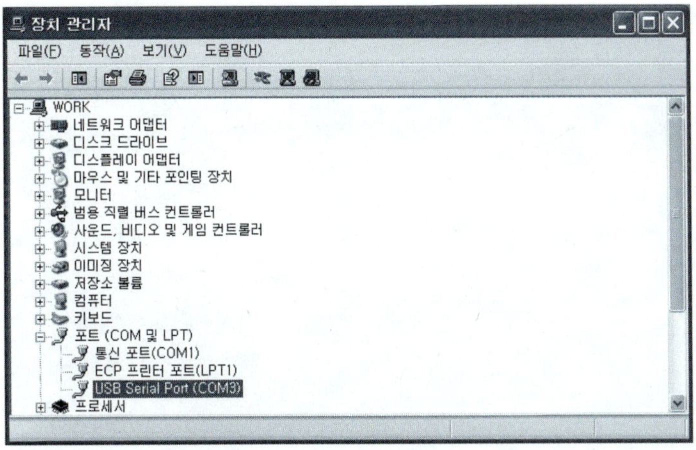

[그림 8-13] COM3 확인

(3) 프로그램 빌드 및 다운로드

① 윈도우에서 시작→실행에서 [그림 8-14]와 같이 cmd를 입력한 뒤 확인을 클릭한다.

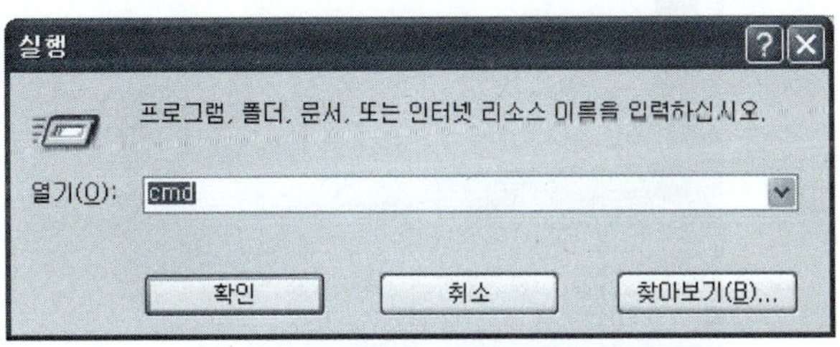

[그림 8-14] CMD 실행

② CMD창에서 Gas 센서 프로그램("C:\mspgcc\work\HsensorTraining\15_GASSensor") 위치로 이동을 한 뒤 "make" 명령으로 프로그램을 빌드한다.

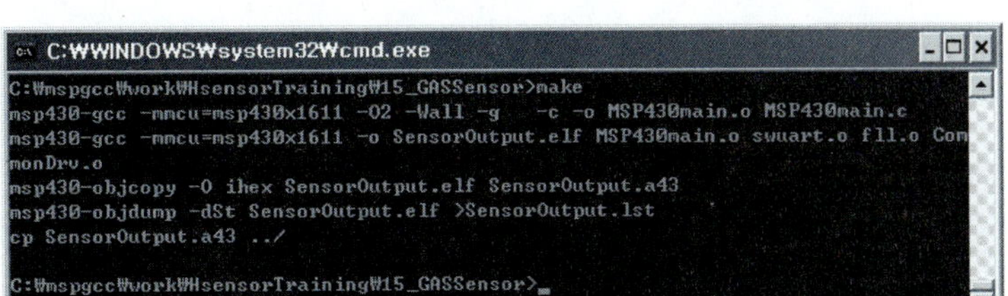

[그림 8-15] S/W 빌드

③ 정상적으로 빌드되었다면 상위 디렉토리인 C:\mspgcc\work\HsensorTraining" 폴더에 "SensorOutput.a43"이라는 파일이 생성된다.

[그림 8-16]과 같이 bsl_downloader.bat을 이용하여 a43파일을 보드에 다운로드한다.

```
C:₩WINDOWS₩system32₩cmd.exe
2008-10-30  오후 06:35                53 bsl_downloader.bat
2008-11-25  오전 10:06    <DIR>          motorControl
2008-11-27  오후 03:45    <DIR>          s
2008-12-16  오후 06:43            10,434 SensorOutput.a43
2008-11-28  오후 08:19    <DIR>          사본 - 20_UltraSoundSensor
               2개 파일              10,487 바이트
              28개 디렉터리  60,935,077,888 바이트 남음

C:₩mspgcc₩work₩HsensorTraining>bsl_downloader.bat

C:₩mspgcc₩work₩HsensorTraining>msp430-bsl --telosb -c 2 -r -e -I -p SensorOutput
.a43
MSP430 Bootstrap Loader Version: 1.39-telos-7
Mass Erase...
Transmit default password ...
Invoking BSL...
Transmit default password ...
Current bootstrap loader version: 1.61 (Device ID: f16c)
Changing baudrate to 38400 ...
Program ...
3692 bytes programmed.
Reset device ...

C:₩mspgcc₩work₩HsensorTraining>
```

[그림 8-16] 이미지 다운로드

(4) 프로그램 실행

[그림 8-17] 가스 센서 프로그램 실행결과

(5) PC에서 시리얼 데이터 출력화면

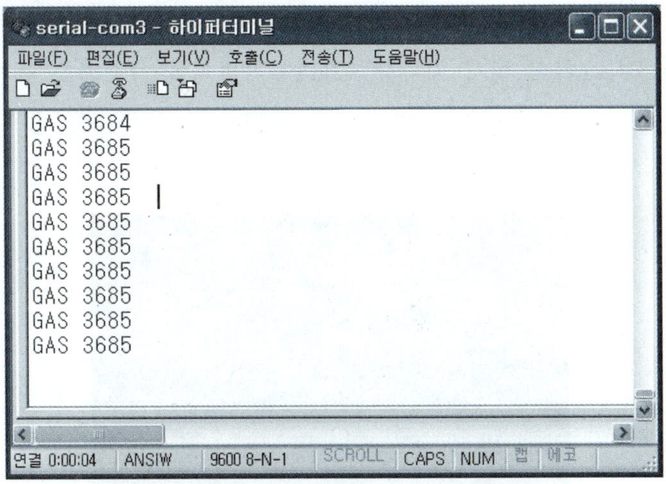

[그림 8-18] 시리얼 데이터 출력화면

13) 연구결과

가스 센서 프로그램을 실행하면 FND로 출력전압을 표현한다.

현재 출력전압의 크기를 참고하여 전압분배법칙을 이용하면 가스 센서의 저항값의 변화를 계산할 수 있다. 전압분배식은 다음과 같다.

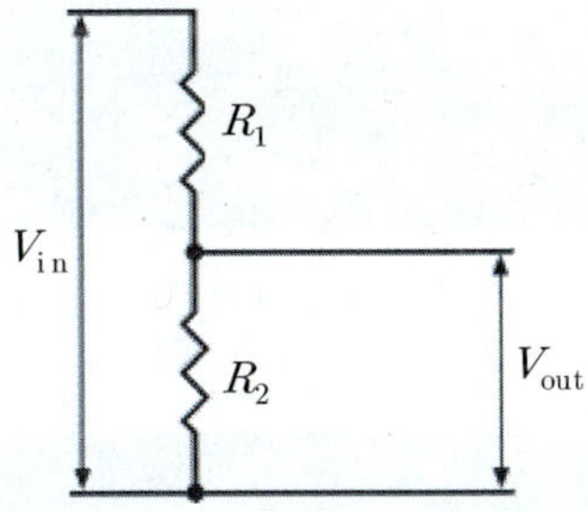

[그림 8-19] 전압분배 회로

$$V_{out} = V_{in} * R_2 / (R_1 + R_2)$$

[그림 8-11] 회로도에서 ADC로 입력되는 전압은 아래와 같이 계산할 수 있다.

전압분배식을 적용하면

R_1 : 2kΩ + 가변저항값, R_2 : 가스 센서저항값, V_{in} : 5V

이므로

V_{out} = 5V * (가스 센서 저항값 / (2kΩ + 가변저항값) + 가스 센서 저항값)

으로 계산된다.

[그림 8-20] 가스 센서 작동 사진

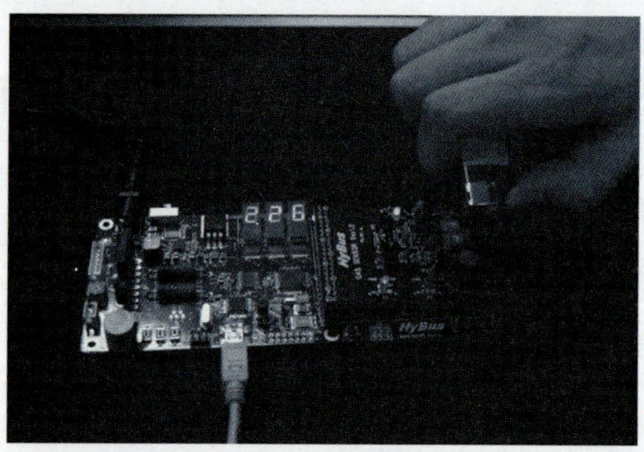

[그림 8-21] 가스 센서 가스 주입 사진

[그림 8-22] 가스 센서 작동 사진

02 먼지 센서

1) 먼지 센서(Dust Sensor) 측정기의 이론적 배경

(1) 광산란 적분법의 개념

공기나 물 같은 투명한 매체 중에 입자가 분산하고 있을 때, 광이 부딪쳐 산란하는 광로를 관측할 수 있는 것은 Tyndall 현상으로서 잘 알려진 사실이다. 또한, 수질오염을 나타내는 물질의 하나로 탁도가 있는데, 이는 물의 탁함을 나타내는 것이야말로 광산란의 결과로서 광이 산란하고 있기 때문에 관측하고 싶은 물체를 잘 볼 수 없게 되는 것이다. 즉, 산란광 양을 측정하면 탁도를 측정할 수 있는 것이다. 산란광 양은 입자에 비례하기 때문에 부유현탁물질에도 이용되고 있다. 이와 같이 광산란법은 수질오염물질의 측정에 이용할 뿐만 아니라 대기 중의 미소립자의 연구 및 측정, 굴뚝 가스 중의 먼지측정 등 광범위하게 이용되고 있다.

① 미소입자에 의한 산란

광을 어떠한 물질에 투사하면 광은 산란, 흡수, 간섭, 편광 등의 영향을 받으며, L. Rayliegh는 투사광 파장에 비해 매우 작은 입자에 대해서 산란이론을 세웠다. 그에 의하면 산란광을 식 (8-14)로 나타낼 수 있다.

$$I_\theta = I_0 \frac{kCd^3}{\lambda^4}(1+\cos^2\theta) \qquad (8\text{-}1)$$

I_θ : 각도 θ 방향의 산란광량, I_0 : 입사광량, k : 정수

C : 입자의 질량농도, d : 입자지름, λ : 파장$(d < \frac{\lambda}{20})$

식에서 산란광을 측정함으로써 농도 C를 구할 수 있음을 알 수 있으나, 파장이나 입자의 지름의 영향을 받으며, 또 측정 k가 입자의 형상이나 입자의 색깔에 따라 변화하기 때문에 농도 C는 입자의 형상이나 색의 영향도 받는다. 또 산란광은 λ^4에 반비례하므로 파장이 짧을수록 산란강도는 강하고, 파장이 길면 산란되기 어렵다. [그림 8-23]은 작은 입자의 산란광 각도분포를 나타낸 것으로서 그림에서 보는 것처럼 산란광은 입사광에 수직인 축에 대해서 대칭이며 [그림 8-23]에 나타내었다.

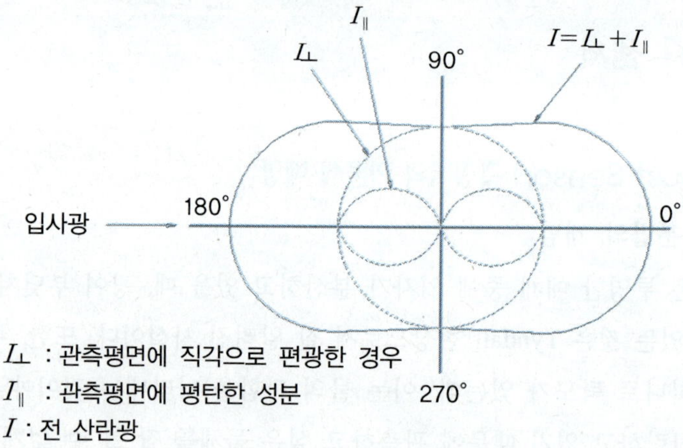

[그림 8-23] 작은 입자의 산란광 각도분포

② 큰 입자에 의한 산란

산란광 이론은 입자의 지름이 $\lambda/20$을 넘으면 복잡해진다. 이와 같은 입자는 산란광을 발생하는 점광원으로 생각할 수 없게 되고, 입자가 다른 장소에서 산란광의 간섭영향이 나타난다. [그림 8-24]에서도 알 수 있듯이 입자 A점, B점에서 산란된 산란광 $I_{A'}$, $I_{B'}$는 위상차는 거의 없지만, 뒤쪽 산란 $I_{A''}$, $I_{B''}$는 위상차가 발생하여 약하다.

즉, 입자경이 비교적 큰 경우에는 산란광의 각도분포는 [그림 8-25]와 같이 되며, 입사광에 수직인 축에 대해서 비대칭으로 되어, 뒤쪽 산란광 비율이 감소한다.

이와 같이 입자의 지름이 크면 산란광 각도분포가 변화할뿐 아니라 입경의 산란광 강도에 미치는 영향도 변화한다. 즉, 입경이 작은 경우를 생각해 보면 식 (8-2)가 되어 농도 C가 일정하다면 입자지름의 3승에 비례해서 산란광이 증가한다.

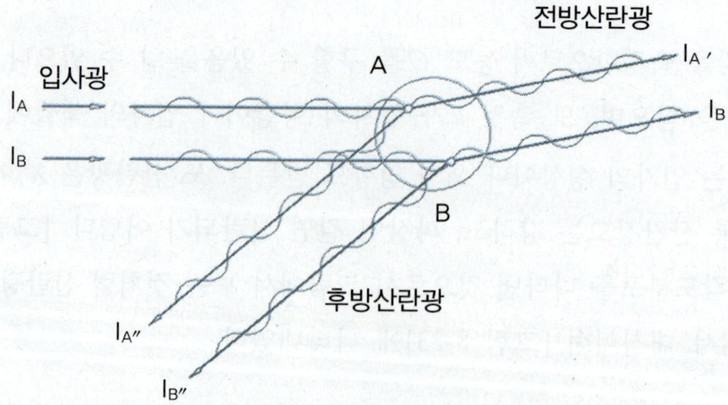

[그림 8-24] 산란광에서의 위상차

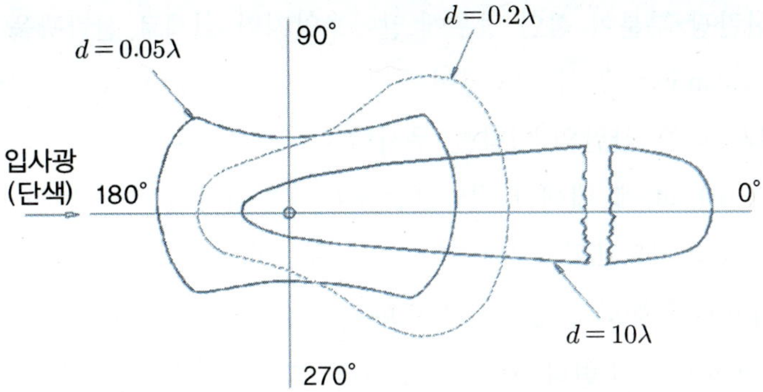

[그림 8-25] 입자경이 비교적 큰 경우의 산란광의 각도분포

$$I_\theta \infty C \cdot d^3 \tag{8-2}$$

그러나, 입경이 크게 되면

$$I_\theta \infty \frac{C}{d} \tag{8-3}$$

산란광 강도는 입경에 반비례한다. 다시 말해서, 농도 C가 일정한 상태에서 입경이 클수록 산란광은 감소한다.

[그림 8-26]은 입자의 지름과 산란광 관계를 보여주고 있는 것이며 대부분의 입자가 이러한 관계를 나타내고 있다. 또, ASTM(American Society for Testing and Materials)에도 같은 Data가 표시되어 있다. 즉, 산란광은 농도가 일정한 경우 입자의 지름에 반비례하고 있음을 알 수 있다. 산란광의 특성은 다음과 같다.

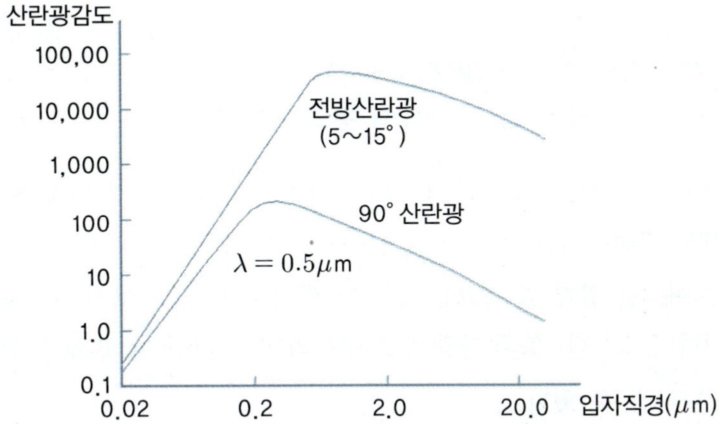

[그림 8-26] 입자의 지름과 산란광 관계

지금까지는 산란광 부분이 점인 경우에 알아보았지만 실제로 산란광을 측정하는 경우에는 액조(또는 Chamber)에 시료를 넣어서 측정하기 때문에 어느 정도 산란영역의 크기를 갖는 것으로서 다중 산란의 영향을 무시할 수 없게 된다.

카오린(입경 1~10μm)에 대해서 전방산란광과 후방산란의 특성을 조사해 보면 [그림 8-27]과 같은 특성을 나타낸다. 액조 길이 ℓ이 짧든지, 농도 C_s가 낮은 경우 산란광은 농도 C_s에 비례하지만 농도가 높아지면 포화현상이 나타나고, 입자가 색상을 띠고 있으면 산란광은 비례해서 감소한다. 이 포화현상은 후방산란의 경우에는 농도가 높아지면 다중산란 때문에 1매의 백지가 있는 것과 같은 상태가 되기 때문이다.

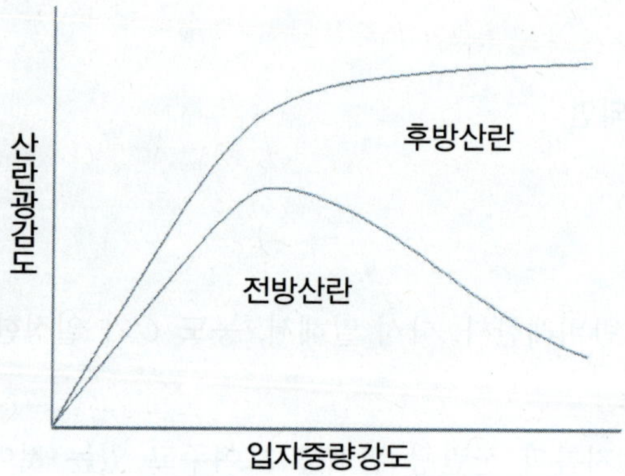

[그림 8-27] 전방산란광과 후방산란의 특성

한편, 전방산란일 경우에는 산란광이 Chamber를 투과하는 동안에 감소하기 때문에 포화현상이 나타나고, 또 농도가 증가하면 역으로 산란광은 감소하여 식 (8-4)로 나타낼 수 있다.

$$I'' = I_0 \alpha \ell C_s \exp - \beta \ell (C_s + \gamma C_c) \qquad (8\text{-}4)$$

γ, β, α : 정수, C_s : 입자중량 농도, C_c : 액의 착색도

이러한 경우에도 직선성이 좋은 농도와 산란광의 관계를 얻기 위해서는 Chamber 길이 ℓ를 짧게 해도 가능하지만, 식의 $\exp - \beta \ell (C_s + \gamma C_c)$의 항을 보정할 수 있으면 반드시 Charmber 길이 ℓ을 짧게 할 필요는 없으며, 짧게 하지 않고 보정하는 것이 오히려 감도면에서 유리하다고 한다. 또 투과광 I_t를 구하려면 Lambert & Bear의 법칙에 의해 다음 식 (8-5)로 나타낼 수 있다.

$$I_t = I_0 \exp - \sigma \ell (C_s + \gamma C_c) \quad (8\text{-}5)$$

σ : 정수, C_s : 입자중량 농도, C_c : 액의 착색도

식에서 β와 σ를 같은 값이 되도록 해서(전방산란광의 경우 $\beta \fallingdotseq \sigma$) 투과광 출력으로 산란광 출력을 나누어 주면 농도 C_s의 비례하는 출력이 얻어진다. 또 이러한 방법으로 행할 경우 입자의 착색도도 C_s의 영향도 없어지게 되며 입자농도에 비례하는 출력이 얻어진다.

(2) 광흡수에 의한 이론적 배경

흡수한 광과 광화학반응에서 이루어지는 화학변화 사이에는 어떤 관계가 반드시 있어야 할 것으로 기대되는데 그와 같은 관계를 일반화한 형식으로 '그로타스-드레이퍼의 법칙(Grotthus-Dreper Law)'이라 하여 반응계에 의하여 흡수된 복사선만의 화학변화를 일으키는 데 유효하다. 또 경우에 따라서는 흡수된 복사선의 동일한 또는 그와 다른 진동수를 가진 광으로서 다시 방출되는 일도 있다.

광흡수의 정도와 흡수하는 물질의 종류 또는 그 두께 사이에 존재하는 관계는 그 물질이 순수한 경우에는 '람베르트의 법칙(Lambert's Law, 1760년)'에 의해 나타나는데 입사 복사선의 같은 분량이 광흡수물의 같은 두께를 가진 연속된 층에 의해서 흡수된다.

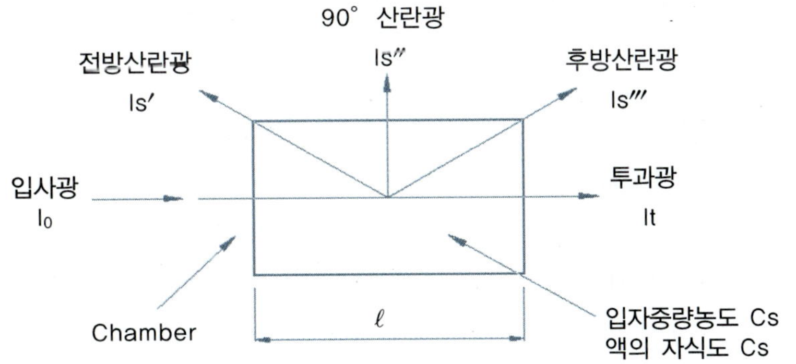

[그림 8-28] 챔버(Chamber)에서의 광산란

이것을 식으로 나타내면

$$I = I_o E^{-K\ell} \quad (8\text{-}6)$$

I : 광선이 ℓcm를 투과한 후의 강도, I_o : 입사광의 강도

K : 흡수계수(Absorption coefficient), ℓ : 입사광과 측정되는 흡수광과의 거리

흡수된 광의 강도 I_{abo} 는

$$I_{abo} = I_o - I = I_o(1 - E^{-K\ell}) \tag{8-7}$$

어떤 물질의 광흡수성을 흡수계수(Extinction coefficient)로 나타내면 다음 식 (8-8)로 주어진다.

$$I = I_o 10^{-E\ell} \tag{8-8}$$

여기서 E는 입자의 지름, 레이저의 파장 및 흡수광에 의해 구해지는 상수이다. 식 (8-6), (8-8)에서

$$K = 2.303\,E \tag{8-9}$$

이 얻어지면 이것이 흡수 및 흡수계수 상호간의 관계식이다.

2) 광산란 측정법(light scattering method)

광산란의 이론은 앞에서 설명하였기 때문에 구체적인 원리는 생략하고 여기에서는 Dust 측정기로서의 광산란법에 대해서 기술한다. 광산란법은 대기, 굴뚝에서의 먼지농도를 연속적으로 측정할 수 있는 측정방식으로 대기오염공정시험법에도 굴뚝배출 가스 연속측정용으로 사용할 수 있도록 규정되어 있다.

(1) 측정원리

어떠한 매층에 함유되어 있는 부유립자성 물질에 빛을 조사하면 빛과 먼지가 충돌한 후 일부는 흡수, 파괴되고 일부는 충돌면에 따라 산란, 반사되는데 이때 산란광의 양과 강도는 먼지의 물리적 성질인 형태, 크기, 반사율, 비중, 색에 따라 변한다. 하지만, 이들이 동일조건일 경우 산란광의 세기는 먼지의 농도에 비례하기 때문에 산란광의 세기를 광전소자로서 집광한 후 펄스 상태의 전기적인 신호로 바꾸어 펄스의 수를 계산 또는 적분하여 먼지(Dust)의 상대농도로서 측정하는 방식이기 때문에 측정대상인 입자물질의 입도분포나 화학조성, 물리적 성질이 다르면 절대농도에 대해서 동일한 상대농도가 얻어지지 않는다.

광산란법에는 전방산란법과 후방산란법 등이 있으며, 보다 정확한 데이터를 얻기 위하여 조사광원은 발광량이 일정하여야 한다. 또 배출 가스 중의 수분을 제거하여야 하고 분석부의 농도를 일정하게 유지하여야 한다.

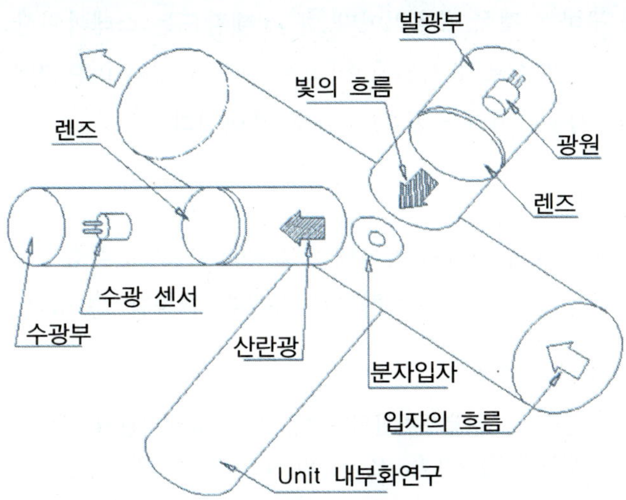

[그림 8-29] 광산란 측정원리

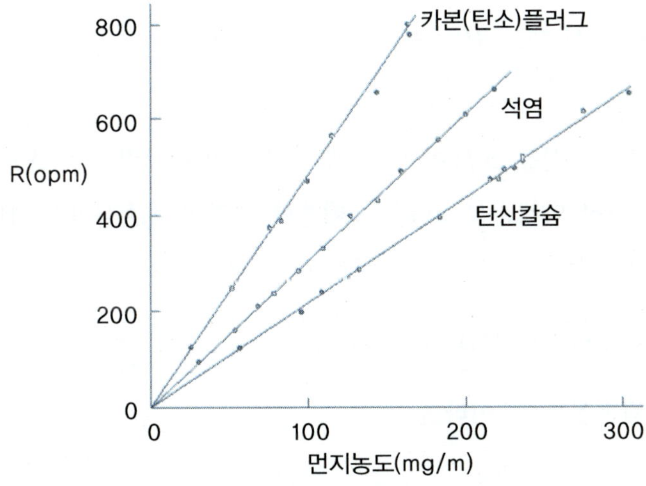

[그림 8-30] 먼지농도와 상관농도

다음 식 (8-10)은 상대농도 R CPM(Count Per Minute)과 절대농도 C(mg/m^2)의 관계식이다.

$$R = K \cdot I(C/P)\exp^{\mu(C/P)} \tag{8-10}$$

K : 계기상대 감도계수, I : 먼지의 광학적 상수

p : 상대입경 크기에 따른 변수, μ : 흡수계수

로 주어진다.

여러 종류의 입자에 대한 변수는 이론적으로 구하는 것보다는 절대측정법과의 비교실

험에 의해 계수를 구하는 것이 효율적이다. 또 상대감도는 스테아린산 표준입자 등을 사용하며 교정계수 $K= R/C$로 표시된다. 따라서 실측치 R에 의한 질량농도 C를 구하면 질량환산계수 F를 사용하여 $C= k \cdot F \cdot R$로 주어진다.

(2) 시료채취 원리

굴뚝내에 시료채취관을 삽입하여 굴뚝내의 압력(동압)으로 직접 시료 가스를 채취하기 위하여는 다음 조건들을 만족하여야 하므로 유량을 산출할 수 있다.

g_0= 굴뚝내 평균유속
T : 가스 온도, ℓ : 시료채취관의 길이, d : 시료채취관의 지름
g : 시료채취관의 평균유속, P_s : 정압, P_d : 동압, P_t : 전압

$$P_t - \Delta P_l > 0 \tag{8-11}$$

P_ℓ은 시료채취관내 압력손실

$P_t = P_d - P_s$이므로 $(P_d + P_s) - 4P_\ell > 0$이다.

$$\therefore\ P_d - \Delta P_\ell > 0 \tag{8-12}$$

또, 시료채취관의 압력손실을 ΔP_ℓ이라 할 때, ΔP_ϵ : 입구 압력손실, ΔP_B : 굴곡에 의한 압력손실, ΔP_F : 마찰 압력손실, ΔP_{out} : 배출할 때의 압력손실이라 하면 전체 압력손실은

$$\Delta P_\ell + \Delta P_\epsilon + \Delta P_B + \Delta P_F + \Delta P_{\text{out}} \tag{8-13}$$

이 되며, 관내의 압력손실을 K_ϵ 이라면

$$\Delta P_\epsilon = K_\epsilon \frac{r}{2g} g_2 \tag{8-14}$$

이 된다. 흐르는 방향변환 손실계수 K_B라면

$$\Delta P_B = \left(K_B + \lambda \frac{\ell'}{d}\right) \frac{r}{2g} g^2 \tag{8-15}$$

이므로 Weisbach에 의하여

$$K_B = \left[0.131 + 0.163\left(\frac{d}{r}\right)^{3.5}\right] \frac{\theta}{90} \tag{8-16}$$

r : 굴곡부의 반경, ℓ : 굴곡관의 길이
θ : 굴곡각도, λ : 마찰에 의한 저항계수

ΔP_F는 Blasius 실험에 따라 λ를 저항계수라 하면

$$\Delta P_F = \lambda \times \frac{\ell'}{d} \times \frac{r}{2g} \times g^2 \quad (8\text{-}17)$$

ΔP_{out}은 검출기지름 D, 저항계수 $K_{out} = \left(1 - \frac{d^2}{D^2}\right)^2$ 이라면

$$\Delta P_{out} = K_{out} \frac{r}{2g} g^2 \quad (8\text{-}18)$$

따라서 식 (8-18)의 $(P_d - \Delta P\ell > 0)$은

$$P_d - \left[K_\epsilon + \left(K_B + \lambda \frac{\ell'}{d}\right) + \lambda \frac{\ell}{d} + K_{out}\right] \frac{r}{2g} g^2 > 0 \quad (8\text{-}19)$$

을 만족해야 한다.

굴뚝내의 유속이 5m/sec 이하로 낮은 경우는 외부에서 일정한 유속을 가하여 측정이 가능하며, 유속의 변화가 생기면 농도에 영향을 줄 수 있으므로 별도의 유속안정장치가 필요하며, 안정된 유속에서 상관계수의 측정 및 입력이 요구된다.

3) 광산란 Dust Analyzer

(1) 원 리

검출부는 근적외선을 조사하는 발광부와 수광부, 빛을 흡수하는 Trap으로 구성되어 있다.

광로에 먼지입자가 존재하면 빛은 입자에 대한 흡수, 반사, 산란 등을 일으킨다. 분석계는 산란광을 이용하여 개발하였으며 수광부는 광원에서 Trap에 이르는 광축에 대하여 90°각으로 배치되어 있고 이때 산란에 의해서만 입사하는 광을 광학계에 의해 수광하고 이것을 전기신호로 변환시켜 연산하므로 상대 Data 농도를 Real Time으로 측정한다.

먼지의 입자형상 분포, 조성이 일정하면 산란도는 먼지의 농도에 비례하여 나타난다.

(2) 사 양

- 측정원리 : 광산란 적분방식
- Sampling 방식 : 굴뚝 직접부착식
- 측정 Range : 0~200, 0~500, 0~1000(0~5000mg/Nm^2)
- 외부출력 : 4~20mA & RS-232C
- Zero Drift : ±1% 이하 F.S/Week

- Span Drift : ±2% 이하 F.S/Week
- 재현성 : ±2% 이하
- 접점출력 : 상한, 하한 접점출력 가능
- Purge 방식 : Auto or Manual 선택 가능
- Power : Analyzer AC110V/60Hz 0.1kW
- Sample 조건 : 시료 Temp : 0~500℃, 압력 : ±500 mmH$_2$O, 수분량 : 40% 이하

(3) 먼지 측정기의 구성

[그림 8-31]에서 보는 바와 같이 시료채취부, 검출부, 신호처리부, 수신부로 크게 구성되어 있으며, 굴뚝의 먼지(Dust)농도를 정확히 측정하기 위하여 동압관과 정압관에 의한 자동 흡인방식과 유속이 낮은 경우도 측정이 가능한 구조로 구성되어 있으며, 온도에 의한 영향을 최소화하기 위하여 검출부와 수광부를 측정부로부터 광케이블을 사용하여 분리하였다.

① 시료채취부

시료채취부는 정압관과 동압관의 구조로 되어 있으며 흡입 펌프를 사용하는 대신 굴뚝내의 동압을 이용하여 굴뚝내의 먼지의 농도를 검출부로 흡입하고 낮은 유속인 경우 일정한 시료유입장치에 의해 시료를 유입한다. 시료 가스의 응축으로 인한 감도저하방지를 위한 가열장치 및 Clean Air 공급 시스템이 구성되어 있으며, 연속으로 검출부를 통과한 시료 가스는 굴뚝내에 위치하고 있는 정압관를 통하여 배출된다.

② 검출부

검출부는 광원부, 측정부, 수광부로 구성되어 있으며, 측정부는 광원부 및 수광부로 단열재내에는 햇빛이 차단되어 있고, 광원으로부터 측정부에 조사된 후 산란도는 광원의 90° 측면에 있는 광전자 증배관에 의해 측정된다.

③ 신호처리 및 Control 회로부

전원부, 증폭부 및 농도 직도계와 원격제어부로 이루어져 있다. 증폭부로부터 나온 Signal은 표준 Signal인 4~20mA 및 RS-232C 통신 Signal로 변환되며, 원격출력부로부터 나온 신호는 유선을 통하여 전송된다.

④ 수신부

증폭부로부터 전송출력을 수신하여 그 신호를 기록계 및 TMS에 전달하는 역할을 한다. 또한, 측정범위를 단계별로 나누어 선택 가능하며 먼지 농도를 직접 읽을 수 있는 지시계가 부착되어 있다.

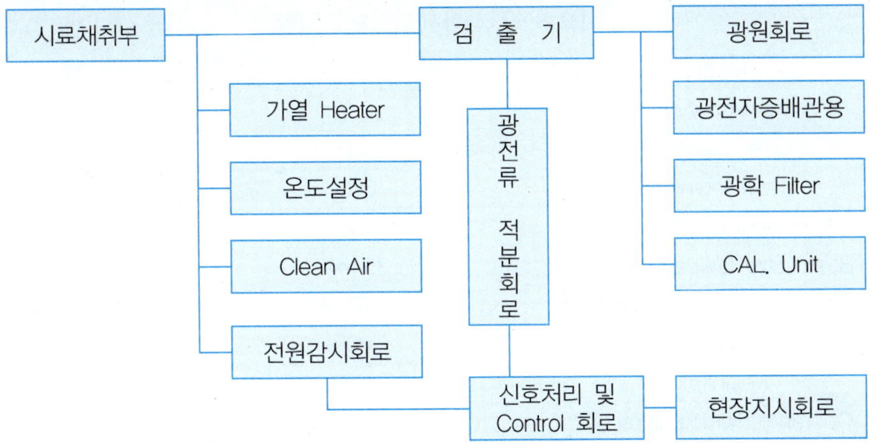

[그림 8-31] Dust 측정기 블록도

4) 광투과식 센서 Unit

(1) Optical Module

① 광원과 Detecting Sensor

Optical Modul의 광원은 Diode Laser를 사용하였다. Diode Laser는 직진성과 투과율이 다른 광원들보다 현저히 좋으며 단파장의 특성을 가진다. 다파장 영역들을 가지는 광원을 사용할 때 외부의 빛 영향을 보다 많이 받아 측정 중 오차의 범위를 가질 수 있으므로 이것을 배제하기 위하여 단파장 Laser를 광원을 사용하여 측정오차의 범위를 최소화하였다. 사용한 파장은 670nm이며 [그림 8-32]에 나타내었다.

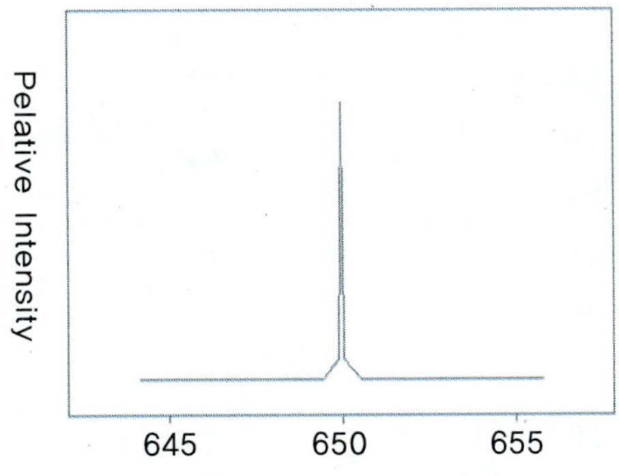

[그림 8-32] 레이저 다이오드 파장

[표 8-4] 레이저 다이오드 사양

Model	A	B
Out Power(mV+/-10%)	0.9	3.0
Power Stability(%)	<5	<5
Wavelength(nm)	670	670
Wavelength Shift(nm/℃)	0.2	0.2
Beam Size @Aperture(μm)	35-∞	35-∞
Operating Voltage(VDC)	4 TO 6	4 TO 6
Current Drain(mA)	60	70
Weight(mg)	<15	<15
Operating Temperature(℃)	-10 TO +40	-10 TO +40
M.T.T.F.(Hr)	>20,000	>20,000

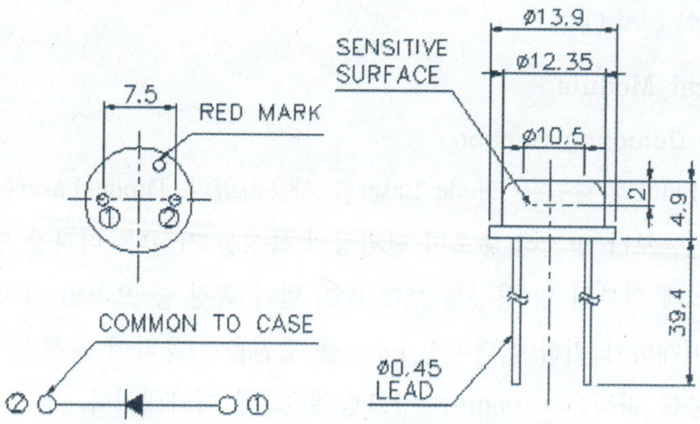

[그림 8-33] 실리콘 포토 다이오드 외형도

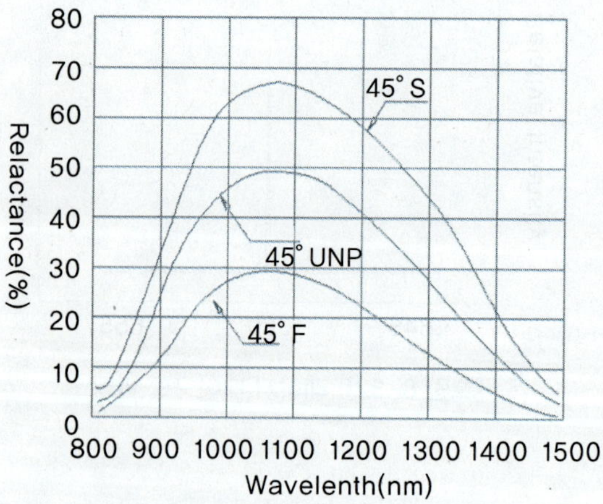

[그림 8-34] 반사율과 파장대의 관계

② 광학 렌즈의 특성

광원으로부터 출력된 빛을 Beamsplitter를 사용하여 나누어주도록 하였다. 사용된 Beamsplitter는 BK7의 재질로 만들어 400~900nm의 영역대까지 적용 가능하도록 하였다. Damage는 5J/cm^{3}까지 견뎌낼 수 있으며 특정각도에서 빛의 분광이 최대값을 가지도록 하였다. [그림 8-31]에 반사율과 파장대의 관계를 나타내었다.

(2) Optical Module 작동원리

[그림 8-35]에서 보는 것과 같이 5V의 전압을 Laser Diode에 공급하여 주면 670nm의 Red Light가 출력된다. Laser Beam은 직선성이 매우 좋으므로 이것을 Diffuser를 통하여 확산시켜 주어야만 한다. 확산된 Beam은 BK7 Beamsplitter에 입사된다.

Incident Beam과 Splitter의 각도는 45°를 이루게 하여 Reflected된 Beam은 [그림 8-35]에서 보는 것과 같이 Incident Beam 상박 90°로 Splitter시켰다. 이때 Reflected된 광량은 Diffuse된 광량의 33±5%이다.

나머지 광량은 Spitter를 Direct로 통과하여 Bi-Convex Lens로 입사한다. Reflected된 Beam은 Focusing Lens를 거치면서 Collimating되어 650nm의 Center Wavelength를 가지는 Laser Mirror에 입사하게 된다.

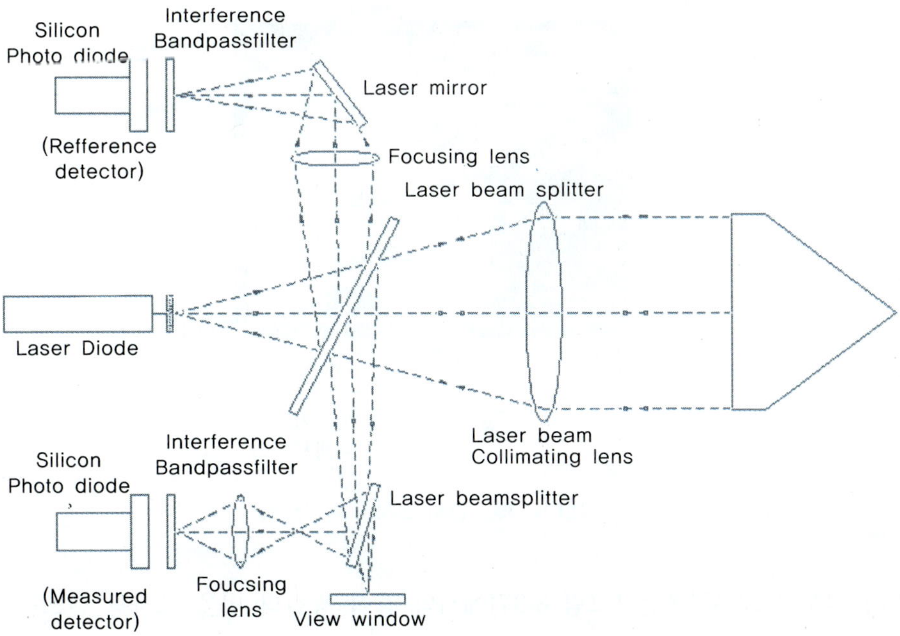

[그림 8-35] 광투과 Dust 측정원리

입사된 Beam은 다시 전반사되어 670nm의 Narrow Band Interference Filter를 거쳐 Silicon Photo Diode에 입사된다. 이것은 초기 출력광의 상태를 확인하고 보정해 주는 Reference Sensor의 기능을 한다. Splitter를 투과한 나머지 67±5%의 Beam은 Collimating Lens의 역할을 하는 Bi-Convex Singlet Lens를 통하여 Reflecter로 보내어진다. Beam의 크기는 50.8mm 크기로 방사된다. Reflecter로 입사된 Beam은 입사한 방향으로 다시 굴절되어 다시 Collimating Lens로 들어간다. 입사된 Beam은 Collimating되어 Beamsplitter로 진행한다. 이때 입사된 Beam은 Split되어 [그림 8-35]에서와 같이 하박방향으로 진행하여 2차 Splitter를 거쳐 투과한 Beam은 Window로 가며, Reflected된 광은 Focusing Lens를 통하여 Measure Silicon Photodiode에 입사되어 측정된다.

5) 먼지 센서의 특징

(1) 특징

- 동작전압 : DC5V
- 동작온도 : −30°~60°C

먼지 센서(Dust Sensor)는 [그림 8-36]과 같이 포토 수광소자의 입력값으로 대기 중의 연기나 먼지를 판별하는 센서이다.

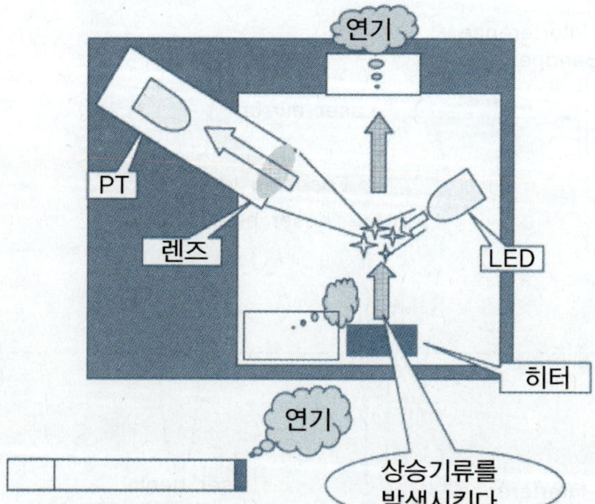

[그림 8-36] 먼지 센서의 동작원리

먼지 센서의 내부구조는 [그림 8-37]에서와 같이 광원의 빛을 조사광 렌즈를 통하여 모아서 조명영역으로 출력한다. 이때 조명영역으로 출력된 광원은 집광 렌즈를 통하여 수광소자로 입력된다. 조명영역에 감지되는 입자가 없으면 광원은 수광소자로 깨끗이 들어가고, 감지되는 입자가 있다면 수광소자로 들어가는 광원의 값이 변하게 된다.

조명영역에 떠다니는 입자가 집광 렌즈를 통하여 수광소자에 입력되고 감지되는 입자의 크기에 비례하는 강도의 산란광 펄스를 발생한다.

단위시간당의 산란광 펄스의 카운터 수가 그 크기의 부유입자의 개수농도에 비례한다.

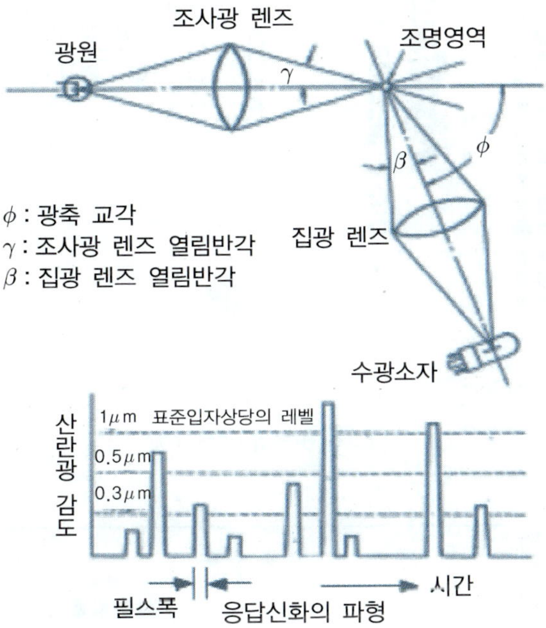

[그림 8-37] 먼지 센서원리 및 응답신호 파형

6) 먼지 센서보드

PPDNS 센서 모듈을 이용하여 먼지를 측정할 수 있는 Board이다.

[그림 8-38]은 먼지 센서보드의 실물을 나타낸다.

[그림 8-38] 먼지 센서보드

7) 부품배치도

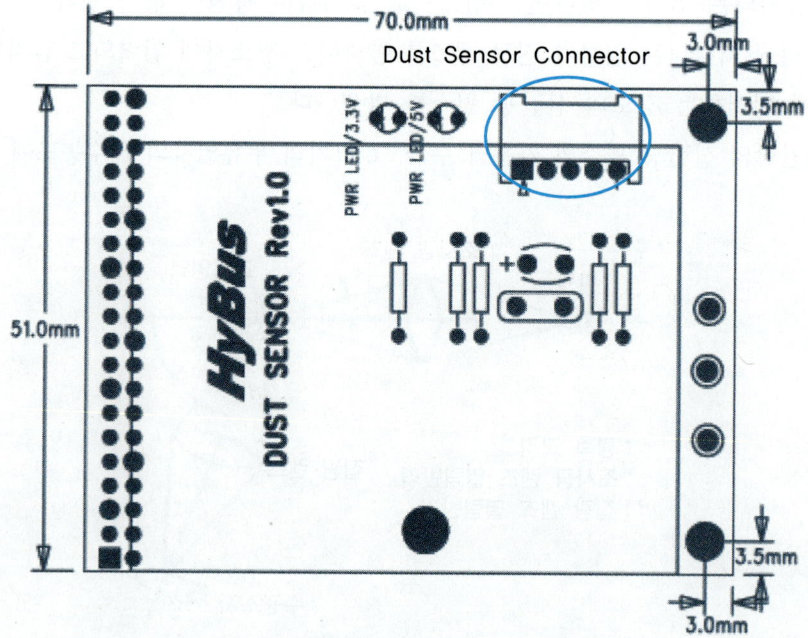

[그림 8-39] 보드 전면

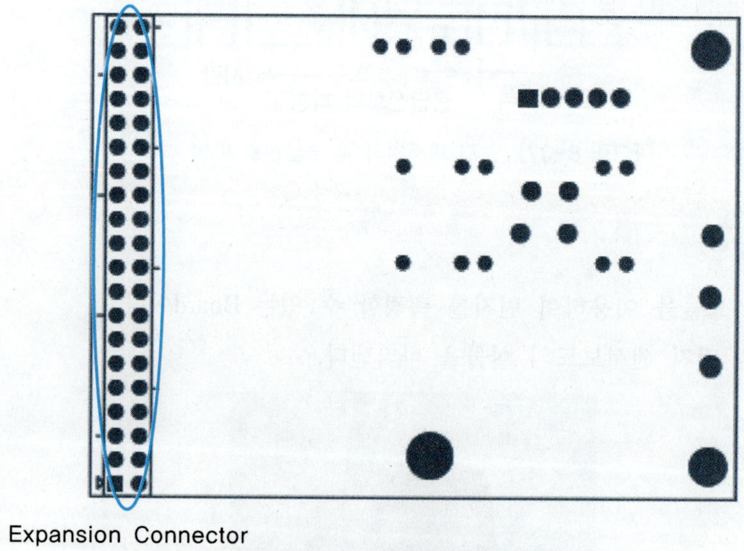

[그림 8-40] 보드 후면

8) 회로도

먼지 센서보드(Dust Sensor Board)의 주요 회로는 [그림 8-41]과 같다.

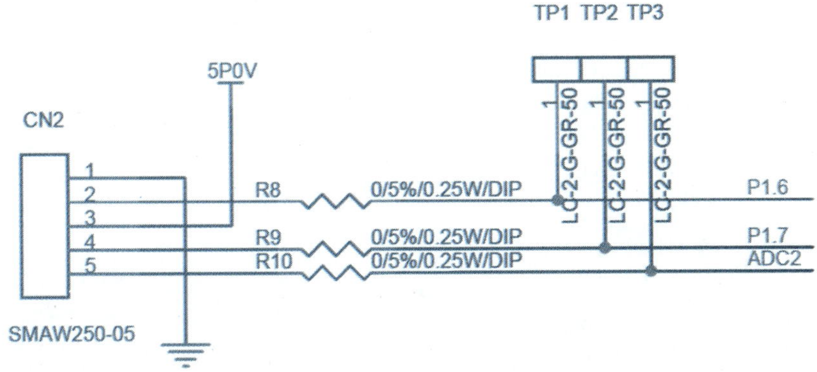

[그림 8-41] 주요 회로도

9) 회로동작설명

① 먼지 센서에 먼지가 감지되면 먼지량에 따른 데이터를 프로세서가 디지털값으로 읽어올 수 있다.

10) 부품 리스트

먼지 센서보드에 사용된 부품 리스트는 [표 8-5]와 같다.

[표 8-5] 부품 리스트

순서	수량	부품번호	부품명
1	1	CN1	PIN HEADER 20PX2/2.54mm/Straight Type
2	1	CN2	SMAW250-05
3	1	C1	100nF/50V/CE/DIP
4	1	C2	10μF/16V/TAN/DIP
5	2	D1, D2	LED/RED/DIP/3PI
6	1	R6	330/5%/0.25W/DIP
7	1	R7	240/5%/0.25W/DIP
8	3	R8, R9, R10	0/5%/0.25W/DIP
9	3	TP1, TP2, TP3	LC-2-G-GR-50

11) 프로그램 분석

먼지가 감지되면 PORT2.0핀과 PORT2.6 포트에 인터럽트가 발생된다. 인터럽트 발생 빈도에 따라 먼지의 양을 감지할 수 있다.

work\HsensorTraining\18_DustSensor**msp430main.c**

```
INT16 main(VOID)
{
        WDTimerInit();
        PortInit();
        SensorInit();
        DeviceInit();
        UartInit();
        blinkLED();
        SetTimerB0();
        EnableIntr();
        while(FOREVER)
        {
                if(g_timerCount>=500)
                {
                        g_timerCount=0;
                        FNDDisplay(g_DustCount);
                        printf("Dust %d\r\n",g_DustCount);
                        switch(g_DustCount)
                        {
                                case 0:
                                        LED_OFF;
                                        BuzzerCtrl(OFF);
                                        break;
                                case 1:
                                        // 먼지 발생빈도가 1일 경우
                                        BuzzerCtrl(ON);
                                        BLUE_LED_ON;
                                        break;
                                case 2:
                                        // 먼지 발생빈도가 2일 경우
                                        BuzzerCtrl(ON);
                                        RED_LED_ON;
                                        GREEN_LED_ON;
                                        break;
                                default:
                                        BuzzerCtrl(ON);
                                        LED_ON;
                                        break;
                        }
                        g_DustCount=0;
                }
                msdelay(1);
        }
        return TRUE;
}
```

12) 연구내용 및 실험방법

(1) 먼지 센서보드 장착 및 케이블 연결(전원, USB)

[그림 8-42]와 같이 먼지 센서보드를 메인보드에 장착하고 전원과 USB 케이블을 연결한다.

[그림 8-42] 센서보드 장착

(2) 장치관리자에서 COM 포트 확인

장치관리자에서 USB가 COM3로 잡혀있는지 확인하고 만약 포트 번호가 다를 경우 포트 설정에서 포트 번호를 3번으로 변경한다.

(3) 프로그램 빌드 및 다운로드

① CMD창에서 Dust 센서 프로그램("C:\mspgcc\work\HsensorTraining\18_DustSensor") 위치로 이동 후 "make" 명령으로 프로그램을 빌드한다.

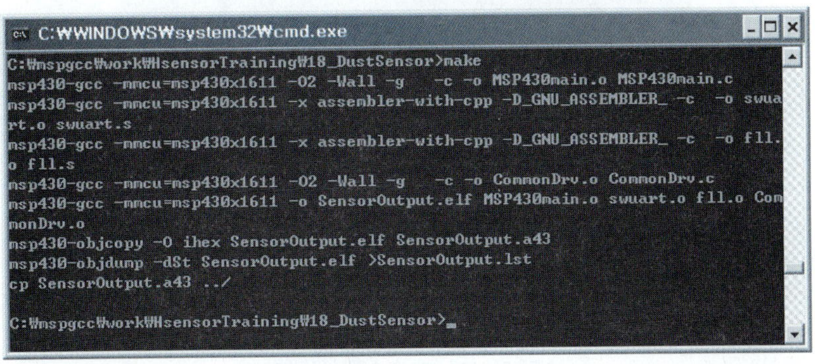

```
C:\WINDOWS\system32\cmd.exe
C:\mspgcc\work\HsensorTraining\18_DustSensor>make
msp430-gcc -mmcu=msp430x1611 -O2 -Wall -g   -c -o MSP430main.o MSP430main.c
msp430-gcc -mmcu=msp430x1611 -x assembler-with-cpp -D_GNU_ASSEMBLER_ -c  -o swua
rt.o swuart.s
msp430-gcc -mmcu=msp430x1611 -x assembler-with-cpp -D_GNU_ASSEMBLER_ -c  -o fll.
o fll.s
msp430-gcc -mmcu=msp430x1611 -O2 -Wall -g   -c -o CommonDrv.o CommonDrv.c
msp430-gcc -mmcu=msp430x1611 -o SensorOutput.elf MSP430main.o swuart.o fll.o Com
monDrv.o
msp430-objcopy -O ihex SensorOutput.elf SensorOutput.a43
msp430-objdump -dSt SensorOutput.elf >SensorOutput.lst
cp SensorOutput.a43 ../

C:\mspgcc\work\HsensorTraining\18_DustSensor>_
```

[그림 8-43] S/W 빌드

CHAPTER 08

② 정상적으로 빌드되었다면 상위 디렉토리인 C:\mspgcc\work\HsensorTraining" 폴더에 "SensorOutput.a43"이라는 파일이 생성된다.

[그림 8-44]와 같이 bsl_downloader.bat을 이용하여 a43파일을 보드에 다운로드한다.

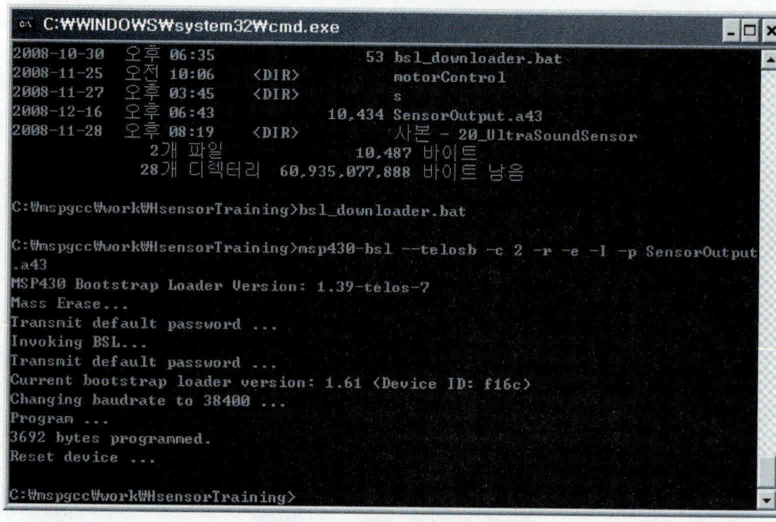

[그림 8-44] 이미지 다운로드

(4) 먼지 센서 프로그램 테스트

먼지 센서를 실행한 뒤 센서 주변에서 먼지를 발생시키면 FND에 먼지가 감지된 빈도수만큼 표시되며 버저가 출력된다.

[그림 8-45] 프로그램 실행결과

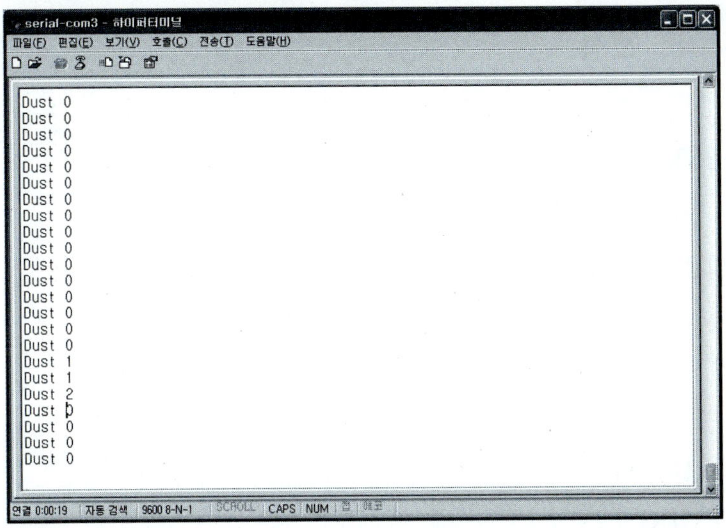

[그림 8-46] 하이퍼터미널 메시지

13) 연구결과

평시와 먼지를 일으켰을 때의 하이퍼터미널에서의 결과값의 변화. 평시에는 0~2사이를 오고가나 먼지를 일으키자 4까지 올라감을 확인할 수 있다.

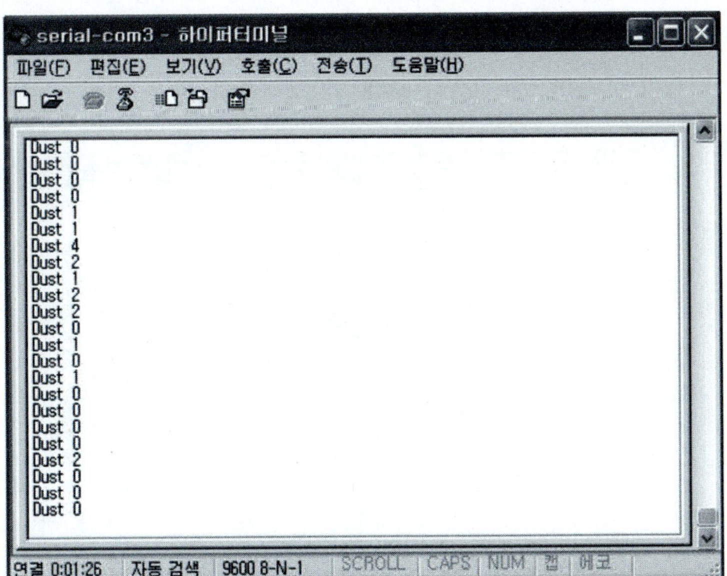

[그림 8-47] 시리얼 데이터 출력화면

03 오존 센서

1) MiCS-2610

- 낮은 히터 전류
- 고감도, 넓은 측정 범위
- 빠른 열 응답속도
- 전기적 및 충격과 진동에 보호
- 소형화가 가능한 작은 사이즈
- 입력전원 : DC 5V
- 히터 전원 : DC 2.2V
- 오존(Ozone) 검출범위 : 10~1000ppb
- 동작온도 : −40~70°
- 응용

−USN(Ubiquitous Sensor Network) & WSN(Wireless Sensor Network), 데이터로깅, 트랜스미터, 산업용 및 가정용 살균기 제어장치 등에 사용된다.

반도체방식의 가스 센서인 MiCS-2610은 오존(Ozone)을 검출하는 센서로, 검출량에 따라 저항값이 바뀌는 타입으로 [그림 8-48]의 그래프와 같은 선형 출력을 제공한다.

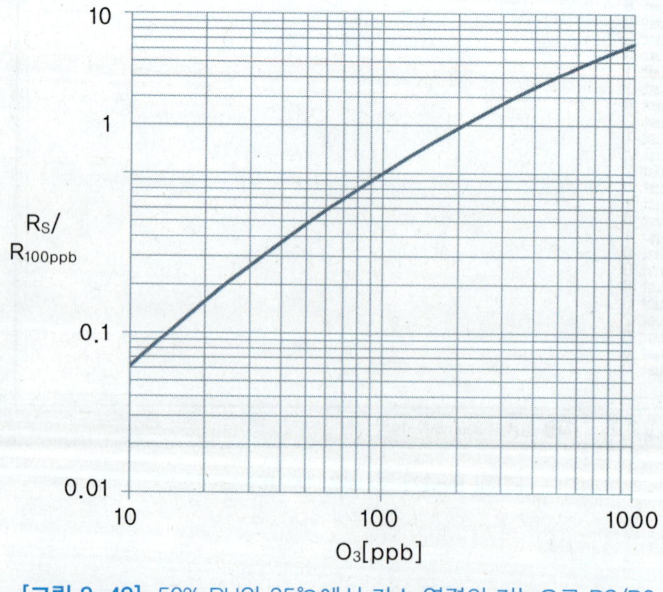

[그림 8-48] 50% RH와 25℃에서 가스 연결의 기능으로 RS/R0

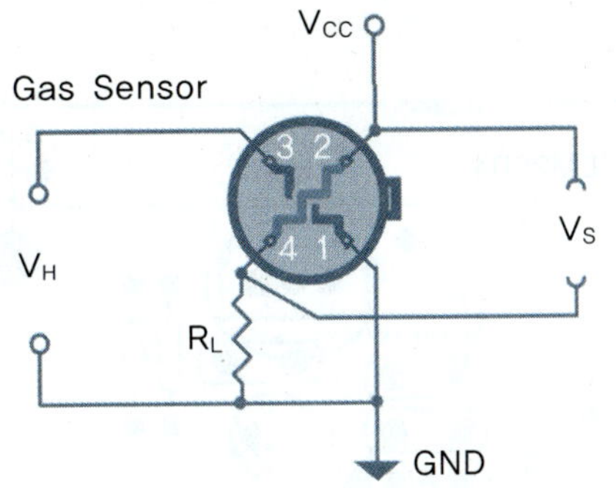

[그림 8-49] O_3 감지를 위한 측정 회로

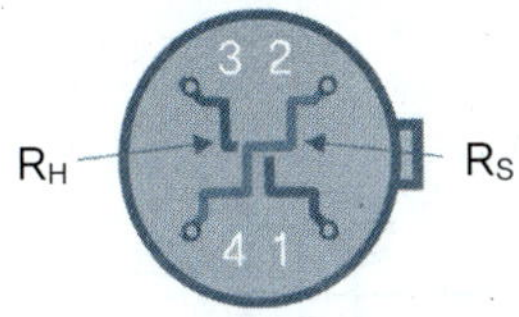

Pin	Connection
1	Heater ground
2	Sensor pin
3	Heater power
4	Sensor pin

[그림 8-50] MiCS-2610(Top view)의 공식 회로

[표 8-6] 센서 특성

Characteristic	Symbol	Type	Min	Max	Unit
O_3 detection range	FS		10	1000	ppt
Sensing resistance in air	R_0	11	3	60	kΩ
Sensitivity factor(see note 5)	S_R	2	1.5	4	–

2) 오존 센서보드

[그림 8-51]의 오존 센서보드(Ozone Sensor Board)는 MiCS-2610센서를 이용하여 Ozone을 측정한다.

[그림 8-51] 오존 센서보드

3) 부품배치도

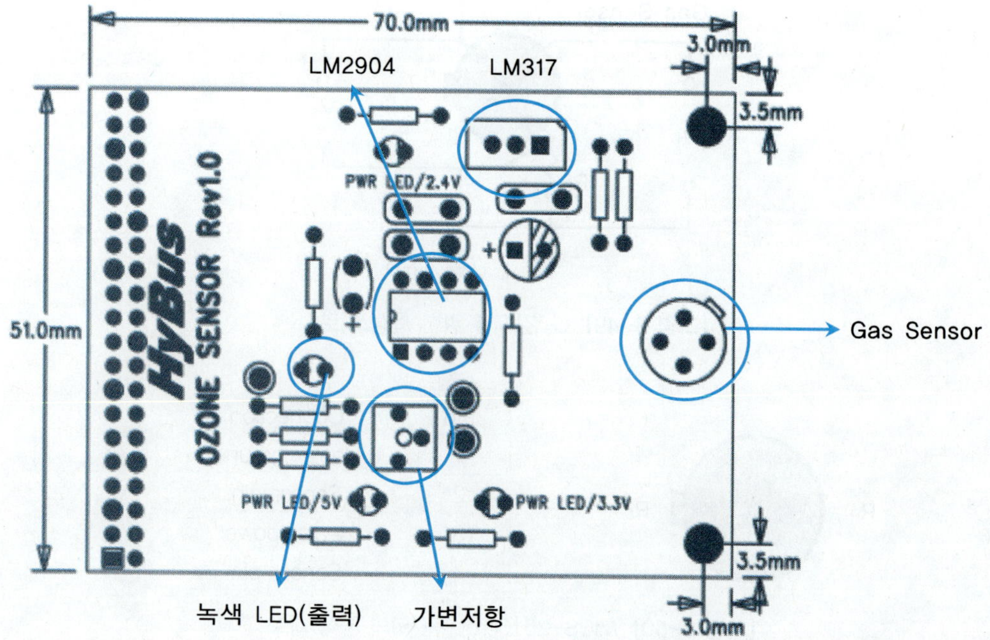

[그림 8-52] 보드 전면

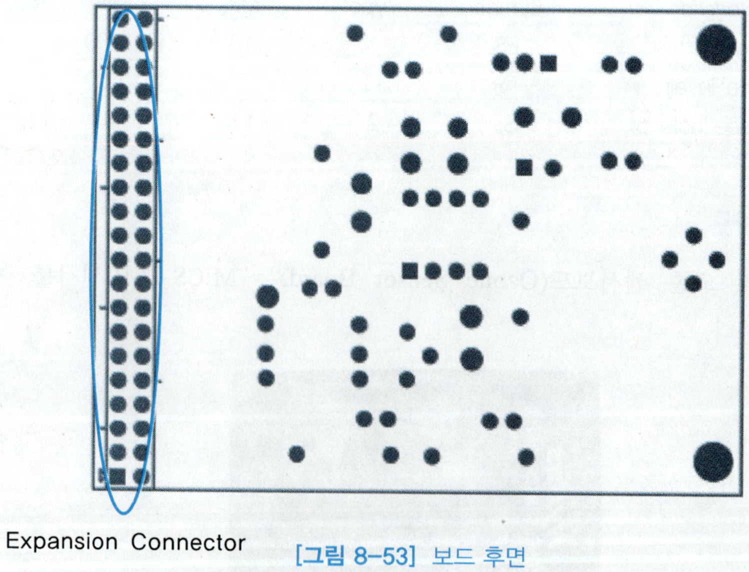

[그림 8-53] 보드 후면

4) 회로도

Ozone 센서보드의 주요 회로는 [그림 8-54]와 같다.

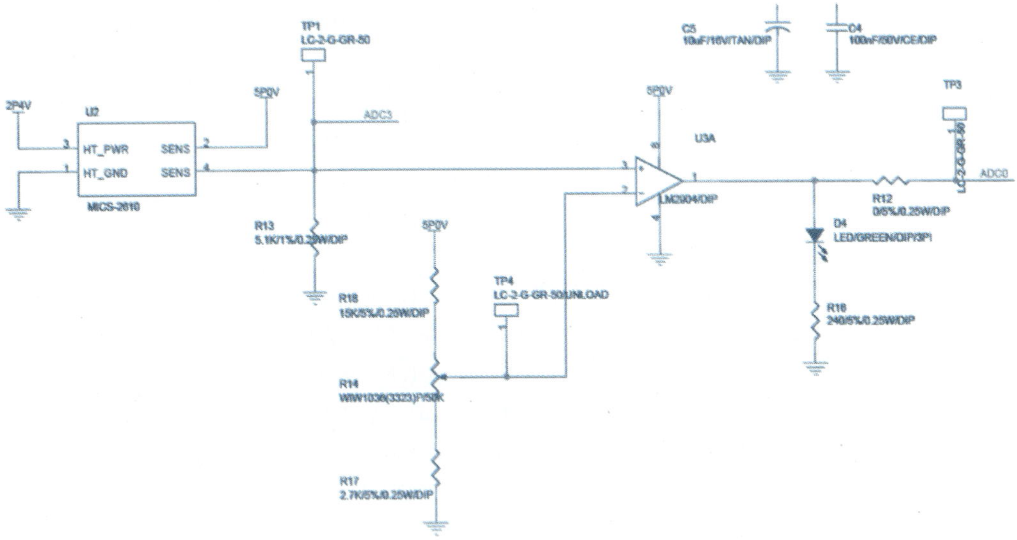

[그림 8-54] 주요 회로부

5) 회로동작설명

① R14 가변저항을 조정하여 TP4 단자의 전압(기준전압)을 조절한다.

② U2 Ozone 센서에 Ozone이 감지되면 TP1 단자의 전압이 올라간다.

③ TP1 단자의 전압이 TP4 단자의 전압보다 높으면 TP3 단자의 전압이 High 상태가 된다. 즉, D4 녹색 LED가 ON된다.

④ TP1 단자의 전압은 Ozone 센서에 걸리는 전압으로써 프로세서의 ADC 입력단자로 직접 인가된다.

6) 부품 리스트

Ozone 센서보드에 사용된 부품 리스트는 [표 8-7]과 같다.

[표 8-7] Ozone 센서보드 부품 리스트

순서	수량	부품번호	부품명
1	1	CN1	PIN HEADER 20PX2/2.54mm/Straight Type
2	3	C1, C2, C4	100nF/50V/CE/DIP

순서	수량	부품번호	부품명
3	1	C3	220μF/16V/ELEC/DIP
4	1	C5	10μF/16V/TAN/DIP
5	3	D1, D2, D3	LED/RED/DIP/3PI
6	1	D4	LED/GREEN/DIP/3PI
7	1	R6	330/5%/0.25W/DIP
8	2	R7, R16	240/5%/0.25W/DIP
9	1	R8	120/5%/0.25W/DIP
10	1	R9	240/1%/0.25W/DIP
11	1	R10	220/1%/0.25W/DIP
12	1	R12	0/5%/0.25W/DIP
13	1	R13	5.1K/1%/0.25W/DIP
14	1	R14	WIW1036(3323)P/50K
15	1	R17	2.7K/5%/0.25W/DIP
16	1	R18	15K/5%/0.25W/DIP
17	2	TP1, TP3	LC-2-G-GR-50
18	1	TP4	LC-2-G-GR-50/UNLOAD
19	1	U1	LM317/TO220
20	1	U2	MICS-2610
21	1	U3	LM2904/DIP

7) 프로그램 분석

회로구성상 오존량에 따라 ADC3로 입력되는 전압이 변한다. MSP430의 내부 ADC를 이용하여 입력되는 전압값을 측정하여 FND에 표시한다.

Line work\HsensorTraining\16_OZONESensor**msp430main.c**

```
INT16 main(VOID)
{
        UINT16 ADCval;
        WDTimerInit();
        PortInit();
        ADCInit();
        DeviceInit();
        UartInit();
        blinkLED();
        EnableIntr();

        while(FOREVER)
        {
                ADCval=ADC3Read();// ADC3으로 입력되는 전압값을 읽어온다.
                FNDVout(ADCvalue);// ADC3의 값을 Voltage값으로 변환하여
```

```
FND에 표시.
          }
          return TRUE;
}
```

8) 연구내용 및 실험방법

(1) 보드 장착 및 케이블 연결(전원, USB)

[그림 8-55]와 같이 전원과 USB 케이블을 연결하고 Ozone 센서보드를 메인보드에 장착한다.

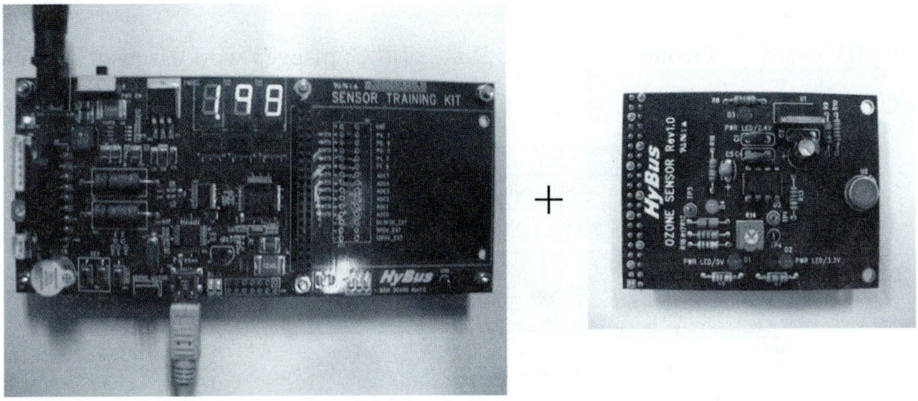

[그림 8-55] 센서보드 결합

(2) 장치관리자에서 COM 포트 확인

장치관리자에서 USB가 COM3로 잡혀있는지 확인하고 만약 포트 번호가 다를 경우 포트 설정에서 포트 번호를 3번으로 변경한다.

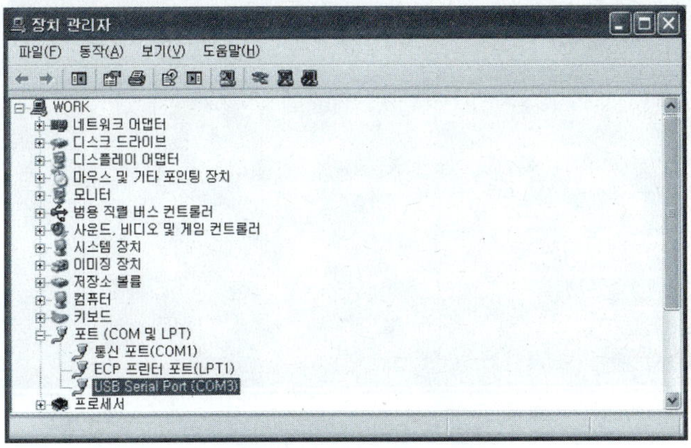

[그림 8-56] COM3 확인

(3) 프로그램 빌드 및 다운로드

① 윈도우에서 시작→실행에서 [그림 8-57]과 같이 cmd를 입력한 뒤 확인을 클릭한다.

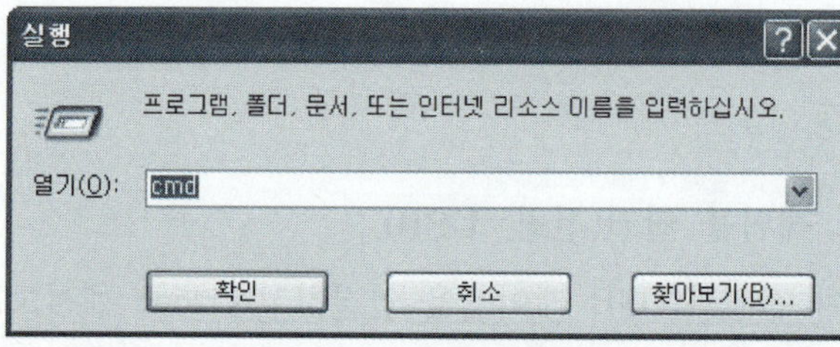

[그림 8-57] CMD 실행

② CMD창에서 Ozone 센서 프로그램("C:\mspgcc\work\HsensorTraining\16_OZONESensor") 위치로 이동을 한 뒤 "make" 명령으로 프로그램을 빌드한다.

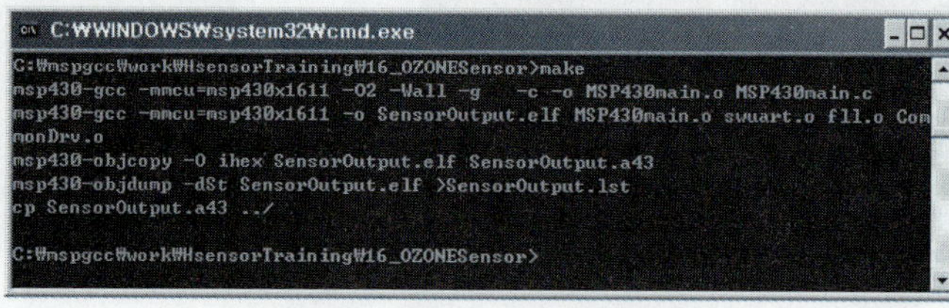

[그림 8-58] S/W 빌드

③ 정상적으로 빌드되었다면 상위 디렉토리인 C:\mspgcc\work\HsensorTraining" 폴더에 "SensorOutput.a43"이라는 파일이 생성된다.

[그림 8-59]와 같이 bsl_downloader.bat을 이용하여 a43 파일을 보드에 다운로드한다.

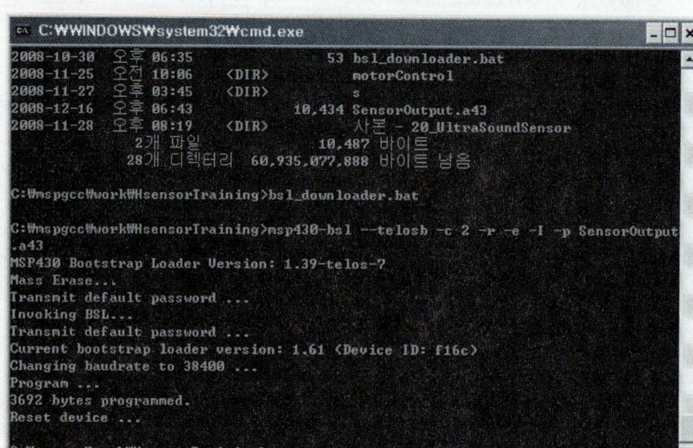

[그림 8-59] 이미지 다운로드

(4) 프로그램 실행

[그림 8-60] Ozone 센서 프로그램 실행결과

(5) PC에서 시리얼 데이터 출력화면

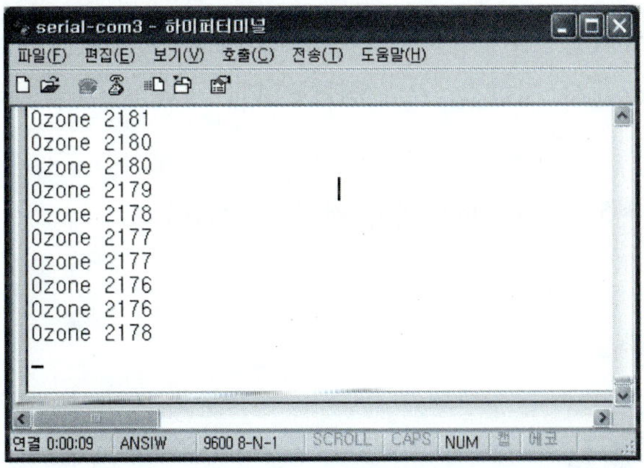

[그림 8-61] 시리얼 데이터 출력화면

9) 연구결과

Ozone 센서 프로그램을 실행하면 FND로 출력전압을 표현한다.

현재 출력 전압의 크기를 참고하여 전압분배법칙을 이용하면 Ozone 센서의 저항값 변화를 계산할 수 있다. 전압분배식은 다음과 같다.

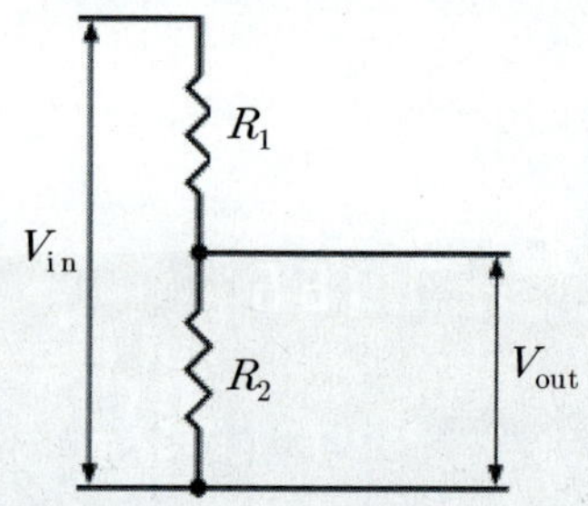

[그림 8-62] 전압분배 회로

$$V_{out} = V_{in} * R_2 / (R_1 + R_2)$$

[그림 8-54] 회로도에서 ADC로 입력되는 전압은 다음과 같이 계산할 수 있다. 전압분배식을 적용하면

R_1 : Ozone 센서 저항값, R_2 : 5.1kΩ, V_{in} : 5V

이므로

V_{out} = 5V * 5.1k / (Ozone 센서 저항값 + 5.1k)

으로 계산된다.

04 습도 센서

1) 습도측정

습도(Humidity)가 오랫동안 기상예보의 자료만으로 사용되어 왔으나 최근에 들어 산업, 연구, 의료, 농작물 등 많은 부문에서 실제적인 필요성이 나타나게 되었다.

제철산업에서 용광로내에 불어넣는 열풍의 습도조절은 우수한 철을 생산하는 데 많은 영향을 미치고 있으며, 또한 석유화학 분야의 정제과정에서는 수증기의 함유에 따라서 정제되는 석유의 질이 달라진다.

특히, 급속히 발전하는 정밀전자, 반도체 분야에서 습도로 인한 재료의 변질 및 정밀기기의 오동작과 더불어, 반도체 재료공정에서 수증기의 직접적인 침투에 의하여 품질이 저하된다. 이러한 여러 산업 분야에서 습도측정 및 조절의 필요성이 생긴다.

습도측정의 원리는 물분자나 수증기가 가지는 고유한 물리적 성질을 이용하는 것과 흡습성 물질에 물분자가 흡착되어 그 물질의 물리적 성질의 변화를 측정하는 것이 있다.

노점습도계, 건습구 습도계, 확산식 습도계, 적외선 습도계 등이 전자에 속하고 모발습도계, 박막 또는 후막습도계, 색습도계 등이 후자에 속한다. [표 8-8]에 대표적인 습도측정 방법이 동작원리별로 분류되어 있다.

[표 8-8] 습도측정 방법의 분류

직접측정	포화에 의한 방법	노점습도계	노점의 측정
		염화리튬노점 습도계	변이점 온도측정
	흡수에 의한 방법	부피식 습도계	수증기 부피의 측정
		전기분해식 습도계	흡수된 물의 전해전류 측정
		중량식 습도계	흡착제의 무게변화 측정
	증발에 의한 방법	건습구 습도계	증발에 의한 냉각의 측정
간접측정	수분흡착에 의한 방법	모발습도계	모발의 길이변화 측정
		탄소피막 습도계	전기전도도의 변화 측정
		전기식 습도계	표면전도도의 변화 측정
		전기용량식 습도계	유전상수의 변화 측정
		색습도계	변색의 측정
	분광학적 방법	근적외선 습도계	근적외선 흡수의 측정
		마이크로파 습도계	유전성의 측정
	기타 방법	확산식 습도계	확산속도의 차에 의한 압력차
		방전식 습도계	이온화 전위의 변화측정

(1) 모발습도계

흡습성 물질의 수축이나 팽창을 이용하여 습도를 측정하는 방법을 역학적 습도계라고 하며, 특히 모발은 습도에 따라서 신축성이 좋으므로 오랫동안 사용되고 있는 습도계 중의 하나이다.

① 동작원리

습도변화에 따른 모발의 흡탈습에 의한 팽창, 수축을 이용하여 상대습도를 기록, 지시하게 한 것이 모발습도계이다. 사용되는 모발은 탈지한 후 감습특성을 향상시키기 위하여 압연처리하고 화학처리하여 사용한다. 모발의 성질 중 가장 중요한 것은 습도에 따라 신축하는 관계인데, 사람의 모발은 상대습도 0%RH에서 100RH 변할 때, 0%RH보다 약 2.5% 길이가 신장한다.

모발의 신축과 상대습도와의 관계는 1845년경 Regnault의 구체적 실험을 통하여 밝혀졌으며 상대습도 100%RH일 때 늘어난 길이를 100으로 잡았을 때의 상관관계가 [표 8-9]에 나타나 있다.

[표 8-9]에서 No.44와 No.5는 비슷한 신축특성을 보이며 No.68에 대한 측정결과가 [그림 8-63]에 나타나 있다. Regnault는 상대습도가 0%RH일 때 모발의 길이를 일정하다고 보고 공기 중에 방치하면 상대습도에 따라 일정한 값을 가진다는 것을 밝혀냈고 또한 모발습도계가 20%RH 이하의 습도에서는 정확한 측정이 힘들며, 신축특성은 온도에 의존한다는 것을 밝혔다.

[표 8-9] 상대습도와 모발의 팽창

상대습도(%)	모 발		
	No. 44	No. 5	No. 68
0.0	0.0	0.0	0.0
2.1	2.4	2.6	4.6
9.2	14.2	14.5	19.3
13.3	25.3	27.1	30.6
18.9	35.6	36.3	40.0
31.8	51.2	52.0	56.0
35.6	58.6	59.9	61.3
43.7	65.4	66.7	68.0
47.8	71.3	72.1	72.3
54.1	76.8	77.6	78.0
61.9	83.7	83.9	83.2
67.1	87.3	87.7	86.7
77.8	93.4	93.2	91.3
100.0	100.0	100.0	100.0

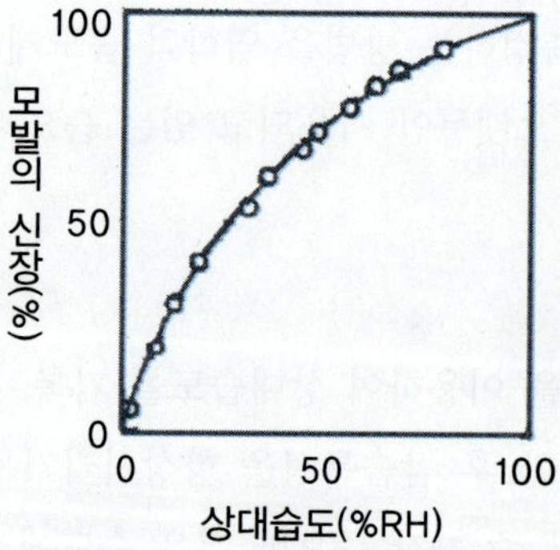

[그림 8-63] 상대습도와 모발의 팽창

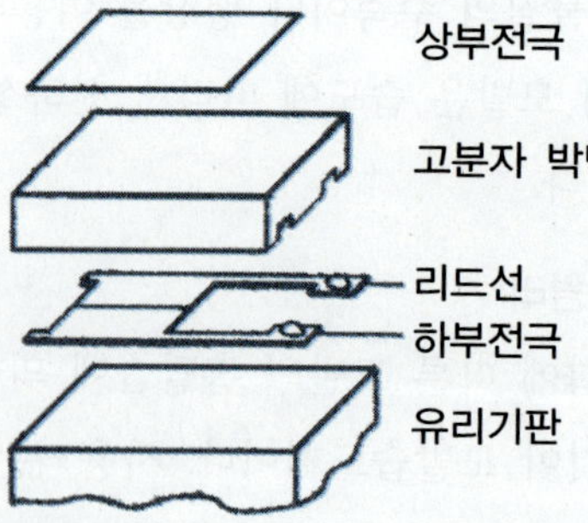

[그림 8-64] 정전용량식 습도 센서

(2) 정전용량식 습도계

핀란드의 바이살라에서 1973년 정전용량식 습도 센서를 개발한 이래 그 성능을 향상시키기 위한 연구가 계속되는 센서이다. 이 센서의 구조는 [그림 8-64]에 나타나 있다. 사용 온도범위는 −40~160℃이고, 측정 정확도는 0~90%RH 범위에서 ±2%RH이고 90~100%RH 범위에서 ±3%RH이다. 이 사용 가능 온습도범위는 [그림 8-64]에 나타나 있다.

이 센서의 원리는 상부전극과 하부전극 사이에 감습성 고분자 박막이 상부전극을 공통단자로 하고 2개의 하부전극과의 사이에 직렬로 접속된 것처럼 되어 있다. 개념적으로는 [그림 8-65]와 같다.

여기서 ϵ_r 은 비유전율, ϵ_0 은 진공 중의 유전율, S_1 과 S_2 는 하부전극의 면적, d 는 전극간 거리이다. 따라서 센서에 수증기가 흡착되면 ϵ_r 이 변하며 상대습도가 0~100%RH에서 44~50pF의 정전용량 변화를 얻는다.

$$C_1 = \frac{\epsilon_r \epsilon_0 S_1}{d}$$

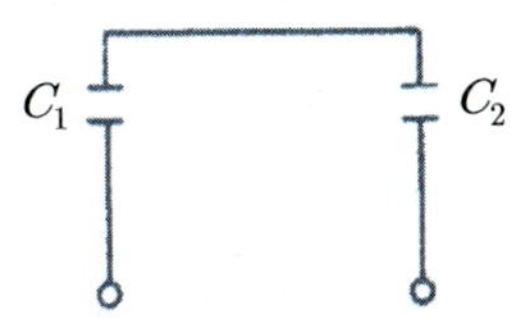

$$C_2 = \frac{\epsilon_r \epsilon_0 S_2}{d}$$

[그림 8-65] 바이살라형 정전용량식 습도 센서의 등가회로

이 센서의 구동은 [그림 8-66]과 같이 쌍안정 멀티바이브레이터 부분에 센서를 삽입함으로써 습도변화에 따라 발진주파수가 변하게 되고 이 주파수 변화를 전압변화로 변환하여 상대습도 신호를 얻을 수 있다.

이 센서를 이용한 습도계 회로의 특징은 정전용량식 습도 센서의 온도계수가 세라믹

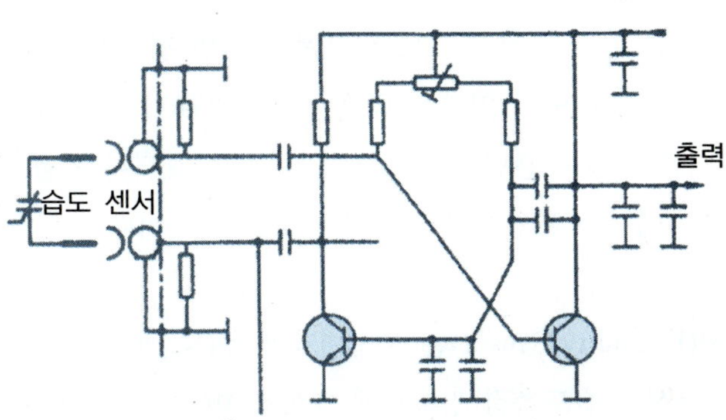

[그림 8-66] 센서 구동회로

CHAPTER 08

습도 센서에 비해 작아서 0.05%RH/℃ 정도지만 사용 온도범위가 넓어서 온도보상회로를 구성하여 정확도를 향상시켰고 30%RH 근처에서 정전용량의 강하현상을 보정한다.

(3) 전기저항식 습도계

물질에 따라서 수증기를 흡수하여 전기저항이 변하는 것이 있으며 이러한 물질의 전기저항 변화를 이용한 것이 전기저항식 습도계이다. 저항과 상대습도와의 관계는 실험으로 결정하며 이 결과로서 저항을 측정하여 상대습도를 얻을 수 있는 습도계이다.

전기저항식 습도계는 1927년경 Bridge와 Alexander가 전극 사이에 순면이 층층이 쌓여 있을 때 전기저항이 상대습도에 따라 변하는 것을 이용하여 전기식 습도계를 만든 것을 시작으로 1938년경 Dunmore가 염화리튬을 이용하여 습도계를 만든 후부터 다방면에 응용되고 활발한 연구가 시작되었다.

순수한 물은 전기적으로 절연체이나 실제로 공기 중의 물은 어느 정도의 전해질 수용액 상태이므로 전기적으로 어느 정도 도체의 성질을 가진다. 목면 등은 흡수성이 매우 강하며 이러한 흡습성은 일정한 온도에서 상대습도가 높을 때 수분흡수가 크게 일어나며, 따라서 전기저항은 감소하고 이러한 성질은 어느 정도 온도의존성을 가진다.

감습물질이 박막형태일 때는 상대습도에 매우 민감하게 전기저항이 변하며 목면제는 천연상태에서는 고습도 영역에서만 민감하게 반응하고 낮은 습도에서는 거의 반응하지 않는다.

상대습도에 따른 저항변화의 측정은 직류로는 분극작용이 있어 바르게 측정할 수 없으므로 반드시 교류를 이용하여 측정한다. 전기저항식 습도계로 습도측정을 할 때 센서 부분이 측정기체와 평형상태를 이룬 후에 측정되어야 하며 불평등 상태에서는 정확한 값을 얻을 수 없다. 센서 보호관의 열용량이 클 경우 응답이 느려서 보호관내의 온도가 피측정 기체의 온도와 다르게 될 수 있다.

보호관내의 온도와 피측정 기체의 온도를 같게 하려면 장시간이 필요하고, 만약 피측정 기체가 보호관에 의해 온도의 영향을 받을 때는 10%RH 이상의 측정오차가 발생할 수도 있다. 보호관내로 기체를 흡인할 수 있는 장치가 부착되어 있을 때 온도를 같이 유지해야 하고 연속측정에서는 흡인장치가 절대로 필요하며 이때 흡인습도도 특별히 제한되어 있다.

저항식 습도 센서(Humidity Sensor)는 온도변화에 부(Negative)의 저항변화 특성을 가지고 있다. 이러한 특성은 습도측정 정확도에 영향을 미치는 것으로 [그림 8-67]과 같은 회로를 사용하여 온도보상을 해준다.

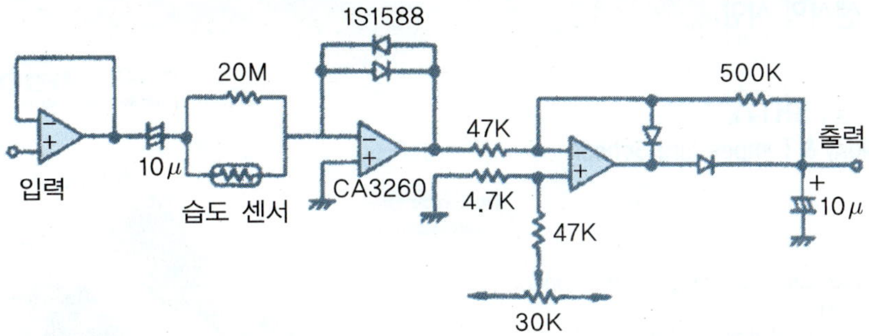

[그림 8-67] 저항식 습도 센서의 온도보상을 위한 회로

(4) 저항변화형 습도 센서의 사용시 주의사항

어떠한 전자부품이나 해당되지만 습도 센서도 사용방법이나 취급방법에 따라서 수명과 신뢰성에 큰 차가 생긴다. 센서를 활용한 기기의 신뢰성을 향상시키고 수명을 연장하기 위해서도 회로뿐만 아니라 구조에도 충분히 주의해서 설계하여야 한다.

2) 습도 센서의 특징

습도 센서의 대표로 임피던스 변화형 소자가 있는데 이것을 잘 다루기 위해서는 몇 가지 알아두어야 할 사항이 있다. 그래서 여기에서는 요점만을 보다 알기 쉽도록 종합하여 실제로 센서 회로를 설계할 경우에 도움이 되도록 하였다.

- 임피던스 변화형 소자는 일반적으로 박막형 쪽이 벌크형보다 응답특성이 좋다.
- 리프레시형 센서는 습도 센서의 감습부에 히터를 설치한 것이며, 이것에 의해 표면에 부착된 물분자를 방출시키고 있다.
- 리프레시형 센서라고 하더라도 가열로 제거할 수 없는 오물도 부착되어 있기 때문에 실제 사용에 있어서는 센서부의 메인터넌스(Maintenance)는 필요하다.
- 임피던스 변화형 센서에는 교류 바이어스가 필요하다.
- 임피던스 변화형 센서에는 직류분을 수반하는 비대칭 교류를 사용하지 못한다(이것은 직류공급에 의한 감습재료의 전해나 전극재료의 유리를 방지하기 위해서이다).
- 임피던스 변화형 센서는 일반적으로 대수직선성을 가지고 있기 때문에 대수압축회로가 사용되고 있다.
- 임피던스 변화형 센서는 그 저항값 변화가 크기 때문에 입력부에 FET 등의 고입력 임피던스 앰프가 사용되고 있다.
- 광대역(0% 근처에서 100%까지)의 습도검출에는 용량변화형 습도 센서가 좋다.
- 100% 이상의 수증기량을 검지하는 데에는 결로 센서가 좋다.

3) 습도 센서의 사양

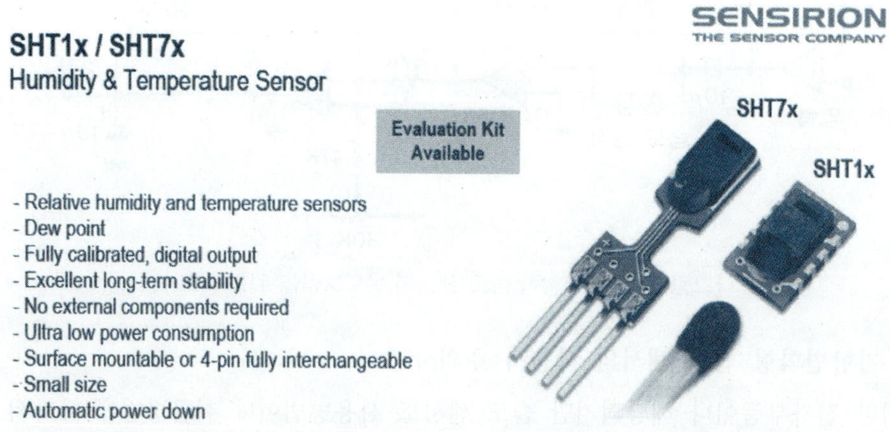

[그림 8-68] SHTxx 습도 센서

SHTxx 센서는 습도(Humidity) 센서와 온도(Temperature) 센서를 내장하고 있으며 14bit ADC(Analog to Digital Converter)도 포함하고 있다([그림 8-69] 참고).

측정한 습·온도 데이터는 내부 ADC를 거쳐 디지털 데이터로 변환된 뒤에 2와이어(SCK/ DATA)로 출력한다.

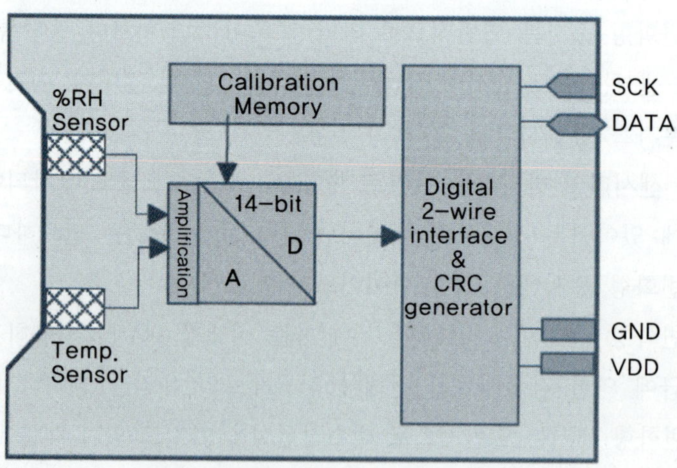

[그림 8-69] SHT1x 습도 센서의 블록도

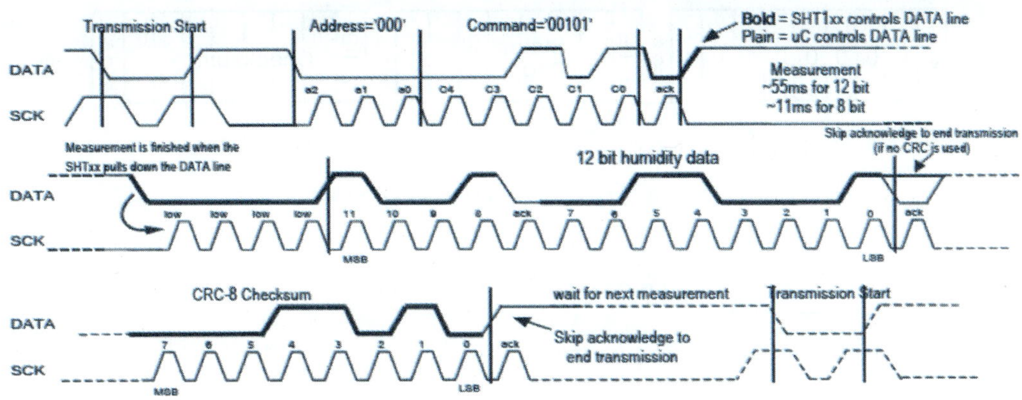

[그림 8-70] 데이터출력 예 : RH(습도)값이 "0000'1001'0011'0001"=75.79%RH일 경우

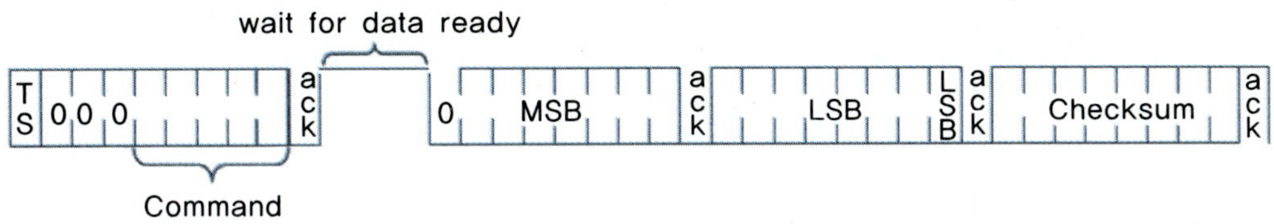

[그림 8-71] 디지털 데이터 출력 포맷

[표 8-10] SHT11 커맨드 리스트

Command	Code
Reserved	0000x
Measure Temperature	00011
Measure Humidity	00101
Read Status Register	00111
Write Status Register	00110
Reserved	0101x-1110x
Soft reset, resets the interface, chears the status register to default values wait minimum 11 ms before nest command	11110

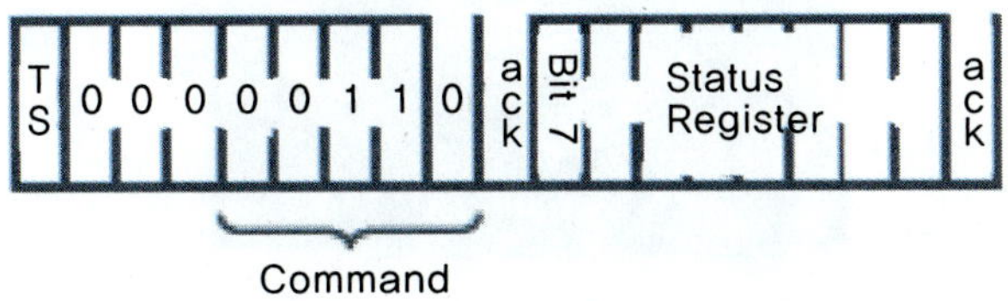

[그림 8-72] 상태 레지스터 Write 커맨드

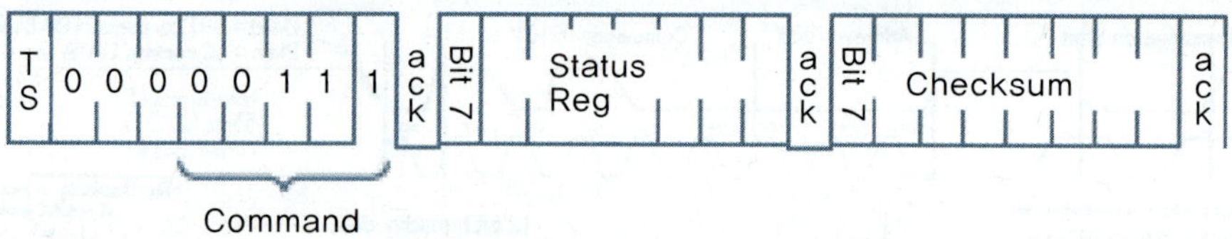

[그림 8-73] 상태 레지스터 Read 커맨드

[표 8-11] 상태 레지스터 구조

Bit	Type	Description	Default	
7		reserved	O	
6	R	End of Battery(low voltage detection) '0' for Vdd>2.47 '1' for Vdd<2.47	×	No default volue, bit is only updated after a measurement
5		reserved	O	
4		reserved	O	
3		For Testing only, do not use	O	
2	R/W	Heater	O	off
1	R/W	no reload from OTP	O	reload
1	R/W	'0' = 8bit RH/12bit Temperature resolution '1' = 12bit RH/14bit Temperature resolution	O	12bit RH 14bit Temp.

4) 습도 센서보드

습도 센서보드(Humidity Sensor Board)는 습도 센서를 이용하여 온·습도를 측정할 수 있는 보드이다.

[그림 8-74]는 습도 센서보드의 실물을 나타낸다.

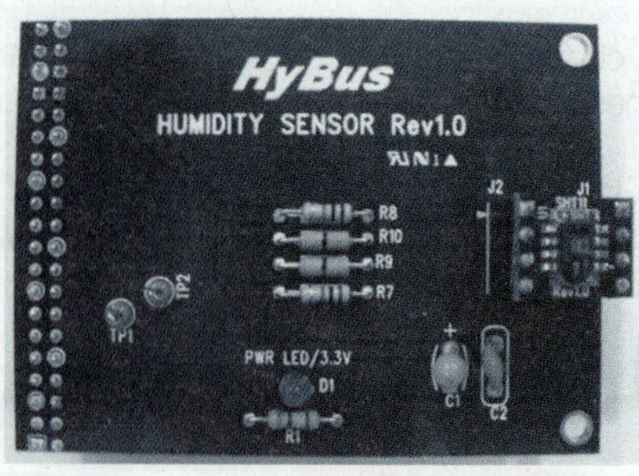

[그림 8-74] 습도 센서보드 사진

5) 부품배치도

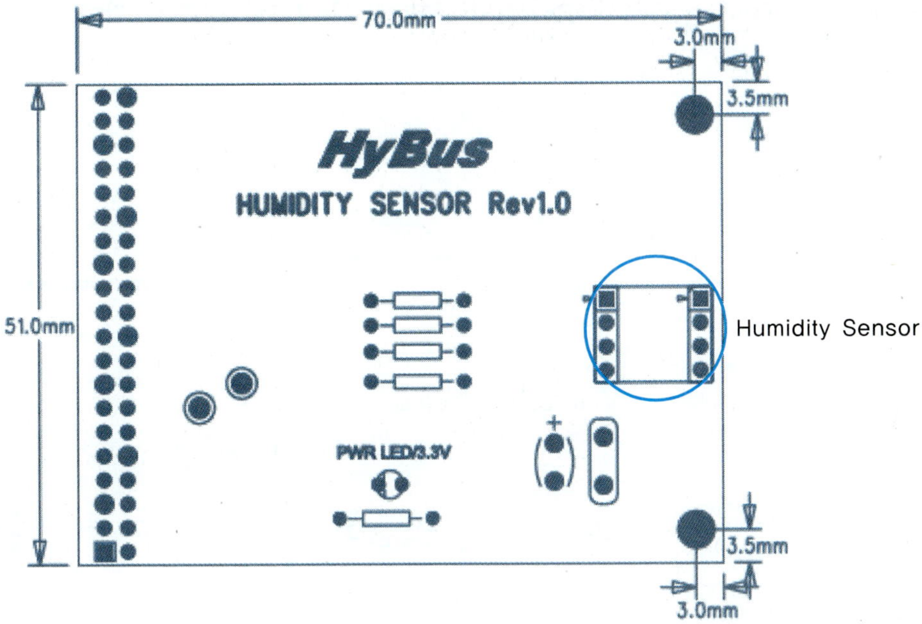

[그림 8-75] 보드 전면

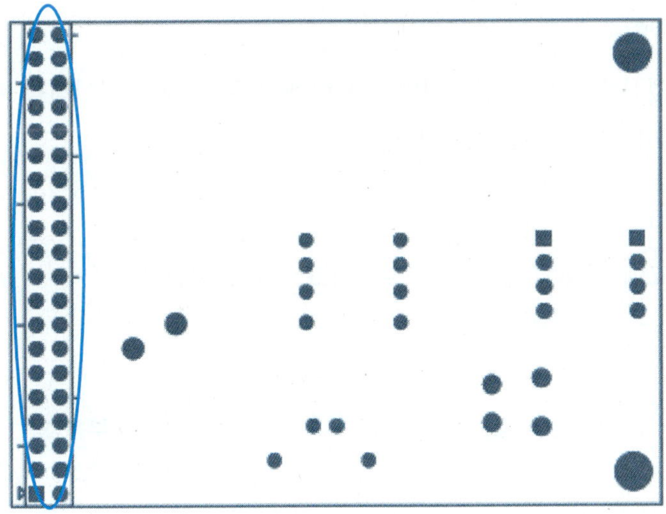

[그림 8-76] 보드 후면

6) 회로도

습도 센서보드(Humidity Sensor Board)의 주요 회로는 [그림 8-77]과 같다.

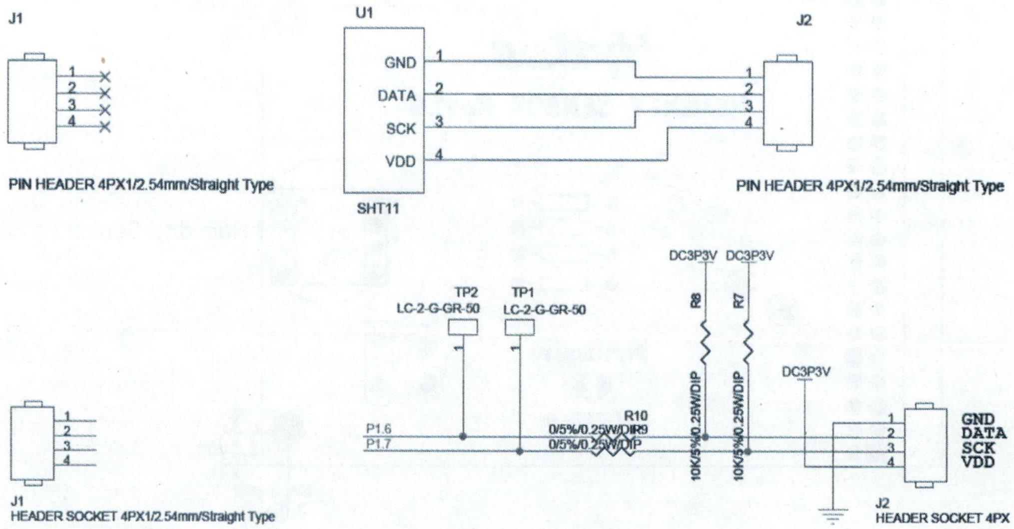

[그림 8-77] 주요 회로부

7) 회로동작설명

① U1 습도 센서에 습도가 감지되면 습도량에 따른 디지털 데이터를 프로세서가 시리얼 인터페이스로 읽어올 수 있다.

8) 부품 리스트

습도 센서보드에 사용된 부품 리스트는 [표 8-12]와 같다.

[표 8-12] 부품 리스트

순서	수량	부품번호	부품명
1	1	CN1	PIN HEADER 20PX2/2.54mm/Straight Type
2	1	C1	10μF/16V/TAN/DIP
3	1	C2	100nF/50V/CE/DIP
4	1	D1	LED/RED/DIP/3PI
5	2	J1, J2	HEADER SOCKET 4PX1/2.54mm/Straight Type
6	1	R1	240/5%/0.25W/DIP

순서	수량	부품번호	부품명
7	2	R7, R8	10K/5%/0.25W/DIP
8	2	R9, R10	0/5%/0.25W/DIP
9	2	TP1, TP2	LC-2-G-GR-50

9) 프로그램 분석

SHT11센서의 습·온도를 처리하여 FND로 출력한다. 다른 센서들과 달리 주변회로를 구성할 필요가 없기 때문에 회로구성상의 영향을 받지 않아 정확도가 높다.

습도는 상대습도(%RH)로, 온도는 섭씨단위(℃)로 FND에 출력한다. 기본동작으로 습도 센서 데이터를 출력한다.

메인보드의 버튼 키를 사용하여 습도 센서모드(키1)와 온도 센서모드(키2)로 변환할 수 있다.

Line	work\HsensorTraining\17_HumiditySensor**msp430main.c**
406:	(code below)

```
INT16 main(VOID)
{
        UINT8 SHT71Mode=READ_HUM;      //READ_HUM,or READ_TEMP
        INT32 SensorData;
        WDTimerInit();
        PortInit();
        ADCInit();
        DeviceInit();
        UartInit();
        blinkLED();
        EnableIntr();
        SHT71_SetMode(SHT71Mode);

        while(FOREVER)
        {
                switch(ButtonRead()) {
                        case 0x1:
                                // Key1를 눌렀을 경우 온도 센서모드 변환.
                                RED_LED_ON;
                                BLUE_LED_OFF;
                                SHT71Mode=READ_TEMP;
                                SHT71_SetMode(SHT71Mode);
                                break;
                        case 0x2:
                                // Key2를 눌렀을 경우 습도 센서모드 변환.
                                BLUE_LED_ON;
                                RED_LED_OFF;
                                SHT71Mode=READ_HUM;
                                SHT71_SetMode(SHT71Mode);
                                break;
                }
```

```
        //      Hum range 0-100 %RH
        //      temp range -40 ~ 123.8 C
                SensorData=HumiditySensorRead(SHT71Mode);

SensorData=ConvertToPhysical(SensorData,SHT71Mode);
                FNDDisplay(SensorData);
                if(SHT71Mode==READ_TEMP)
                        printf("SHT11_Temp %ld\r\n",SensorData);
                else
                        printf("SHT11_Hum %ld\r\n",SensorData);
                msdelay(10);
        }
        return TRUE;
}
```

9) 연구내용 및 실험방법

(1) 습도 센서보드 장착 및 케이블 연결(전원, USB)

[그림 8-78]과 같이 습도 센서보드를 메인보드에 장착하고 전원과 USB 케이블을 연결한다.

[그림 8-78] 센서보드 장착

(2) 장치관리자에서 COM 포트 확인

장치관리자에서 USB가 COM3로 잡혀있는지 확인하고 만약 포트 번호가 다를 경우 포트 설정에서 포트 번호를 3번으로 변경한다.

(3) 습도 센서 프로그램 빌드 및 다운로드

① CMD창에서 습도 센서 프로그램("C:\mspgcc\work\HsensorTraining\17_HumiditySensor") 위치로 이동을 한 뒤 "make" 명령으로 프로그램을 빌드한다.

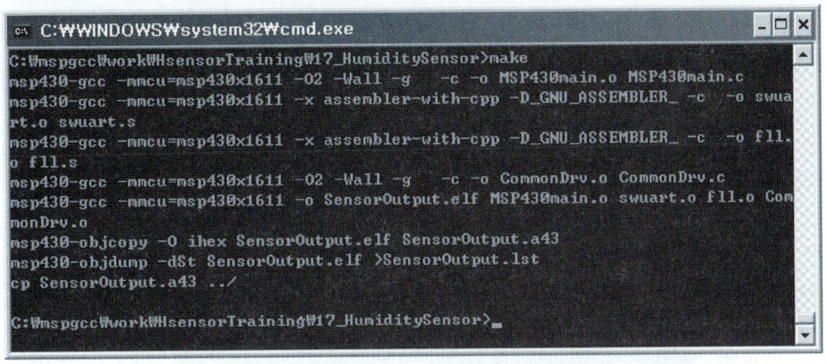

[그림 8-79] 습도 센서 S/W 빌드

② 정상적으로 빌드되었다면 상위 디렉토리인 C:\mspgcc\work\HsensorTraining" 폴더에 "SensorOutput.a43"이라는 파일이 생성된다.

[그림 8-80]과 같이 bsl_downloader.bat을 이용하여 a43파일을 보드에 다운로드한다.

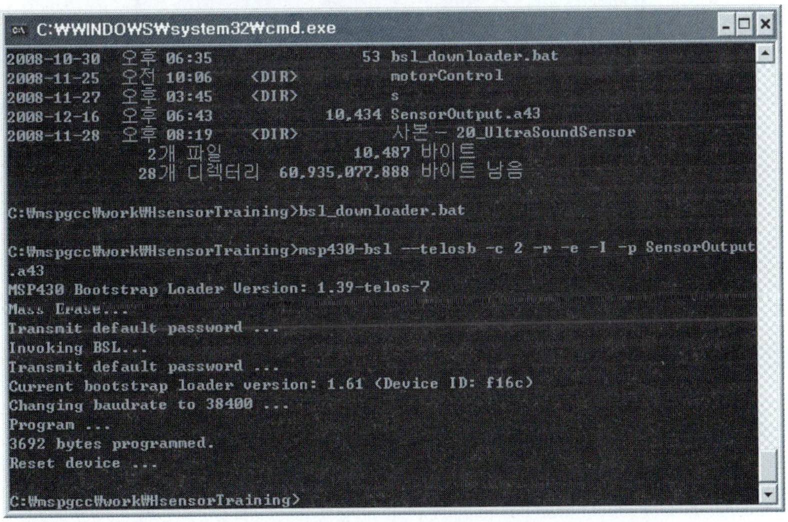

[그림 8-80] 이미지 다운로드

(4) 습도 센서 프로그램 실행

메인보드의 키를 눌러 습도 모드와 온도 모드로 변경해 본다.

CHAPTER 08

[그림 8-81] 프로그램 실행결과

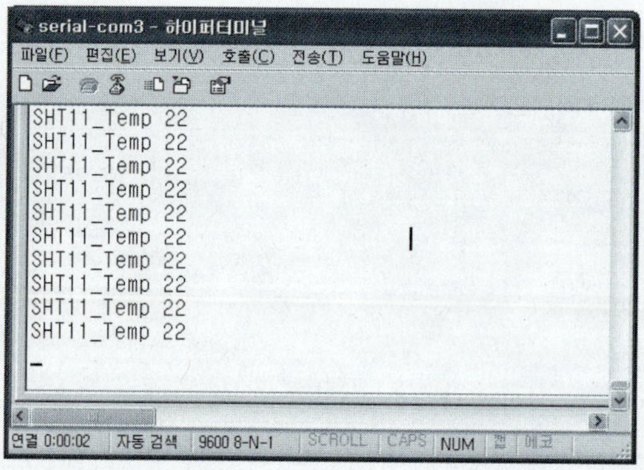

[그림 8-82] 온도 센서모드 실행결과

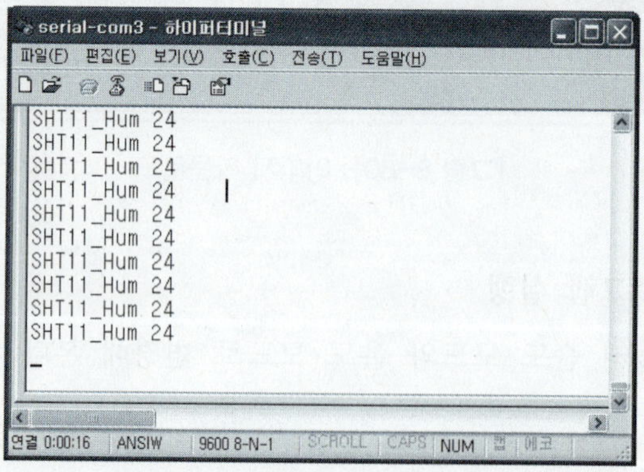

[그림 8-83] 습도 센서모드 실행결과

11) 연구결과

① 온도 센서 하이퍼터미널에서의 결과값의 변화이다.

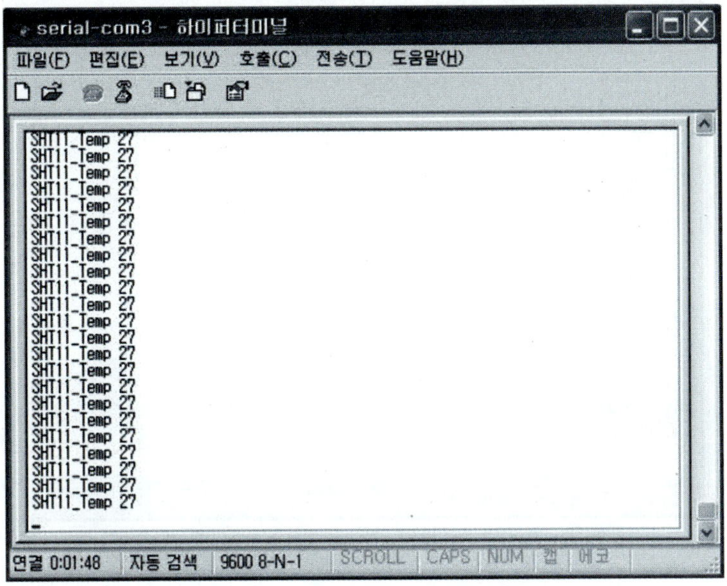

[그림 8-84] 온도 센서 시리얼 데이터 출력화면

② 온도 센서에 변화를 가하였을 때 하이퍼터미널에서의 결과값의 변화이다.

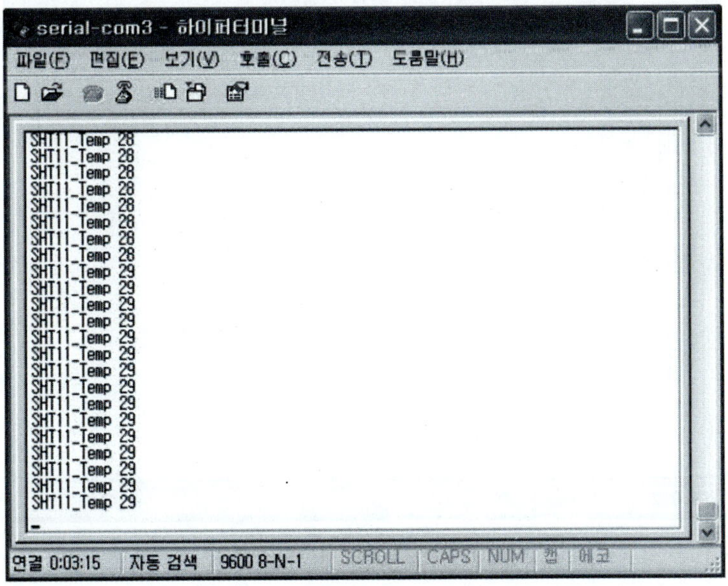

[그림 8-85] 온도 센서 변화 시리얼 데이터 출력화면

③ 습도 센서 하이퍼터미널에서의 결과값의 변화이다.

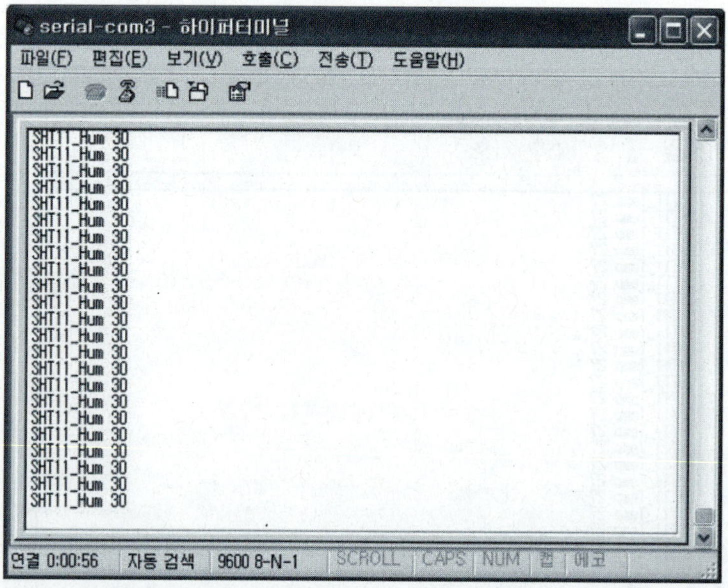

[그림 8-86] 습도 센서 시리얼 데이터 출력화면

④ 습도 센서에 변화를 가하였을 때의 하이퍼터미널에서의 결과값의 변화이다.

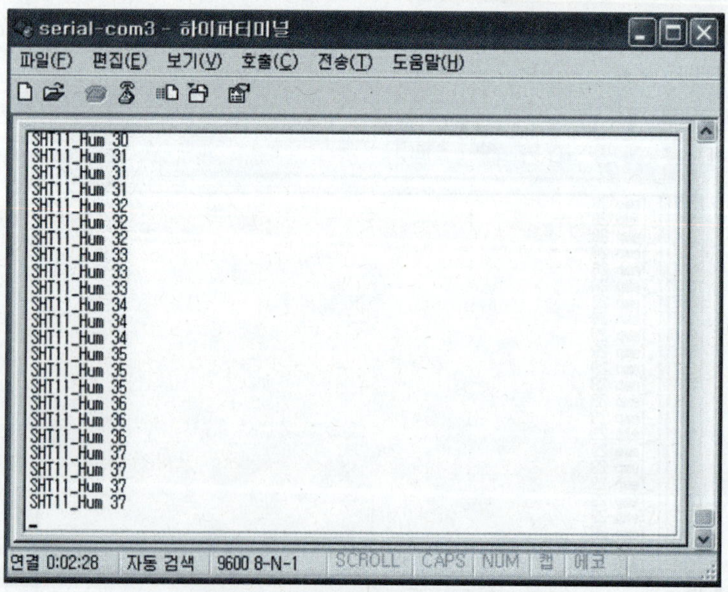

[그림 8-87] 습도 센서변화 시리얼 데이터 출력화면

[그림 8-88] 습도 센서 작동 사진

[그림 8-89] 습도 센서 작동 사진

9장 센서 응용 시스템의 프로그램

01 센서 응용 시스템(H-SENSOR430) 사용법

1) 프로그램 설치

① 디렉토리로 이동하여 setup을 더블클릭한다.

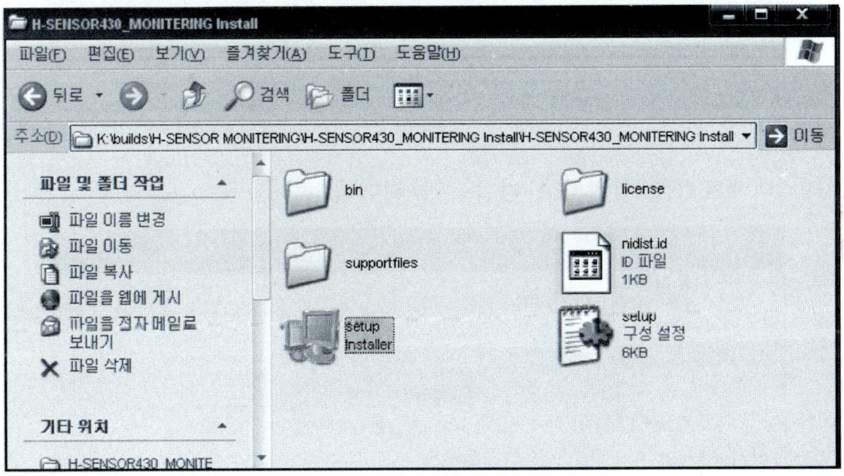

[그림 9-1] 디렉토리로 이동하여 setup 더블클릭

② 설치 프로그램 실행 화면이다.

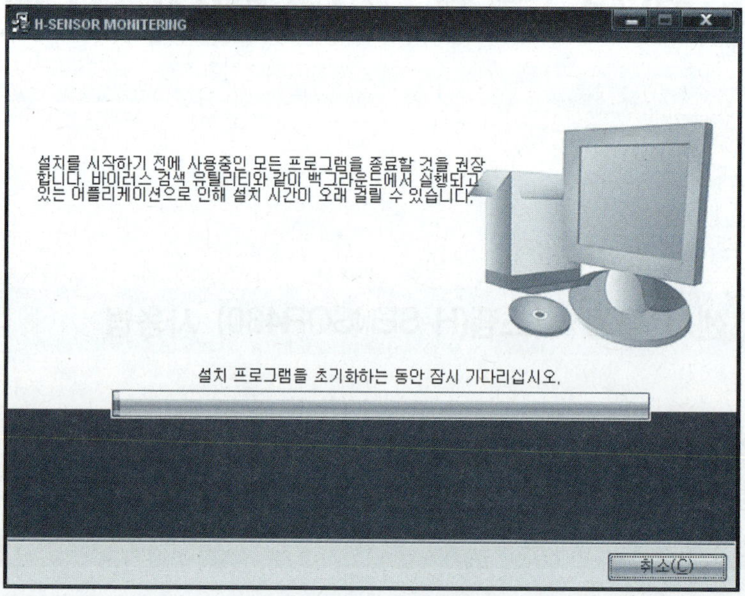

[그림 9-2] 설치 프로그램 실행 화면

③ 설치할 디렉토리를 설정하고 다음을 클릭한다.

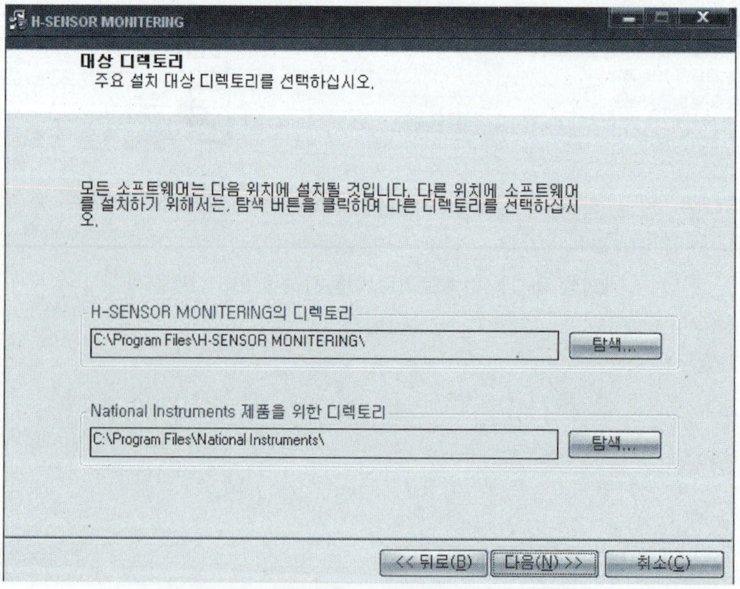

[그림 9-3] 디렉토리를 설정하고 다음을 클릭

4 라이선스 협약에 동의 체크를 하고 다음을 클릭한다.

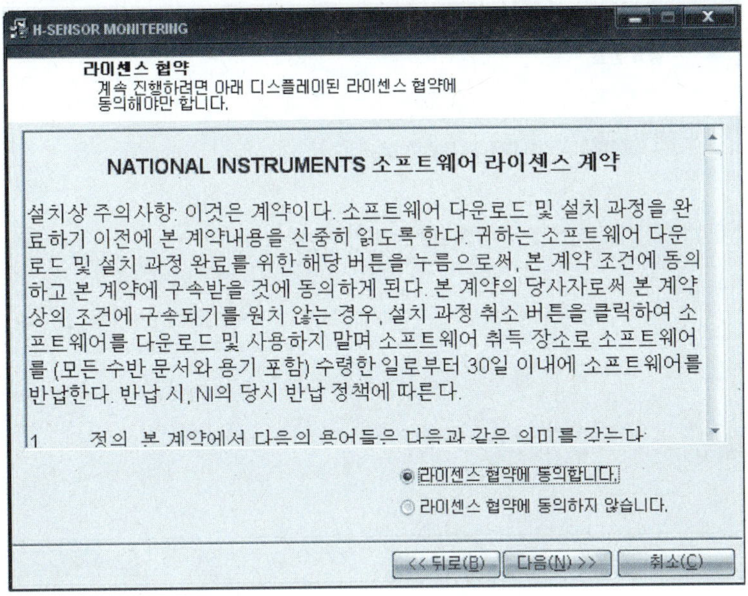

[그림 9-4] 동의 체크를 하고 다음을 클릭

5 설치되는 프로그램을 확인하고 다음을 클릭한다.

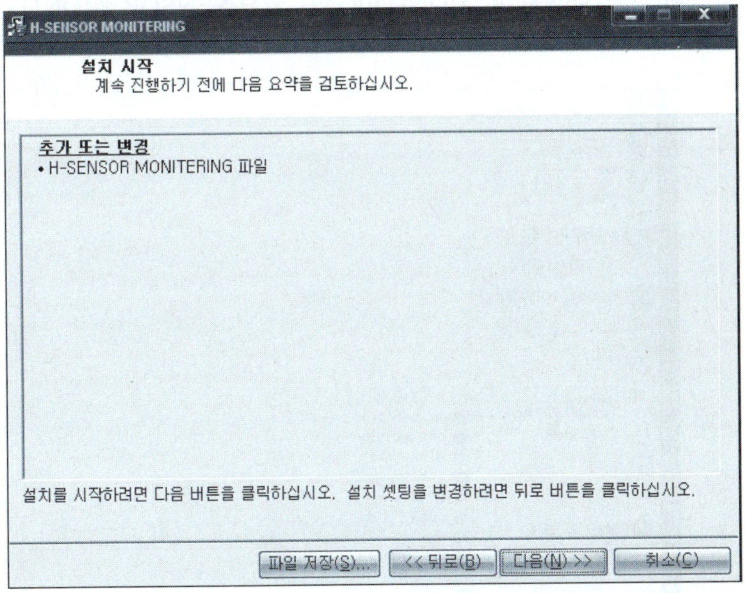

[그림 9-5] 프로그램을 확인하고 다음을 클릭

⑥ 프로그램 설치 완료한다.

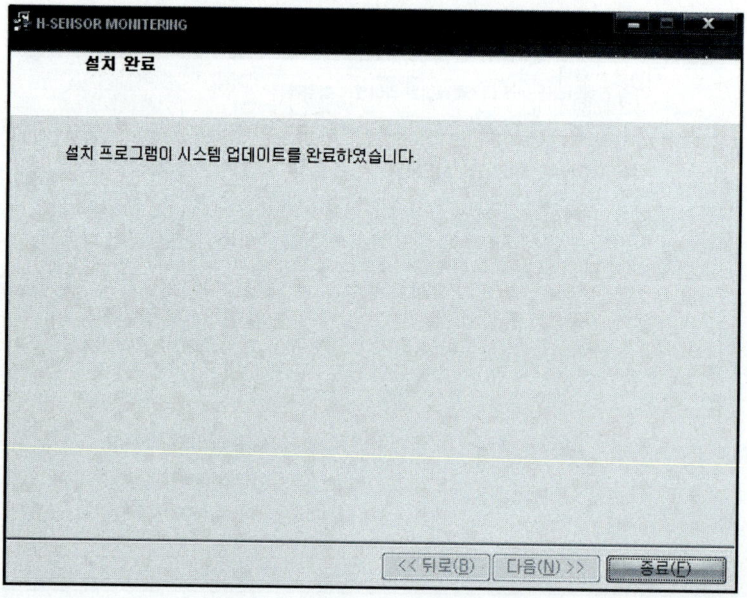

[그림 9-6] 프로그램 설치 완료

2) 프로그램 시작

시작 → 프로그램 → H-SENSOR MONITERING → H-SENSOR MONITERING 실행한다.

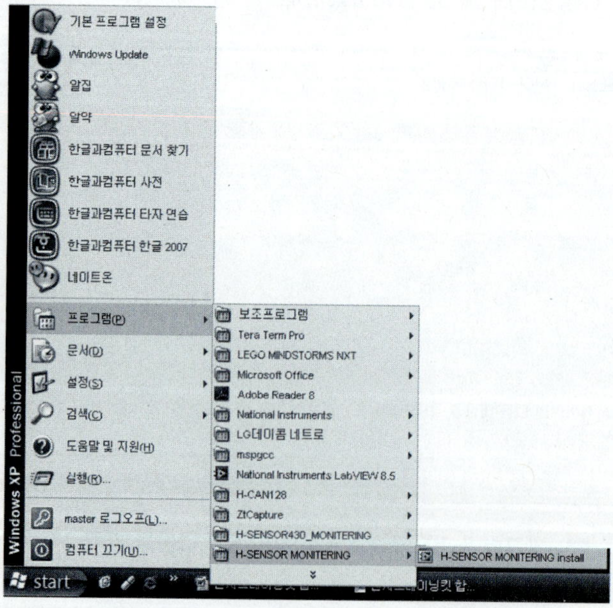

[그림 9-7] H-SENSOR MONITERING 실행

[그림 9-8] 프로그램 기본화면

3) 프로그램 구성

(1) 시리얼 설정

시리얼 설정(Serial Setup) 박스를 통해 통신하고자 하는 시리얼 포트(Serial Port)의 설정을 한다.

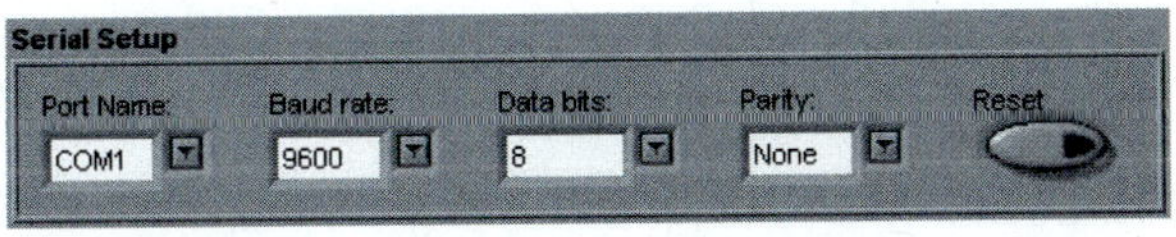

[그림 9-9] 시리얼 설정(Serial Setup) 박스화면

① Port Name : 통신하려는 Serial Port의 이름을 설정

② Baud rate : Baud rate 설정

③ Data bits : Data bits 설정

④ Parity : Parity 설정

⑤ Reset : 전체 프로그램을 초기화시키는 버튼

(2) 컴파일과 다운로드(Compile & Download)

센서보드의 종류별로 컴파일과 현재 상태를 표시한다. 컴파일하려는 센서보드의 이름을 선택하고 컴파일을 누르면 컴파일이 실행되며 현재 상태창에는 현재의 상태를 보여준다.

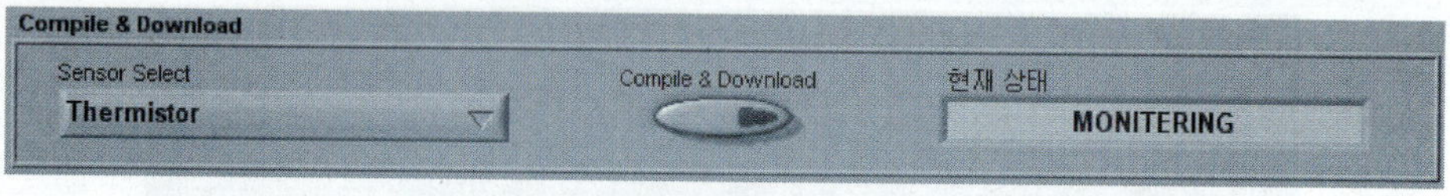

[그림 9-10] 컴파일과 다운로드 박스 화면

① Sensor Select : 컴파일과 다운로드하려는 센서보드를 선택한다.

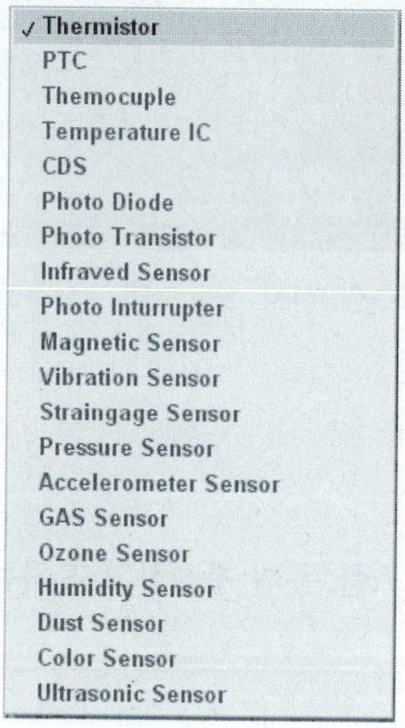

[그림 9-11] Sensor Select의 메뉴 화면

② Compile & Download : 컴파일&다운로드 실행 버튼이다.

③ 현재상태 : 현재 프로그램의 상태를 표시하는 인디케이터이다.

(3) Sensor Mode

현재 동작되는 센서보드의 이름을 표시하는 인디케이터

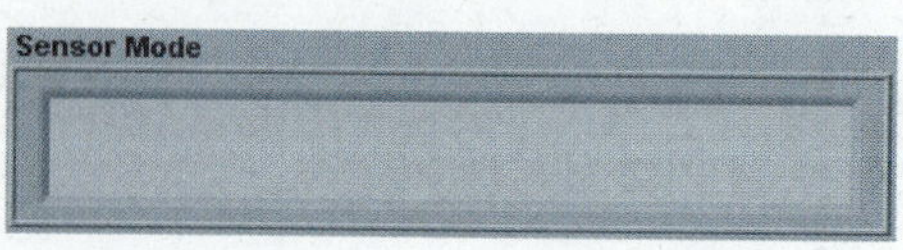

[그림 9-12] Sensor Mode 박스화면

(4) 가속도 센서

가속도 센서(Accelero Sensor)의 동작을 모니터링하는 인디케이터로 가속도 센서의 움

직임에 따라 가속도 센서 인디케이터의 파란색 바의 각도가 바뀐다.

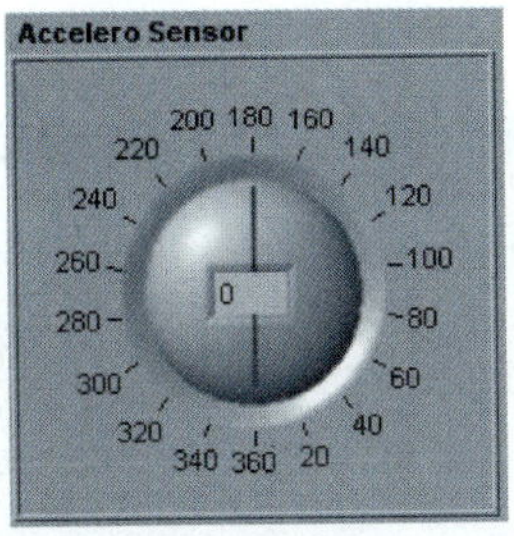

[그림 9-13] 가속도 센서(Accelero Sensor) 인디케이터

(5) 컬러 센서

컬러 센서(Color Sensor)의 동작을 모니터링하는 인디케이터로 컬러 센서에서 읽어들인 RGB값과 색상을 표시한다.

[그림 9-14] 컬러 센서 인디케이터

(6) 7 세그먼트(Segment)

시리얼(Serial)을 통해 읽어드린 RAW값을 표시해주는 인디케이터(모든 센서 적용)이다.

[그림 9-15] 7 Segment 인디케이터

(7) 웨이브폼 차트

초음파 센서(Ultrasonic Sensor)와 진동 센서(Vibration Sensor)의 값을 표시해준다.

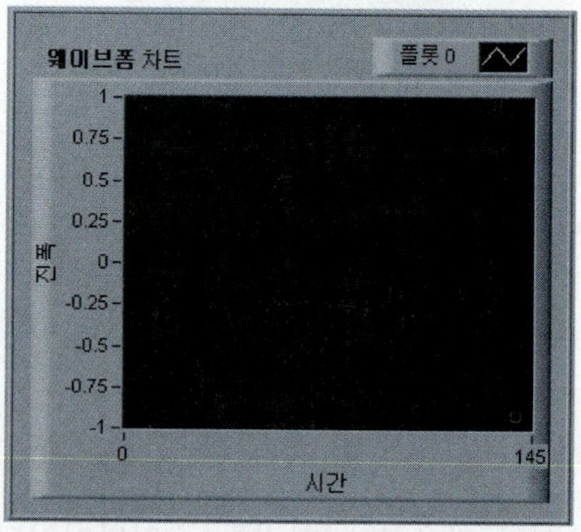

[그림 9-16] 이브폼 차트

(8) 센서 부울(Sensor Boolean)

CdS, 포토 다이오드와 GAS, 자기(Magnetic), 적외선(Infraved), 포토 트랜지스터, 포토 인터럽트 센서(Photo Interrupt Sensor)의 작동 상태를 부울(Boolean)로 확인할 수 있다.

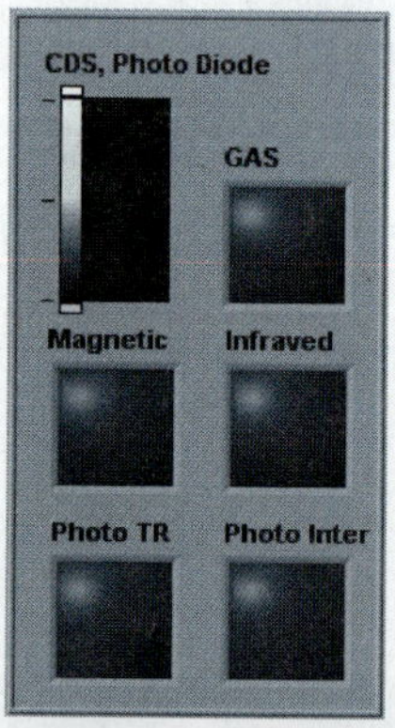

[그림 9-17] Sensor Boolean 박스화면

① CdS, 포토 다이오드 : CdS, 포토 다이오드 센서(Photo Diode Sensor)의 값을 확인할 수 있는 인디케이터로 센서의 빛의 양이 많을수록 검은색 → 노란색 → 흰색의 순으로 점등한다.

2 가스 센서(GAS Sensor) : 가스 센서의 가스 탐지여부를 나타내는 인디케이터로 가스가 탐지되면 빨간색 LED가 점등하며 시스템 경고음이 울린다.

3 자기 센서(Magnetic Sensor) : 자기 센서의 자석 감지여부를 확인할 수 있는 인디케이터로 자석이 감지되면 녹색 LED가 점등한다.

4 적외선 센서(Infraved Sensor) : 적외선 센서가 적외선을 감지하면 녹색 LED가 점등한다.

5 포토 트랜지스터 센서(Photo Transistor Sensor) : 포토 트랜지스터 센서가 적외선을 감지하면 녹색 LED가 점등한다.

6 포토 인터럽트 센서(Photo Interrupt Sensor) : 포토 인터럽트 센서의 수광부와 발광부 사이에 물체가 감지되면 녹색 LED가 점등한다.

(9) 온도, 습도

서미스터(Thermistor), PTC, 열전대(Themocuple), 온도(Temperature), 습도(Humidity), 센서(Sensor)의 온도값 또는 습도값을 표시해준다.

[그림 9-18] 온도, 습도 센서 박스화면

1 온도계 : 서미스터(Thermistor), PTC, 열전대(Themocuple), 온도(Temperature) IC, 습도 센서(Humidity Sensor)의 온도 센서 RAW 데이터 환산값을 나타낸다.

2 습도계 : 습도 센서(Humidity Sensor)의 습도 센서값을 나타낸다.

(10) 먼지 센서

먼지 센서(Dust Sensor)의 값을 표시해준다. 센서에서 읽어들인 먼지의 양이 많으면 파란색 바가 증가하여 먼지의 양을 표시해준다.

CHAPTER 09

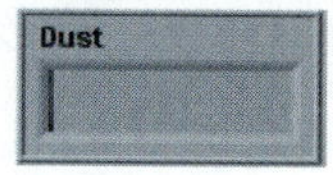

[그림 9-19] Dust 박스 화면

(11) 스트레인게이지, 압력

스트레인게이지(Straingage), 압력 센서(Pressure Sensor)의 환산값을 표시해준다.

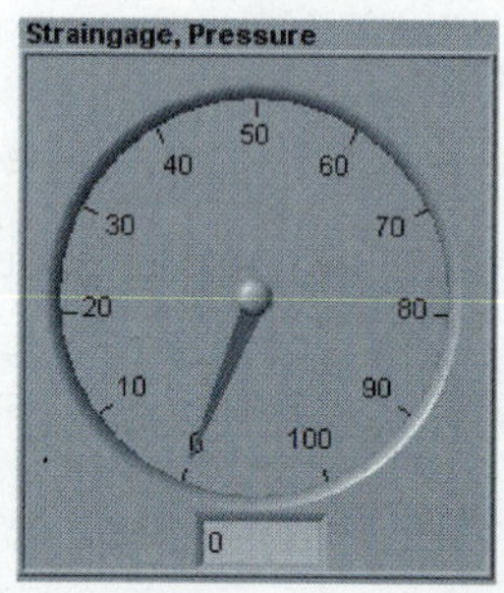

[그림 9-20] Straingage, Pressure 박스 화면

(12) 출력 데이터(Output Data)

현재 동작하는 센서보드에서 읽어드린 RAW 데이터값을 리스트박스에 표시해 준다 (모든 센서 적용).

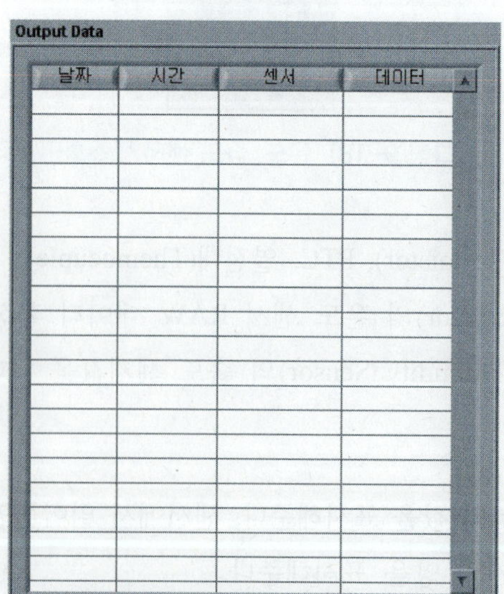

[그림 9-21] Output Data 박스 화면

(13) 종료 버튼

사용중이던 Serial Port를 닫고 프로그램을 종료한다.

[그림 9-22] 종료 버튼

4) 프로그램 사용방법

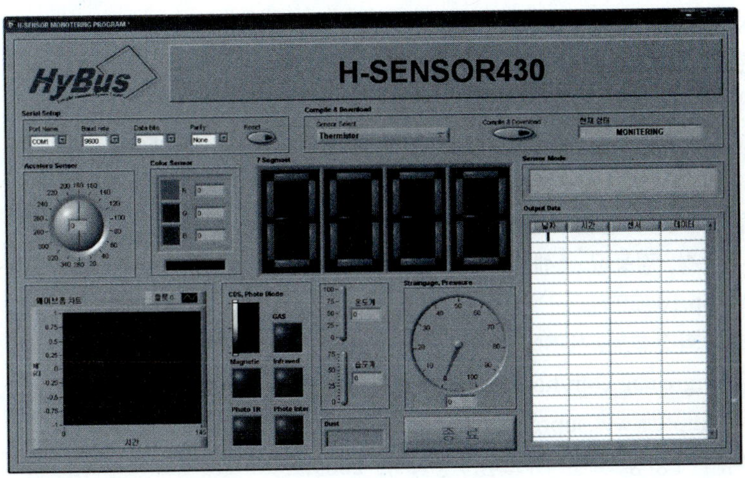

[그림 9-23]

1. 프로그램을 실행한다.
2. 시리얼 설정(Serial Setup)을 통해 통신할 포트를 설정한다.
3. 모니터링(Monitering)을 하려는 센서보드를 장착한다.
4. Compile & Download 박스에서 장착된 보드를 선택하고 Compile & Download 버튼을 누른다.
5. Compile과 Download를 마치고 MONITERING 상태가 되면 센서에 해당되는 인디케이터를 통해 값을 확인한다.
6. 프로그램을 초기화 상태로 Reset하려면 Serial Setup 박스의 Reset 버튼을 누른다.
7. 프로그램을 종료하려면 종료 버튼을 누른다.

CHAPTER 09

참고문헌

[1] 대기오염굴뚝자동측정기 국산화개발, 이모섭 · 강원국외, 환경부 1996~2000년 보고서.
[2] 센서공학실무, 김동룡 · 오상균, 기전연구사, 2000.6.
[3] 환경측정기기술교재, 이모섭, CEC, 1998.3.
[4] 센서이론과 실험, 차홍식, 일진사, 2000.1.
[5] 센서의 활용, 이종락(옮김), 세화, 1997.
[6] 센서 공학, 손병기, 일진사, 2000.1.
[7] 정수 수처리 신기술, 수자원 환경편집국, 봄 · 여름, 2000.3.
[8] 유량계측 A to Z, 일본계량기기협동조합, 테크하우스, 1995.5.
[9] 허재두, 최은창, 김동균 '센서 네트워크 응용 기술동향', 주간기술동향 제1357호, 2008년 7월 30일, pp.10~20.
[10] 한국정보사회진흥원, 'USN 현장 시험 결과보고서', 2007.
[11] http://www.gizmag.com/homeland-security-cell-all-initiative/14773/
[12] 슈프리마 http://www.supremainc.com/kor/main.php
[13] 남상엽외, '지능형 로봇 시스템' 상학당, 2009.9.
[14] 남상엽외 '유비쿼터스 센서 네트워크 기술', 진한 M&B, 2005.3.

찾아보기

저자 약력

남 상 엽

- 공학박사
- 삼성종합기술원 정보시스템연구소 근무
- 모토로라 반도체통신(주) 기술연구소 근무
- (현) 국제대학 IT계열 교수

김 장 권

- 광운대학교 무선통신공학과 졸업(공학사)(1977년)
- (주)오림포스 전자 근무
- 연세대학교 공학대학원 전자공학과졸업(공학석사)(1980년)
- 경희대학교 대학원 전자공학과 졸업(공학박사)(1989년)
- (현) 대림대학교 정보통신과 교수(1990년~현재)
- 영국 선더랜드대학교 연수(1994년)
- 대한전자공학회 전문대학위원장(1998~01년)

하이버스(주) 기술연구소

센서 응용 시스템

2010년 10월 30일 1판 1쇄 발행

저 자 남 상 엽 · 김 장 권
하이버스(주) 기술연구소
발행인 남 승 우

발행처 도서출판 상尙 학學 당堂

서울특별시 동작구 사당3동 220-43
TEL : 02) 595-1692~4
FAX : 02) 595-1394
E-mail : namdoo6@unitel.co.kr
신고 : 2-155호 (1968. 11. 29)

(CD 포함) **정가 28,000원**

ISBN 978-89-93383-86-7 93560